MONOGRAPHIEN AUS DEM GESAMTGEBIET DER PHYSIOLOGIE DER PFLANZEN UND DER TIERE

HERAUSGEGEBEN VON

M. GILDEMEISTER-LEIPZIG · R. GOLDSCHMIDT-BERLIN
R. KUHN-HEIDELBERG · J. PARNAS-LEMBERG · W. RUHLAND-LEIPZIG
K. THOMAS-LEIPZIG

EINUNDDREISSIGSTER BAND

CAROTINOIDE

VON

L. ZECHMEISTER

BERLIN

VERLAG VON JULIUS SPRINGER

1934

CAROTINOIDE

EIN BIOCHEMISCHER BERICHT ÜBER PFLANZLICHE UND TIERISCHE POLYENFARBSTOFFE

VON

PROFESSOR DR. L. ZECHMEISTER

DIREKTOR DES CHEMISCHEN INSTITUTS DER UNIVERSITÄT
PÉCS (UNGARN)

MIT 85 ABBILDUNGEN

BERLIN
VERLAG VON JULIUS SPRINGER
1934

ISBN-13:978-3-540-01197-2   e-ISBN-13:978-3-642-92504-7
DOI: 10.1007/978-3-642-92504-7

Vorwort.

<table>
<tr><td>

Die organische Chemie wird wieder mehr in die Richtung der physiologischen Chemie geleitet. Diese neuere Entwicklung führt dazu, analytisch in die Chemie der Zelle tiefer einzudringen und dadurch mit neuen Anregungen die synthetische Chemie zu beleben (WILLSTÄTTER).

</td><td>

Ich kann mir die Phytochemie nur dann als einen, den Forschungsdrang befriedigenden Wissenszweig denken, wenn sie — obwohl chemischer Natur — teilnimmt an den wissenschaftlichen Bestrebungen der Botanik (GRESHOFF).

</td></tr>
</table>

Unter den mannigfachen Problemen, die derzeit dem Naturforscher zugänglich sind, gehört die Entwirrung des biochemischen Geschehens in der Pflanze zu den reizvollsten Aufgaben.

Die altbekannte, aber noch immer interessante Beobachtung, daß der Aufbau der organischen Materie von einem besonders einfachen Stoff, dem Kohlendioxyd ausgeht, ist geeignet, viele Forscher zur Weiterarbeit anzuregen, deren Leistungen sich einmal zu einem vollständigen Stammbaum der organischen Pflanzenstoffe verdichten dürften. Heute winkt das Ziel noch aus der Ferne, denn nicht einmal statisch ist das Material zufriedenstellend erfaßt, so daß das Inventar der phytochemisch entstandenen Kohlenstoffverbindungen bedeutende Lücken aufweist. Die zur Verfügung stehenden physikalischen und chemischen Methoden sind noch bei weitem nicht ausgeschöpft. Zudem leidet die Pflanzenchemie, wie manches andere Grenzgebiet, unter der Zersplitterung und Heterogenität der Literaturangaben.

Diesem Übelstand haben Professor G. KLEIN und der Verlag *Julius Springer* durch die Herausgabe des Handbuches der Pflanzenanalyse bewußt entgegengearbeitet. Zu dem großzügig angelegten Werk lieferte der Verfasser einen gedrängten Beitrag „Carotinoide höherer Pflanzen", aus welchem die vorliegende Schrift hervorgegangen ist. Die Beschränkung auf höhere Pflanzen fiel nun fort, auch steht naturgemäß mehr Raum zur Verfügung als im Rahmen eines Sammelwerkes, endlich waren wichtige, neue Forschungsergebnisse, zum Teile auch freundlichst überlassene, unveröffentlichte Beobachtungen zu verarbeiten, namentlich aus den Instituten der Herren R. KUHN (Heidelberg) bzw. P. KARRER (Zürich), so daß eine kurze Monographie der chemisch definierten Carotinoide vorliegt. Diese Bezeichnung möge indessen (namentlich was ältere Angaben betrifft) nicht mit dem Begriffe der Vollständigkeit verbunden, sondern eher im Sinne einer Momentaufnahme ausgelegt werden. Bei dem stürmischen Fortschritt auf dem nachfolgend zusammengefaßten Gebiete, welcher in der Geschichte der organischen Chemie nicht viele Gegenstücke hat, ist nämlich mit einem weiteren, raschen Umbau des bisher Erreichten zu rechnen.

Als besonders entwicklungsfähig erscheint das am Schlusse dieses Bandes skizzierte Gebiet der tierischen Carotinoide, mit einer Fülle von Fragestellungen an den Chemiker und an den Physiologen.

Es ist zu wenig gesagt, wenn man die Carotinoide als eine Sonderklasse der natürlichen Farbstoffe bezeichnet und sie einfach in die Systematik aufnimmt. Denn einerseits bietet ihre merkwürdige Struktur auch dem rein organisch arbeitenden Chemiker ganz neuartige Gesichtspunkte und Aufgaben, während andrerseits die ungeheure Verbreitung der Polyenpigmente in Organismen der verschiedensten Art mit Bestimmtheit darauf hinweist, daß sie zu den lebenswichtigen Stoffen gehören. Schon bisher hat das chemische und physiologische Studium der Carotinoide mehrfach Beziehungen zu anderen Körperklassen der Pflanzen- und Tierwelt aufgedeckt, man ahnt aber wichtigere Zusammenhänge, die heute noch verborgen liegen.

In stetig wachsender Anzahl zeigen sich Berührungsflächen zwischen organischer Chemie, Vererbungslehre und Entwicklungsgeschichte.

Pécs, im Juli 1934.

Der Verfasser.

Inhaltsverzeichnis.

A. Pflanzencarotinoide.

Allgemeiner Teil.

Inhaltsverzeichnis.   IX

Verzeichnis der Tabellen.

Verzeichnis der Abbildungen.

A. Pflanzencarotinoide.

Allgemeiner Teil.

Erstes Kapitel.

Einführung in das Gebiet der Carotinoide.

Die Carotinoide sind hellgelbe bis tiefrote, stickstoff-freie Farbstoffe des Pflanzen- und Tierreiches, die ihren, von Tswett (1911) vorgeschlagenen Sammelnamen nach dem wichtigsten Vertreter der Gruppe, dem Carotin, erhielten. Frühere, teils noch gebräuchliche Bezeichnungen, wie „Lipochrome", „Chromolipoide" usw., deren Geltungsbereich Schwankungen unterworfen war, weisen auf das oft beobachtete, gemeinsame Vorkommen mit Fettstoffen hin, aber auch auf ähnliche Löslichkeitsmerkmale von Lipoid und Carotin.

Der Begriff „*Lipochrom*" (Krukenberg 1882) würde eigentlich alle natürlichen Fett- bzw. Wachspigmente umfassen, also z. B. auch das Chlorophyll. Es hat sich indessen eine engere und schärfere Umgrenzung des Gebietes herausgebildet, so daß die gegenwärtig anerkannten Merkmale eines Lipochromes sich auf die folgenden Punkte erstrecken:

1. Farbe hellgelb bis tief violettrot.

2. Zwei (oder drei) Bänder, meist im blauen bzw. violetten Teil des Spektrums.

3. Löslichkeit in Lipoiden und in den typischen Lösungsmitteln der letzteren, Unlöslichkeit in Wasser.

4. Mehr oder weniger ausgeprägte Empfindlichkeit gegen den Luftsauerstoff (Autoxydation unter Ausbleichen).

5. Widerstandsfähigkeit der Farbe gegen alkalische Eingriffe.

6. Dunkelblaue (oder ähnliche) Färbung mit starker Schwefelsäure; auch sonst wenig Resistenz gegen Säuren.

7. C und H, oder C, H und O als einzige Bestandteile des Moleküls; Abwesenheit von Stickstoff (wie in den Fetten, Wachsen, Sterinen).

Das Verhältnis der auch synonym gebräuchlichen Bezeichnungen „Lipochrom" und „Carotinoid" kann etwa folgend umschrieben werden: Den überwiegenden Hauptbestandteil der gelben bis roten natürlichen Fettfarbstoffe bilden die Carotinoide, womit weder das Vorkommen von anderen Pigmenten im Lipoid ausgeschlossen wird, noch das Auftreten von Carotinoiden ohne Fett. Man hat mehrfach Carotinoide beobachtet, die im Gewebe nicht mit Lipoiden vermengt sind, sondern schöne Krystalle bilden. Ein Beispiel dafür liefert die Mohrrübe, in welcher das Carotin 1831 von WACKENRODER entdeckt wurde.

Die Anzahl der einwandfrei definierten Carotinoide ist noch gering (gegen 20), doch dürfte sie mit dem Fortschritt der systematischen Pflanzenanalyse noch steigen. Nach ihrer *empirischen Zusammensetzung* ordnet man diese Pigmente zunächst in zwei Klassen ein: teils sind sie *Kohlenwasserstoffe* (Carotine, Lycopin $C_{40}H_{56}$), die sich leichter in Äther bzw. Petroläther und viel schwerer in wasserhaltigem Alkohol lösen; die meisten enthalten jedoch *Sauerstoff* und zeigen, falls mindestens zwei freie, alkoholische Hydroxyle anwesend sind, scharf das umgekehrte Verhalten. Für die Zwecke der vorliegenden Schrift war es praktisch, noch eine andere Einteilung vorzunehmen. Man unterscheidet:

1. *Carotinoide im engeren Sinne*, die wie Carotin selbst, 40 Kohlenstoffatome enthalten; sie bilden teils auch *Farbwachse*, d. h. natürliche Ester, die zu einem Carotinoid mit C_{40} und zu Fettsäure verseift werden können.

2. *Carotinoide mit weniger als 40 C-Atomen* im Molekül (und ihre Ester).

Die beiden Typen sind sehr ungleichmäßig in der Natur verbreitet. Die größte Tendenz besteht zum Aufbau von Carotinoiden mit 40 C-Atomen, während die Vertreter der zweiten Untergruppe mehr oder weniger Spezialfarbstoffe sind. Hingegen wurden Carotin und Xanthophyll von WILLSTÄTTER und seiner Schule als nie fehlende Bestandteile des Blattgrüns erkannt, welche das Chlorophyll überall begleiten und wie dieses, zu den verbreitetsten organischen Naturstoffen gehören.

Die *Tabelle 1* beschränkt sich auf chemisch wohldefinierte Verbindungen, die — mit Ausnahme von Lutein und Fucoxanthin — in höheren Pflanzen entdeckt wurden.

Die *chemische Funktion des Sauerstoffs* kann verschiedenartig sein, da, wie weiter unten gezeigt wird, nicht die Bindungsweise dieses Elementes, sondern die Art und Verteilung der Kohlenstoffbindungen ein besonderes Gepräge dem Carotinoidmolekül verleihen.

Tabelle 1. Klasseneinteilung der Carotinoide.

Untergruppe	Kohlenwasserstoffe	Sauerstoffhaltige Pigmente[1]	Ester (Dipalmitate)
Carotinoide im engeren Sinne (mit 40 C-Atomen)	α-Carotin $C_{40}H_{56}$ β-Carotin $C_{40}H_{56}$ γ-Carotin $C_{40}H_{56}$ Lycopin $C_{40}H_{56}$	Kryptoxanthin $C_{40}H_{56}O$ Rubixanthin $C_{40}H_{56}O$ Xanthophyll $\}$ $C_{40}H_{56}O_2$ Lutein Zeaxanthin $C_{40}H_{56}O_2$ Flavoxanthin $C_{40}H_{56}O_3$ Violaxanthin $C_{40}H_{56}O_4$ Taraxanthin $C_{40}H_{56}O_4$ Fucoxanthin $C_{40}H_{56}O_6$ Capsanthin $C_{40}H_{58}O_3$ Capsorubin $C_{40}H_{58}O_4$ Rhodoxanthin $C_{40}H_{50}O_2$	Helenien $C_{72}H_{116}O_4$ Physalien $C_{72}H_{116}O_4$
Carotinoide mit weniger als 40 C-Atomen	—	Bixin $C_{25}H_{30}O_4$ Crocetin $C_{20}H_{24}O_4$ Azafrin $C_{27}H_{38}O_4$	

Die Carotine und Lycopin sind Polyen-*Kohlenwasserstoffe*, Kryptoxanthin, Rubixanthin, Xanthophyll, Lutein, Zeaxanthin, Flavoxanthin, Violaxanthin, Tara- und Fucoxanthin sind Polyen-*Alkohole*.

Tabelle 2. Funktion der Sauerstoffatome in Carotinoiden.

Farbstoff	Formel	—OH	$-\overset{\|}{\underset{\|}{C}}-$ (—C— über O und unter O)	$-C\overset{O}{\underset{OH}{\diagup}}$	$-C\overset{O}{\underset{OCH_3}{\diagup}}$	O-Atome mit unbekannter Funktion
Kryptoxanthin .	$C_{40}H_{56}O$	1	—	—	—	—
Rubixanthin . . .	$C_{40}H_{56}O$	1	—	—	—	—
Xanthophyll bzw. Lutein	$C_{40}H_{56}O_2$	2	—	—	—	—
Zeaxanthin . . .	$C_{40}H_{56}O_2$	2	—	—	—	—
Flavoxanthin . .	$C_{40}H_{56}O_3$	3	—	—	—	—
Violaxanthin . . .	$C_{40}H_{56}O_4$	3—4	—	—	—	1—0
Taraxanthin . . .	$C_{40}H_{56}O_4$	4	—	—	—	—
Fucoxanthin . . .	$C_{40}H_{56}O_6$	4	—	—	—	2
Rhodoxanthin . .	$C_{40}H_{50}O_2$	—	2	—	—	—
Capsanthin . . .	$C_{40}H_{58}O_3$	2	1	—	—	—
Capsorubin . . .	$C_{40}H_{58}O_4$	2	2	—	—	—
Azafrin	$C_{27}H_{38}O_4$	2	—	1	—	—
Bixin	$C_{25}H_{30}O_4$	—	—	1	1	—
Crocetin	$C_{20}H_{24}O_4$	—	—	2	—	—

[1] *Die Carotinoide mit 40 C-Atomen und mit freien Hydroxylgruppen werden auch als „Xanthophylle" im weiteren Sinne bezeichnet.* (KARRER und seine Mitarbeiter gebrauchen das Sammelwort „Phytoxanthine".)

das Rhodoxanthin ist ein Polyen-*Diketon*, im Capsanthin und Capsorubin liegen Polyen-*Oxyketone* vor, während Bixin, Crocetin und Azafrin Polyen-*Carbonsäuren* sind und einer besonderen Unterklasse angehören (vgl. *Tabelle 2*, S. 3).

Literatur und geschichtlicher Überblick. Die Literatur der Carotinoide ist umfangreich und zersplittert, so daß eine lückenlose Verarbeitung kaum möglich und hier auch nicht beabsichtigt ist.

Aus verschiedenen Stadien der Forschung liegen *zusammenfassende Werke* vor, mit einer Fülle von Beobachtungsmaterial und von theoretischen Darlegungen. Von historischem Interesse ist das Buch von KOHL (1902) mit 772 Zitaten. Ein Jahrzehnt später erschien das klassische, oft herangezogene Werk von WILLSTÄTTER und STOLL „Untersuchungen über Chlorophyll, Methoden und Ergebnisse", in dem namentlich die auf Carotin und Xanthophyll bezüglichen Angaben kritisch besprochen und sehr vertieft werden (1913). Dann folgen die „Untersuchungen über die Assimilation der Kohlensäure" von denselben Forschern und die methodische Zusammenfassung „Blattfarbstoffe" von WILLSTÄTTER (1924). Inzwischen ist die reichhaltige Monographie von PALMER „Carotinoids and related pigments" erschienen, mit einem bis 1922 reichenden, ausführlichen Literaturverzeichnis. RUPE und ALTENBURG haben das Gebiet (1911) lexikalisch bearbeitet, F. MEYER gibt (1929) eine lehrbuchmäßige Zusammenfassung; eine mehr biologisch orientierte Monographie der Pflanzenfarbstoffe stammt von LUBIMENKO und BRILLIANT (1924, russisch); s. auch KARRER (5), LEDERER (5). Ein Vorgänger der gegenwärtigen Schrift ist der Beitrag des Verfassers im KLEINschen Handbuch der Pflanzenanalyse („Carotinoide höherer Pflanzen", 1932). Auf pharmakognostischem Gebiete steht das bekannte Werk von TSCHIRCH zur Verfügung, mikrochemische Methoden können bei MOLISCH sowie bei TUNMANN und ROSENTHALER nachgeschlagen werden.

Die Erforschung der Carotinoide zerfällt in drei, deutlich getrennte Zeitabschnitte:

1. Von der Zeit von BERZELIUS bis zum Beginn der Untersuchungen von WILLSTÄTTER wird ein vielfältiges Material betreffend Vorkommen, Morphologie und Nachweis gesammelt und hauptsächlich mit Hilfe von botanischen und spektroskopischen Methoden studiert.

2. 1906—1914 arbeitet die WILLSTÄTTERsche Schule exakte Verfahren zur Trennung und präparativen Reindarstellung von Carotinoiden aus. Carotin, Lycopin, Xanthophyll, Lutein, Fucoxanthin werden beschrieben, ihre Zusammensetzung wird sichergestellt. Die Blattpigmente werden auch von pflanzenphysiologischem Standpunkte aus untersucht.

3. Seit 1927 wendet sich das Interesse, gestützt auf neue Untersuchungsmethoden, der chemischen Konstitution zu: die ganz oder vorwiegend aliphatische, sehr stark ungesättigte Struktur wird erkannt. Gleichzeitig kommen die Carotinoide im engeren Sinne, die in der chemischen Systematik lange Zeit hindurch vereinsamt standen, mit altbekannten und neuentdeckten Pigmenten, mit Lipoiden, Isopren, Phytol, Terpenen, Vitaminen und mit Kunstprodukten des Laboratoriums in Beziehung. Mikrochemische und adsorptions-analytische Methoden eröffnen den Weg zu feineren physiologischen Problemstellungen.

Tabelle 3. Anzahl der Kohlenstoffdoppelbindungen in Carotinoiden.

F	Farbstoff	Literatur (unvollständig)
13	Lycopin	KARRER und WIDMER
12	Rhodoxanthin . . .	KUHN und BROCKMANN (9)
	Rubixanthin . . .	KUHN und GRUNDMANN (4)
	γ-Carotin	KUHN und BROCKMANN (8), KUHN und MÖLLER
11	β-Carotin	ZECHMEISTER, CHOLNOKY und VRABÉLY (1, 2)
	α-Carotin	KUHN und MÖLLER
	Kryptoxanthin . . .	KUHN und GRUNDMANN (3)
	Xanthophyll (Lutein)	ZECHMEISTER und TUZSON (1)
	Zeaxanthin	KUHN, WINTERSTEIN und KAUFMANN; ZECHMEISTER und CHOLNOKY (12)
	Flavoxanthin . . .	KUHN und BROCKMANN (4)
	Violaxanthin . . .	KUHN und WINTERSTEIN (6)
	Taraxanthin	KUHN und LEDERER (3)
	Physalien	KUHN, WINTERSTEIN und KAUFMANN; ZECHMEISTER und CHOLNOKY (12)
	Helenien	vgl. Lutein
10	Fucoxanthin . . .	KARRER, HELFENSTEIN, WEHRLI, PIEPER und MORF
10	Capsanthin	ZECHMEISTER und CHOLNOKY (3, 7)
9	Bixin	KUHN, WINTERSTEIN und WIEGAND; KARRER, HELFENSTEIN, WIDMER und VAN ITALLIE
7	Crocetin	KARRER und SALOMON (2, 3); KUHN, WINTERSTEIN und WIEGAND
	Azafrin	KUHN, WINTERSTEIN und ROTH; KUHN und DEUTSCH (2)

Chemisches Hauptmerkmal: Polyenstruktur. Es war schon früher bekannt, daß die Carotinoide ungesättigt sind, aber erst die Messung der Wasserstoffaufnahme bei der katalytischen Hydrierung ließ klar erkennen, daß eine *ungewöhnlich große Anzahl von Äthylenbindungen vorliegt und daß der Bau des Kohlenstoffgerüstes ganz oder vorwiegend ein aliphatischer* ist (*Tabelle 3*, S. 5).

Die ersten Versuche wurden mit Carotin (ZECHMEISTER, CHOLNOKY und VRABÉLY 1) und mit Crocetin (KARRER und SALOMON 2) durchgeführt; über Azafrin und Bixin, dessen Zusammenhang mit den Carotinoiden von KUHN und WINTERSTEIN (2) erkannt wurde, lagen schon ältere orientierende Angaben vor (LIEBERMANN und MÜHLE; HERZIG und FALTIS 3). KUHN und WINTERSTEIN (2) haben auf die Ähnlichkeit des Carotins und Bixins mit ihren synthetischen Poly-olefinen (1) hingewiesen (s. unten) und den modernen Klassennamen „*Polyenfarbstoffe*" geprägt. PUMMERER und REBMANN (1) konnten die große Anzahl der Doppelbindungen auf einem unabhängigen Wege bestätigen (S. 49).

Nicht nur das chemische Verhalten, sondern schon die *Farbe* zeigt deutlich, daß die natürlichen Polyene *lange, konjugierte Doppelbindungssysteme* als Chromophor enthalten müssen, etwa von der Form:

$$\ldots{-}C{=}C{-}C{=}C{-}C{=}C{-}C{=}C{-}C{=}C{-}C{=}C{-}C{=}C{-}\ldots$$

Auf Grund dieser neueren Ergebnisse kann die folgende Definition gegeben werden: *Die Carotinoide sind fettlösliche, wasserunlösliche, stickstoff-freie, ganz oder vorwiegend aliphatisch gebaute Polyenpigmente, deren Farbe durch ein langes, offenes System von konjugierten Doppelbindungen verursacht wird.* Werden die letzteren abgesättigt, so geht die Farbe verloren.

Die organische Chemie hat derartige Gebilde lange Zeit hindurch nicht gekannt, aber es fügte sich glücklich, daß KUHN und WINTERSTEIN (1) die Synthese einer ganzen Reihe von wohldefinierten Vertretern dieser Körperklasse gelungen ist, kurz bevor die rege Tätigkeit auf dem Gebiete der Pflanzencarotine einsetzte. Auf Grund ihrer Arbeiten ist die folgende Reihe der *Diphenyl-polyene* $C_6H_5{-}(CH{=}CH)_x{-}C_6H_5$ lückenlos bekannt geworden und die Eigenschaften der konstitutiv sichergestellten Modelle lieferten manche Unterlagen für die Beurteilung der von der Natur dargebotenen Verbindungen.

$$C_6H_5 \cdot CH:CH \cdot C_6H_5$$
Diphenyl-äthylen (farblos)

$$C_6H_5 \cdot CH:CH \cdot CH:CH \cdot C_6H_5$$
Diphenyl-buta-dien (gelbstichig)

$$C_6H_5 \cdot CH:CH \cdot CH:CH \cdot CH:CH \cdot C_6H_5$$
Diphenyl-hexa-trien (hellgrüngelb)

$$C_6H_5 \cdot CH:CH \cdot CH:CH \cdot CH:CH \cdot CH:CH \cdot C_6H_5$$
Diphenyl-octa-tetraen (grünstichig chromgelb)

$$C_6H_5 \cdot CH:CH \cdot CH:CH \cdot CH:CH \cdot CH:CH \cdot CH:CH \cdot C_6H_5$$
Diphenyl-deca-pentaen (orange)

$$C_6H_5 \cdot CH:CH \cdot CH:CH \cdot CH:CH \cdot CH:CH \cdot CH:CH \cdot CH:CH \cdot C_6H_5$$
Diphenyl-dodeca-hexaen (braunorange)

$$C_6H_5 \cdot CH:CH \cdot CH:CH \cdot CH:CH \cdot CH:CH \cdot CH:CH \cdot CH:CH \cdot CH:CH \cdot C_6H_5$$
Diphenyl-tetradeca-heptaen (kupferbronze)

$$C_6H_5 \cdot CH:CH \cdot CH:CH \cdot CH:CH \cdot CH:CH \cdot CH:CH \cdot CH:CH \cdot CH:CH \cdot CH:CH \cdot C_6H_5$$
Diphenyl-hexadeca-octaen (blaustichig kupferrot)

Man sieht, daß die Farbe auch der Pflanzencarotinoide auf einer *langen* Reihe von konjugierten Doppelbindungen beruhen muß. Eigentlich würde man für die hochungesättigten Verbindungen eine große Unbeständigkeit und ausgeprägte Neigung zu Polymerisationsvorgängen erwarten, es hat sich aber überraschenderweise gezeigt, daß durch *unmittelbaren* Anschluß von gewissen Gruppen an die beiden Enden des ungesättigten Systems das Molekül stabilisiert wird. In den synthetischen Polyenen werden die empfindlichen Lückenbindungen durch Phenylreste geschützt. Damit durchaus vergleichbar ist die Struktur der meisten Carotinoide: In ihnen hat der Pflanzenkörper lange, offene Ketten von konjugierten Doppelbindungen geschaffen, und als Endgruppen z. B. hydroaromatische Kerne (Jononringe im Carotin- und Xanthophyllmolekül), oder Carboxyle angeschlossen (Bixin, Crocetin, Azafrin). Das *Unterscheidende zwischen den natürlichen und synthetischen Polyenen* besteht vor allem darin, daß die Kunstprodukte, entsprechend dem Gange der Synthese, eine unverzweigte C-Kette enthalten, während das Kohlenstoffgerüst der Carotinoide weitgehend *verzweigt* ist, und zwar *Methylseitenketten meist in gegenseitigen 1,5-Stellungen* (nur je einmal in 1,6-Lage) trägt. Dieses Strukturprinzip läßt einen *Zusammenhang mit Isopren*

$$CH_2{=}C{-}CH{=}CH_2$$
$$|$$
$$CH_3$$

vermuten, wie ihn schon WILLSTÄTTER und MIEG für das Carotin als wahrscheinlich angenommen, sodann KUHN und WINTERSTEIN (2) an Hand ihrer Bixinformel erläutert haben (vgl. auch die Crocetinformel bei KARRER und SALOMON 3, sowie KUHN, WINTERSTEIN und

a) Formeln für die Kohlenwasserstoffe.

α-Carotin (KARRER, MORF und WALKER).

β-Carotin (KARRER, HELFENSTEIN, WEHRLI und WETTSTEIN).

γ-Carotin (KUHN und BROCKMANN 8).

Lycopin (KARRER, HELFENSTEIN, WEHRLI und WETTSTEIN).

b) Formeln für sauerstoffhaltige Carotinoide der C_{40}-Reihe.

$$CH_3\ CH_3\diagdown C\diagdown CH_2(HOCH)(CH_2)C(\!=\!)C\!-\!CH_3 -CH\!=\!CH\!-\!C(CH_3)\!=\!CH\!-\!CH\!=\!CH\!-\!C(CH_3)\!=\!CH\!-\!CH\!=\!CH\!-\!CH\!=\!C(CH_3)\!-\!CH\!=\!CH\!-\!CH\!=\!C(CH_3)\!-\!CH\!=\!CH\!-\!C\diagup(CH_2)(CH_3\!-\!C\!=\!CH_2)\diagup C\diagdown CH_3\ CH_3$$

Kryptoxanthin (KUHN und GRUNDMANN 3).

$$CH_3\ CH_3\diagdown C\diagdown CH_2(HOCH)(CH_2)C(\!=\!)C\!-\!CH_3 -CH\!=\!CH\!-\!C(CH_3)\!=\!CH\!-\!CH\!=\!CH\!-\!C(CH_3)\!=\!CH\!-\!CH\!=\!CH\!-\!CH\!=\!C(CH_3)\!-\!CH\!=\!CH\!-\!CH\!=\!C(CH_3)\!-\!CH\!=\!CH\!-\!CH\diagup(CH)(CH_3\!-\!C\!=\!CH_2)\diagup C\diagdown CH_3\ CH_3$$

Rubixanthin (KUHN und GRUNDMANN 4).

$$CH_3\ CH_3\diagdown C\diagdown CH_2(HOCH)(CH_2)C(\!=\!)C\!-\!CH_3 -CH\!=\!CH\!-\!C(CH_3)\!=\!CH\!-\!CH\!=\!CH\!-\!C(CH_3)\!=\!CH\!-\!CH\!=\!CH\!-\!CH\!=\!C(CH_3)\!-\!CH\!=\!CH\!-\!CH\!=\!C(CH_3)\!-\!CH\!=\!CH\!-\!CH\diagup(CH_2)(CH_3\!-\!C\!-\!CHOH\!=\!CH)\diagup C\diagdown CH_3\ CH_3$$

Xanthophyll = Lutein (KARRER, ZUBRYS und MORF).

$$CH_3\ CH_3\diagdown C\diagdown CH_2(HOCH)(CH_2)C(\!=\!)C\!-\!CH_3 -CH\!=\!CH\!-\!C(CH_3)\!=\!CH\!-\!CH\!=\!CH\!-\!C(CH_3)\!=\!CH\!-\!CH\!=\!CH\!-\!CH\!=\!C(CH_3)\!-\!CH\!=\!CH\!-\!CH\!=\!C(CH_3)\!-\!CH\!=\!CH\!-\!C\diagup(CH_2)(CH_3\!-\!C\!=\!CHOH)\diagup C\diagdown CH_3\ CH_3$$

Zeaxanthin (KARRER 4).

Rhodoxanthin (KUHN und BROCKMANN 9).

c) Formeln für die Carotinoid-Carbonsäuren.

Bixin (KARRER, BENZ, MORF, RAUDNITZ, STOLL und TAKAHASHI; KUHN und WINTERSTEIN 7).

Crocetin (KARRER, BENZ, MORF, RAUDNITZ, STOLL und TAKAHASHI).

Azafrin (KUHN und DEUTSCH 2).

WIEGAND; KUHN und L'ORSA). Ein ganz ähnliches Strukturprinzip beherrscht das Carotinmolekül, welches hydroaromatische Ringsysteme als Endgruppen trägt, ferner das rein aliphatisch gebaute Lycopin und auch die sauerstoffhaltigen Polyenpigmente der Pflanzenwelt. *Der offene Bau des ungesättigten Gerüstteiles, die ununterbrochene Wiederholung der dehydrierten Isoprengruppe und damit der konjugierten Doppelbindungen, schließlich die charakteristisch gestellten Methylseitenketten verleihen dem Carotinoidmolekül ein ganz eigenartiges Gepräge.* Als Belege seien die derzeit als gesichert oder als sehr wahrscheinlich geltenden *Konstitutionsformeln* für die wichtigsten Carotinoide vorausgeschickt (S. 8—10), während die Begründung später erfolgen wird.

Struktur und Farbe. Es ist eine wichtige Aufgabe, die Wechselbeziehung zwischen Farbe und Konstitution der Carotinoide zu erfassen. Die Bestimmung der konjugierten Doppelbindungen allein reicht dazu nicht aus, da die Farbe eines Polyens auch von jenen Atomgruppen beeinflußt wird, die sich *unmittelbar* an das ungesättigte System anschließen. So ist nach KUHN und WINTERSTEIN (1) das Diphenyl-octatetraen,

$$C_6H_5—CH=CH—CH=CH—CH=CH—CH=CH—C_6H_5$$
Diphenyl-octatetraen

in welchem die Benzolringe und die konjugierten Doppelbindungen der aliphatischen Kette benachbart sind, grünstichig chromgelb, während Dibenzyl-octatetraen,

$$C_6H_5—CH_2—CH=CH—CH=CH—CH=CH—CH=CH—CH_2—C_6H_5$$
Dibenzyl-octatetraen

gleichfalls vier konjugierte Doppelbindungen in offener Kette enthaltend, farblos ist. Der überraschend große Unterschied wird von den CH_2-Gruppen verursacht, welche die beiden Phenylreste vom eigentlichen Chromophor scheiden.

Die Farbe des *Rhodoxanthins* wurde durch die beiden Carbonyle in außerordentlichem Maße vertieft, weil durch die, aus der Formel (S. 10) ersichtlichen Lage derselben die Anzahl der konjugierten Doppelbindungen von 12 auf 14 erhöht wird.

Im *Bixin*molekül kommt eine farbverstärkende Rolle den endständigen Carboxylen zu (vgl. die Formel S. 10). Lagert man zwei Wasserstoffatome an (KARRER, HELFENSTEIN, WIDMER und VAN ITALLIE), so erfolgt eine derartig starke Farbaufhellung von Rot nach Gelb, daß diese durch die Reduktion einer Doppelbindung nicht erklärt werden kann, sondern teils auf die Abtrennung der Carboxyle von dem ungesättigten Molekülteil zurückzuführen ist:

$$CH_3OOC—CH_2—CH=C—CH=CH—CH=C—CH=CH—\ldots$$
$$\underset{CH_3}{|} \qquad\qquad \underset{CH_3}{|}$$

Dihydro-bixin (linke Molekülhälfte).

Nach KUHN und WINTERSTEIN (4) entspricht eine, dem aliphatischen Doppelbindungssystem unmittelbar angeschlossene COOH- oder C_6H_5-Gruppe in bezug auf die Farbbildung einem Zuwachs von annähernd $1^1/_2$ aliphatischen Doppelbindungen. Das Bixin enthält also $9 + 2 \times 1,5 = 12$ „Doppelbindungen", was durch einen Vergleich mit den synthetischen Polyenen bestätigt werden konnte. Ähnlich gelingt es, die Farbe von einigen anderen Carotinoiden zu deuten.

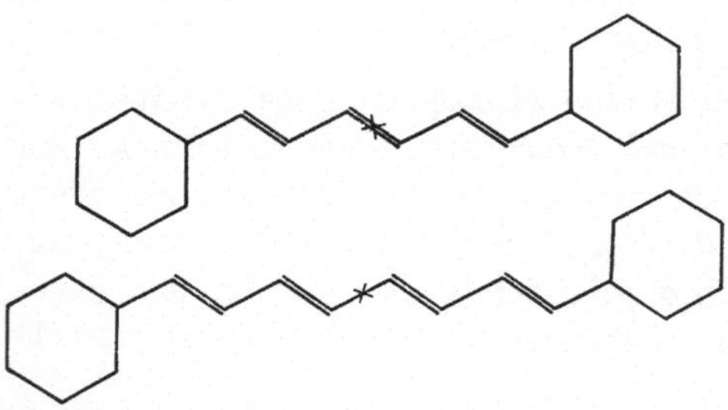

Eine praktische Vergleichsmethode besteht darin, daß man den Strich von festen Präparaten auf einer weißen Tonplatte untersucht. In Lösungen sind die Farbverhältnisse vielfach ganz anders.

Abb. 1. Lage der Doppelbindungen im Diphenyl-hexatrien und -octatetraen (× Symmetriezentrum).

Stereochemische Verhältnisse. Von dem langgestreckten, ungesättigten Chromophor der Polyene werden zahlreiche Möglichkeiten für das Auftreten der *cis-trans-Isomerie* geboten, demgegenüber sind die synthetischen Diphenyl-polyene von KUHN und WINTERSTEIN (1) nur in je 1 Form bekannt und auch die Natur macht auf dem Gebiete der Carotinoide von der geometrisch möglichen Mannigfaltigkeit nur sparsam Gebrauch. Inwiefern die Darstellungsart der erwähnten Kunstprodukte zwangsweise nur zu den stabilsten Formen geführt hat, läßt sich noch nicht abschließend beurteilen. Auf valenztheoretischer Grundlage ist auch die Ansicht ausgesprochen worden, daß die cis-trans-Isomerie mit steigender Zahl der konjugierten Doppelbindungen in den Hintergrund trete (WITTIG und WIEMER, besprochen bei KUHN und WINTERSTEIN 7).

Die räumliche Anordnung der *synthetischen* Diphenyl-polyene wurde von HENGSTENBERG und KUHN röntgenometrisch untersucht. Da das Diphenyl-octatetraen-Molekül,

$$C_6H_5—(CH=CH)_4—C_6H_5$$

wie sein niedriges Homologe, das Hexatrien, ein Symmetriezentrum aufweist, ist auf eine durchgehende *trans-trans*-Konfiguration zu schließen, weil eine andere räumliche Anordnung diesen Beobachtungen widerspricht. Schematisch darf also das Molekül nach der Abb. 1 skizziert werden (S. 12).

Das röntgenographisch ermittelte Modell für Diphenyl-decapentaen C_6H_5—$(CH=CH)_5$—C_6H_5 (ein Schnitt parallel zur Längsrichtung des Moleküls) ist in Abb. 2 wiedergegeben.

In den *natürlichen* Polyenpigmenten scheint meist ebenfalls reine trans-trans-Lage vorzuherrschen, also die stabilste (energie-

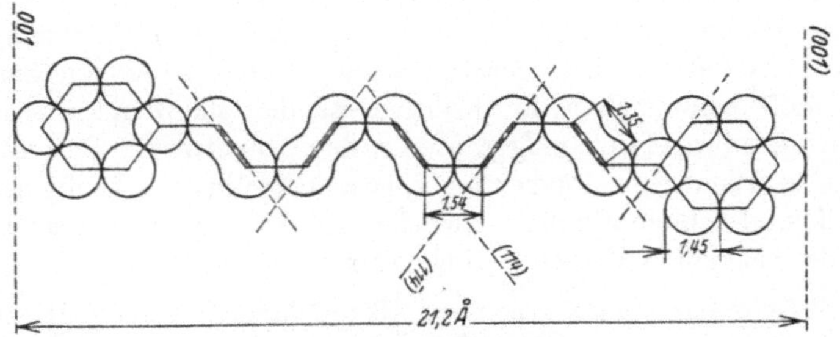

Abb. 2. Diphenyl-decapentaen [1].

ärmste) Raumform. Es sind indessen bereits zwei Fälle beschrieben worden, in welchen dies sicher nicht zutrifft:

Außer dem, im Bixasamen vorkommenden Hauptfarbstoff *Bixin*, kennt man nämlich ein zweites Bixin-Isomere, das von HERZIG und FALTIS (3) einmal zufällig erhalten wurde, das aber nach KARRER, HELFENSTEIN, WIDMER und VAN ITALLIE aus gewöhnlichem Bixin, unter der Einwirkung von Jod jederzeit bereitet werden kann. Der Versuch gelingt auch mit so wenig Halogen, daß die katalytische Rolle desselben außer Zweifel steht (KUHN und WINTERSTEIN 7). Ähnlichen Konfigurationsänderungen ist bekanntlich auch die Maleinsäure zugänglich. Der Naturfarbstoff Bixin gehört also einer labilen, niedriger schmelzenden Reihe an und wird auf dem angegebenen (und auch auf anderem) Wege in die stabile, höher schmelzende Form umgelagert. Im Bixinmolekül muß also mindestens 1 cis-Bindung dort stehen, wo in seinem Umlagerungsprodukt trans-Konfiguration angetroffen wird.

---

[1] Die Benzolringe sind etwas zu groß gezeichnet: es müßte an den Molekülenden noch Platz für die H-Atome gelassen werden.

Als ein zweites Beispiel sei das von Kuhn und Winterstein (10, 13) aus dem Safran isolierte, labile, niedriger schmelzende *Crocetin*-Isomere angeführt, das mit dem gewöhnlichen, seit längerer Zeit bekannten Crocetin (stabil, höher schmelzend) gemeinsam in den Narben vorkommt. Die künstliche Verwandlung in das letztere kann thermisch, mit Jod, durch Vermittlung des Dihydrokörpers oder auch sehr glatt auf photochemischem Wege erfolgen; es genügt, wenn cis-Crocetin mit der Frequenz seines langwelligsten Absorptionsbandes angeregt wird.

Möglicherweise enthält das lebende Gewebe in einem früheren Entwicklungsstadium mehr von dem labilen Farbstoff, der später, wenn sich die Crocusblüte öffnet und so dem Sonnenlicht zugänglich wird, eine teilweise Umlagerung erleidet. Durch die an dem Safranfarbstoff gesammelten Erfahrungen ist die pflanzenphysiologisch beachtenswerte Frage aufgeworfen worden, ob etwa die Biosynthese von carotinartigen Pigmenten allgemeiner über cis-konfigurierte, labile und lichtempfindliche Zwischenstufen führt, die erst sekundär in die bekannten Farbstoffe übergehen.

Betreffs Einzelheiten siehe unter „Bixin" bzw. „Crocetin". Allgemeine stereochemische Grundlagen und Gesichtspunkte: Mark sowie Kuhn (2) in Freudenbergs Stereochemie. Röntgenometrische Untersuchung des Methylbixins: Waldmann und Brandenberger; vgl. auch Mackinney.

Synthetische Aufgaben. Bis zur Niederschrift dieser Zusammenfassung ist kein natürliches Carotinoid künstlich erhalten worden. Die Doppelaufgabe, die im Aufbau des charakteristisch verzweigten Kohlenstoffgerüstes und in der *gleichzeitigen* Erzeugung eines *langen*, *konjugierten* Doppelbindungssystems besteht, ist also noch ungelöst. Synthetische Gebilde mit dem auch für das Carotin typische β-Jononring und einem kurzen ungesättigten System wurden von Karrer und Morf (7) (vgl. auch bei Karrer, Salomon, Morf und Walker) bereitet, z. B. das β-Eujonon.

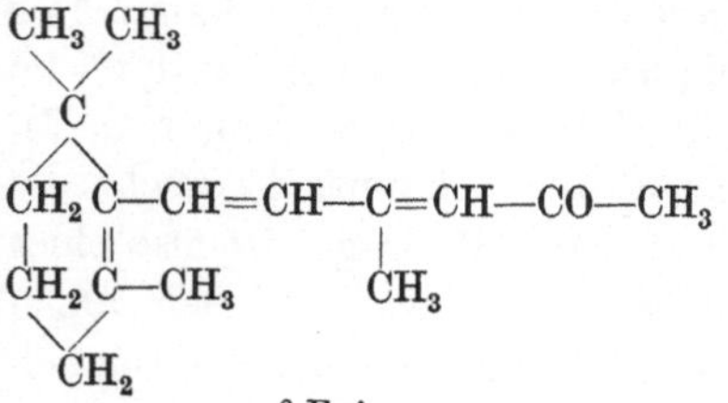

$$\begin{array}{c} CH_3 \quad CH_3 \\ \diagdown \diagup \\ C \\ \diagdown \\ CH_2 \quad C\!-\!CH\!=\!CH\!-\!C\!=\!CH\!-\!CO\!-\!CH_3 \\ | \quad \| \qquad\qquad\quad | \\ CH_2 \quad C\!-\!CH_3 \qquad CH_3 \\ \diagdown \diagup \\ CH_2 \end{array}$$

β-Eujonon.

Über den Aufbau von cis-trans-isomeren aliphatischen Polyen-Carbonsäuren, z. B. der Decatetraensäure berichten Kuhn und Hoffer (1, 4). Die Darstellung der

$$CH_3\!-\!CH\!=\!CH\!-\!CH\!=\!CH\!-\!CH\!=\!CH\!-\!CH\!=\!CH\!-\!COOH$$

Decatetraensäure.

Diphenyl-polyene, in welchen gleichfalls unverzweigte Ketten enthalten sind, wurde nach KUHN und WINTERSTEIN (1) bereits S. 6 besprochen.

Das gesamte Kohlenstoffgerüst von Pflanzencarotinoiden konnte (ohne Doppelbindungen) in drei Fällen künstlich aufgebaut werden:

Perhydro-lycopin (identisch mit dem Reduktionsprodukt des Tomatenfarbstoffes: KARRER, HELFENSTEIN und WIDMER, S. 18).

Perhydro-bixin (identisch mit dem Reduktionsprodukt des Bixafarbstoffes: KARRER, BENZ, MORF, RAUDNITZ, STOLL und TAKAHASHI 2, S. 246).

Perhydro-crocetin: identisch mit dem Reduktionsprodukt des Safranfarbstoffes: KARRER, BENZ und STOLL, S. 262).

Über die Synthese des *Squalens* vgl. S. 30.

Strukturchemische Betrachtungen über die Bildungsweise von Carotinoiden in der Pflanze.

a) Carotinoide mit 40 C-Atomen. Schon ein erstes, eingehendes Studium des Carotins $C_{40}H_{56}$ hat WILLSTÄTTER und MIEG (1907) zur Vermutung geführt, daß ein Zusammenhang mit dem Isopren C_5H_8 besteht. Das letztere gehört bekanntlich zu den wichtigsten Bausteinen von organischen Pflanzenstoffen, dessen Beteiligung an phytochemischen Synthesen in den letzten Jahrzehnten immer

$$CH_2{=}C{-}CH{=}CH_2$$
$$|$$
$$CH_3$$

Isopren (β-Methyl-butadien).

plastischer herausgearbeitet wurde. Es ist dies auch verständlich, wenn man z. B. den schon unter sehr milden Bedingungen außerordentlich glatten Ablauf der „Dien-synthesen" von DIELS in Betracht zieht.

Die höhermolekularen Abkömmlinge des Isoprens bilden sich in der Pflanze anscheinend auf dreierlei Art: 1. durch direkte Addition der C_5H_8-Reste, welche zu Terpenen führt, 2. durch Addition und gleichzeitige *Hydrierung*, wie sie schon WILLSTÄTTER, MAYER und HÜNI bei der Bildung des Phytols angenommen haben und 3. durch Addition der C_5H_8-Reste unter gleichzeitiger *Dehydrierung*, wobei Pigmente mit konjugierten Doppelbindungen entstehen (vgl. KUHN und WINTERSTEIN 2).

Es ist zwar auch die Ansicht vertreten worden (EMDE)[1], daß die Biosynthese der Carotinoide nichts mit Isopren zu tun hat,

---

[1] EULER und KLUSSMANN (3) erwägen die Möglichkeit, daß β-Methylcrotonaldehyd $CH_3{-}C(CH_3){=}CH{-}CHO$ eine Zwischenstufe des natürlichen Carotinoidaufbaues bildet.

sondern von Kohlehydraten ausgehend, ihren Weg über die Lävulinsäure nimmt, doch ist diese Hypothese wohl weniger wahrscheinlich, im Hinblick auf zahllose Naturstoffe, die alle ein isoprenartig verzweigtes Kohlenstoffgerüst besitzen, ferner auf die „Umstellung" der C_5H_6-Reste in der Mitte der Carotinoidformeln. Auch die altbekannten, von Isopren ausgehenden Kautschuksynthesen sowie neue Beobachtungen von WAGNER-JAUREGG, dem der Aufbau von Geraniol, d-Terpineol, Cineol usw. aus Isopren unter milden Bedingungen gelungen ist, sprechen entschieden für die Auffassung, die dem vorliegendem Kapitel zugrunde liegt.

Allerdings kann das Erscheinen und Weiterreagieren des Isoprens in der lebenden Pflanze nicht allgemein und direkt beobachtet werden, so daß man an den Formaldehyd erinnert wird, der nach der BAEYERschen Assimilationstheorie als Quelle für zahlreiche, lebenswichtige Stoffe gilt, aber — eben zufolge seiner Reaktionslust — nur spärlich oder gar nicht im Gewebe nachweisbar ist.

Denkt man sich zwei Wasserstoffatome dem Isopren entzogen,

$$CH_2=C-CH=CH_2 \quad \xrightarrow{\text{minus 2 H}} \quad =CH-C=CH-CH=$$
$$\qquad \quad | \qquad\qquad\qquad\qquad\qquad\qquad\qquad | $$
$$\qquad \quad CH_3 \qquad\qquad\qquad\qquad\qquad\qquad\quad CH_3$$

so entsteht eine Gruppierung, durch deren Anschluß an ähnliche Reste die Ausbildung des für Carotinoide typischen konjugierten Systems (mit Methylseitenketten) zwanglos erklärt wird:

$$\ldots =CH-C=CH-CH= \ =CH-C=CH-CH= \ =CH-C=CH-CH= \ldots$$
$$\qquad\quad | \qquad\qquad\qquad\qquad | \qquad\qquad\qquad\qquad | $$
$$\qquad\quad CH_3 \qquad\qquad\qquad CH_3 \qquad\qquad\qquad CH_3$$

$$\underbrace{\qquad\qquad} \qquad \underbrace{\qquad\qquad} \qquad \underbrace{\qquad\qquad}$$
$$\text{erster} \qquad\qquad \text{zweiter} \qquad\qquad \text{dritter Isoprenrest}$$
$$\text{(dehydriert).}$$

Wie ersichtlich, entfallen hier n Isoprenbausteine auf $2\,n+1$ Doppelbindungen und in der Tat wird beobachtet, daß die Anzahl solcher Bindungen in den meisten, verbreiteten Carotinoiden eine unpaare ist: 7, 9, 11 oder 13.

Ein Blick auf die S. 8—10 stehenden Strukturformeln wird indessen davon überzeugen, daß man mit dem oben formulierten Aufbauprinzip nicht auskommen kann. Erstens sind die Carotinoide der Reihe C_{40} nicht durchgehend dehydriert und zweitens zeigen die Symbole, daß die beiden mittleren Methylseitenketten (aber nur diese) nicht an 1,5-, sondern an 1,6-ständigen C-Atomen der Hauptkette haften. Dadurch erlangt der molekulare Bau des Farbstoffes eine Symmetrie, die allein auf Grund der soeben formulierten, einfachen Verknüpfungsart von dehydrierten Isoprenen nie zustande kommen könnte.

Das wichtige Prinzip der „*Umstellung*" von dehydrierten Isoprenresten im Mittelteil des Farbstoffmoleküls ist von KARRER, HELFENSTEIN, WEHRLI und WETTSTEIN klar erkannt worden und entspricht einer „spiegelbildlich" erfolgten Verdoppelung des bereits erzeugten ungesättigten Kettenteiles. Die besprochenen Verhältnisse deuten mit Bestimmtheit darauf hin, daß der Aufbau der wichtigsten Carotinoide im Pflanzengewebe nur bis zu einem beschränkten Grad durch schrittweise homogenes Aneinanderreihen von Isopren-Einzelresten erfolgt, daß aber dann durch einen „spiegelbildlichen" Zusammenschluß von zwei längeren (zumindest in bezug auf das ungesättigte System meist gleichen) Molekülhälften die Biosynthese beendet wird:

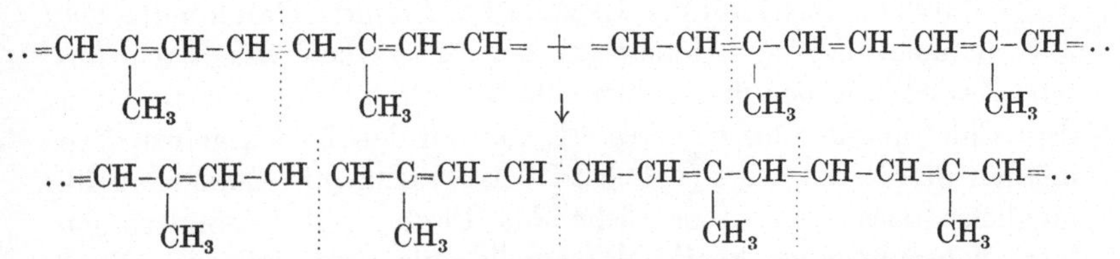

$$..\!=\!CH\!-\!C\!=\!CH\!-\!CH \vdots CH\!-\!C\!=\!CH\!-\!CH\!= \; + \; =\!CH\!-\!CH\!\vdots\!C\!-\!CH\!=\!CH\!-\!CH\!=\!C\!-\!CH\!=..$$
$$\underset{CH_3}{|} \qquad\qquad \underset{CH_3}{|} \qquad \downarrow \qquad \underset{CH_3}{|} \qquad\qquad \underset{CH_3}{|}$$

$$..\!=\!CH\!-\!C\!=\!CH\!-\!CH \vdots CH\!-\!C\!=\!CH\!-\!CH \vdots CH\!-\!CH\!=\!C\!-\!CH\!\vdots\!CH\!-\!CH\!=\!C\!-\!CH\!=..$$
$$\underset{CH_3}{|} \qquad\qquad \underset{CH_3}{|} \qquad\qquad \underset{CH_3}{|} \qquad\qquad \underset{CH_3}{|}$$

Damit soll natürlich nicht gesagt werden, daß man Dehydrierung und Dimerisation zeitlich scharf auseinanderhalten kann. Immerhin ist es eine wichtige Aufgabe, nach derjenigen *farblosen Vorstufe mit 20 Kohlenstoffatomen* zu fahnden, aus welcher der Pflanzenkörper jährlich ungeheure Mengen von Carotinoiden aufbaut. Es ist wohl verständlich, daß das *Phytol* $C_{20}H_{40}O$ mehrfach in Betracht gezogen wurde, dessen Verwandtschaft mit den Blattcarotinoiden schon WILLSTÄTTER und MIEG erwogen haben. Von der Gesamtmenge der in der Natur vorkommenden Carotinoide ist der überwiegende Anteil in grünen Pflanzenteilen enthalten und da rund $1/_3$ des gleichzeitig anwesenden Phytolesters Chlorophyll aus dem Phytolrest besteht, könnte das gemeinsame Vorkommen von genetischen Zusammenhängen bedingt sein. Dieser Gesichtspunkt erhielt eine wertvolle Stütze durch die Aufstellung der F. G. FISCHERSchen Phytolformel, die im wesentlichen aus hydrierten Isoprengruppen besteht:

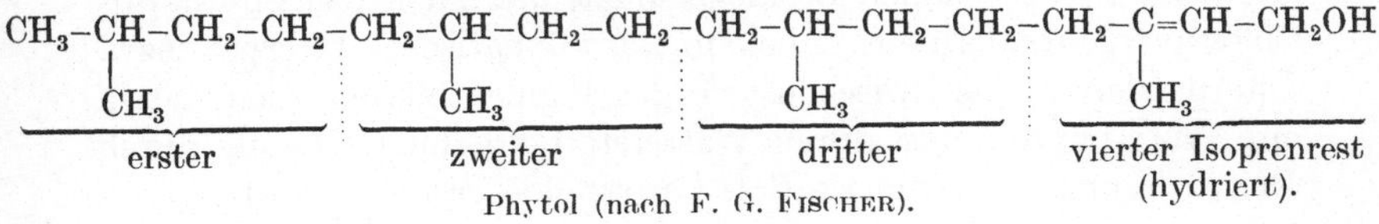

$$CH_3\!-\!CH\!-\!CH_2\!-\!CH_2\!-\!CH_2\!-\!CH\!-\!CH_2\!-\!CH_2\!-\!CH_2\!-\!CH\!-\!CH_2\!-\!CH_2\!-\!CH_2\!-\!C\!=\!CH\!-\!CH_2OH$$
$$\underset{CH_3}{|} \qquad\qquad\quad \underset{CH_3}{|} \qquad\qquad\quad \underset{CH_3}{|} \qquad\qquad\quad\quad \underset{CH_3}{|}$$

| erster | zweiter | dritter | vierter Isoprenrest (hydriert). |

Phytol (nach F. G. FISCHER).

Die zwischen dem Kohlenstoffskelett des Phytols und der Carotinoide bestehende Analogie ist auch durch eine synthetische Arbeit von KARRER, HELFENSTEIN und WIDMER (vgl. auch KARRER, HELFENSTEIN, PIEPER und WETTSTEIN) bekräftigt worden. Das aus dem Phytol erhältliche Dihydrophytylbromid ergab nämlich mit Kalium einen Kohlenwasserstoff $C_{40}H_{72}$, der mit durchreduziertem Lycopin (aus Tomaten) identisch ist.

$$CH_3\text{-}CH\text{-}CH_2\text{-}CH_2\text{-}CH_2\text{-}CH\text{-}CH_2\text{-}CH_2\text{-}CH_2\text{-}CH\text{-}CH_2\text{-}CH_2\text{-}CH_2\text{-}CH\text{-}CH_2\text{-}CH_2Br$$
$$\quad | \qquad\qquad\qquad | \qquad\qquad\qquad | \qquad\qquad\qquad | \qquad\qquad \rightarrow$$
$$\; CH_3 \qquad\qquad\quad CH_3 \qquad\qquad\quad CH_3 \qquad\qquad\quad CH_3$$

Dihydro-phytylbromid.

Da sich das Kohlenstoffgerüst der Blattcarotinoide (Carotin und Xanthophyll) von demjenigen des Lycopins nur durch Ringschlüsse an den Molekülenden unterscheidet, bleiben derartige Gedankengänge durchaus nicht auf das Lycopin beschränkt. Man könnte sich z. B. denken, daß unmittelbar vor der Biosynthese des Blattgrüns eine Zweiteilung des disponiblen Phytols erfolgt, das sich teils mit dem Chlorophyllkomplex verestert, teils zu den beiden gelben Pigmenten dehydriert wird (vgl. bei ZECHMEISTER und CHOLNOKY 3). Möglicherweise dient aber nicht das Phytol selbst, sondern ein ihm nahestehender Stoff als Quelle für das Polyen. Nach KARRER, HELFENSTEIN, WEHRLI und WETTSTEIN könnte z. B. der Aldehyd des Phytols im Wege einer Benzoinkondensation (oder Pinakonreduktion) mit nachfolgender Dehydrierung den Farbstoff erzeugen.

Nachdem man in vielen Fällen, namentlich bei Früchten (auch bei isolierten) beobachtet hatte, daß die Biosynthese des Polyenpigments Hand in Hand mit dem Verschwinden des Chlorophylls geht, ist die Frage von KUHN und BROCKMANN (3) aufgeworfen worden, ob die bei der Zerstörung des Grüns freiwerdende Phytolmenge zum Aufbau der colorimetrisch bestimmbaren Carotinoide hinreicht ? Das Problem wurde von den genannten Forschern für die Physalispflanze, von KUHN und GRUNDMANN (2) für die reifende Tomate in negativem Sinne entschieden: in beiden Fällen fand man viel zu wenig Chlorophyll bzw. Phytol vor. Auch KUHN und GRUNDMANN (2) erwägen daher die Möglichkeit, daß nicht das Phytol aus Chlorophyll, sondern ein unbekanntes, aliphatisches Diterpen bzw. Diterpenderivat als Zwischenstufe der Pigmentbildung dient, etwa ein Proto-phytol, das durch Wasserstoffaufnahme Phytol, durch Dehydrierung und Dimerisation Carotinoide ergeben würde.

$$CH_3-C= \left(CH-CH_2-CH_2-C= \atop \underset{CH_3}{|} \right)_2 CH-CH_2-CH_2-C=CH-CH_2OH$$

Proto-phytol (hypothetisch!).

In diesem Zusammenhang muß betont werden, daß ein Vorkommen von Phytol außerhalb des Chlorophylls (frei oder verestert) durchaus möglich, wenn auch heute noch unbekannt ist; dies würde die Stoffbilanz der Biosynthese völlig abändern.

$$CH_3-CH-CH_2-CH_2-CH_2-CH-CH_2-CH_2-CH_2-CH-CH_2-CH_2-CH_2-CH-CH_2-CH_2-$$

$^1/_2$ Perhydro-lycopin (die andere Hälfte reiht sich spiegelbildlich an).

Zusammenfassend wird festgestellt: 1. Terpene, Kautschuk, Phytol, Carotinoide und manche andere Pflanzenstoffe entstammen demselben Baustein, dem Isopren. 2. Dies gibt sich in den Formeln durch charakteristisch gestellte Methylseitenketten kund. 3. Bei der Biosynthese höher molekularer Naturstoffe (Carotinoide) reihen sich die Isoprenreste nicht immer einzeln an, sondern es findet 4. ein „spiegelbildlicher" Zusammenschluß von zwei vorgebildeten, größeren Molekülhälften statt (Dimerisierung). 5. Die natürliche Vorstufe (C_{20}) der Carotinoide (mit C_{40}) ist unbekannt, sie dürfte aber dem Phytol zumindest nahestehen. 6. Als ein wesentlicher Teilvorgang der Carotinoidbildung ist eine (enzymatische) Dehydrierung anzunehmen, was durch den, an reifenden Früchten öfters festgestellten Sauerstoffbedarf bestätigt wird (S. 24).

b) Zur Bildung der Carotinoid-Carbonsäuren im Gewebe haben Kuhn und Winterstein (7) die Hypothese aufgestellt, daß diese niedriger molekularen Polyenfarbstoffe (Bixin $CH_3OOC-C_{22}H_{26}-$COOH, Crocetin $HOOC-C_{18}H_{22}-COOH$ und Azafrin $(OH)_2C_{26}H_{35}-$COOH) durch *oxydative Spaltung* von primär gebildeten Carotinoiden im engeren Sinne (mit C_{40}) entstehen (vgl. auch Kuhn 3, Kuhn und Grundmann 2, Kuhn und Deutsch 2, Kuhn und Winterstein 11, ferner die Bemerkungen von Karrer und Takahashi 1). Zur Stütze der erwähnten Annahme liegen unmittelbare Beobachtungen an der Pflanze nicht vor, doch lassen sich die folgenden Argumente anführen:

1. Die Formeln der Carotinoid-Carbonsäuren entsprechen den Mittelstücken des Carotin- bzw. Lycopinmoleküls. Demgemäß wurde aus dem Tomatenfarbstoff Lycopin durch Chromsäureabbau, im Wege einer schrittweisen Abspaltung von 2 Molen Methyl-heptenon $(CH_3)_2C=CH-CH_2-CH_2-CO-CH_3$, Lycopinal und schließlich

2*

Bixin-dialdehyd erhalten, welcher in Bixin übergeführt werden kann (Kuhn und Grundmann 2).

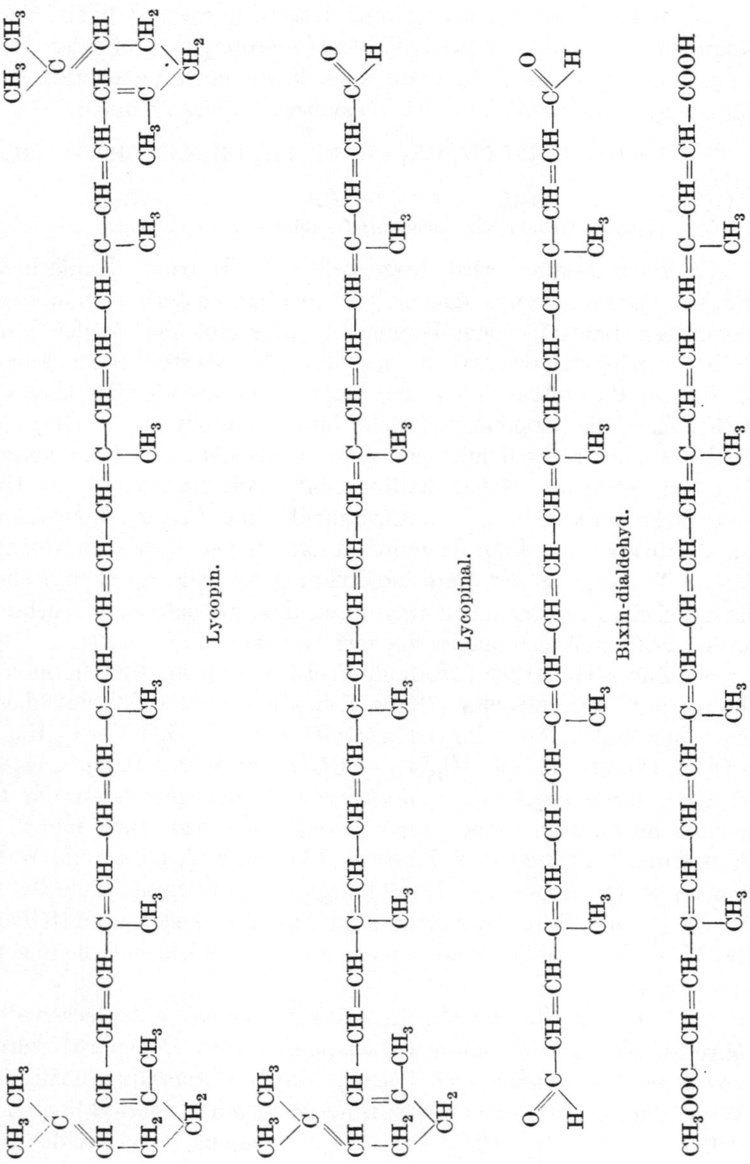

Lycopin.

Lycopinal.

Bixin-dialdehyd.

Bixin.

2. Der *Safran* enthält nach den Untersuchungen von KARRER und SALOMON (1—3, 5) ein Glucosid des Crocetins, das *Crocin* (S. 251), welches in den Narben von dem Bitterstoff *Pikrocrocin* (gleichfalls ein Glucosid; WINTERSTEIN und TELECZKY) begleitet wird. Nach der Hypothese von KUHN und WINTERSTEIN (11, 13) sowie von KUHN (3, 4) wird zunächst ein bicyclisches Carotinoid mit 40 C-Atomen im Gewebe gebildet und mit Zucker gepaart. Bei der nachfolgenden oxydativen Spaltung entstehen daraus 1 Mol Crocetinglucosid und 2 Moleküle Pikrocrocin, dessen Aglykon

$$\text{C}_6\text{H}_{11}\text{O}_5-\text{O}-\overset{\overset{\displaystyle\text{CH}_3\ \text{CH}_3}{\displaystyle\diagdown\!\!\diagup}}{\underset{\text{CH}_2}{\text{CH}}}\ \overset{\displaystyle\text{CH}_2}{\underset{\text{C}-\text{CH}_3}{\overset{\parallel}{\text{C}}}}-\text{C}\!\!\overset{\displaystyle\text{O}}{\diagup}\text{H}$$

Pikrocrocin.

(ohne Wasseraufnahme) der Riechstoff *Safranal* ist. Von den 40 C-Atomen des noch unbekannten „Proto-crocetins" werden also 20 in Form von Crocetin und 2×10 als Safranal wiedergefunden. Tatsächlich entfallen im Gewebe nach den bisherigen Versuchen 1,4 Mole Pikrocrocin auf 1 Mol Crocin, was die obigen Anschauungen zu unterstützen scheint; ein sicherer Beweis für die vermuteten, interessanten Zusammenhänge zwischen dem Farb-, Riech- und Bitterstoff des *Crocus* steht aber noch aus.

Pflanzenphysiologische Beobachtungen über die Bildung von Carotinoiden im Gewebe.

Polyenpigmente werden für sich allein oder in Zusammenhang mit dem Erscheinen

Safranal $\text{C}_{10}\text{H}_{14}\text{O}$ (als Glucosid: Pikrocrocin).

Crocetin $\text{C}_{20}\text{H}_{24}\text{O}_4$ (als Glucosid: Crocin).

Safranal $\text{C}_{10}\text{H}_{14}\text{O}$ (als Glucosid: Pikrocrocin)

und Verschwinden des Chlorophylls im Pflanzengewebe unter mannigfachen Bedingungen aufgebaut, deren Erforschung noch nicht weit gediehen ist. Für die natürliche Carotinoidsynthese ist es charakteristisch, daß sie auch im Dunkeln verlaufen kann, während zur Erzeugung von Chlorophyll aus seiner farblosen Vorstufe, wie bekannt, in der Regel Licht benötigt wird (vgl. z. B. bei SJÖBERG). Das klassische Beispiel dafür, daß eine starke Anhäufung von Polyen bei Lichtabschluß und unabhängig von einer Chlorophyllbildung stattfinden kann, bietet die Mohrrübe *(Daucus carota)*.

a) Blätter. Eine gewisse Analogie mit den Bedingungen, die bei dem Aufbau des Karottenfarbstoffes obwalten, findet man im Falle der unter Lichtabschluß entwickelten, chlorophyllfreien *„etiolierten" Blätter*. Wenn auch die Zusammensetzung ihres gelben Pigments teils noch umstritten ist, so kann das häufige Vorkommen von Carotinoiden in solchen Gebilden nicht mehr bezweifelt werden (vgl. z. B. COWARD 1; VAN WISSELINGH; SJÖBERG und PALMER 1, dort S. 48—53). Allerdings ist Vorsicht bei der Beurteilung des etiolierten Blattgelbs geboten, dessen chemischer Bestand von Pflanze zu Pflanze und auch mit der Entwicklung bzw. Jahreszeit variieren kann. So stellten WILLSTÄTTER und STOLL (2, dort S. 134) fest, daß der Farbstoff ihrer etiolierten Bohnenblätter weder Carotin noch Xanthophyll ist, da er sich in Wasser löst, mit Alkalien tiefgelb färbt und beim Ansäuern ausbleicht. Hingegen war in den, von den genannten Forschern untersuchten, etiolierten Maisblättern neben viel wasserlöslichem Farbstoff schon Carotinoid enthalten. EULER und HELLSTRÖM (1) fanden in etiolierten Gerstenkeimlingen wohl Xanthophyll, aber so gut wie kein Carotin, dessen Bildung erst nach Lichtzufuhr, parallel mit dem Auftreten des Chlorophylls erfolgte. Hier scheint auch die Carotinsynthese unter Beteiligung von Licht zu verlaufen.

Es sei betont, daß ein etioliertes Blatt bei nachträglicher Belichtung in der Regel ergrünt, daß also die Chlorophyllvorstufe sowie der entsprechende enzymatische Apparat bereits im Dunkeln zur Verfügung steht.

Die merkwürdige Parallelität von Blattgrün- und Blattgelbsynthese ist ein wesentlicher Zug des Pigmentierungsvorganges in verschiedenen Pflanzenorganen. Schon in jungen, noch nicht entfalteten Knospen wird das Chlorophyll von Carotin und Xanthophyll begleitet (GODNEW und KORSCHENEWSKY). Andererseits ist beobachtet worden, daß „weiße", chlorophyllfreie Kohlblätter nur

$^1/_4$ des Carotingehaltes von grünen Blättern aufweisen (COLLISON, HUME, SMEDLEY-MACLEAN und SMITH).

Das Resultat der unter normalen physiologischen Bedingungen verlaufenden Pigmentbildung liegt im *Blattgrün* vor, das Chlorophyll *a*, Chlorophyll *b*, Carotin und Xanthophyll in konstantem Mengenverhältnis enthält (WILLSTÄTTER und STOLL 1). Diese Tatsache weist auf eine wichtige, noch unklare Funktion der gelben Farbstoffkomponenten hin.

Das Bild verschiebt sich zu Beginn des *Herbst*wetters, als die raschere Zerstörung des Chlorophylls einsetzt, dessen Menge schon früher ein Maximum überschritten hat. Dann unterliegen auch die Carotinoide (am raschesten das Carotin selbst) allmählich eintretenden, zunächst nicht tiefgreifenden Veränderungen, wohl oxydativer Art. Die Krystallisationskraft geht bald verloren, der Farbstoffcharakter aber nur sehr langsam und außerdem treten gelbe, wasser- und alkalilösliche, noch wenig erforschte Pigmente im absterbenden Blatte auf, so daß das herbstliche Laub in schönen gelben und rötlichen Farben prangt.

Nach KUHN und BROCKMANN (3) vollzieht sich gleichzeitig mit den ersten Umwandlungen des Xanthophylls eine Veresterung desselben, somit ein Aufbau von Farbwachsen (S. 38) in gewaltigem Ausmaß im herbstlichen Blatt, während das grüne Sommerblatt nur freies Xanthophyll enthält (s. auch KARRER, HELFENSTEIN, WEHRLI, PIEPER und MORF). Die vergleichende Untersuchung der grünen und gelben Blätter von folgenden Pflanzen hat in den Versuchen von KUHN und BROCKMANN (3) ergeben, daß beim *Vergilben* ein starker Abfall des Quotienten freie Xanthophylle/Xanthophyllester erfolgt: *Tropaeolum majus, Prunus cerasus, Castanea vulgaris, Rheum officinale, Acer platanoides, Populus tremula, Fagus silvatica, Salix.* Die „Herbstxanthophylle" von TSWETT (6; nach PALMER 1: „autumn carotins") sollen nach KUHN und BROCKMANN (3) Ester der Xanthophylle sein und ihrer Zersetzungsprodukte. Demgegenüber haben KARRER und WALKER (2) die im unverseiften Extrakt von herbstlichem Laub befindlichen gelben Farbstoffe (aus *Aesculus hippocastanum, Acer pseudoplatanus, Gingko biloba, Ulmus campestris*) mit Jod gefällt und beobachtet, daß nach der Regenerierung mit Thiosulfat fast keine Farbwachse nachweisbar sind, daß also im Gegensatz zu den Angaben von KUHN und BROCKMANN (3) größere Mengen veresterter Xanthophylle im Herbstlaub nicht vorkommen.

Ältere Untersuchungen wurden von PALMER (1, dort S. 55) zusammenfassend referiert; vgl. auch die Beobachtungen von EULER, DEMOLE, WEINHAGEN und KARRER sowie von SJÖBERG.

An das alltägliche Bild der herbstlichen Vergilbung reihen sich besondere Fälle an, in denen das Blatt entweder schon im Sommer bunt ist oder aber das Winterblatt eine rote Pigmentierung erhält. Bei starkem Frost kann dies z. B. an der *Thuja orientalis* beobachtet werden (TSWETT 5).

b) Früchte. Interessant sind die Vorgänge, die sich bei der Reife von vielen Früchten, vornehmlich in der Fruchthaut abspielen. Hier liegen die Verhältnisse teils ähnlich, zum Teile aber völlig anders als bei der herbstlichen Vergilbung des Blattes.

Im einfachsten Falle beruht der Farbumschlag der zunächst grünen, dann reifenden Frucht in Gelb oder Rot nur auf dem Verschwinden des Chlorophylls, ohne daß eine namhafte Verschiebung des Carotin- und Xanthophyllgehaltes stattfinden würde. So wird die gelbe Farbe der reifen Bananenschale im wesentlichen nur durch Carotinoide verursacht, die in gleicher Menge schon in der grünen Frucht vorhanden, aber vom Chlorophyll verdeckt waren (LOESECKE). Bei anderen Früchten ist der Vorgang viel verwickelter: es verschwinden nicht nur die Chlorophylle, sondern auch ihre gelben Begleiter, so daß nicht selten örtlich und zeitlich eine (fast) *farblose Phase* auseinandergehalten werden kann. Alsbald setzt aber *neuerlich Polyenbildung* ein, und es entwickelt sich die feurigrote Farbe der reifen Fruchthaut. Merkwürdigerweise erscheint manchmal wieder Carotin, das bereits früher (als Begleiter des Chlorophylls) anwesend, aber dann verschwunden war.

Die wichtigsten äußeren und inneren Faktoren, deren Einfluß auf diese Vorgänge untersucht werden muß, sind: *Licht, Luftsauerstoff, Temperatur* und *Enzyme.*

Die *Belichtung* scheint keine entscheidende Rolle zu spielen; so wuchsen nach neuen Versuchen von SMITH und SMITH lichtdicht eingehüllte Tomaten zuerst weiß (ohne Chlorophyll) heran, später wurden sie rot, wie normale Früchte [1]. Bei Früchten verschiedener Sorte waren aber die Ergebnisse nicht einheitlich. Hingegen ist ein *Sauerstoffbedarf* bei der Reife wiederholt festgestellt worden, indem man beobachtete, daß die Rötung der folgenden Früchte in Kohlendioxydatmosphäre ausbleibt:

---

[1] Vgl. auch SMITH und MORGAN.

Tomate (*Lycopersicum esculentum*; LUBIMENKO [dort S. 119]; vgl. auch bei DUGGAR),

Paprika (*Capsicum annuum*; ZECHMEISTER und CHOLNOKY 3),

Judenkirsche (*Physalis Alkekengi* und *Ph. Franchetti*; KUHN und WIEGAND),

Schmerwurzbeere (*Tamus communis*; ZECHMEISTER und CHOLNOKY 9).

Der Einfluß der *Temperatur* auf die Polyensynthese ist an dem Beispiel der Tomate untersucht worden. Nach DUGGAR bleibt das Röten aus und es erscheint statt Lycopin ein gelber Farbstoff, wenn die Früchte bei 30⁰ oder darüber reifen. Durch nachträgliche Aufbewahrung bei tieferen Temperaturen läßt sich das bekannte rote Pigment hervorrufen, der thermische Einfluß ist also umkehrbar. EULER, KARRER, KRAUSS und WALKER haben in Bestätigung der DUGGARschen Beobachtungen festgestellt, daß die Hauptmenge des bei 30⁰ gebildeten gelben Pigments gar kein Carotinoid ist, sondern (neben etwas Carotin und Xanthophyll [1]) ein alkalilöslicher Farbstoff (Flavon?). Zur Erklärung machen die Autoren die einleuchtende Annahme, daß die Lycopinbildung ein enzymatischer Vorgang sei, für den das Temperaturoptimum mit 30⁰ bereits überschritten wird. Dies könnte allerdings nur für das gemäßigte Klima gelten, denn Lycopin kommt auch in tropischen Früchten vor (ZIMMERMANN).

Der entscheidende chemische Schritt zur „Entwicklung" von Polyenpigmenten dürfte nach den Ausführungen des vorigen Abschnittes die *Dehydrierung* einer farblosen Vorstufe sein. Die sehr wahrscheinliche Beteiligung von Enzymen ist nicht sichergestellt und für das experimentelle Studium ähnlicher Vorgänge eröffnet sich noch ein breites Feld.

Schon LUBIMENKO (dort S. 127) war der Ansicht, daß *enzymatische*, und zwar peroxydatische Wirkungen bei der Rötung der Tomate mitspielen und er hielt drei Teilvorgänge der Reife auseinander: 1. in der ersten Periode, wenn synthetische Reaktionen noch nicht von Oxydationsprozessen in den Hintergrund gedrängt werden, findet eine Chlorophyllanhäufung statt; 2. später erlangen Oxydationsvorgänge die Oberhand, wobei das Chlorophyll, nebst seinen gelben Begleitern, zerstört und in farblose, unbekannte Stoffe verwandelt wird; 3. schlägt die farbstoff-erzeugende Tätigkeit der Plastiden eine neue Richtung ein und es beginnen sich

---

[1] Diese rühren offenbar noch von dem grünen Farbstoff her und waren früher durch das Chlorophyll verdeckt.

stickstoff-freie Pigmente (Carotinoide) anzuhäufen, wobei die Möglichkeit der Beteiligung von Abbauprodukten der vorangehenden Phase besteht. — Zu diesen Gedankengängen sei bemerkt, daß die letzte Stufe auch der Chlorophyllbildung ein Oxydationsprozeß ist; Noack und Kiessling.

Im *Speziellen Teil* werden auf S. 151 quantitative Angaben von Kuhn und Grundmann (2) über die Zusammensetzung des Tomatenfarbstoffes in verschiedenen Stadien der Reife mitgeteilt, ferner auf S. 194 die Untersuchungen von Kuhn und Brockmann (3) betreffs Bildung des Farbwachses Physalien.

Rolle der Carotinoide in der Pflanze. Die Funktion der Carotinoide im pflanzlichen Stoffwechsel ist unklar, das Problem soll daher in gedrängter Form besprochen werden.

Naturgemäß stehen *Carotin* und *Xanthophyll* im Mittelpunkt des Interesses, da sie im grünen Blattpigment in einem konstanten Mengenverhältnis zueinander und zum Chlorophyll vorliegen. Kaum begonnen ist die pflanzenphysiologische Bearbeitung von Polyenen, die mehr oder weniger Spezialfarbstoffe sind.

Über die Rolle der Blattcarotinoide wurden verschiedentlich Meinungen geäußert, vor allem kommt eine etwaige Funktion bei dem *Assimilations-* bzw. *Atmungsvorgang* in Betracht. Willstätter und Stoll (2) haben im Rahmen ihrer grundlegenden Versuche über die *Assimilation der Kohlensäure* auch die Rolle der gelben Pigmente geprüft, mit dem Ergebnis, daß sich eine Beteiligung an keinem dieser Prozesse einwandfrei beweisen läßt. Auch die schon früher ausgesprochene Hypothese (vgl. auch bei Baly und Davies), wonach die gelben Farbstoffe die Einstellung des Komponentenverhältnisses von Chlorophyll *a* und *b* regeln sollen, indem sie entsprechend ineinander übergehen, mußte verlassen werden: „Es ist ... kein Anzeichen dafür gefunden worden, ... daß durch den Assimilationsvorgang eines der beiden Carotinoide in das andere umgewandelt wird." ... „Wenn die Carotinoide überhaupt eine Funktion im Assimilationsvorgang haben, so muß es eine indirekte und es kann keine durch ihre Lichtabsorption bedingte sein. Es ist möglich, daß sie zu einer Einrichtung gehören, welche das Chlorophyll vor Photooxydation schützt" (Willstätter und Stoll 2, dort S. 5 und 7). „Die Schutzvorrichtung vor oxydativer Zerstörung des Chlorophylls im Blatte gehört ja zum wunderbarsten des Assimilationsapparates" (Stoll).

Noack (1) findet, daß Carotin und Xanthophyll tatsächlich einen Lichtschutz auf das Chlorophyll ausüben können, während nach der Meinung von WENT die empfindlichen Enzyme der Zelle durch Carotin und Xanthophyll der chemisch wirksamen Bestrahlung entzogen werden. Neuerdings kommen indessen WARBURG und NEGELEIN (1, 2) wiederum zum Ergebnis, daß die Blattcarotinoide photisch bei der Assimilation mitwirken.

Klar negativ sind die Resultate von WILLSTÄTTER und STOLL (2) in bezug auf die Beteiligung an dem *Atmungsvorgang*. Durch starke Steigerung der Atmungstätigkeit gelang es nämlich nicht, das Mengenverhältnis Carotin/Xanthophyll im Blatte zu verschieben, während dies bei einer direkten Mitwirkung der Pigmente zu erwarten wäre. Es sei übrigens betont, daß eine wechselseitige Umwandlung von Carotin und Xanthophyll, welche auf Grund der Bruttoformeln

$$C_{40}H_{56} + O_2 \rightleftarrows C_{40}H_{56}O_2$$

so nahe zu liegen scheint, bisher nirgends einwandfrei nachgewiesen werden konnte.

Neuerdings berichten FODOR und SCHOENFELD, daß Carotin und oxydiertes Carotin in kolloidaler Verteilung als Wasserstoffacceptoren wirksam sind und betonen die Bedeutung dieser Funktion für den Atmungsvorgang.

In Zusammenhang mit den obigen Ausführungen sei daran erinnert, daß man carotinoidfreie Pflanzenzellen kennt, die normale Atmungserscheinungen zeigen.

Nachdem die *Provitamin-A-Wirkung des Carotins* im Säugetierkörper entdeckt wurde (S. 31), ergibt sich die interessante Fragestellung, ob ein ähnlicher Effekt auch in der Pflanze nachweisbar ist? VIRTANEN, HAUSEN und SAASTAMOINEN haben die Schwankungen der jeweils vorhandenen Carotinmenge verfolgt, mit dem Ergebnis, daß die totale Menge bis zur beginnenden Blüte rasch ansteigt, um dann bis zur Zeit der Fruchtreife ununterbrochen zu sinken. Der höchste Carotingehalt und das kräftigste Wachstum fallen also zeitlich zusammen (Abb. 3, S. 28), woraus auf die *wachstumsfördernde Wirkung des Carotins* geschlossen wird.

Zweites Kapitel.

Zusammenhänge mit anderen Körperklassen.

1. Beziehungen zu Terpenen und Sterinen.

Schon die auf S. 15 stehenden Ausführungen beleuchten die enge Verwandtschaft von Carotinoiden und Terpenen, indem man die Vertreter beider Körperklassen aus Bausteinen mit dem Kohlenstoffgerüst des Isoprens C_5H_8 zusammengesetzt denken kann. Demgemäß ist die Anzahl der C-Atome in den verbreitetsten Terpenen und Polyenpigmenten ein Multiplum von 5. Die Carotinoide der C_{40}-Reihe werden als so stark dehydrierte Tetraterpene aufgefaßt, daß ihre Absorptionsbänder weit in das sichtbare Gebiet des Spektrums verschoben sind.

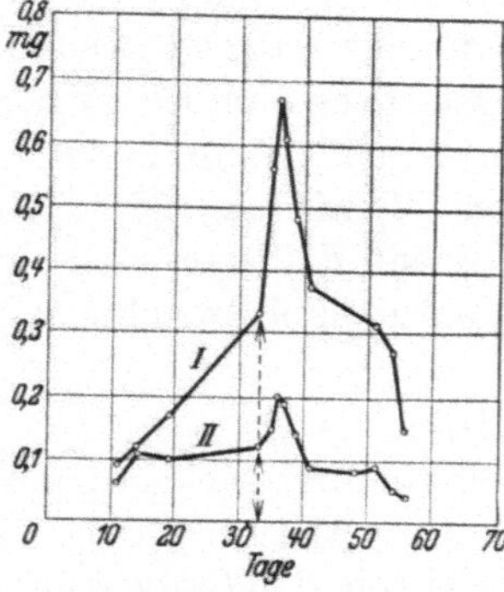

Abb. 3. Schwankungen im Carotingehalt der Erbsenpflanzen, in verschiedenen Stadien des Wachstums, nach VIRTANEN, HAUSEN und SAASTAMOINEN. (Kurve I: Die Carotinmenge von 10 Pflanzen; Kurve II: Carotin pro g Trockensubstanz; die gestrichelte Vertikallinie zeigt den Beginn des Blühens an.)

Ein einfacher experimenteller Beleg für die hier besprochenen Verhältnisse ergibt sich durch die Beobachtung von WILLSTÄTTER und ESCHER (1), daß Carotin beim längeren Liegen an der Luft einen intensiven Geruch nach Veilchen verbreitet. In der Tat besteht ein naher *Zusammenhang zwischen Carotin* und *Jonon*, und zwar werden die Moleküle des α- und β-Carotins beiderseitig von Jononringen eingeschlossen. Wie es auf dem Gebiete der Riechstoffe offene und hydroaromatische Körperpaare gibt, die in bezug auf Anzahl und Lage aller C-Atome identisch sind und lediglich im Wege einer Ringöffnung bzw. Cyclisierung ineinander übergehen, so gilt dasselbe für das Paar β-Carotin-Lycopin (KARRER, HELFENSTEIN, WEHRLI und WETTSTEIN; KARRER 3), also für Polyene, die man oft nebeneinander in der Pflanze angetroffen hat.

$$
\begin{array}{ccc}
\mathrm{CH_3\ CH_3} & & \mathrm{CH_3\ CH_3} \\
\diagdown\diagup & & \diagdown\diagup \\
\mathrm{C} & & \mathrm{C} \\
\diagup\diagdown & & \diagup\diagdown
\end{array}
$$

CH₃ CH₃
   \ /
    C
   //
CH   CH—CH=CH—CO   Cyclisierung   CH₂ C—CH=CH—CO
 | ‖   ⟶ | ‖
CH₂ C—CH₃   CH₃   CH₂ C—CH₃   CH₃
   \ /   \ /
   CH₂   Pseudo-jonon.   CH₂   β-Jonon.

CH₃ CH₃
   \ /
    C
   //
CH   CH—CH=CH—C=CH—CH=CH—C=CH—CH= ...   Cyclisierung
 | ‖ | | ⟶
CH₂ C—CH₃   CH₃   CH₃
   \ /
   CH₂   ¹/₂ Lycopin.

$$\rightarrow \quad \text{CH}_2 \text{—C—CH=CH—C=CH—CH=CH—C=CH—CH=} \ldots$$

$$\tfrac{1}{2}\ \beta\text{-Carotin.}$$

Bekanntlich wird bei dem Ringschluß des Pseudo-jonons auch das α-Isomere gebildet. So wie im Handelsjonon α- und β-Form vermengt sind, besteht das Handelscarotin aus einem Gemisch des α- und β-Isomeren.

Die strukturelle Analogie beschränkt sich nicht auf cyclische Gebilde. Betrachtet man z. B. das wegen seines Maiglöckchengeruches geschätzte Sesquiterpen *Farnesol* $\text{C}_{15}\text{H}_{25} \cdot \text{OH}$, so fällt dessen Ähnlichkeit mit dem Molekülende des Tomatenfarbstoffes Lycopin sofort auf:

$$\alpha\text{-Jononring.}$$

$$\text{CH}_3\text{—C=CH—CH}_2\text{—CH}_2\text{—C=CH—CH}_2\text{—CH}_2\text{—C=CH—CH}_2\text{OH}$$

Farnesol.

$$\text{CH}_3\text{—C=CH—CH}_2\text{—CH}_2\text{—C=CH—CH=CH—C=CH—CH=} \ldots$$

Lycopin (Teilformel).

Als eine Besonderheit der Carotinoidstruktur wurde auf S. 17 die „*Umstellung*" *der Isoprengruppen* in der Mitte der Hauptkette hervorgehoben, wodurch vier seitenständige Methyle in die folgende relative Lage kommen:

$$..\text{—CH—C=CH—CH—CH—C=CH—CH—CH=CH—C—CH—CH—CH=C—CH—}..$$

Es war nun wichtig zu zeigen, daß den Polyenen auch diesbezüglich keine Sonderstellung zukommt, sondern, daß auch andere Naturstoffe (mit Isoprenbau) durch einen „spiegelbildlichen" Anschluß von zwei Molekülhälften vom Gewebe hervorgebracht werden und somit nach dem erwähnten Prinzip konstituiert sind. Dies gelang KARRER und HELFENSTEIN (4) durch den Aufbau des

$$CH_3-\overset{|}{\underset{CH_3}{C}}=CH-CH_2-CH_2-CH_2-\overset{|}{\underset{CH_3}{C}}=CH-CH_2-CH_2-CH=\overset{|}{\underset{CH_3}{C}}-CH_2-CH_2-CH=\overset{|}{\underset{CH_3}{C}}-CH_2-CH_2-CH=\overset{|}{\underset{CH_3}{C}}-CH_3$$

Squalen.

in Haifischleberölen vorkommenden und von HEILBRON (mit OWENS und SIMPSON bzw. mit THOMPSON) studierten Triterpens *Squalen* $C_{30}H_{50}$. Das letztere entsteht synthetisch aus zwei Molen Farnesol (S. 29), durch Ersatz der Hydroxyle mit Brom sowie Halogenabspaltung und muß die nebenstehende Struktur besitzen.

Hier liegen die Doppelbindungen bereits in einer solchen Verteilung vor, daß man zu einem Carotinoid mit 11 konjugierten Doppelbindungen gelangen würde, wenn der Entzug von je 1 H von den kursiv gedruckten Methylenen durchführbar wäre.

Durch den Zusammenhang zwischen Terpenen und Polyenpigmenten wird auch eine entferntere *Beziehung zu den Sterinen* und zu ähnlichen Naturstoffen vermittelt. In der Tat treten Carotinoide und Sterine regelmäßig gemeinsam auf und werden in dem unverseifbaren Anteil von Fetten vorgefunden.

2. Beziehungen zum Vitamin A.

Die zu den akzessorischen Nährstoffen der höheren Tiere gehörenden Vitaminarten waren lange Zeit hindurch nur auf Grund ihrer biologischen Effekte bekannt. Es gehört zum Wesen solcher Wirkungen, daß sie bei normaler Gesundheit nicht auffallend zutage treten; sie verraten sich erst bei dauernd vitaminarmer Nahrung, im Wege klinischer Symptome (Avitaminosen).

Die Vitamine schienen zunächst einer besonderen Körperklasse anzugehören, mit rätselhaften Kennzeichen der Struktur. Erst bei der schrittweisen Klärung des Gebietes zeigte sich die interessante Tatsache, daß die Vitamine mit wohlbekannten und in der Natur verbreiteten Körperklassen eng verknüpft sind. Auf Grund der Forschungen von HESS, WINDAUS u. a. ist das antirachitische Vitamin (D) ein Sterin, während aus der wichtigen Entdeckung von SZENT-GYÖRGYI hervorgeht, daß der antiskorbutisch wirksame Faktor (Vitamin C, Ascorbinsäure) zu den Hexosederivaten gehört. Schon früher fand man Beziehungen zwischen A-Vitamin und Carotinoiden.

Carotin als Provitamin A. Das krasseste Symptom der A-Avitaminose ist das Aufhören des Wachstums junger Tiere. Dazu kommen noch Augenerkrankungen (Xerophthalmie, Hemeralopie), ferner Kolpokeratose, Ausbleiben des Brunstzyklus, geschwächte Resistenz gegenüber Infektionskeimen usw. Bekanntlich kann diese Krankheit durch Verabreichung von A-reichen Tranen bzw. Leberölen (Dorschlebertran) geheilt werden. Für den Erfolg der chemischen Durchforschung des Gebietes war indessen die Tatsache entscheidend, daß auch frisches, *grünes Pflanzenmaterial die A-Avitaminose behebt*, also das normale Wachstum wieder herstellt. Da das Chlorophyll sich als unwirksam erwies, war STEENBOCK der Ansicht, daß der biologische Effekt vom Blattgelb, und zwar von Carotin ausgehe. STEENBOCK, SELL, NELSON und BUELL sprechen den Satz aus: „Carotin of constant melting point through a number of crystallisations was always found to induce growth in rats …" Dieses wichtige Versuchsergebnis, das von einigen Autoren mit Unrecht bestritten wurde, ließ sich in der Folgezeit durch neue Forschungen, namentlich von KARRER, v. EULER und ihren Mitarbeitern bestätigen und vertiefen (EULER, EULER und HELLSTRÖM; EULER, KARRER und RYDBOM; KARRER, EULER und EULER usw.). Die Tatsache, daß die Vitamin-A-Wirkung von zahlreichen vegetabilischen Stoffen mit ihrem Carotingehalt parallel läuft, ist sichergestellt, so daß eine Carotinbestimmung auch über den Wirkungsgrad des Extraktes unterrichtet (EULER, DEMOLE, KARRER und WALKER). Ferner zeigte es sich, daß Carotin irgendwelcher Herkunft, also auch das Rübencarotin wirksam ist. Sogar mit einem 40 Jahre alten Carotinpräparat ließ sich ein günstiges Resultat erzielen (JAVILLIER und EMERIQUE; KARRER).

Durch diese Arbeiten war aber die Sachlage noch nicht eindeutig geklärt, vielmehr standen die folgenden Möglichkeiten offen: 1. Das chemisch reine Carotin ist mit dem A-Vitamin identisch. 2. Das Carotin ist an sich biologisch inaktiv und die vermeintlich reinen Präparate enthalten den eigentlichen A-Faktor als Begleitstoff, in winzigen Mengen. 3. Von Carotin wird die Biosynthese des Vitamins aus anderen Stoffen katalysiert. 4. Das Carotin ist zwar der Ausgangspunkt der Wirkung, aber nur eine Vorstufe des eigentlichen Vitamins, also ein „Provitamin A".

Die Möglichkeit 3. kommt heute, nachdem die strukturellen Zusammenhänge erkannt worden sind, nicht mehr in Betracht.

Auch 2. entfällt, denn im Verlaufe von beliebig oft wiederholten Umscheidungen müßte sich der Quotient Carotin/Vitamin verschieben und damit auch die Wirkungsstärke des Präparates, was aber nicht der Fall ist. Auch gegen 1. lassen sich gewichtige Gründe anführen: die biologisch besonders aktiven Lebertrane sind nicht etwa carotinreich, im Gegenteil, man kennt gute Sorten, die kaum eine Pigmentierung besitzen.

Aus der einschlägigen, umfangreichen Literatur[1] seien die Forschungen von MOORE (1—3) hervorgehoben, wonach A-frei gezogene Ratten, deren Leberöl keine Vitamin-A-Reaktionen gibt, selbst bei andauernder Verfütterung von Carotin kaum etwas von dem Farbstoff speichern. Hingegen enthält die Leber der, durch eine solche Diät geheilten Tiere sehr viel (fast) farbloses Vitamin A: Extrakte geben dessen Reaktionen und vermögen die Avitaminose anderer Tiere rasch und sicher auszuheilen. Hieraus folgt, daß *das, mit der vegetabilischen Nahrung aufgenommene Carotin ein Provitamin A ist, welches erst vom Tierkörper in den lebenswichtigen Wachstumsfaktor A umgesetzt wird.* Reicht der Vorrat hin, so beobachtet man die Entstehung eines A-Depots in der Leber.

OLCOTT und McCANN geben an, daß es ihnen mit Hilfe von Leberextrakten auch in vitro gelungen ist, A-Vitamin aus Carotin zu erzeugen und sie führen den Umsatz auf die Tätigkeit einer „Carotinase" zurück. Von anderer Seite wurde dieser Befund nicht bestätigt (EULER und EULER, vgl. auch WOOLF und MOORE; PARIENTE und RALLI).

Eine wesentliche Klärung der Zusammenhänge erfolgte durch die *Darstellung von* (fast) *reinen A-Vitaminpräparaten* aus hochwirksamen Fischleberölen *(Hippoglossus hippoglossus, Scombresox saurus).* Mit Hilfe der chromatographischen Adsorptionsmethode erhielten KARRER, MORF und SCHÖPP so weitgehend gereinigte Konzentrate, daß eine chemische Untersuchung, nebst Aufstellung der Strukturformel möglich war. Die schwachgelben Endprodukte verraten wichtige Kennzeichen, durch welche die Gruppenzugehörigkeit des A-Vitamins angedeutet wird: Zusammensetzung $C_{20}H_{30}O$, Anwesenheit eines Hydroxyls[2], Bildung von Geronsäure beim Ozonabbau (S. 62), ferner von Essigsäure unter der Einwirkung von Oxydationsmitteln. KARRER, MORF und SCHÖPP

---

[1] Aus dem Literaturverzeichnis können eine Reihe von Zitaten von Einzeluntersuchungen entnommen werden. *Zusammenfassendes:* KARRER und WEHRLI (2); WINTERSTEIN und FUNK; KARRER (5); ZECHMEISTER (3).

[2] Vgl. auch BACHARACH und SMITH sowie HEILBRON, HESLOP, MORTON, WEBSTER, REA und DRUMMOND.

schreiben: „Durch diese Untersuchungen glauben wir den Nachweis erbracht zu haben, daß in den Fischtranen ein Polyen vorkommt, welches das gleiche Kohlenstoffringsystem und eine ähnlich gebaute aliphatische Seitenkette wie Carotin enthält; dieses Polyen ist der oder einer der Träger der starken Blaufärbung, welche beim Zusammenbringen solcher Fischtrane mit Antimonchlorid auftritt." Ferner stellen die genannten Forscher die nachstehende *Vitamin-A-Formel* auf, aus der ein überraschend einfacher Zusammenhang mit dem Carotin ersichtlich ist. Danach wird das Vitamin des Wachstums durch *symmetrische Zweiteilung des β-Carotins*, unter Wasseraufnahme gebildet,

$$C_{40}H_{56} + 2\,H_2O = 2\,C_{20}H_{30}O$$

gemäß der folgenden Formulierung:

$$
\begin{array}{l}
\hspace{1.1cm}CH_3 \quad CH_3 \\
\hspace{1.5cm}\diagdown\;/ \\
\hspace{1.6cm}C \\
\hspace{1.2cm}/\;\diagdown \\
CH_2\;\;C\!-\!CH\!=\!CH\!-\!C\!=\!CH\!-\!CH\!=\!CH\!-\!C\!=\!CH\!-\!CH\!=\ldots \\
\;|\hspace{0.7cm}\|\hspace{3.0cm}|\hspace{3.4cm}| \\
CH_2\;\;C\!-\!CH_3 \hspace{1.6cm}CH_3 \hspace{2.6cm}CH_3 \\
\hspace{0.8cm}\diagdown\;/ \\
\hspace{1.1cm}CH_2
\end{array}
$$

¹/₂ β-Carotin.

$$
\begin{array}{l}
\hspace{1.1cm}CH_3 \quad CH_3 \\
\hspace{1.5cm}\diagdown\;/ \\
\hspace{1.6cm}C \\
\hspace{1.2cm}/\;\diagdown \\
CH_2\;\;C\!-\!CH\!=\!CH\!-\!C\!=\!CH\!-\!CH\!=\!CH\!-\!C\!=\!CH\!-\!CH_2OH \\
\;|\hspace{0.7cm}\|\hspace{3.0cm}|\hspace{3.4cm}| \\
CH_2\;\;C\!-\!CH_3 \hspace{1.6cm}CH_3 \hspace{2.6cm}CH_3 \\
\hspace{0.8cm}\diagdown\;/ \\
\hspace{1.1cm}CH_2
\end{array}
$$

Vitamin A (nach KARRER, MORF und SCHÖPP).

Die Richtigkeit des Symbols wurde durch die von β-Jonon ausgehende *Synthese des Perhydro-vitamins* bewiesen, das mit dem aus Tranen gewonnenen und dann durchreduzierten A-Vitaminpräparat identisch ist (KARRER, SALOMON, MORF und WALKER; KARRER, MORF und SCHÖPP 3; KARRER und MORF 6).

$$
\begin{array}{l}
\hspace{1.1cm}CH_3 \quad CH_3 \\
\hspace{1.5cm}\diagdown\;/ \\
\hspace{1.6cm}C \\
\hspace{1.2cm}/\;\diagdown \\
CH_2\;\;CH\!-\!CH_2\!-\!CH_2\!-\!CH\!-\!CH_2\!-\!CH_2\!-\!CH_2\!-\!CH\!-\!CH_2\!-\!CH_2OH \\
\;|\hspace{0.7cm}|\hspace{3.2cm}|\hspace{3.6cm}| \\
CH_2\;\;CH\!-\!CH_3 \hspace{1.8cm}CH_3 \hspace{2.8cm}CH_3 \\
\hspace{0.8cm}\diagdown\;/ \\
\hspace{1.1cm}CH_2
\end{array}
$$

Perhydro-vitamin A.

Fast gleichzeitig wurden höchstgereinigte A-Vitaminpräparate mit Hilfe von Destillationen unter 0,00001 mm Druck bereitet (HEILBRON, HESLOP, MORTON, WEBSTER, REA und DRUMMOND; CARR und JEWELL) und es ergab sich das nämliche Bild wie bei den KARRERschen Untersuchungen. Die Konstitutionsformel vermag auch den Befund von HEILBRON, MORTON und WEBSTER zu erklären, daß der dehydrierende Abbau des A-Vitamins zu 1,6-Dimethyl-naphtalin führt [1]:

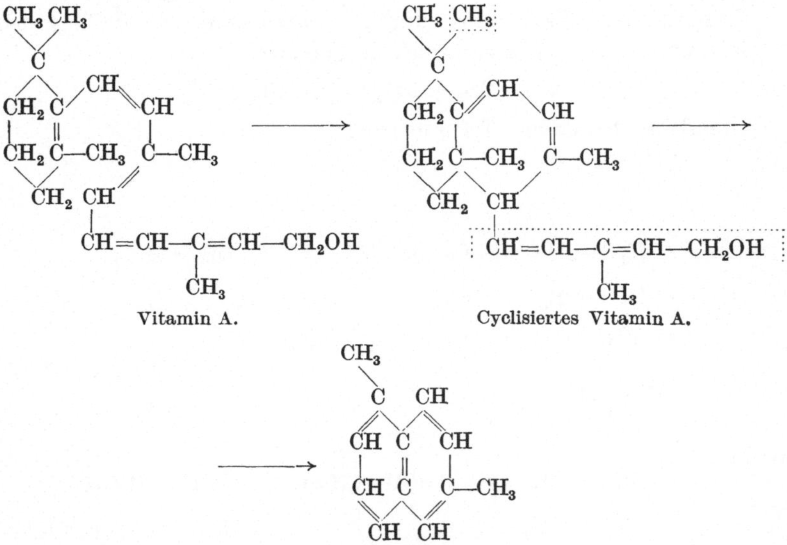

Vitamin A.   Cyclisiertes Vitamin A.

1,6-Dimethyl-naphtalin.

Zusammenhang zwischen Molekülbau und A-Vitaminwirkung. Während der starke biologische Effekt des Carotins erkannt worden ist, hat man festgestellt, daß alle übrigen Carotinoide wirkungslos sind, sogar das Xanthophyll (vgl. z. B. bei EULER, KARRER und RYDBOM; KUHN, BROCKMANN, SCHEUNERT und SCHIEBLICH, s. auch VIRGIN und KLUSSMANN).

Bezüglich des Carotins ergibt sich das interessante Problem, inwiefern die Einwirkung auf die animalische Lebensfunktion spezifisch und von der *chemischen Struktur abhängig* ist? Zur

---

[1] Auch aus den Carotinoiden können auf thermischem Wege dimethylierte Naphtaline gewonnen werden: KUHN und WINTERSTEIN (8), vgl. S. 64.

Zeit der ersten Versuche war über die Uneinheitlichkeit des Farb-
stoffes noch nichts bekannt, die Angaben bezogen sich also auf
Gesamt-Carotinpräparate. Erst nach der Zerlegung des Carotins
in seine Komponenten (S. 128) konnten feiner differenzierende
Tierversuche einsetzen. Es zeigte sich, daß die Provitamin-A-
Wirkung des α- und β-Carotins, an der Ratte geprüft, in der gleichen
Größenordnung liegt (KUHN und BROCKMANN 1, vgl. auch EULER,
KARRER, HELLSTRÖM und RYDBOM; KARRER, EULER und HELL-
STRÖM; ROSENHEIM und STARLING) und dies gilt auch für das jüngst
entdeckte γ-Isomere (KUHN und BROCKMANN 7, 8).

Betrachtet man nun die Strukturformeln der Carotine (S. 36),
so wird ersichtlich, daß wichtige Kennzeichen des Moleküls —
Anzahl der Doppelbindungen und der Ringsysteme —, abgeändert
werden dürfen, ohne daß der biologische Effekt entscheidend
zurückginge. Es fällt aber auch auf, daß in
allen drei Carotinen *mindestens 1 β-Jononring*
zugegen ist, welcher in der A-Vitaminformel
gleichfalls vorkommt (S. 34). KUHN und
BROCKMANN (10; Dieselben mit SCHEUNERT
und SCHIEBLICH) finden, daß zur Belebung
des Wachstums der Ratte die folgenden Tages-
grenzdosen erforderlich sind: 0,005 mg α- oder
γ-Carotin, aber nur 0,0025 mg β-Carotin (vgl.
auch MOORE 3; EULER, KARRER und ZUBRYS)[1]. Es hängt dies
damit zusammen, daß nur in dem β-Isomeren *zwei* β-Jononreste
vorkommen. Die biologisch wichtige Rolle dieser Gruppierung
wird auch durch das Verhalten der Carotinone von KUHN und
BROCKMANN (5, 11) belegt (Formeln auf S. 37): Im β-Carotinon
sind beide cyclischen Systeme künstlich geöffnet worden, demgemäß ist das Keton an der Ratte inaktiv, während das Semi-β-
carotinon, das den Ring einseitig noch enthält, zu den A-Provitaminen zählt, ebenso wie die einzige, derzeit bekannte, biologisch
wirksame Xanthophyllart, das Kryptoxanthin $C_{40}H_{56}O$ (Formel
auf S. 9; KUHN und GRUNDMANN 3).

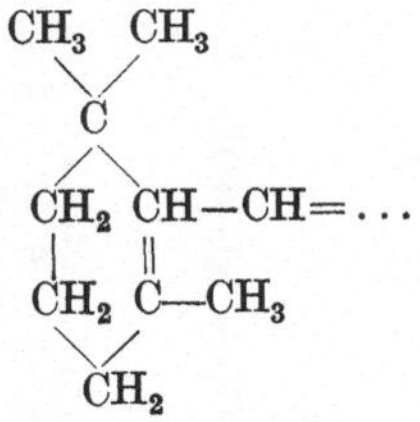

Wirksam sind ferner: die in der Tabelle 4 (S. 38) aufgezählten
Derivate; ohne Wirkung ist das Kunstprodukt Isocarotin (S. 147;
KUHN und LEDERER 1, 5; ROSENHEIM und STARLING; KARRER,
SCHÖPP und MORF; GILLAM, HEILBRON, DRUMMOND und MORTON).

---

[1] Nach EULER, KARRER und ZUBRYS ist die Wirksamkeit des α-Carotins
größer als 50% der Wirkung des β-Isomeren.

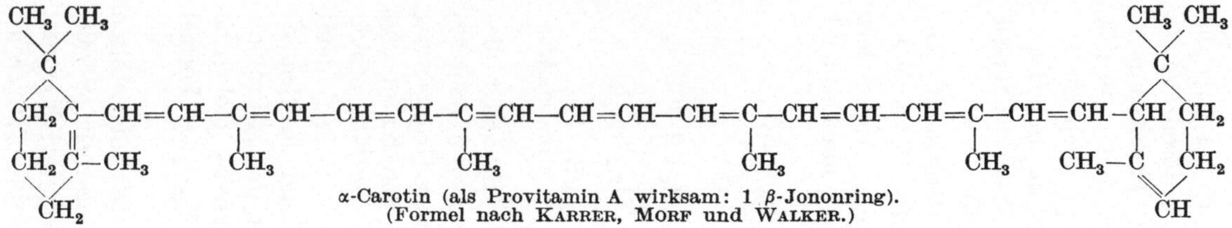

```
CH₃ CH₃                                                                                         CH₃ CH₃
   \ /                                                                                             \ /
    C                                                                                               C
   / \                                                                                             / \
CH₂  C—CH=CH—C=CH—CH=CH—C=CH—CH=CH—CH=C—CH=CH—CH=C—CH=CH—CH  CH₂
  |  ‖         |         |         |         |                |  \
CH₂  C—CH₃   CH₃       CH₃       CH₃       CH₃            CH₃—C   CH₂
   \ /                                                          \ /
   CH₂                                                          CH
```

α-Carotin (als Provitamin A wirksam: 1 β-Jononring).
(Formel nach KARRER, MORF und WALKER.)

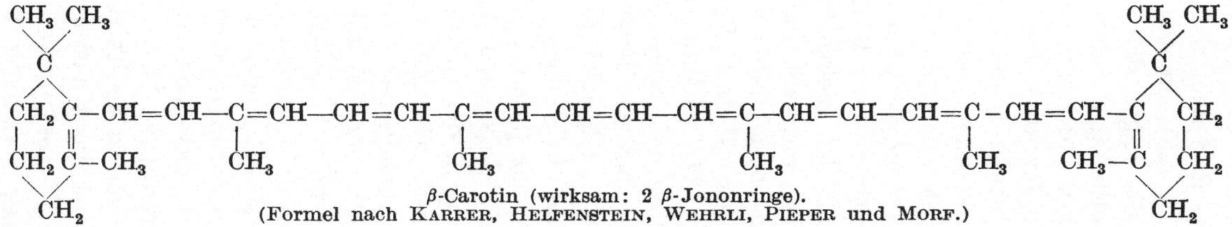

```
CH₃ CH₃                                                                                         CH₃ CH₃
   \ /                                                                                             \ /
    C                                                                                               C
   / \                                                                                             / \
CH₂  C—CH=CH—C=CH—CH=CH—C=CH—CH=CH—CH=C—CH=CH—CH=C-CH=CH—C   CH₂
  |  ‖         |         |         |         |                ‖   |
CH₂  C—CH₃   CH₃       CH₃       CH₃       CH₃            CH₃—C   CH₂
   \ /                                                          \ /
   CH₂                                                          CH₂
```

β-Carotin (wirksam: 2 β-Jononringe).
(Formel nach KARRER, HELFENSTEIN, WEHRLI, PIEPER und MORF.)

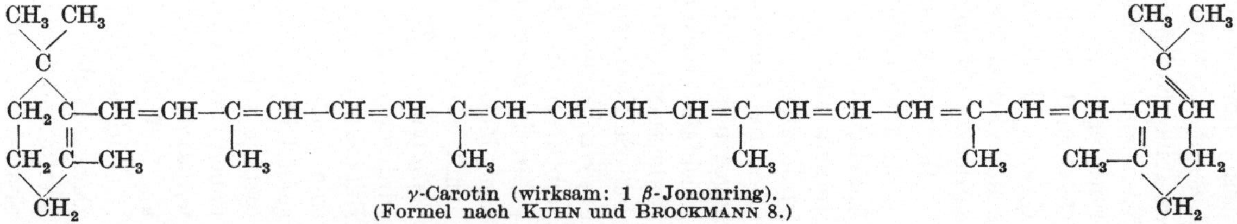

```
CH₃ CH₃                                                                                         CH₃ CH₃
   \ /                                                                                             \ /
    C                                                                                               C
   / \                                                                                             ‖ \
CH₂  C—CH=CH—C=CH—CH=CH—C=CH—CH=CH—CH=C—CH=CH—CH=C—CH=CH—CH CH
  |  ‖         |         |         |         |                 ‖  |
CH₂  C—CH₃   CH₃       CH₃       CH₃       CH₃            CH₃—C   CH₂
   \ /                                                          \ /
   CH₂                                                          CH₂
```

γ-Carotin (wirksam: 1 β-Jononring).
(Formel nach KUHN und BROCKMANN 8.)

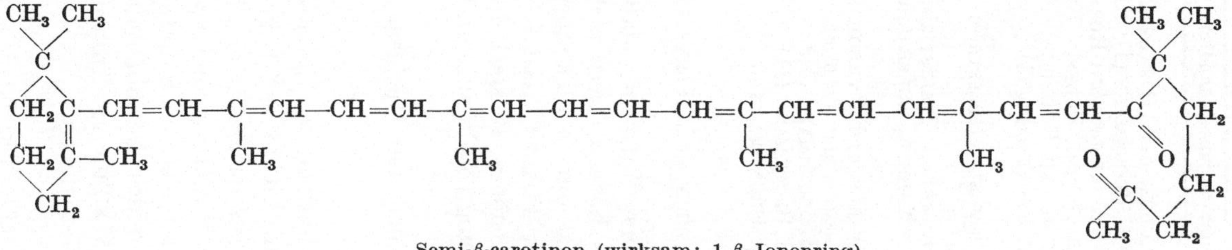

Semi-β-carotinon (wirksam: 1 β-Jononring).
(Formel nach KUHN und BROCKMANN 11.)

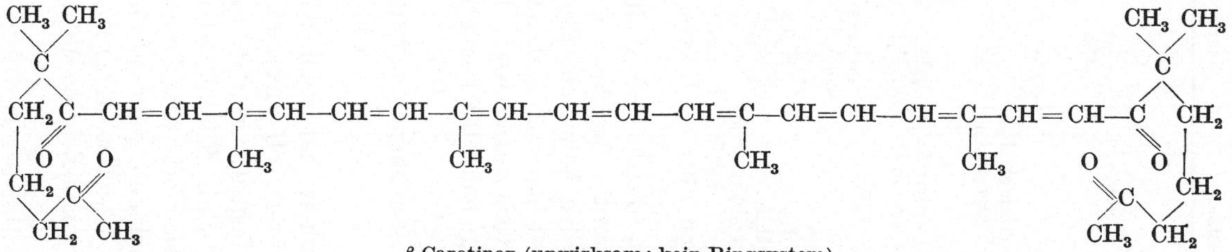

β-Carotinon (unwirksam: kein Ringsystem).
(Formel nach KUHN und BROCKMANN 5.)

Tabelle 4. Carotinoide und Umwandlungsprodukte mit Provitamin-A-Wirkungen.

Substanz	Formel	Literatur (unvollständig)
α-Carotin . . . . . . β-Carotin	$C_{40}H_{56}$ $C_{40}H_{56}$	Euler, Euler und Hellström (1); Kuhn und Brockmann (1); Karrer, Euler und Hellström; Rosenheim und Starling; Euler, Karrer, Hellström und Rydbom
γ-Carotin	$C_{40}H_{56}$	Kuhn und Brockmann (8)
Carotin, aus dem Trijodid rasch regeneriert	$C_{40}H_{56}$	Karrer, Euler, Hellström und Rydbom
Dihydro-α-Carotin [1] . . Dihydro-β-Carotin [1] . .	$C_{40}H_{58}$ $C_{40}H_{58}$	Euler, Karrer, Hellström und Rydbom; Karrer, Euler und Hellström
Carotin-dijodid [1] . . .	$C_{40}H_{56}J_2$	Euler, Karrer und Rydbom (1)
Carotin-oxyd.	$C_{40}H_{56}O$	Euler, Karrer und Walker
β-Oxycarotin.	$C_{40}H_{58}O_3$	Kuhn und Brockmann (5) [2]
Semi-β-carotinon . . .	$C_{40}H_{56}O_2$	Kuhn und Brockmann (11)
Kryptoxanthin. . . .	$C_{40}H_{56}O$	Kuhn und Grundmann (3)
Reaktionsprodukt von Xanthophyll oder Zeaxanthin mit PBr_3 . .	unbekannt	Euler, Karrer und Zubrys

Die in diesem Abschnitt besprochene Tatsache, daß das Pflanzencarotin, welches im Organismus höherer Tiere nicht erzeugt werden kann, ein Provitamin A ist um vom Tierkörper in das eigentliche, vom Materialbestand der Pflanze meist fehlende Vitamin verwandelt wird, bietet ein schönes Beispiel für die gegenseitige feine, biochemische Abstimmung von Pflanze und Tier.

3. Beziehungen zwischen Carotinoiden und Lipoiden.
Die Farbwachse.

Wiederholt hat man die pflanzenphysiologisch interessante Frage erörtert, ob carotinoide Farbstoffe, die in der Regel von Lipoiden begleitet werden, *frei oder chemisch gebunden* im Gewebe enthalten sind. Für die Kohlenwasserstoffe Carotin und Lycopin ist das freie Vorkommen schon von rein chemischem Standpunkte aus einleuchtend, während für die Pigmente des Xanthophylltypus, die nach Karrer, Helfenstein und Wehrli Hydroxyle enthalten, prinzipiell beide Möglichkeiten offen stehen.

---

[1] Die A-Aktivität dieses Körpers dürfte darauf zurückzuführen sein, daß sie vom Organismus in Carotin umgewandelt werden.

[2] Vgl. die Bemerkungen von Karrer, Solmssen und Walker.

Vor kurzem hat man chemisch-präparative Beweise dafür erbracht, daß Polyenalkohole sehr häufig an farblose Substanzen gekettet, nämlich *mit Fettsäure verestert* sind. Zunächst wurde gezeigt, daß das *Physalien* $C_{72}H_{116}O_4$ der Judenkirsche *(Physalis Alkekengi* und *Ph. Franchetti)* und des Bocksdorns *(Lycium halimifolium)* nichts anderes ist, als der Dipalmitinsäureester des Xanthophyll-Isomeren Zeaxanthin. Im Wege der alkalischen Hydrolyse wird es zu Zeaxanthin und 2 Mol. Palmitinsäure zerlegt und muß demnach die Formel $C_{15}H_{31}$—COO—$C_{40}H_{54}$—OOC—$C_{15}H_{31}$ besitzen (gleichzeitige Arbeiten von KUHN, WINTERSTEIN und KAUFMANN 1, 2 bzw. von ZECHMEISTER und CHOLNOKY 11, 12). Auch Luteinester sind, namentlich in Blüten, sehr verbreitet (KUHN und WINTERSTEIN 5); das Dipalmitat heißt „Helenien" (s. dort). In den gelben Stiefmütterchen *(Viola tricolor)* lassen sich Violaxanthinester nachweisen (KUHN und WINTERSTEIN 6), die Blüten des Löwenzahns *(Taraxacum officinale)* enthalten sowohl verestertes Xanthophyll (KARRER und SALOMON 4), als auch Ester des Taraxanthins (KUHN und LEDERER 3). Auch in der Tabelle 9, S. 72 sind weitere Angaben betr. natürlichen Carotinoidestern zusammengestellt. Hingegen liegt das Xanthophyll des grünen Blattes in freiem Zustande vor (KARRER, HELFENSTEIN, WEHRLI, PIEPER und MORF; KUHN und BROCKMANN 3).

Während das Pigment der Physalis- und Lyciumbeeren im wesentlichen aus einer chemischen Einzelverbindung (Dipalmitat) besteht, trifft man im Pflanzenreiche zahlreiche Fälle an, in denen der Polyenalkohol mit mehreren Säuren in Verbindung getreten ist. Näher untersucht wurde das Estergemisch der Paprikaschoten *(Capsicum annuum)*, das sozusagen im chemisch-technischen Sinne als ein *Farbwachs* aufgefaßt werden muß. An dem Aufbau des (teilweise) in Form von roten Krystallen isolierten Gesamtesters (Abb. 68, S. 295) sind dieselben Säuren beteiligt, welche auch die begleitenden farblosen Fettstoffe gebildet haben (ZECHMEISTER und CHOLNOKY 5). Die Zusammensetzung des Gesamtlipoids der reifen Paprikaschote darf wohl als ein Modell für viele Naturprodukte ähnlicher Art gelten, welche noch nicht näher studiert worden sind. Die Verseifung ergab (s. auch S. 40):

Alkoholische Komponenten:	*Sauere Komponenten:*
Glycerin	Myristinsäure
Wachsalkohole	Palmitinsäure
Capsanthin (Hauptfarbstoff)	Stearinsäure

Alkoholische Komponenten:	*Sauere Komponenten:*
Capsorubin	Carnaubasäure
Zeaxanthin	Ölsäure
Xanthophyll (Lutein)	Noch nicht untersuchte Säuren.
Kryptoxanthin	

Noch nicht untersuchte Nebenfarbstoffe.

Zu ihnen gesellt sich β-Carotin, als unverestertes Lypochrom, nebst Spuren von anderen Carotinarten.

Die hydroxylhaltigen Carotinoide spielen also hier dieselbe Rolle, wie Glycerin und höhere Wachsalkohole, von denen die Polyene — wenn man von dem Kryptoxanthin absieht — mit dem ersteren die Mehrwertigkeit der Alkoholfunktion, mit den letzteren die beträchtliche Molekulargröße gemein haben. Die außerordentlich *nahe Verwandtschaft zwischen Fettstoff und Farbwachs* wird durch das Ergebnis der katalytischen Hydrierung bestätigt: Das Polyenestergemisch verwandelt sich glatt in eine farblose Substanz, welche von einer gewöhnlichen Wachs- bzw. Fettart in ihren Eigenschaften und Konstanten kaum zu unterscheiden ist. Die Reduktion ist durchaus vergleichbar mit der technischen Härtung der Fette, nur wird der überwiegende Anteil des Wasserstoffes diesmal nicht von der saueren, sondern von der alkoholischen Molekülkomponente abgefangen.

Überblickt man die Lipochrom-Literatur, so entsteht der bestimmte Eindruck, daß man auf dem Wege der Verseifung in vielen Fällen nicht den vermeintlich intakten Farbstoff, sondern nur dessen alkoholische Komponente krystallinisch abgeschieden hat: mit der Spaltung der farblosen Lipoide läuft nämlich der Angriff auf das Polyenwachs zeitlich parallel. Möglicherweise ist in einzelnen Fällen, infolge von lipatischen Einflüssen auch ohne Anwendung von Lauge ein hydrolytischer Abbau des Extraktes eingetreten. Allerdings sind die Versuchsbedingungen der enzymatischen Farbwachshydrolyse noch unbekannt.

Durch die Klärung der soeben angeführten Tatsachen ist das gemeinsame Vorkommen von Polyen und Lipoid verständlicher geworden. Es handelt sich nicht um ein zufällig gleichzeitiges Auftreten, sondern man erkennt den nahen genetischen Zusammenhang zwischen den beiden Körperklassen. *Der pflanzliche bzw. tierische Organismus bringt dreierlei Lipoidarten aus den folgenden Bausteinen hervor:*

1. farblose Säuren mit farblosen Alkoholen verestert: gewöhnliche Fette und Wachse, Lecithine, Sterinester;

2. farbige Polyensäure mit farblosem Alkohol (Phytol und Methanol) verestert: Chlorophyll;

3. farblose Säuren mit farbigen Polyenalkoholen verestert: Farbwachse, vom Typus des Physaliens oder des Capsicum-Gesamtesters.

Während also im Chlorophyll die saure Komponente Träger der Farbe ist, trifft man in dem Lipochrom von Fetten Vertreter einer Körperklasse an, welche das Chromophor in der alkoholischen Komponente enthalten. Das Hauptmerkmal der Struktur ist aber in beiden Fällen das gleiche, nämlich das *Prinzip der Veresterung*, durch das das gesamte Gebiet der farblosen und gefärbten Lipoide beherrscht wird.

Wichtige Unterschiede zeigen sich in der *Gestalt des Kohlenstoffgerüstes:* die lückenlose Aneinanderreihung von —CH$_2$—-Gruppen in den bekanntesten Fett- und Wachsarten findet ihr Gegenstück im veresterten Lipochrom, dessen Isoprenbaustein weitgehende Verzweigung bedingt. Demgemäß darf das Vorherrschen der unverzweigten Bauart nicht mehr auf das gesamte Gebiet der Fettchemie ausgedehnt werden. Das Chlorophyllmolekül weist sogar sowohl in seiner saueren, als auch in der alkoholischen Komponente eine große Anzahl von Seitenketten auf. Andererseits erinnert das Vorkommen von hydroaromatischen Ringen in Farbwachsen an die natürlichen Sterinester.

Der Mechanismus der *Biosynthese* von verestertem Polyen ist noch unklar. Manches spricht dafür, daß die Bildung von gewöhnlichem und von farbigem Lipoid parallel verläuft, indem die im Gewebe aufgebaute Fettsäure teils mit farbigen, teils mit farblosen Alkoholen in Verbindung tritt. Unter bestimmten Bedingungen wäre es aber auch möglich, daß die Farbwachse Zwischenprodukte der gewöhnlichen Fett- und Wachssynthese sind.

Schließlich sei erwähnt, daß es in manchen Fällen zu gar keiner Veresterung der OH-Gruppen von Polyenalkoholen kommt, obzwar das Gewebe sehr reichlich farblose Lipoide enthält (Beispiel: Samenhäute des *Evonymus europaeus*; ZECHMEISTER und TUZSON 6). Die Gründe für das Ausbleiben der Reaktion sind unklar und dürften auf enzymchemischem Gebiete liegen.

4. Beziehungen zum Eiweiß.

Im Abschnitt über tierische Carotinoide wird ausgeführt, daß in Crustaceen und anderen marinen Tieren Carotinoide vorkommen, die mit Eiweiß gepaart sind, die also zu den Chromoproteiden zählen. Formell spielt hier das Polyenmolekül eine ähnliche Rolle, wie das Hämin im Hämoglobin, während die physiologische Funktion noch unklar ist. Wird aus dem wasserlöslichen, grünen oder blauen Hummerfarbstoff die prosthetische Gruppe durch Abbrühen oder Säureeinwirkung entfernt, so bleibt ein Carotinoid zurück (S. 280—285).

5. Mögliche Beziehungen zu anderen Naturfarbstoffen.

Auf die Verwandtschaft von Phytol und Carotinoiden wurde bereits hingewiesen, es fragt sich aber, ob genetische Zusammenhänge zwischen dem Polyengehalt des grünen Blattes und dem eigentlichen *Chlorophyll*-Komplex bestehen können. EULER und HELLSTRÖM halten Beziehungen zu den Porphyrinen[1] bzw. zum Chlorophyll für möglich. Es sei in diesem Zusammenhange bemerkt, daß eine Veresterung von Chlorophyllin mit Xanthophyll denkbar ist, derartige Gebilde sind indessen bisher nicht angetroffen worden.

Eine weitere Farbstoffklasse, deren strukturchemischer Vergleich mit den Carotinoiden von bedeutendem biologischem Interesse wäre, ist kürzlich von KUHN, GYÖRGY und WAGNER-JAUREGG (1—3), sowie von ELLINGER und KOSCHARA entdeckt und *Flavine* bzw. *Lyochrome* genannt worden (vgl. auch bei GYÖRGY und KUHN; Dieselben mit WAGNER-JAUREGG; WAGNER-JAUREGG und RUSKA; KUHN und WAGNER-JAUREGG 3; KUHN, RUDY und WAGNER-JAUREGG). Die Flavine kommen in der Hefe, Banane, Tomate, im Spinat, in der Leber (KARRER, SALOMON und SCHÖPP), im Eiklar, in der Molke usw. vor und gehören, wie die Carotinoide,

Tabelle 5. Vergleich der Lyochrome und Lipochrome
(KUHN, GYÖRGY und WAGNER-JAUREGG).

Kennzeichen	Lyochrome	Lypochrome
Zusammensetzung	N-haltig	N-frei
Farbe der Lösungen . . .	gelb, orange	gelb bis tiefrot
Fluorescenz	grün (sehr stark)	gelb bis grün (sehr schwach)
In Wasser	löslich	unlöslich
Gegen Säuren	stabil	empfindlich
Gegen Alkalien	empfindlich	stabil
Gegen Oxydationsmittel .	sehr beständig	sehr unbeständig
Beziehungen zu	Vitamin B_2	Vitamin A
Wirksame Tagesdosis . . (Wachstum der Ratte)	$5\,\gamma$ (Lactoflavin)	$5\,\gamma$ bzw. $2,5\,\gamma$ (α- und γ- bzw. β-Carotin)

[1] Nach MUSSACK soll Blutdüngung die Bildung von Carotin in der *Primula auricula* stimulieren.

zu den für das Säugetier unentbehrlichen exogenen Farbstoffen. Die Identität des Lactoflavins mit Vitamin B_2 scheint festzustehen. Wie von KUHN (4) hervorgehoben wird, sind die Eigenschaften der beiden Pigmentklassen in vieler Hinsicht komplementär (Tabelle 5, S. 42).

Drittes Kapitel.

Methoden der Konstitutionsforschung.

Nachdem gangbare Abbauverfahren (Alkalischmelze, Zinkstaubdestillation usw.) auf dem Gebiete der Polyene versagt hatten, führten die nachstehend zusammengefaßten Methoden zu einer weitgehenden Klärung der chemischen Struktur.

1. Ermittlung der Doppelbindungen.

Farbe und Verhalten eines Carotinoids sind vor allem durch die Länge und Lage seines ungesättigten Systems bedingt. Eine der ersten Aufgaben ist daher die Bestimmung der Doppelbindungen, wozu mit analytischer Genauigkeit durchgeführte *Additionsreaktionen* dienen.

a) Ermittlung der Doppelbindungen durch Wasserstoffaddition. Diese Methode erfaßt sämtliche Äthylenbindungen mit Hilfe von katalytisch erregtem Wasserstoff, dessen Volumabnahme gemessen wird. Als Lösungsmittel kommen in Anwendung: Eisessig, Cyclohexan, Hexan, Essigester, Dekalin usw., als Katalysatoren: Platinmohr, Platinoxyd (auch reduziert), Palladiumkohle, Palladiumbariumsulfat usw. Manche Polyene sind so schwer löslich, daß man starke Verdünnungen anwenden muß. Es gelingt aber auch, Suspensionen zu hydrieren, da die Reduktionsprodukte leichter löslich sind, ein solcher Versuch zieht sich indessen in die Länge, wenn der Farbstoff hartkrystallinisch ist. Man kann eine Eisessiglösung auch bei 35—40° bereiten; hydriert man sofort, so findet keine Ausscheidung statt. — Eine Besonderheit der Polyenhydrierung ist die benötigte große Menge an dem Katalysator (0,5—2,5 Teile Platin auf 1 Teil Substanz). Dieser Nachteil wird manchmal dadurch wettgemacht, daß man mehrere Farbstoffportionen mit demselben Platin reduzieren kann. Jedenfalls ist der Eigenverbrauch des Katalysators im Leerversuch festzustellen.

Stockt die Wasserstoffaufnahme vorzeitig, so wird das Platin durch kurzes Schütteln der Flüssigkeit an der Luft belebt (WILLSTÄTTER und WALDSCHMIDT-LEITZ), wenn nicht ein Katalysatorgift, z. B. Schwefel zugegen ist. Es ist ratsam, mit möglichst reinen Lösungsmitteln zu arbeiten.

Bei der Hydrierung zeigen sich weitgehende Unterschiede im Verhalten der einzelnen Repräsentanten der Gruppe. Während Bixin- und Crocetinlösungen erst ganz am Schlusse der Wasserstoffaufnahme ihre Farbe einbüßen (KARRER und SALOMON 2), liefern Carotin und Xanthophyll bereits eine farblose Flüssigkeit, als die Aufnahme von etwa 3 Molen Wasserstoff noch aussteht (ZECHMEISTER und CHOLNOKY 8). Zur Kennzeichnung der einzelnen Carotinoide wurde daher die Aufnahme einer colorimetrischen Hydrierungskurve empfohlen. Man entnimmt der Reaktionsflüssigkeit in verschiedenen Stadien der Wasserstoffaufnahme Proben, um sie mit der Ausgangslösung colorimetrisch zu vergleichen. Die Kurven (S. 46) deuten auf die Identität der Chromogene von Carotin und Xanthophyll hin (ZECHMEISTER und CHOLNOKY 8, ZECHMEISTER und TUZSON 1). Die Erfahrung von KUHN und WINTERSTEIN (1), daß bei der katalytischen Hydrierung von Diphenylpolyenen das Reaktionsgemisch in jedem Zeitpunkte aus unangegriffenem und völlig hydriertem Material besteht, gilt für Carotinoide nicht immer streng, namentlich wenn einzelne Doppelbindungen in Ringsystemen liegen.

Eine wichtige Bereicherung der Versuchstechnik bringt die neue *Mikromethode* (Differentialmethode) von KUHN und MÖLLER, welche die genaue Bestimmung der Doppelbindungen in wenigen Milligrammen Substanz zuläßt (S. 46).

Ausführung der katalytischen Hydrierung im Makromaßstab.

Nachfolgend wird die katalytische Wasserstoffaddition an ungesättigte Substanzen so beschrieben, wie sie im Laboratorium von WILLSTÄTTER geübt wurde. WILLSTÄTTER und WALDSCHMIDT-LEITZ untersuchten den günstigen Einfluß des Sauerstoffs auf den glatten Ablauf der Reaktion, von ihnen stammt auch die Vorschrift zur Bereitung der Kontaktsubstanz.

Darstellung des Platinmohrs. 80 cm³ einer etwas HCl-haltigen Lösung von Platinchlorwasserstoffsäure aus 20 g Pt werden mit 150 cm³ 33proz. Formaldehyd vermischt und bei —10° unter kräftigem Rühren tropfen-

weise mit 420 g 50proz. KOH so langsam versetzt, daß die Temperatur
nie über 4—6⁰ steige. Darauf erwärmt man unter lebhaftem Rühren $^1/_2$ Stunde
auf 55—60⁰, wäscht in einem hohen Zylinder durch Dekantieren bis zum
Verschwinden der alkalischen und der Cl-Reaktion, saugt auf der Nutsche
schwach ab (das Platin muß stets von Wasser bedeckt bleiben). Dann wird
zwischen Filtrierpapier rasch abgepreßt und im Vakuumexsiccator getrocknet,
der vorher mit Kohlendioxyd gespült wurde. Auch beim Öffnen läßt man

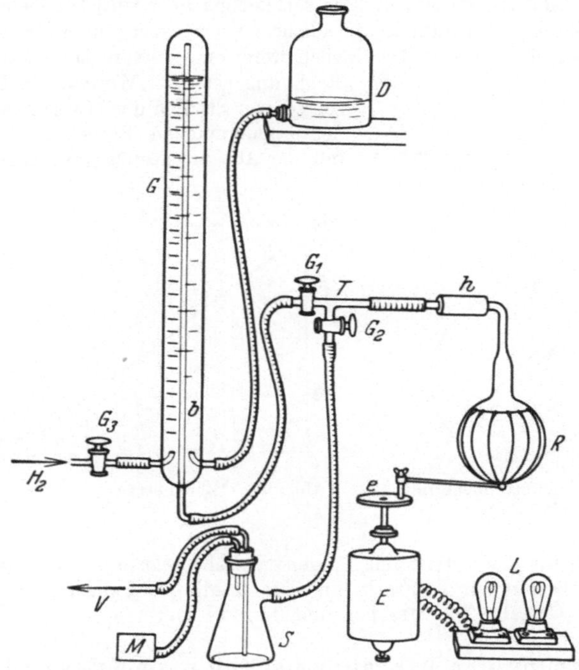

Abb. 4. Apparat zur katalytischen Hydrierung (*G* Gasometer; *R* Schüttelbirne;
V Vakuumpumpe; *M* Manometer; *E* Elektromotor; *D* Devilleflasche; *S* Saugflasche).

CO_2 statt Luft einströmen. Meist zeigt das Platinschwarz in Eisessig suspen-
diert die höchste Aktivität. Bereitung von *Platinoxyd*, *Palladiumoxyd*:
ADAMS und SHRINER; SHRINER und ADAMS; FRÄNKEL. Platin auf Kieselguhr:
KÖPPEN; KUHN und MÖLLER.

Versuchsanordnung. Aus Abb. 4 geht der Gang des Reduktionsversuches
ohne weiteres hervor. Am zweckmäßigsten wird die gewöhnliche Glasbirne
durch eine Birne mit Seitenrohr ersetzt (Abb. 5, S. 46; ZECHMEISTER
und CHOLNOKY 8). Der Wasserstoffstrom passiert Waschflaschen mit Lauge,
Permanganat und Silbernitrat. Zunächst wird das Platin in wenig Lösungsmittel bei Tieflage von *D* in den Kolben gesaugt und nachgespült, worauf
man zweimal evakuiert, mit H_2 füllt und bis zur Volumkonstanz des Gasraumes schüttelt. Nun kann die Farbstofflösung (oder Suspension; mehrere

Dezigramme Polyen) auf ähnlichem Wege eingeführt und, nachdem man wiederholt evakuiert hat, hydriert werden. Will man während des Versuches das Reaktionsgemisch prüfen (z. B. colorimetrisch, spektroskopisch, im Polarimeter usw.), so werden bei hochgestelltem D, die zur Saugflasche sowie zur Wasserstoffquelle führenden Glashähne geschlossen und die beiden Glashähne der Schüttelbirne (Abb. 5) vorsichtig geöffnet, bis einige Kubikzentimeter der Flüssigkeit in M gelangt sind und sich von dort (nach Öffnung von S) abpipettieren lassen. Der verbliebene Rest wird bei Tiefstellung der Devilleflasche vorsichtig in die Birne zurückgesaugt und für den Volumverlust (nach Ablesung des Gasbehälters) eine entsprechende Korrektur in Rechnung gestellt. Werden die in den verschiedenen Stadien der Wasserstoffaufnahme herausgenommenen Proben im Colorimeter mit der Ausgangslösung verglichen, so erhält

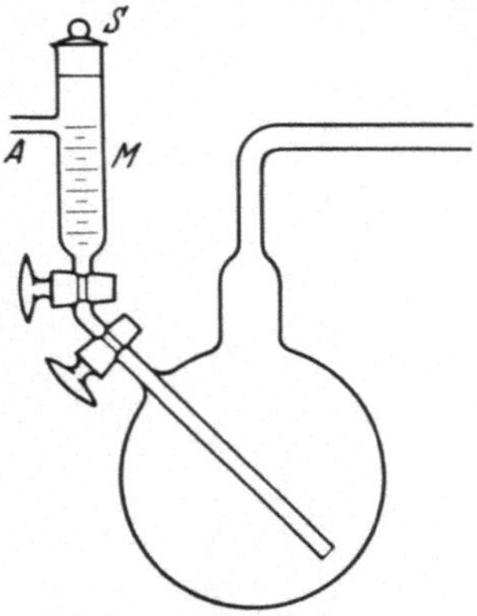

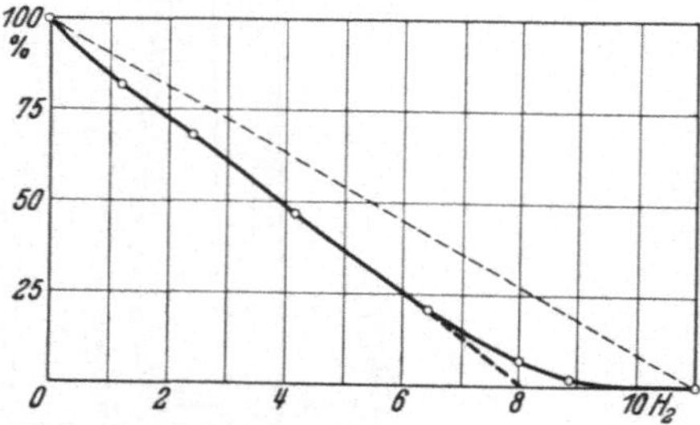

Abb. 5. Schüttelbirne mit Seitenansatz.

Abb. 6. Colorimetrische Hydrierkurve des β-Carotins.

man eine für das betreffende Polyen typische *colorimetrische Hydrierkurve*. Dieselbe besitzt für β-Carotin und für Xanthophyll die in Abb. 6 wiedergegebene Gestalt (ZECHMEISTER und TUZSON 1).

Ausführung der Mikrohydrierung nach KUHN und MÖLLER.

Die Apparatur unterscheidet sich von den üblichen *Differentialmanometern nach* WARBURG durch das absperrbare Einfüllrohr für die Manometerflüssigkeit, durch den oberen Verbindungshahn zwischen beiden Capillaren und durch die Form der Gefäße (Abb. 7).

Eichung der Apparatur. Man schneidet die Verbindungscapillaren kurz oberhalb der Schliffhauben durch und nimmt zwei Teileichungen vor: 1. Verbindungscapillare und Meßcapillare bis zum Teilstrich 15,0 cm in der üblichen Weise mit Quecksilber, 2. Gefäß mit Schliffhaube und anschließender Teil der Verbindungscapillare mit Wasser. Zu diesem Zweck wird die Schliffhaube abgenommen, das Gefäß ganz mit Wasser gefüllt und die Haube sehr schnell, aber doch mit Vorsicht, wieder aufgesetzt. Um Luftreste zu verdrängen, erwärmt man das Gefäß unter Klopfen in einem siedenden Wasserbad und läßt, wenn alles mit Wasser gefüllt ist, durch ein gebogenes Capillarrohr während des Erkaltens Wasser nachsaugen. Unter Umständen ist diese Operation zu wiederholen. Man entfernt schließlich noch etwas Wasser aus der Capillare, mißt den Stand des Meniscus und wägt das ganze. Nach dem Zusammenschmelzen eicht man die verbleibende Capillare usw. einschließlich der Schmelzstelle, mißt bis zur Marke und berechnet die Differenz aus dem Capillarenquerschnitt.

Messung. Substanz und Vergleichssubstanz werden auf der Mikrowaage abgewogen und in die Anhänge der Gefäße gefüllt. Die Einwaage der Substanz hat sich nach dem Wasserstoffverbrauch der Vergleichssubstanz zu richten, damit kein zu großer Druckunterschied bei der Hydrierung auftritt. Der Katalysator wird in die Wannen eingewogen. Beide Gefäße sollen möglichst mit derselben Menge ($+$ 10%) beschickt werden. Darauf wird das Lösungsmittel mit einer Pipette in die Wannen gegeben. Die Schliffe werden am *unteren* Rande mit zähem *Lanolin* gefettet, in die Schliffhauben eingesetzt. Das Füllrohr wird mit absolutem Alkohol beschickt, wobei darauf zu achten ist, daß in der Bohrung des Absperrhahns keine Luft zurückbleibt. Das freie Rohrstück am oberen Dreiwegehahn, der die Capillaren miteinander verbindet, wird an

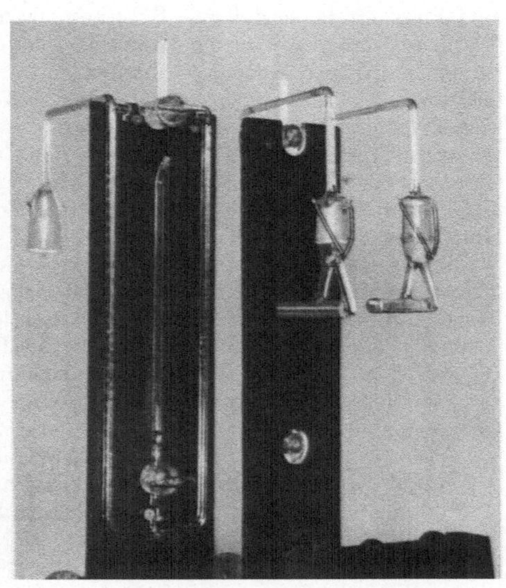

Abb. 7. Apparat zur Mikrohydrierung nach KUHN und MÖLLER.

ein System angeschlossen, welches gestattet, abwechselnd zu evakuieren (etwa 20 mm) und den gereinigten Wasserstoff einzulassen. Während des Evakuierens[1] wird von Hand kräftig geschüttelt, um auch alle gelöste Luft zu entfernen. Das Evakuieren und Zulassen des Wasserstoffs wird etwa dreimal wiederholt. Beim letzten Einfüllen des Wasserstoffs soll schließlich ein geringer Überdruck (etwa 50 mm Hg) in den Gefäßen herrschen. Es empfiehlt sich dabei wiederum kräftig zu schütteln. Zuletzt wird der Dreiwegehahn so gestellt, daß beide Gefäße kommunizieren. Bei leichtflüchtigen Lösungsmitteln (bei Eisessig und Dekalin unnötig) werden die Gefäße während des Evakuierens durch eine Kältemischung gekühlt.

Die vollständig beschickte Apparatur wird nun in den Thermostaten (25°) eingesetzt und etwa 1 Stunde geschüttelt (bei Trägerkatalysatoren ist die erforderliche Zeit kürzer, bei Platin- und Palladiumoxyd kann sie mehrere Stunden betragen). Durch schnelles Drehen des Dreiwegehahns

---

[1] Dabei wird der in den Meßcapillaren verbliebene Alkohol herausgesaugt.

wird der Überdruck abgelassen und durch vorsichtiges Öffnen des unteren Absperrhahnes der Alkohol in die Capillaren eingelassen. Bei offenem Absperrhahn und kommunizierenden Capillaren darf nun keine Druckänderung gegen die Atmosphäre auftreten. Hat man sich davon überzeugt, so schließt man den Absperrhahn und dichtet ihn durch Überschichten mit Hg (2—3 cm). Den Dreiwegehahn stellt man schräg, so daß jede Verbindung unterbrochen ist. Jetzt kann die Apparatur als Differentialmanometer wirken und es wird die entscheidende Prüfung auf Konstanz des Drucks vorgenommen. Man nimmt die Apparatur aus dem Thermostaten und kippt öfters, so daß alle Substanz aus dem Anhang herausgelöst wird und zum Katalysator in die Wanne kommt. Die Reste der Lösung werden zu einem späteren Zeitpunkt durch erneutes Kippen in die Wanne gespült. Die erste Ablesung wird vorgenommen, wenn die Vergleichssubstanz fast durchhydriert ist. Bei Sorbinsäure war das in mehreren Versuchen nach ganz wenigen Minuten der Fall. Man liest dann die Druckunterschiede in entsprechenden Zeitabschnitten ab, bis wieder Konstanz des Drucks erreicht ist. Nach längerem Gebrauch sind die Meßcapillaren und Hahnschliffe mit Chloroform gründlich zu reinigen.

Wasserstoff. Man verwende elektrolytisch dargestellten Wasserstoff. Dieser wird zunächst durch ein Rohr mit Palladiumasbest, das auf dunkle Rotglut erhitzt ist, dann durch eine Waschflasche mit alkalischer Plumbitlösung geleitet. Zur Trocknung dient ein Rohr mit gekörntem Calciumchlorid, zum Zurückhalten von Calciumchloridstaub ein Rohr mit Watte. (Die Reinigungs- und Trocknungsanlage wird so weit als möglich zusammengeblasen und die Verwendung von Gummi vermieden.)

Lösungsmittel. Als Eisessig und Alkohol können die Reagenzien pro anal. von E. MERCK ohne weitere Reinigung verwendet werden. Hexahydrotoluol (TH. SCHUCHARDT, für wissenschaftliche Zwecke) mußte sehr häufig mit Schwefelsäure (MERCK, pro anal., für forensische Zwecke) geschüttelt werden, bis es im Mikroversuch gegen Platinoxyd und Wasserstoff praktisch beständig war. Die Säure wurde anfangs halbtägig, später täglich, dann zweitägig und zuletzt wöchentlich erneuert. Dekalin wurde wiederholt kurze Zeit mit 5proz. Oleum (pro anal.) ausgeschüttelt. Die Säure färbt sich immer noch etwas, auch wenn das Dekalin gegen Platinoxyd und Wasserstoff bereits gesättigt ist. Die Kohlenwasserstoffe werden zuletzt unter Atmosphärendruck sorgfältig fraktioniert. Besondere Vorteile bietet in vielen Fällen die Anwendung von *Lösungsmittelgemischen*; günstig für Carotinoide ist Dekalin-Eisessig (1: 2 bis 2: 1), auch wenn durch Spuren von Wasser Entmischung stattfindet. In der Grenzschicht verteilen sich Platin und Palladium viel besser als in homogener Lösung.

Katalysatoren. KUHN und MÖLLER verwenden Platinoxyd und Palladiumoxyd nach ADAMS und SHRINER, die vor Versuchsbeginn im Reaktionsgefäß reduziert und mit Wasserstoff gesättigt werden, ferner die Trägerkatalysatoren der Membranfilter-Ges. m. b. H. (Göttingen) 7, 7a und 17 (Platin auf Kieselgur vgl. bei KÖPPEN). Diese sind für Carotinoide, Sterine u. a. hervorragend geeignet, aber bei gewissen N-haltigen basischen Verbindungen unbrauchbar. In diesen Fällen sind Platin- und Palladiumoxyd überlegen. Für die Perhydrierung aromatischer Ringsysteme sind dagegen nur die starken Kieselgelkatalysatoren (13 und 17) empfehlenswert. Die besten Präparate von α-Carotin waren mit Platinoxyd in Dekalin-Eisessig nicht zuverlässig zu perhydrieren, mit dem Trägerkatalysator 17 wurden genau 11 Mole H_2 aufgenommen, obwohl durch Kohlenwasserstoffe (Dekalin) die Aktivität der Trägerkatalysatoren herabgesetzt wird. Der vergiftete Trägerkatalysator 7a hat in den meisten Fällen auch die CO-Gruppe, wenn auch langsam so doch weitgehend, angegriffen. Die Verwendung der stärksten Kieselgelkontakte (Nr. 13 und 17) ist jedoch bei vielen von den Autoren hydrierten Carbonyl-polyenen derjenigen von PtO_2 vorzuziehen, da erstere im Gegensatz zu PtO_2 zuverlässige Endwerte für eine Hydrierung bis zur Alkoholstufe wenigstens bei höhermolekularen Polyenen ergeben.

Auswertung der Messung. Bedeuten δ_x = Anzahl der Doppelbindungen pro Mol, E_x = Einwaage, M_x = Molekulargewicht der untersuchten Substanz x, V_x = das Volumen des betreffenden Gasraumes, sind weiters die entsprechenden Größen der Testsubstanz t: δt, $E t$, $M t$ und $V t$, so ergibt sich der Ausdruck

$$\delta_x = \frac{M_x}{E_x}\left[\frac{V_x}{V_t}\cdot\frac{E_t\cdot\partial t}{M_t} + h\,\frac{273}{T\cdot W}\left(1 + \frac{A\cdot s}{2\cdot 1{,}034\cdot V_t}\right)\left(\frac{1{,}034\cdot V_x}{s} + \frac{A}{2}\right)\right],$$

in welchem A = Querschnitt der Capillare, h = Niveauunterschied, T = absolute Temperatur, W = Molekularvolumen des Wasserstoffs und s = spezifisches Gewicht der Manometerflüssigkeit bedeuten. [Die Formel gilt nur für den Fall, daß das von der x-Substanz aufgenommene H_2-Volumen das größere ist, ansonsten muß sie transformiert werden (Ableitung der Formel und rechnerische Einzelheiten im Original).]

b) Ermittlung der Doppelbindungen durch Anlagerung von Halogen. Polyene addieren *Brom in Chloroform* und der Halogenverbrauch läßt sich titrieren (ZECHMEISTER und TUZSON 2), doch werden erfahrungsgemäß nicht alle Doppelbindungen abgesättigt. So binden Carotin und Xanthophyll 11 H_2, aber nur 8 Br_2, während Bromdampf unter den Bedingungen von ROSSMANN vorübergehend von allen Lückenbindungen des Carotins addiert wird.

Es ist zu begrüßen, daß PUMMERER und REBMANN (1, teils mit REINDEL 1) im *Chlorjod* ein Reagens gefunden haben, das (fast) immer alle Doppelbindungen erfaßt und zur Kontrolle der Hydrierung dienen kann. Die praktische Voraussetzung ist ein 2,8facher Überschuß des Reagens und genügend lange Reaktionsdauer. Der konstante Endwert wird nämlich von Carotin in 20 Stunden, von Xanthophyll und Lycopin erst in etwa 7 Tagen erreicht.

Ausführung. Die Lösung des Carotinoids in Tetrachlorkohlenstoff (z. B. 0,075 g Carotin in 10 cm³) wird mit dem 3fachen der Theorie an WIJSschem Chlorjodlösung (etwa 0,2 n JCl in CCl_4) vermengt und bei Zimmertemperatur, unter Lichtabschluß, im Schliffkolben aufbewahrt. Man setzt das unverbrauchte Chlorjod in aliquoten Proben mit wäßrigem Jodkali um, titriert das Jod mit Thiosulfat und berechnet daraus die Anzahl der abreagierten Lückenbindungen.

c) Ermittlung der Doppelbindungen durch Sauerstoffaddition.

Als ein weiteres analytisches Hilfsmittel führten PUMMERER und REBMANN (1) (teils mit REINDEL 1) die *Benzopersäure* ein, dessen Molekül 1 O-Atom abgibt und 1 Doppelbindung sättigt:

$$\text{—CH=CH—} \quad \rightarrow \quad \text{—CH—CH—} \overset{O}{\triangle}$$

An diesem Vorgang nehmen stets weniger Doppelbindungen teil, als an der Wasserstoffanlagerung; öfters spricht die gleiche Anzahl auf Benzopersäure und auf Brom (in Chloroform) an.

Ausführung. Man löst den Farbstoff in der Chloroformlösung der Persäure von bekannter Stärke, bewahrt die Flüssigkeit im Schliffkolben bei 0° und Lichtabschluß auf und titriert die unangegriffene Benzopersäure zurück. Eine Carotinlösung wird rasch gelb, später gelbgrün, und entfärbt sich im Laufe eines Tages. Dann ist auch die Umsetzung beendet und die Titrationswerte ändern sich nicht mehr. (Um eine Korrektur für die Selbstzersetzung der Persäure zu erhalten, läuft ein blinder Versuch mit dem Hauptversuch parallel.) Die unverbrauchte Persäure wird durch Schütteln mit wäßrigem

Tabelle 6. Anzahl der nachgewiesenen Kohlenstoffdoppelbindungen in Carotinoiden.

| Farbstoff | Mit Reagenzien, welche die Doppelbindungen | | | | | |
| | stets vollständig erfassen: | meist vollständig erfassen | | nur teilweise sättigen | | |
	Wasserstoff (katalytisch erregt)	Chlorjod	Brom (Dampf)	Brom (in $CHCl_3$)	Benzopersäure	Rhodan
Lycopin	13	13	—	—	12	—
Rhodoxanthin .	12	—	—	—	—	—
Rubixanthin . .	12	—	—	—	—	—
γ-Carotin. . . .	12	—	—	—	—	—
β-Carotin. . . .	11	11	11	8	8	—
α-Carotin. . . .	11	—	—	—	—	—
Kryptoxanthin .	11	—	—	—	—	—
Xanthophyll(Lutein)	11	11	—	8	8	—
Zeaxanthin. . .	11	—	—	—	8	—
Physalien . . .	11	—	—	8	8	—
Flavoxanthin. .	11	—	—	—	—	—
Violaxanthin . .	11	—	—	—	—	—
Taraxanthin . .	11	—	—	—	—	—
Fucoxanthin . .	10	—	—	—	—	—
Capsanthin . .	10	—	—	8	8	—
Bixin	9	6	—	5	6	3
Crocetin	7	—	—	3—4	—	—
Azafrin	7	—	—	4	—	—

Die Literaturzitate sind im Speziellen Teile bei den einzelnen Carotinoiden angeführt.

Jodkali und Essigsäure reduziert und die Menge des freigemachten Jodes mit Thiosulfat gemessen.

Die wichtigsten *Ergebnisse der Bestimmung von Doppelbindungen* in natürlichen Polyenen enthält *Tabelle 6*, S. 50.

2. Bestimmung von Methylseitenketten. Einwirkung von Chromsäure.

Kaliumpermanganat in Alkali wurde von KUHN, WINTERSTEIN und KARLOWITZ zur Ausarbeitung einer analytischen Methode benutzt, die darauf beruht, daß Polyenketten unter passenden Bedingungen vollständig zu Kohlensäure und Wasser verbrennen, während ein seitenständiges Methyl (und das mit ihm verknüpfte C-Atom der Hauptkette) in Form von *Essigsäure* erhalten bleibt. Die Bedeutung des Verfahrens liegt für die Carotinoide darin, daß es die Stellung gerade solcher C-Atome klärt, die von Additionsreaktionen nicht erfaßt werden. Auch zeigt jede Methylgruppe in der Regel einen Isoprenrest als Baustein an. In der Folge hat es sich erwiesen, daß die Oxydation *vorteilhafter mit Chromsäure* durchgeführt wird. So wurden nach dem Permanganatverfahren nur drei, nach der Chromsäuremethode aber vier Methylseitenketten im Crocetin als Essigsäure erfaßt (KUHN und L'ORSA 1). Nach KARRER, HELFENSTEIN, WEHRLI und WETTSTEIN verläuft der Permanganatabbau nur glatt bei Gruppierungen wie

$$=CH-C=$$
$$|$$
$$CH_3$$

während stärker gesättigte Radikale, wie

$$-CH_2-C=$$
$$|$$
$$CH_3$$

nur unvollständig oder überhaupt nicht zu Essigsäure abgebaut werden. In manchen Fällen hält man so verschiedenartig gebundene C-Methyle auseinander.

Ausführungsform der Chromsäuremethode nach KARRER, HELFENSTEIN, WEHRLI *und* WETTSTEIN. Die Substanz (0,2 g) wird mit 12 g krystallisiertem Chromtrioxyd, 3 g Kaliumbichromat, 30 cm³ Wasser und 20 cm³ 84proz. Phosphorsäure auf dem Wasserbad, unter Rückfluß erhitzt und die entstandene Essigsäure in CO_2-freiem Luftstrom abdestilliert, bis der Rückstand stark zu schäumen beginnt, in welchem Moment viermal 30 cm³ Wasser nachgefüllt werden (Gesamtdestillat etwa 150 cm³). Von der zur Neutralisation der Säure notwendigen 0,1 n-Natronlauge bringt man einen Blindwert von 1,5 cm³ in Abzug, dies kann jedoch unterbleiben, wenn Kühler und Destillationsaufsätze durch Glasschliff mit dem Kolben verbunden sind (KARRER, SCHÖPP und MORF).

Die Versuchsbedingungen der Chromsäureoxydation wurden von KUHN und L'ORSA (2) eingehend untersucht. Man kann nach ihrem Verfahren nebst der essigsäure-bildenden C-Atome auch die übrigen (als CO_2) ermitteln und so eine Kohlenstoffbilanz aufstellen. Diese nasse Verbrennung hat aber bisher keine Verbreitung gefunden. Hingegen haben KUHN und ROTH (2) ein einfacheres Verfahren zur Bestimmung von C-Methylgruppen veröffentlicht, welche auf dem gleichen Prinzip fußt und dessen Apparatur auch zur Ermittlung von Acetyl- und Benzoylgruppen geeignet ist.

Mikrobestimmung von C-Methylgruppen nach KUHN und ROTH (2).

Die Grundlage des Verfahrens besteht darin, daß man die durch Oxydation gebildete Essigsäure bei Atmosphärendruck abdestilliert und mit 0,01 n-NaOH (3—10 cm³) titriert.

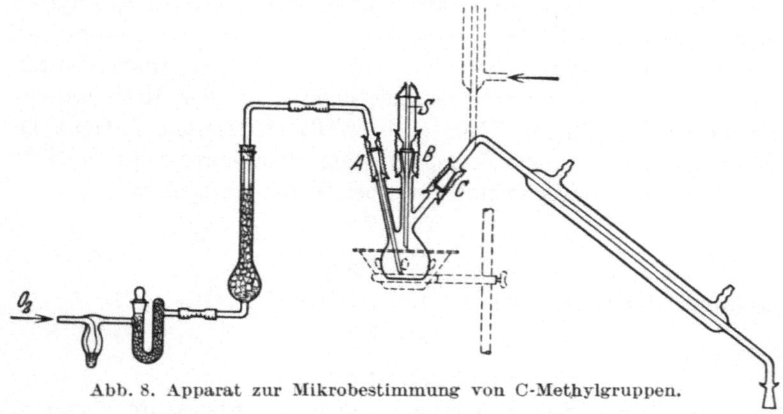

Abb. 8. Apparat zur Mikrobestimmung von C-Methylgruppen.

Die *Apparatur* (Abb. 8) besteht aus Jenaer Geräteglas, nur der Kühler aus klarem Quarz[1]. Das Reaktionskölbchen faßt 45 cm³ und trägt drei Schenkel mit Schliffen, die durch Stahlfedern gesichert sind. Durch den Schenkel *A* geht ein Einleitungsrohr für Sauerstoff, das bis nahe an den Boden des Kölbchens reicht. Schenkel *B* dient zum Einbringen der Substanz und der Reagenzien. Durch Lüften des eingeschliffenen Glasstabes *S* kann man, ohne die Destillation zu unterbrechen, Wasser nachgeben. Schenkel *C* ist mit dem Quarzkühler verbunden. Dieser trägt an beiden Enden gleiche Schliffe, jedoch unter verschiedenem Winkel, wodurch er sowohl zum Erhitzen unter Rückfluß als auch zum Abdestillieren verwendet werden kann.

---

[1] Der Apparat kann von W. VETTER, Heidelberg, Hauptstr. 5, bezogen werden.

Ausführung. 5—10 mg Substanz werden mit einem Einwägeröhrchen auf den Boden des Kolbens gebracht. Man setzt den Kühler auf, dichtet Schliff *C* durch einen Tropfen Wasser, stellt den Sauerstoff- (oder Stickstoff- oder Luft-) Strom auf 30 Blasen/Minute, dichtet *A* mit Metaphosphorsäure, führt durch *B* 1 cm³ konzentrierte Schwefelsäure ($d = 1{,}84$) und 4 cm³ 5 n-Chromsäure ein, dichtet *B* mit Metaphosphorsäure und erhitzt auf einem Babotrichter mit freier Flamme, unter Rückfluß $1^1/_2$ Stunden. Die überschüssige Chromsäure wird nach dem Kühlen fast vollständig mit Hydrazinhydrat, das in sehr kleinen Tropfen zugegeben wird, reduziert. Man stumpft mit 6 cm³ 5 n-Natronlauge ab (Kühlung) und gibt 1 cm³ Phosphorsäure ($d = 1{,}7$) zu. Vor dem Abdestillieren der Essigsäure ist der Kühler sehr gründlich auszuspülen. Es wird bis auf 2—3 cm³ abdestilliert und die übergehende Essigsäure durch einen Trichter in einem Quarzkölbchen nach PREGL (zur KJELDAHL-Bestimmung) gesammelt. Nach Zugabe von je 5 cm³ Wasser destilliert man dreimal nach. Das Destillat (gegen 20 cm³) wird mit etwas $BaCl_2$ auf Abwesenheit von H_2SO_4 geprüft, 7—8 Sekunden zum Sieden erhitzt und sofort mit 0,01 n-NaOH nach PREGL auf Phenolphtalein bis zur eben beginnenden Rosafärbung titriert. Zur zweiten Titration werden 2—3mal je 5 cm³ abdestilliert, für die dritte nur noch 5—10 cm³. (Den Faktor der Lauge bestimmt man mit Oxalsäure, bei ähnlichen Verdünnungen wie im Versuch.) Gefunden Mole Essigsäure (Mittelwerte):

α-Carotin	4,12	Zeaxanthin	4,06
β-Carotin	5,43	Violaxanthin	5,49
Iso-carotin	4,47	Azafrin	3,55
Lycopin	5,45	Bixin	4,00
Lutein	4,54	Crocetin-dimethylester (trans)	3,99

Durch genaue Dosierung von wenig *Chromsäure* ließen sich unter milden Bedingungen die *ersten Oxydationsprodukte des Carotins, Lycopins* und *Azafrins* fassen, welche auf S. 141, 160 und 267 besprochen werden (KUHN und BROCKMANN 5, 6, 11, 12; KUHN und GRUNDMANN 1, 2). Für *β-Oxycarotin* s. S. 144.

3. Bestimmung der Isopropylidengruppe.

Die Isopropylidengruppe $(CH_3)_2C{=}$, wie sie z. B. an beiden Enden der Lycopinformel steht, kann aus einem Polyenmolekül nach KARRER, HELFENSTEIN, PIEPER und WETTSTEIN durch Ozonisierung in Aceton übergeführt werden, worauf man das Keton

$$CH_3{-}\underset{\underset{CH_3}{|}}{C}{=}C\ldots \qquad \longrightarrow \qquad CH_3{-}\underset{\underset{CH_3}{|}}{C}{=}O$$

jodometrisch bestimmt. (Gefunden z. B. 1,6 Mol. Aceton aus 1 Mol. Lycopin=80% d. Th.) Das gleiche Prinzip wird von KUHN und ROTH (1) in ihrer *Mikromethode zur Bestimmung des Isopropylidenrestes* befolgt, nur nimmt man hier nach verlaufenem

Ozonabbau noch eine Oxydation mit heißem Permanganat (in Essigsäure) vor und verbessert dadurch in vielen Fällen die Ausbeute.

Bemerkungen: a) Wie Aceton setzen sich auch andere Methylketone mit Hypojodit, unter Bildung von Jodoform um. b) Aceton kann in erheblicher Menge auch aus Isopropylgruppen $(CH_3)_2CH-$ entstehen (z. B. 0,3 Mol. aus Thymol), besonders, wenn in deren Nachbarschaft Doppelbindungen oder Hydroxyle stehen. Weitere Bemerkungen im Original.

Ausführung. 5—10 mg Substanz, die voraussichtlich 2—3 mg Aceton liefern, werden in einen Rundkolben von 100 cm³ Inhalt, der mit Normalschliff versehen ist, eingewogen. Man löst in 3 cm³ *Essigsäure* (99—100proz., MERCK, indifferent gegen Chromsäure, zur Bestimmung der Jodzahl nach WIJS), wenn nötig unter Erwärmen. Sehr schwer lösliche Substanzen sind feinst zu pulvern und können, auch wenn die Hauptmenge ungelöst bleibt, ozonisiert werden. Zum *Ozonisieren* wird ein Normalschliff mit Zuleitungsrohr, das bis auf den Boden reicht, aufgesetzt. Das Zuleitungsrohr ist durch Schliff an den *Ozonapparat* anzuschließen, das Ableitungsrohr ebenso an einen zweiten gleichartigen Rundkolben, der mit 3 cm³ Wasser beschickt ist und mit schmelzendem Eis gekühlt wird. Für die kleinen Substanzmengen ist in der Regel eine *Ozonisierungsdauer* von 2—3 Stunden mehr als ausreichend (Strömungsgeschwindigkeit 20 cm³ pro Minute, Ozongehalt des Sauerstoffs 3,2%). Den Inhalt des zweiten Rundkolbens spült man mit etwa 20 cm³ Wasser zur Eisessiglösung, stumpft mit 16 cm³ reinster 2 n-*Natronlauge* etwa ²/₃ der Säure ab und fügt 5 cm³ n-*Kaliumpermanganat* zu. Nach Aufsetzen eines 80 cm langen Kühlers, der Normalschliffe zum Erhitzen unter Rückfluß und zum Abdestillieren trägt, wird zunächst unter Rückfluß 10 Minuten zum Sieden erhitzt. Nach Wendung des Kühlers destilliert man 20—25 cm³ in eine, mit 10 cm³ Wasser beschickte, eisgekühlte Vorlage ab. Der Vorstoß taucht schon zu Beginn der Destillation ins Wasser. Das Destillat, dessen Essigsäuregehalt z. B. 30 cm³ 0,1 n-Natronlauge entspricht, wird noch kalt mit 10 cm³ 2 n-*Natronlauge* und unter gutem Schütteln mit 10 cm³ 0,05 n-*Jodlösung* in rascher Tropfenfolge versetzt. Man läßt verschlossen, unter öfterem Umschütteln 10—15 Minuten bei Zimmertemperatur stehen, säuert mit 6 cm³ reiner konzentrierter Salzsäure[1] an und titriert nach 2—3 Minuten aus einer Mikrobürette mit 0,05 n-*Thiosulfat* (Stärke). Für alle Operationen und für die Darstellung der Lösungen ist doppelt destilliertes *Wasser* zu verwenden, das kein Hypojodit verbrauchen darf. 1 cm³ 0,05 n-Jod entspricht 0,484 mg Aceton.

4. Bestimmung der Hydroxylgruppe.

Nach KARRER, HELFENSTEIN und WEHRLI sind die Sauerstoffatome der xanthophyllartigen Carotinoide nicht, wie man früher vermutete, ätherartig gebunden, sondern sie liegen als

---

[1] Nach H. LIEB 2 Minuten ausgekocht, etwa 37proz.; vgl. F. PREGL: Die quantitative organische Mikroanalyse, 3. Aufl., S. 178. 1930.

Hydroxyle vor und können mit Hilfe der ZEREWITINOFFschen Methode quantitativ bestimmt werden, nämlich durch Messung

$$X—OH + CH_3MgJ = CH_4 + X—OMgJ$$

des entwickelten Methans, bei völligem Wasserausschluß. Die Anwesenheit von alkoholischen Hydroxylen wurde in der Folgezeit durch Isolierung von natürlichen und synthetischen Fettsäureestern bestätigt (vgl. z. B. KUHN, WINTERSTEIN und KAUFMANN 1, 2; ZECHMEISTER und CHOLNOKY 11, 12).

Bei der Kritik der nach ZEREWITINOFF erhaltenen Resultate wären die folgenden Erfahrungen in Betracht zu ziehen: a) In Anwesenheit von 4—6 Hydroxylen im Polyenmolekül wird die Analyse in dem Sinne unsicher, daß sie möglicherweise nicht alle OH-Gruppen erfaßt; b) ausnahmsweise kann auch in Ermangelung von -OH aktiver Wasserstoff auftreten, was bei dem Diketon Rhodoxanthin der Fall ist (KUHN und BROCKMANN 9). Dieser Farbstoff täuscht eine Hydroxylgruppe vor, die wohl im Wege einer Enolisierung gebildet wird. KARRER, WEHRLI und HELFENSTEIN benützen die von FLASCHENTRÄGER zur Untersuchung kleiner Substanzmengen vorgeschlagene Apparatur und verwenden reines Pyridin. Das GRIGNARD-Reagens wurde durch 1-stündiges Kochen im Stickstoffstrom von überschüssigem Jodmethyl befreit, die Substanz im Vakuum, bei erhöhter Temperatur getrocknet und 10 Minuten bei Raumtemperatur, dann 5 Minuten bei 50⁰ und noch 10 Minuten bei 85⁰ reagieren gelassen. Gefunden: je 2 OH-Gruppen in den Xanthophyllen $C_{40}H_{56}O_2$. Für Fucoxanthin sind die Ergebnisse noch nicht endgültig, aber mindestens 4 Hydroxyle dürfen angenommen werden (KARRER, HELFENSTEIN, WEHRLI, PIEPER und MORF).

Für Violaxanthin geben KUHN und WINTERSTEIN (6) vier aktive H-Atome an, dem steht jedoch die Angabe von KARRER und MORF (4) gegenüber, wonach diese Zahl nur 3 beträgt. Beim Taraxanthin zeigt die ZEREWITINOFF-Bestimmung nach KUHN und LEDERER (3) nur wenig mehr als 3 H-Atome an. Für Bixin vgl. auch bei FORBÁT.

Im folgenden wird eine modifizierte *Mikromethode nach* ROTH beschrieben, bei welcher (im Gegensatz zur Originalvorschrift von FLASCHENTRÄGER) in einer Stickstoffatmosphäre gearbeitet wird.

Technischer Bomben-*Stickstoff* wird durch eine 50 cm lange, schwach glühende Schicht von Kupferdrahtstücken (Makro-Verbrennungsofen), dann durch 50proz. Lauge, konzentrierte Schwefelsäure und schließlich durch ein

U-Rohr mit P_2O_5 geschickt. *Reagenzien*. Isoamyläther: Einige Tage mit Na stehen lassen, dann über frischem Natrium destillieren. Magnesiumband: Wird mit verdünnter Essigsäure, Alkohol, Äther gereinigt. Methyljodid: Technische Ware kann durch fraktionierte Destillation gereinigt werden (Siedep. 43°). Anisol (MERCK): Über Natrium destilliert und ebenso aufbewahrt; 5 Stunden vor Versuchsbeginn einen Wochenvorrat in eine kleine Flasche füllen, pro 20 g 1 g P_2O_5 zugeben und zweimal durchschütteln. Zur Analyse wird das klare Anisol abpipettiert.

GRIGNARD*sche Lösung*. In einen 150 cm³-Rundkolben mit aufgeschliffenem Kühler, der durch ein $CaCl_2$-Rohr nach oben abgeschlossen ist, werden 4,5 g blankes Mg, 50 g Amyläther und 18 g Jodmethyl (tropfenweise), schließlich einige Jodkrystalle eingeführt. Der Kolben wird mit aufgesetztem Kühler auf ein Wasserbad gestellt und langsam erwärmt. Ist die Reaktion zu heftig, so wird das Bad entfernt. Man setzt das Erwärmen bis zum Aufhören der Reaktion fort ($2^1/_2$—3 Stunden).

Nach dem Abkühlen auf 30° wird der Rückflußkühler durch ein Einsatzstück zum Einleiten von Stickstoff und einen angeschliffenen absteigenden Kühler ersetzt. Das überschüssige Methyljodid wird unter Stickstoff bei 45° am Wasserbad $^1/_2$ Stunde abdestilliert. Unterdessen wird eine Glasnutsche (11 G 4, SCHOTT) und ein Absaugkolben im Trockenschrank bei 110° getrocknet. Der noch heiße Kolben mit aufgesetzter Nutsche wird an eine gute Wasserstrahlpumpe angeschlossen, wobei man aus der Bombe Stickstoff durch die Nutsche in den Kolben leitet. Sind GRIGNARD-Reagens und Nutsche auf Raumtemperatur erkaltet, so wird das Reagens von den Mg-Rückständen im Kolben in die Nutsche abgegossen. Das Durchsaugen kann mitunter mehrere Stunden in Anspruch nehmen. Ein unnötiger Luftzutritt wird vermieden, wenn man den Schlauch der Pumpe schon abzieht, solange sich noch auf dem Glassinterboden der Nutsche etwa 1—2 mm GRIGNARD-Reagens befinden. Ungeachtet des beim Aufheben des Vakuums gebildeten feinen Häutchens auf dem GRIGNARD-Reagens, wird die klare Lösung in eine, durch Einleiten von Stickstoff gekühlte, 100 cm³ fassende braune Flasche abgegossen. Um Spuren von Methyljodid zu entfernen, wird ein Claisenkolben (100 cm³) abwechselnd evakuiert und mit N_2 gefüllt, dann das Filtrat unter N_2 in den Kolben eingeführt und wieder evakuiert (plötzliches Anspringen des Vakuums vermeiden, Kontrolle manometrisch). Die restlichen Spuren von CH_3J saugt man in einem Bade von 50° unter N_2, bei 18 mm Druck in 1 Stunde ab. Zuletzt wird aus der Bombe mit Hilfe eines Hg-Überdruckventils der Kolben langsam mit Stickstoff gefüllt und das klare Reagens in braunen Flaschen (15—25 cm³) mit gutem Schliff aufbewahrt. Monatelang haltbar.

Das *Reaktionsgefäß* (Abb. 9) hat einen Inhalt von 17 cm³; die Dichtigkeit wird mit einem Schliff von 25 mm Länge erreicht, der mit Stahlfedern gesichert ist. In demselben sind das N_2-Zuleitungsrohr, sowie Stickstoff- bzw. Methanableitungsrohr (lichte Weiten 2 bzw. 1 mm) eingeschmolzen. „Ha" dient nach erfolgter Luftverdrängung zum Schließen des Systems. Die durch die Gabelung des Stickstoff-Einleitungsrohres entstandenen Ansätze liegen 4 mm oberhalb und parallel zu den Gefäßwandungen. Das Reaktionsgefäß besteht aus zwei Schenkeln. Die langgestreckte Form von *B* verhindert beim Schütteln ein Benetzen des Glasschliffes. Der kleine Schenkel *A* dient zur Aufnahme der GRIGNARD-Lösung vor der Reaktion; in vertikaler Stellung des Reaktionsgefäßes vermag er 2,5 cm³ aufzunehmen. Ein Neigen um 90⁰ genügt, um alles Reagens mit der im Schenkel *B* befindlichen Substanzlösung in Umsetzung zu bringen. Mittels eines 7 cm langen Schlauches[1] wird das Reaktionsgefäß mit der Mikrobürette verbunden.

Die Mikrobürette. Das entwickelte Methan gelangt durch einen Dreiwegehahn in die Bürette (37 cm lang, Fassungsvermögen 4 cm³; in $^1/_{100}$ cm³ eingeteilt). Bei der Bürette von FLASCHEN-TRÄGER setzt der, die Ablesung erleichternde Vergleichsschenkel am Ende der Bürette an. Beim Erwärmen auf 95⁰ entsteht aber ein Überdruck, der durch Senken der Quecksilberbirne nicht kompensiert werden kann. Um dennoch den Überdruck ausgleichen zu können, ist an die Bürette ein 10 cm³ fassendes Quecksilber- bzw. Gasreservoir *R* angeschmolzen, von dessen tiefstem Punkt erst der Vergleichsschenkel abzweigt. Die mit reinem Hg gefüllte Bürette wird von einem Wasserkühler umgeben. Die Einstellung der drei Quecksilbermenisken auf gleiche Höhe für die Ablesung des Gasvolumens wird erleichtert durch einen hinter der Bürette angebrachten Karton mit horizontalen Linien. Im Verhältnis zum Volumen des Reaktionsgefäßes ist die gefundene Menge Methan sehr klein. Um falschen Volumablesungen vorzubeugen, ist auf *genau gleiche Temperaturen* des Kühlbades (und der Bürette) *vor und nach der Reaktion* zu achten. Die Ablesungen werden bei Raumtemperatur vorgenommen. Dazu ist ein 25—30 l fassender Wasserbehälter aufgestellt. Mit einem 1 l-Becherglas wird das Reaktionsgefäß mit dem, dem Behälter entnommenen Wasser vor Beginn, sowie am Ende eines jeden Versuches gekühlt. Im verschlossenen Kühler hat das Wasser ebenfalls Raumtemperatur. Zur Reaktion bei erhöhter Temperatur dienen entsprechende Bäder.

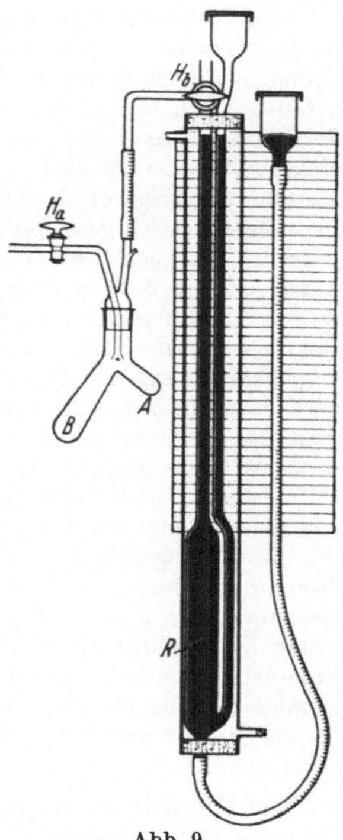

Abb. 9.
Apparat zu Mikrobestimmungen nach ZEREWITINOFF (ROTH).

Die fein zerriebene *Substanz* trocknet man über P_2O_5 im Vakuum, eventuell in der Hitze. Die Einwaage soll der Entwicklung von 0,5—1 cm³ Methan entsprechen.

Gang der Analyse. Das Reaktionsgefäß mit Schliff, eine 1 cm³- und eine 3 cm³-Pipette werden gereinigt und bei 110⁰ getrocknet. Inzwischen heizt man den Verbrennungsofen zur N_2-Reinigung an und verdrängt die Luft aus dem Reaktionsgefäß und Bürette mit 180—200 cm³ N_2, in 5 Minuten.

---

[1] Präparierter Absorptionsschlauch zur Mikroanalyse, erhältlich bei PAUL HAACK, Wien IX.

Aus dem heißen Trockenschrank entnimmt man beide Teile des Reaktionsgefäßes, paßt sie zusammen, setzt „Ha" ein und leitet N_2 durch. Unterdessen wird die Substanz abgewogen (an ein Stickstoff-Einwägeröhrchen nach Pregl ist ein langer Stiel angeschmolzen). Das Wägegläschen läßt man ohne Stopfen vorsichtig in B gleiten. Während dieser Zeit erkalten die beiden Pipetten im Stickstoffstrom. Nach erfolgter Rückwägung wird mit der 3 cm³-Pipette das Lösungsmittel zugegeben. Löst sich die Substanz in der Kälte im Anisol nicht, so wird unter Stickstoff langsam erwärmt, allenfalls bis zum Sieden des Anisols erhitzt, abgekühlt und 1 cm³ Grignard-Reagens in den Schenkel A gebracht. Jetzt werden Hahn Ha und der Schliff am oberen Rande mit reinem Vaselin eingefettet, der Schliff in das Reaktionsgefäß gut eingepaßt, die Stahlfedern eingehakt und die Verbindung mit der Bürette hergestellt. Das Quecksilber in der Bürette wird auf 0,0—0,1 cm³ eingestellt und dem Reaktionsgefäß das Kühlbad untergesetzt. Nun wird 5 Minuten Stickstoff durch die Apparatur geleitet, hierauf Ha und der Dreiwegehahn Hb geschlossen. Der Stickstoffstrom wird inzwischen kleingedreht. Ist nach 3 Minuten eine Druckänderung wahrzunehmen, so wird durch Öffnen des Dreiwegehahnes Atmosphärendruck hergestellt. Nach weiteren 3 Minuten müssen die Quecksilberkuppen auf gleicher Höhe stehen. (Ist dies nicht der Fall, so kann mit Sicherheit auf einen unterlaufenen Fehler geschlossen werden.) Ist die Temperatur des Kühlgefäßes abgelesen, so wird das Kühlbad weggezogen. Durch Neigen des Reaktionsgefäßes bringt man das Reagens mit der Substanz zur Reaktion. Das Reaktionsgefäß wird so lange geschüttelt, bis nach dem Kühlen keine Gasentwicklung mehr erfolgt. Die Druckänderung wird mit der Quecksilberbirne ausgeglichen und nach 5 Minuten das gefundene Volumen abgelesen. Jetzt hängt man das Reaktionsgefäß in das bereitstehende Wasserbad von 95°, schüttelt öfters und senkt die Quecksilberbirne. Mit dem Kühlbade von Raumtemperatur wird nach 10 Minuten gekühlt, wobei der entstehende Unterdruck aufzuheben ist (Schütteln beschleunigt die Abkühlung). Hört die Volumabnahme auf, so wird mit neuem, dem Behälter entnommenen Wasser gekühlt und die Endablesung nach 10 Minuten (vom Beginn des Kühlens) vorgenommen, wobei die Temperatur mit der vor der Reaktion übereinstimmen muß.

Die Ermittlung von Lage und Natur der Hydroxylgruppen bildet eine wichtige Aufgabe für die Konstitutionsforschung. Soweit bisher bekannt, steht —OH in der Regel im cyclischen Molekülteil, demnach gestatten Abbauprodukte, die bei der Spaltung eines solchen Ringes gefaßt werden, eine gewisse Orientierung über die Lage des Hydroxyls. So liefert z. B. ozonisiertes β-Carotin unter anderem Dimethylmalon-, $\alpha\alpha$-Dimethylbernstein- und $\alpha\alpha$-Dimethylglutarsäure, während Xanthophyll die letztgenannte Säure nicht gibt (Karrer, Wehrli und Helfenstein; Karrer, Helfenstein, Wehrli, Pieper

Ein Ring des β-Carotins.

und MORF; vgl. S. 138 und 190). Das Hydroxyl muß also derart gestellt sein, daß die Bildung von $\alpha\alpha$-Dimethylglutarsäure HOOC—CH_2—CH_2—$C(CH_3)_2$COOH (aus den kursiv gedruckten C-Atomen) vereitelt wird; eine ortho- oder para-Lage zum quaternären Kohlenstoff ist daher unwahrscheinlich.

Die Frage, ob zwei Hydroxyle eines Carotinoides benachbart sind, ob also der Farbstoff zu den α-*Glykolen* zählt, läßt sich nach der eleganten Methode von CRIEGEE entscheiden (s. auch CRIEGEE, KRAFT und RANK): α-Glykole werden von Bleitetraacetat nach der Gleichung

$$>\!C\!-\!OH \atop >\!C\!-\!OH\ +Pb(OOCCH_3)_4 \;\to\; {>\!C\!=\!O \atop >\!C\!=\!O}\ +\ 2\,CH_3COOH + Pb(OOCCH_3)_2$$

glatt oxydiert, worauf man das unveränderte Reagens jodometrisch zurückmißt. Vor der Anwendung des Verfahrens auf ein Carotinoid werden die Doppelbindungen hydriert. Auf diesem Wege konnten KUHN und DEUTSCH (2) beweisen, daß Perhydro-azafrin (wie Azafrin selbst) ein α-Glykol ist, und zwar — da das Reaktionsprodukt keine Aldehydmerkmale gezeigt hat — ein ditertiäres Glykol [1].

Beispiel für die Titration mit Bleitetraacetat. 0,192 g Perhydro-azafrin wurden in 50 cm³ Eisessig gelöst, mit 20 cm³ 0,1 n-Bleitetraacetat in Eisessig und nach 20 Stunden mit 20 cm³ Kaliumjodidlösung (20 g KJ und 500 g krystallisiertes Natriumacetat in 1 l Wasser) versetzt, und das vom überschüssigen Tetraacetat ausgeschiedene Jod mit 0,1 n-Thiosulfat zurückgemessen. Verbraucht 7,25 cm³, im Blindversuch 15,90 cm³ Thiosulfat; die Differenz entspricht 0,97 Mol. α-Diglykol. (Der Eisessig muß vor dem Versuch einen Tag über Chromtrioxyd gekocht und dann destilliert werden.)

Wie ersichtlich, wird durch das Bleiverfahren unter Umständen die Diagnose von *sekundären* bzw. *tertiären* Alkoholgruppen ermöglicht. An tertiäre wird man auch denken müssen, falls die Veresterung eines Polyenalkoholes mißlingt (KUHN, WINTERSTEIN und ROTH). Die sekundäre Alkoholgruppe kann übrigens durch Oxydation des Perhydrokörpers zu einem Keton nachgewiesen werden (KARRER, ZUBRYS und MORF).

Carotinoide mit *primärem* Alkoholcharakter sind derzeit unbekannt.

---

[1] Ein negatives Resultat, wie solches von KARRER, ZUBRYS und MORF mit Violaxanthin erhalten wurde, schließt die Anwesenheit von transgestellten Hydroxylen nicht mit aller Schärfe aus.

5. Die Bestimmung der Methoxylgruppe

wird ohne weiteres nach der bekannten Jodwasserstoff-Methode von ZEISEL vorgenommen bzw. nach deren mikrochemischen Ausführungsform (PREGL).

6. Untersuchung der veresterten Hydroxylgruppe (Farbwachse).

Bei der Prüfung von veresterten Carotinoiden müssen vor allem die alkoholische und die saure Komponente identifiziert werden, dann ist die Aufgabe auf die Untersuchung eines einfachen Polyenfarbstoffes zurückgeführt. Noch vor der Hydrolyse, die stets alkalisch vorgenommen wird, kann man wichtige Konstanten des zugrunde liegenden Farbstoffes ermitteln (Doppelbindungen, Bromzahl, Methylseitenketten), was mit Rücksicht auf die erhöhte Löslichkeit des Farbwachses vorteilhaft sein kann. Eine praktische Untersuchungsmethode, namentlich zwecks Bestimmung des Gewichtsverhältnisses Fettsäure/Farbstoff besteht darin, daß man den Ester katalytisch hydriert. So verschwinden die störenden Lückenbindungen und die gewöhnlichen Verfahren der Fettanalyse werden anwendbar.

Man führt die *Verseifung* durch Stehenlassen der Ätherlösung über konzentriertem methyl- oder äthylalkoholischem Kali durch, oder in homogenem Medium, mit Natriumäthylat + 99proz. Äthylalkohol (KUHN und WINTERSTEIN 6) und titriert die Lauge zurück.

7. Nachweis und Bestimmung der Ketongruppe.

Ketongruppen, die unmittelbar an ein konjugiertes Doppelbindungssystem angeschlossen sind, können nur unter besonderen Bedingungen nachgewiesen werden, nämlich mit Hilfe von freiem Hydroxylamin, in Gegenwart von Alkali, bei erhöhter Temperatur (Näheres s. unter Rhodoxanthin). Die Anzahl der Carbonyle geht dann aus der Analyse des Oxims hervor. Es gibt aber auch Fälle, in denen nicht einmal auf das erwähnte Reagens alle >CO-Reste ansprechen, so sind in dem künstlich erhaltenen Diketon Semi-β-carotinon nur 1, in dem Tetraketon β-Carotinon nur 2 Ketonreste nachweisbar (KUHN und BROCKMANN 5, 11; vgl. S. 146).

Das reaktionsträge Carbonyl des Dioxyketons Capsanthin wurde dadurch erkannt, daß das durchreduzierte Präparat *3* Acetylgruppen aufnahm, während der Naturfarbstoff nur mit *2* Molekülen Fettsäure sich verestern läßt (unveröffentlicht).

Das Beispiel des Lycopinals zeigt deutlich, daß der Aldehydrest auch auf diesem Gebiete bedeutend leichter reagiert (S. 161); natürliche Polyenaldehyde sind indessen noch nicht bekannt.

8. Bestimmung der Carboxylgruppe.

Einer Titrieranalyse steht in der Regel nichts im Wege.

Beispiele. Crocetin (30—50 mg) wurde in 50 cm³ warmem Aceton gelöst und unter Verwendung von α-Naphtolphtalein als Indicator mit n/40-Natronlauge auf Olivgrün titriert. Nach Zugabe eines Alkaliüberschusses hat man mit 1 Vol. Wasser verdünnt und mit n/40-Schwefelsäure auf Orangegelb zurücktitriert (Aceton und Wasser sind vor Ausführung des Versuches mit dem Indicator und so viel Lauge zu versetzen, daß sie schwach grün erscheinen). — Azafrin ließ sich in alkoholischer Lösung mit n/100-Natronlauge und Thymolblau maßanalytisch bestimmen (KUHN, WINTERSTEIN und WIEGAND; KUHN, WINTERSTEIN und ROTH). — Die Titration der sauren Gruppe gelingt einfach, unter Verwendung von Alkohol, Natronlauge und Phenolphtalein, wenn das Carotinoid vorher *perhydriert* wird.

9. Isolierung von größeren Spaltstücken im Wege des Permanganatabbaues.

KARRER und seine Mitarbeiter haben gezeigt, daß man mit Hilfe von *Permanganat*, unter milden Bedingungen, charakteristische Spaltstücke aus dem Polyenmolekül herausschlagen kann, welche wertvolle Hinweise für die Aufstellung der Strukturformel bieten. Namentlich die in den wichtigsten Carotinoiden vorkommenden *Ringsysteme* verraten sich bei einer solchen Behandlung. Oxydiert man z. B. Carotin, so erkennt man das in kleinen Mengen gebildete *β-Jonon* an seinem veilchenartigen Geruch, während durch einen gleichzeitig verlaufenden, weiteren Abbau der hydroaromatischen Ringe krystallisierte *Dicarbonsäuren* gewonnen werden, nämlich: Dimethyl-malonsäure $HOOC—C(CH_3)_2—COOH$, αά-Dimethyl-bernsteinsäure $HOOC—CH_2—C(CH_3)_2—COOH$ und αα-Dimethyl-glutarsäure $HOOC—CH_2—CH_2—C(CH_3)_2COOH$ (s. bei KARRER und HELFENSTEIN 1; KARRER, HELFENSTEIN, WEHRLI und WETTSTEIN sowie im Speziellen Teil). Die charakteristischen Spaltprodukte entstehen aus *β*-Jononringen, wie dies aus den Formeln auf S. 138 ersichtlich ist. Die Methode führt so sicher zum Ziel, daß man auch von dem Ausbleiben einzelner Spaltstücke Schlüsse ziehen darf.

So entstehen aus Xanthophyll (Lutein) oder Zeaxanthin, wie aus Carotin, Dimethylmalon- und Dimethyl-bernsteinsäure, während αα-Dimethyl-glutarsäure und Geronsäure (s. S. 62) in keinem Falle erhältlich sind. Die Ringe müssen daher die OH-Gruppen in solcher Stellung tragen, daß dadurch die Bildung der letztgenannten Spaltprodukte vereitelt wird (vgl. auch KARRER, WEHRLI und HELFENSTEIN; KARRER, HELFENSTEIN, WEHRLI und WETTSTEIN; KARRER, HELFENSTEIN, WEHRLI, PIEPER und MORF; NILSSON und KARRER). Die genaueren Formulierungen sind aus S. 9 ersichtlich. Aus den hydroxylreicheren Polyenen Violaxanthin bzw. Fucoxanthin wurde nur Dimethyl-bernsteinsäure bzw. nur Dimethyl-malonsäure erhalten.

$$\begin{array}{c} CH_3\ \ CH_3 \\ \diagdown\diagup \\ C \\ \diagup\diagdown \\ CH_2\ \ COOH \\ | \\ CH_2\ \ CO\text{---}CH_3 \\ \diagdown\diagup \\ CH_2 \end{array}$$
Geronsäure.

Ein besonders wichtiges Abbauprodukt, die *Geronsäure* ($\alpha\alpha$-Dimethyl-δ-acetyl-valeriansäure), die zuerst von KARRER, HELFENSTEIN, WEHRLI und WETTSTEIN mit Hilfe von Ozon isoliert wurde (s. unten), kann aus Azafrin unter Verwendung von Permanganat erhalten werden (KUHN und DEUTSCH 2).

Beispiele für die Methodik. Abbau des Carotins mit Permanganat zu den Dicarbonsäuren: S. 139. Abbau des Azafrins zu Geronsäure: S. 268.

10. Abbau mit Ozon.

Das hochungesättigte Polyenmolekül bietet dem Ozon naturgemäß zahlreiche Angriffspunkte, beim Spalten des Ozonides können daher komplizierte Verhältnisse obwalten. Während am Bixin schon vor längerer Zeit wichtige Ergebnisse erzielt worden sind (s. dort; Untersuchungen von RINKES 1—3, VAN HASSELT 1—3), haben die Carotinoide im engeren Sinne erst später eine analoge Bearbeitung erfahren.

Die Ozonisation ermöglicht z. B. die Ermittlung der *Endgruppen*, so konnten KARRER und BACHMANN aus Lycopin *Aceton* gewinnen, dessen Menge sich auf 80% der für zwei Isopropylidenreste $=C(CH_3)_2$ berechneten Ausbeute steigern läßt (KARRER, HELFENSTEIN, PIEPER und WETTSTEIN). Damit waren beide Molekülenden des Tomatenfarbstoffes festgelegt. In der Folgezeit hat dasselbe Prinzip als Grundlage für die quantitative Bestimmung der Isopropylidengruppe gedient, wie sie auf S. 53 nach KUHN und ROTH (1) beschrieben wurde. Es hat sich erwiesen, daß das γ-Carotinmolekül an dem einen Ende aliphatisch ist und dort von dem Rest $=C(CH_3)_2$ abgeschlossen wird.

Aus Carotin gelang es schon früher, durch Ozonisierung in Eisessigsuspension bzw. in Tetrachlorkohlenstoff-Eisessiglösung die wichtige *Geronsäure* (Formel oben) zu fassen (KARRER, HELFENSTEIN, WEHRLI und WETTSTEIN; KARRER und MORF 3). Damit steht das Ergebnis einer ausführlichen Arbeit von PUMMERER, REBMANN und REINDEL (2) in Einklang, in welcher die Ozonspaltung des Carotins und des β-Jonons vergleichend durchgeführt wurde. Ein bedeutender Teil der Kohlenstoffkette des Carotins ließ sich in Form von zum Teil größeren Spaltstücken isolieren, die alle auch aus β-Jonon entstehen. An weiteren Abbauprodukten wurden Geronsäure und Glyoxal gefaßt. α-Carotin liefert außer Geron- auch die erwartete *Isogeronsäure* ($\gamma\gamma$-Dimethyl-δ-acetyl-valeriansäure), deren Semicarbazid von demjenigen der Geronsäure sich leicht trennen läßt (KARRER, MORF und WALKER).

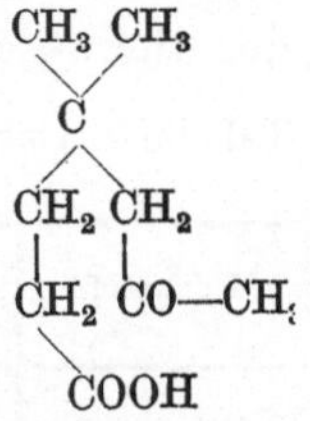

Methodische Beispiele. Isolierung der Geronsäure aus β-Carotin mit Hilfe von Ozon: S. 141; Trennung von Isogeronsäure: S. 142.

11. Untersuchung der Produkte der thermischen Zersetzung.

Bei dem durchgreifenden Zerfall, den jedes Carotinoid in der Hitze erleidet, läßt sich ein kleiner Teil in Form von wohldefinierten Produkten fassen, aus denen gewisse Rückschlüsse auf die Gestalt des Farbstoffmoleküls zulässig sind. Die Ausbeuten sind meist so gering (z. B. wenige Promille), daß diese Methode allein in keinem Falle ausreichen würde; doch gibt sie gute Fingerzeige für die Konstitutionsforschung, so daß man von jeder Strukturformel die zwanglose Erklärung auch der thermischen Befunde fordern darf. Namentlich sind die Methylgruppen auch in der Hitze relativ widerstandsfähig, demgemäß läßt sich die relative Stellung von benachbarten CH_3-Seitenketten ermitteln.

Als erster hat VAN HASSELT (2) dieses Verfahren angewandt. Nach seinen Beobachtungen gibt das Bixin *m-Xylol*, woraus auf die aromatische Natur des Farbstoffes geschlossen wurde (vgl. dazu HERZIG und FALTIS 1). Nach KUHN und WINTERSTEIN (2) stammt aber das Xylol aus dem folgenden *offenen* Kettenteil, der erst bei

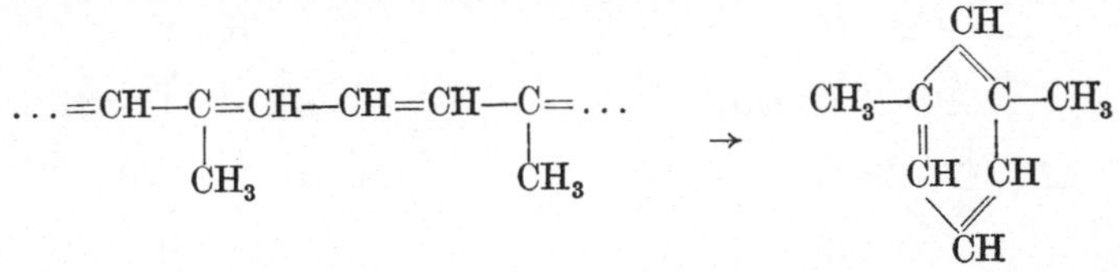

erhöhter Temperatur eine Cyclisierung erlitten hat. Das gleiche gilt für die analoge, an Capsanthin gemachte Beobachtung

(ZECHMEISTER und CHOLNOKY 4). Jüngst haben KUHN und WINTERSTEIN (8, 9, 12) eine Reihe von natürlichen Polyenen eingehend untersucht und die in Tabelle 7 aufgezählten Produkte der thermischen Zersetzung erhalten.

Tabelle 7. Produkte der thermischen Zersetzung von Carotinoiden (KUHN und WINTERSTEIN 8, 9, 12).

Farbstoff	Toluol	m-Xylol	m-Toluylsäure	2,6-Dimethyl-naphtalin	Dicarbon-säure $C_{14}H_{18}O_4$	Tricyclo-crocetin $C_{20}H_{24}O_4$
β-Carotin .	+	+		+		
Lycopin . .	+	+				
Zeaxanthin	+	+		+		
Bixin . . .	+	+	+			
Crocetin . .	+	+		+[1]	+	+
Azafrin . .	+	+	+			

Die Erklärung dieser Beobachtungen ergibt sich auf folgendem Wege: Die Bildung des m-Xylols wurde oben formuliert; das Toluol dürfte der, in Carotinoiden allgemein vorkommenden Gruppierung

$$\ldots = CH-CH = CH-\underset{\underset{CH_3}{|}}{C} = CH-CH = \ldots$$

entstammen. Neben diesen Kohlenwasserstoffen tritt nur dann m-Toluylsäure auf, wenn schon der Farbstoff Carboxyl enthielt, durch welches die Bildung der genannten Säure aus der folgenden Endgruppe ermöglicht wird:

$$\ldots -CH = CH-CH = \underset{\underset{CH_3}{|}}{C}-CH = CH-COOH$$

Das *2,6-Dimethyl-naphtalin* kann nicht aus Jononringen hervorgehen, da es bei dem Erhitzen auch des rein aliphatischen Crocetin-dimethylesters erhalten wurde, hingegen liefert ein Spaltstück des offenen, chromophoren Systems durch doppelte Cyclisierung das Naphtalinderivat:

Mittelstück eines Carotinoides.   2,6-Dimethyl-naphtalin.

---

[1] Das Crocetin wurde als Dimethylester angewandt.

Merkwürdige Reaktionen zeigten sich bei der Erhitzung des Crocetin-dimethylesters: einerseits findet eine *Cyclisierung* statt und es erscheint das strukturell ungeklärte *Tricyclo-crocetin* ($C_{20}H_{24}O_4$, drei Ringe), andererseits spielt sich durch Austritt eines mittelständigen C_7-Restes eine *Kettenverkürzung* ab und eine gut krystallisierte, farblose Dicarbonsäure $C_{14}H_{18}O_4$ wird gebildet:

$$CH_3OOC-C=CH-CH=CH-C=CH-CH=CH-CH=C-CH=CH-CH=C-COOCH_3$$

Crocetin-dimethylester.

$$CH_3OOC-C=CH-CH=C-CH=CH-CH=C-COOCH_3$$

1,4,8-Trimethyl-octatetraen-1,8-dicarbonsäure-dimethylester.

Ausführung der thermischen Zersetzung. Die Carotinoide werden in starkwandige Kugelröhren von 90 cm³ Inhalt gefüllt. Die 6 mm weiten, 30 cm langen, schwach abgebogenen Ansatzrohre tragen in Abständen von 7 und 15 cm von der Hauptkugel noch zwei kleinere kugelige Erweiterungen. Der an den Wandungen haftende Farbstoff wird mit Chloroform sorgfältig heruntergespült und das Chloroform am Wasserbade so abdestilliert, daß vom Farbstoff nichts an der oberen Hälfte der Kugel haften bleibt. Man erhitze zunächst im Ölbade unter 1 mm Druck auf 110°, wechsle dann die Vorlage, die mit Kohlensäureschnee-Aceton gekühlt war, und steigere die Temperatur langsam bis zum eben beginnenden Schmelzen weiter. Die vorsichtige Zersetzung benötigt mindestens 2 Stunden. Zur Identifizierung der Reaktionsprodukte ist es oft zweckmäßig, eine Oxydation mit alkalischem Permanganat vorzunehmen, wobei aus Toluol Benzoesäure, aus m-Xylol Isophtalsäure entsteht.

12. Ermittlung von Asymmetriezentren im Molekül.

Für die Aufklärung des molekularen Baues ist die Messung am Polarimeter von Wichtigkeit, was z. B. aus der Existenz von rechtsdrehendem und inaktivem Carotin hervorgeht (S. 128).

Nachdem *D*-Licht von Carotinoiden kaum durchgelassen wird, hat man vorgeschlagen, die *C*-Linie (656,3 $\mu\mu$) aus einem Monochromator als Lichtquelle zu benützen, was für nicht besonders farbkräftige Lösungen hinreicht (ZECHMEISTER und TUZSON 2). Eine viel stärkere Lichtquelle wurde von KUHN, WINTERSTEIN und LEDERER eingeführt, nämlich eine Quarz-Cadmiumlampe von *Siemens & Halske*, welche bei 20 cm Rohrlänge und 10 mm Durchmesser mit 4 Ampère belastet wird. Zwischen Lampe und Spalt des

Polarimeters befindet sich eine Cuvette mit Wasser und ein Rotfilter von *Schott & Gen.*, so daß nur monochromatisches Licht von der Wellenlänge 643,85 $\mu\mu$ hindurchtritt. Die Messungen sind sehr genau; als Lösungsmittel sind z. B. Essigester, Benzol oder Chloroform geeignet. Die Werte für $[\alpha]_{Cd}$ liegen um 5—10% höher als für $[\alpha]_C$.

Auf die genaue Definition der jeweils benützten Wellenlänge ist zu achten, da die Rotationsdispersion von Carotinoiden bedeutend ist (KARRER und WALKER 1).

13. Strukturchemische Folgerungen aus spektroskopischen Daten.

Die Möglichkeiten zur Auswertung der Absorptionsbänder für die Zwecke der Konstitutionsforschung sind noch bei weitem nicht ausgeschöpft.

Allgemein gilt das Prinzip, daß je mehr Doppelbindungen miteinander ununterbrochen konjugiert sind, um so langwelliger wird die maximale Lichtextinktion, eine im großen und ganzen gleichbleibende molekulare Struktur vorausgesetzt. Fallen die Absorptionsbänder von zwei Carotinoiden (fast) zusammen, dann müssen Anzahl und Verteilung der chromophoren Lückenbindungen identisch sein; so sind z. B. β-Carotin, Kryptoxanthin und Zeaxanthin spektroskopisch kaum zu unterscheiden. Von einem neu aufgestellten Strukturbild wird gefordert, daß es mit allen anderen gesicherten Polyensymbolen auch spektroskopisch in Einklang stehe.

Bei der Erforschung eines Carotinoides dürfte in vielen Fällen das folgende Prinzip wegleitend sein: Wird bei einem chemischen Eingriff ein Bestandteil des Chromophors selbst angetastet, so beobachtet man eine erhebliche Änderung des Absorptionsspektrums, zieht hingegen die Reaktion das farbgebende System nicht in Mitleidenschaft, so kann man relativ große Teile des Moleküls ohne Verschiebung der optischen Schwerpunkte variieren. Sehr schön werden diese Verhältnisse durch Beobachtungen von KUHN und BROCKMANN (5, 8, 9, 11), KUHN und GRUNDMANN (1, 2) sowie von KUHN und DEUTSCH (2) illustriert.

Das Diketon Rhodoxanthin bildet ein Dioxim unter bedeutender Farbaufhellung, folglich müssen die $>C{=}O$-Gruppen des Eibenfarbstoffes mit dem Kohlenstoff-Doppelbindungssystem konjugiert sein, was mit allen anderen Tatsachen in Einklang steht. Dasselbe gilt für die Oximierung des Kunstproduktes Lycopinal, hingegen bleibt ein solcher Effekt nach der Einwirkung von Hydroxylamin auf Azafrinon oder auf β-Carotinon aus. Da das Carotinon zu den *Tetra*ketonen zählt, jedoch nur ein *Di*oxim bildet, müssen diejenigen Ketongruppen in Reaktion getreten sein, welche nicht unmittelbar an die konjugierten C-Doppelbindungen angeschlossen sind. Genau so verhält sich das Monoxim des Diketons Semi-β-Carotinon (Tabelle 8).

Tabelle 8. Spektroskopischer Vergleich einiger Polyen-carbonyl-Verbindungen (Literatur s. oben).

Polyen	Lösungs-mittel	Lage der optischen Schwerpunkte $(\mu\mu)$		
Rhodoxanthin	Hexan	524	489	458
Rhodoxanthin-dioxim . .	,,	513	479	451
Lycopinal	Benzin	525,5	490,5	455,5
Lycopinal-oxim	,,	503,5	471	442
Dihydro-rhodoxanthin .	Hexan	480	449	422
Dihydro-rhodoxanthin-di-oxim	,,	480	449	422
β-Carotinon	Benzin	502	468	440
β-Carotinon-dioxim . . .	,,	502	468	440
Semi-β-carotinon	Benzin	501	470	446
Semi-β-carotinon-monoxim	,,	501	470	446
Azafrinon	Benzin	454	429	
Azafrinon-oxim		454	429	

Eine gemeinsame Eigenschaft solcher Polyene, die ein Carbonyl (bzw. Carboxyl) in Konjugation mit dem C-Doppelbindungssystem enthalten, ist der, schon dem unbewaffneten Auge auffallende Unterschied zwischen der Farbe in Alkohol- und in Benzinlösung. In Alkohol ist das Rhodoxanthin rein rot, in Benzin orangegelb (die langwelligsten Schwerpunkte: 538 bzw. 524 $\mu\mu$); außerdem sind die Bänder in Weingeist ganz verwaschen[1]. Die Erscheinung ist nach KUHN und BROCKMANN (9) durch eine Wechselwirkung zwischen den polaren Carbonylen und den ebenfalls polaren Alkoholmolekülen bedingt. Werden 2 H-Atome addiert, so zeigt das Dihydro-rhodoxanthin die beschriebene

---

[1] Derselbe auffallende Unterschied kann auch an den Oxyketonen Capsanthin und Capsorubin beobachtet werden, deren Lösungen in Alkohol tief weinrot, in Benzin orangegelb sind.

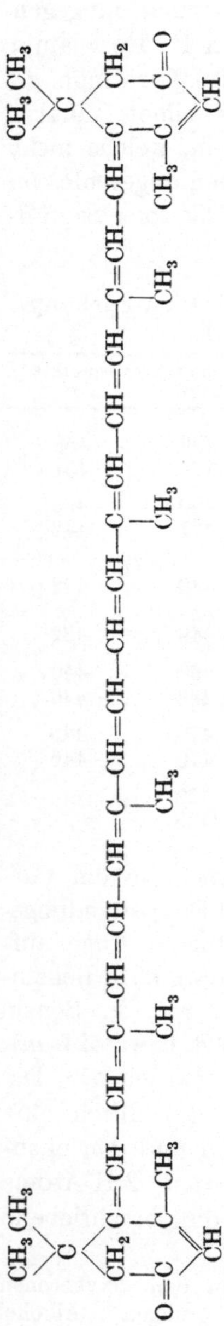

Rhodoxanthin.

Dihydro-rhodoxanthin.

Zeexanthin.

Anomalie nicht mehr, da nun die CO-Gruppen von dem konjugierten System getrennt liegen. Bemerkenswert ist aber nun das Zusammenfallen der optischen Schwerpunkte mit denjenigen des Zeaxanthins, da die beiden Chromophore durch den Reduktionsvorgang gleich geworden sind (Formeln: S. 68). Man sieht, daß die Farbe des Dihydro-rhodoxanthins von seinen isoliert liegenden Carbonylen kaum beeinflußt wird.

Zusammenfassend läßt sich sagen, daß man prinzipiell von der Lichtabsorption auf strukturelle Merkmale und umgekehrt von der Bindungsart einzelner Gruppen auf spektrale Erscheinungen schließen kann. Man muß sich hier wohl mit Hilfe einer ähnlichen Denktechnik vorwärtstasten, wie sie von BOHR bei dem Studium der Korrespondenz von Spektrallinien und Elektronenkonfiguration befolgt wurde.

14. Strukturchemische Folgerungen aus biologischen Daten.

Wie aus dem vorangehenden Kapitel ersichtlich, wurden alle bekannten Carotinoide sowie mehrere Derivate und Abbauprodukte an der Ratte geprüft. So ließen sich Anhaltspunkte für das Studium des Problems gewinnen, welche Strukturmerkmale bei dem Zustandekommen der Wachstumswirkung in erster Linie maßgebend sind; namentlich die Anwesenheit mindestens eines β-Jononringes oder einer Gruppierung, die im Tierkörper in ein solches Gebilde verwandelt wird, scheint eine (wenn auch wohl nicht die einzige) Voraussetzung für die A-Aktivität zu sein. Die Strukturformel eines neuentdeckten Carotinoides muß auch mit diesen Befunden in Einklang stehen. Rein aliphatisch gebaute oder im β-Jononring hydroxylierte Polyene sind nach den bisherigen Erfahrungen am Säugetier biologisch unwirksam.

15. Zur Bestimmung des Molekulargewichtes

sei vermerkt, daß außer der üblichen Kryoskopie und Ebullioskopie, sowie der Campher-mikromethode nach RAST, auch das röntgenometrische Verfahren Eingang gefunden hat (Näheres bei HENGSTENBERG und KUHN 2, KUHN und L'ORSA 1; vgl. auch WALDMANN und BRANDENBERGER; MACKINNEY).

Viertes Kapitel.

Vorkommen und Zustand in der Pflanze. Nachweis, Bestimmung und Trennung von Carotinoiden.

Sämtliche Organe höherer Pflanzen kommen für das Auftreten von carotinoiden Farbstoffen in Betracht, die in der Natur weit verbreitet sind, von den Phanerogamen bis zu den Algen, Pilzen und Bakterien. Ein prinzipieller Unterschied zwischen Polyenen höherer und niederer Pflanzen besteht nicht, nur sind die Pigmente der höheren Phanerogame viel gründlicher erforscht. Unter den speziellen Algenfarbstoffen ist nur das Fucoxanthin wohlcharakterisiert, über Pilz- und Bakterienpolyene liegen noch wenigere Angaben vor (Zusammenfassung: KÖGL, neuere Arbeiten z. B. PETTER 1, 2; READER; LEDERER 3; CHARGAFF; CHARGAFF und DIERYCK; FINK und ZENGER).

Ein allgemeines Kennzeichen der Carotinoide ist ihre *Wasserunlöslichkeit*, sie kommen daher, im Gegensatz zu Anthocyan- und Flavonglucosiden, nicht im Zellsaft gelöst vor. Nur in seltenen Ausnahmefällen ist man auf Polyene gestoßen, die mit *Zucker* gepaart und als Glucoside in Wasser löslich sind. Das einzige, genauer studierte Beispiel dafür ist das Safranpigment *(Crocus sativus)*, das von KARRER und SALOMON (1, 3) aufgeklärt wurde und als Hauptbestandteil einen Zuckerester des Crocetins, das sog. *Crocin* enthält (S. 252). Der Zucker ist Gentiobiose (KARRER und MIKI) und wird schon bei milden alkalischen Eingriffen überraschend leicht abgespalten. Es ist interessant, daß die Pflanze hier Mittel gefunden hat, um ein Carotinoid wasserlöslich zu machen (vgl. auch SCHMID und KOTTER), während dies im Körper einzelner Seetiere durch Paarung mit Eiweiß erreicht wird (S. 280).

In der Regel findet man die Carotinoide als Bestandteile von besonderen Gebilden, von den im Plasma eingebetteten *Chromatophoren*, und zwar sowohl in grünen Chloroplasten, durch deren Chlorophyllgehalt die Farbe des Polyens verdeckt wird, als auch in chlorophyllfreien Chromoplasten von gelber bis roter oder braunroter Nuance. Meist ist das Carotinoid in Lipoiden (kolloidal) gelöst bzw. mit halbfesten oder flüssigen Fettstoffen innig vermengt, oft auch mit verschiedenen Fettsäuren verestert, als Farbwachs zugegen (S. 38) und kann in allen diesen Fällen durch alkalische Hydrolyse freigelegt und in Form von schönen Krystallen gewonnen werden.

Seltener enthält bereits das Chromatophor krystallisiertes Carotinoid, wofür das bekannteste Beispiel die Mohrrübe ist *(Daucus carota)*. In Blüten dürfte der krystallinische Zustand häufiger sein; so ist der rote Saum der Nebenkrone des *Narcissus poeticus* mit orangeroten Carotinkrystallen dicht besät (MOLISCH 3). Es sei in diesem Zusammenhang unter anderem auch auf die Angaben von NOACK (2), sowie von GUILLIERMOND hingewiesen. Zahlreiche morphologische Beobachtungen und Abbildungen bringt schon die ältere, ausführliche Arbeit von COURCHET.

1. Vorkommen.

Für eine Diskussion über den Zusammenhang zwischen der systematischen Stellung der Pflanze und der Art und Größenordnung ihres Carotinoidgehaltes ist die Zeit noch nicht gekommen, während dies für andere Körperklassen von MOLISCH (4) bereits versucht wird.

Als präparativ identifiziert kann ein Polyenpigment nur gelten, wenn es in reinem, krystallinischem Zustand abgeschieden und analysiert ist, was aber bis jetzt in verhältnismäßig wenigen Fällen durchgeführt wurde. Das Ergebnis dieser Arbeitsrichtung ist in *Tabelle 9* enthalten (S. 72). Man sieht aus dem dort zusammengestellten Material, daß die Anzahl der Carotinoide nicht besonders groß sein wird und daß im Pflanzenreich allgemein die Neigung besteht, immer wieder dieselben Typen hervorzubringen. Bezeichnend ist das universelle Vorkommen von Carotin und Xanthophyll (neben Chlorophyll) in grünen Pflanzenteilen.

1. Im grünen Blatt sind Carotin und Xanthophyll (bzw. Lutein) so allgemein verbreitet, daß ein Hinweis auf die Werke von WILLSTÄTTER und STOLL (1, 2) genügt. Für herbstliche Blätter hat PALMER (1) eine Zusammenstellung gegeben (vgl. auch bei KUHN und BROCKMANN 3, KARRER und WALKER 2, sowie S. 23).

2. Gelbe Blüten enthalten wohl häufiger Carotinoid als Flavon, die quantitativen Verhältnisse sind aber noch wenig studiert. Literaturzitate sind besonders in der Monographie von PALMER (1; dort S. 72—75) enthalten (s. auch bei VAN WISSELINGH und bei KLEIN 2). Vgl. Tabelle 9, S. 72, sowie KARRER und NOTTHAFFT.

Die Mengen der Blütencarotinoide sind sehr schwankend. — Als Beispiel eines farbstoffreichen *Kelch*blattes sei *Physalis Alkekengi* erwähnt: 1 kg trockene Kelchblätter (= 4 kg frische) enthalten gegen 10—15 g Physalien + Kryptoxanthin.

Tabelle 9. Rein dargestellte und identifizierte Carotinoide der Pflanzenwelt.

Farbstoff	Isoliert aus	Literatur (unvollständig)	Seite
Carotin $C_{40}H_{56}$ (meist ein Gemisch von α-, β- und γ-Carotin, vgl. S. 128)	*Daucus carota* (Mohrrübe)	WILLSTÄTTER und ESCHER (1)	118
	Daucus carota (Blatt)	MACKINNEY und MILNER	
	Urtica urens, Heracleum usw. (grüne Blätter, neben Xanthophyll und Chlorophyll)	WILLSTÄTTER und MIEG; WILLSTÄTTER und STOLL (1)	119
	Teeblätter (frisch und fermentiert, neben Xanthophyll)	YAMAMOTO und MURAOKA	
	Capsicum annuum (reife Paprikaschoten, neben viel Capsanthin, Zeaxanthin, Kryptoxanthin, Capsorubin und etwas Lutein)	ZECHMEISTER und CHOLNOKY (1—7)	119
	Capsicum frutescens japonicum (neben Capsanthin)	ZECHMEISTER und CHOLNOKY (6)	228
	Cucumis citrullus (Wassermelone, Fruchtfleisch, neben viel Lycopin)	ZECHMEISTER und TUZSON (4)	122
	Sorbus aucuparia (Vogelbeere)	KUHN und LEDERER (2)	121
	Prunus armeniaca (Aprikose, neben wenig Lycopin)	BROCKMANN	129
	Convallaria majalis (Maiglöckchen, Frucht, neben Lycopin und Xanthophyll)	WINTERSTEIN und EHRENBERG	122
	Gonocaryum pyriforme (Fruchthaut)	WINTERSTEIN (2)	133
	Cucurbita maxima (bezeichnet als „Cucurbiten"; Riesenkürbis, Fruchtfleisch, neben Lutein und Violaxanthin)	SUGINOME und UENO; ZECHMEISTER und TUZSON (11)	122
	Calendula officinalis (Ringelblume, Blüte, neben wenig Lycopin)	ZECHMEISTER und CHOLNOKY (13)	151
	Crocus sativus (Safran, Narben, neben Lycopin, Zeaxanthin, Crocetin und viel Crocin)	KUHN und WINTERSTEIN (13)	130
	Citrus madurensis (Mandarine, Schale und Fruchtfleisch)	ZECHMEISTER und TUZSON (8)	101
	Citrus aurantium (Orange, Fruchtfleisch)	ZECHMEISTER und TUZSON (8)	101
	Citrus poonensis (Frucht, neben Krypto- und Violaxanthin)	YAMAMOTO und TIN (3)	164
	Lycopersicum esculentum (Tomate, Frucht, neben viel Lycopin)	WILLSTÄTTER und ESCHER (1)	150
	Rosa canina (Hagebutte), *R. rubiginosa, R. damascena* (Frucht, neben Lycopin, Rubixanthin, Lutein, Zea- und Taraxanthin)	KUHN und GRUNDMANN (4, 7)	130

Farbstoff	Isoliert aus	Literatur (unvollständig)	Seite
	Mangifera indica (Fleisch der Mangofrucht)	YAMAMOTO, OSIMA und GOMA	
	Taxus baccata (Eibe, Arillen, neben viel Rhodoxanthin)	KUHN und BROCKMANN (9)	222
	Palmöl	KARRER, EULER und HELLSTRÖM	117
	Torula rubra (rote Hefe, neben anderen Polyenen)	LEDERER (3); FINK und ZENGER	113
Lycopin $C_{40}H_{56}$	*Lycopersicum esculentum* (reife Tomate, neben etwas Carotin)	WILLSTÄTTER und ESCHER (1)	153
	Rosa canina (Hagebutten), *R. rubiginosa*, *R. damascena* (Frucht, neben Carotin, Rubixanthin, Lycopin und Taraxanthin)	ESCHER (3); KARRER und WIDMER; KUHN und GRUNDMANN (4, 7)	151
	Tamus communis (Schmerwurzbeere)	ZECHMEISTER und CHOLNOKY (9)	154
	Solanum dulcamara (bittersüßer Nachtschatten, Beere)	ZECHMEISTER und CHOLNOKY (10)	151
	Cucumis citrullus (Fleisch der Wassermelone, neben Carotin)	ZECHMEISTER und TUZSON (4)	122
	Convallaria majalis (Maiglöckchen, Früchte, neben Carotin und Xanthophyll)	WINTERSTEIN und EHRENBERG	151
	Bryonia dioica (Zaunrübe, Frucht)	WINTERSTEIN und EHRENBERG	151
	Prunus armeniaca (Aprikose, Frucht, neben viel Carotin)	BROCKMANN	151
	Diospyros Kaki (Kakifrüchte, neben Zeaxanthin)	KARRER, MORF, KRAUSS und ZUBRYS	151
	Erythroxylon novogranatense (Coca-Strauch, Frucht)	ZIMMERMANN	151
	Actinophleus Macarthurii (Palme, Frucht)	ZIMMERMANN	151
	Ptychosperma elegans (Palme, Frucht)	ZIMMERMANN	151
	Calendula officinalis (Ringelblume, neben Carotin)	ZECHMEISTER und CHOLNOKY (13)	151
	Dimorphoteca aurantiaca (Blüten)	KARRER und NOTTHAFFT	151
	Crocus sativus (Safran, Narben, neben Carotin, Zeaxanthin, Crocetin und viel Crocin)	KUHN und WINTERSTEIN (13)	251
Kryptoxanthin $C_{40}H_{56}O$	*Physalis Alkekengi* und *Ph. Franchetti* (Judenkirsche, Kelche und Beeren, verestert, neben viel Physalien)	KUHN und GRUNDMANN (3)	164
	Carica papaya (Frucht, verestert, „Caricaxanthin" genannt, neben Violaxanthin)	YAMAMOTO und TIN (2); vgl. KARRER und SCHLIENTZ (2)	163
	Citrus poonensis (Frucht, „Caricaxanthin" genannt, neben Violaxanthin und Carotin)	YAMAMOTO und TIN (3)	164

Farbstoff	Isoliert aus	Literatur (unvollständig)	Seite
	Capsicum annuum (Fruchthaut, neben Capsanthin, Carotin, Lutein, Zeaxanthin Capsorubin)	ZECHMEISTER und CHOLNOKY (7)	164
	Zea mays (gelber Mais, neben viel Zeaxanthin)	KUHN und GRUNDMANN (5)	164
Rubixanthin $C_{40}H_{56}O$	*Rosa canina* (Hagebutte), *R. rubinosa, R. damascena* (Frucht, neben Zeaxanthin, Lutein, Taraxanthin, Carotin,)	KUHN und GRUNDMANN (4)	166
Xanthophyll $C_{40}H_{56}O_2$ (Gesamt-Xanthophyll $C_{40}H_{56}O_2$. In vielen Fällen ist der überwiegende Hauptbestandteil Lutein; s. unten)	*Urtica urens, Heracleum* usw. (grüne Blätter, neben Carotin und Chlorophyll)	WILLSTÄTTER und MIEG; WILLSTÄTTER und STOLL (1)	119
	Teeblätter (frisch und fermentiert, neben Carotin)	YAMAMOTO und MURAOKA	
	Taraxacum officinale (Blüten des Löwenzahns; wohl als Ester, neben Taraxanthin)	KARRER und SALOMON(4); KUHN und LEDERER (3)	208
	Caltha palustris (Dotterblume, Blüten, verestert)	KARRER und NOTTHAFFT	170
	Trollius europaeus (Trollblume, Blüten, verestert)	KARRER und NOTTHAFFT	170
	Ranunculus arvensis (Ackerhahnenfuß, Blüten, verestert)	KARRER und NOTTHAFFT	170
	Tragopogon pratensis (Blüten, verestert, neben Violaxanthin)	KARRER und NOTTHAFFT	170
Lutein $C_{40}H_{56}O_2$	Grüne Laubblätter von: *Aesculus hippocastanum* (Roßkastanie), *Urtica dioica* (Brennessel), *Trifolium pratense* (Wiesenklee), *Zea mays* (Gelber Mais), *Medicago sativa* (Luzerne), *Spinacia glabra* (Spinat); Gras	KUHN und WINTERSTEIN (5); KUHN, WINTERSTEIN und LEDERER	181 179
	Gelbe Blütenblätter von: *Tagetes grandiflora, T. erecta, T. patula, T. nana, Helenium autumnale, Rudbecchia Neumannii, Helianthus annuus*	(Für *Helianthus* vgl. auch bei ZECHMEISTER und TUZSON 5, 9)	181 179
	Beeren von: *Convallaria majalis* (Maiglöckchen, neben Carotin und Lycopin) Oft verestert	WINTERSTEIN und EHRENBERG	122
	Capsicum annuum (Paprikaschoten, neben viel Capsanthin, Zeaxanthin, Kryptoxanthin, Capsorubin und Carotin)	ZECHMEISTER und CHOLNOKY (7)	233
	Ranunculus acer (Hahnenfuß, Blüten, neben Flavoxanthin und Taraxanthin, teils verestert)	KUHN und BROCKMANN (4)	201

Farbstoff	Isoliert aus	Literatur (unvollständig)	Seite
	Cucurbita maxima (bezeichnet als „Cucurbitaxanthin"; Riesenkürbis, Furchtfleisch, neben Carotin und Violaxanthin)	SUGINOME und UENO; ZECHMEISTER und TUZSON (11)	183
Zeaxanthin $C_{40}H_{56}O_2$	*Zea mays* (Gelber Mais, neben Kryptoxantin)	KARRER, SALOMON und WEHRLI	185
	Physalis Alkekengi und *Ph. Franchetti* (Judenkirsche, Beere und Kelch; verestert, als Physalien)	KUHN, WINTERSTEIN und KAUFMANN (2)	186
	Hippophaë rhamnoides (Sanddornbeere, verestert)	KARRER und WEHRLI (1)	185
	Lycium halimifolium(Bocksdornbeere; verestert, als Physalien)	ZECHMEISTER und CHOLNOKY (12)	187
	Capsicum annuum (Paprikafruchthaut; verestert, neben viel Capsanthin- und Luteinester, Kryptoxanthin, Capsorubin und Carotin)	ZECHMEISTER und CHOLNOKY (6)	232
	Evonymus europaeus (Spindelbaum, in den Arillen, unverestert)	ZECHMEISTER und SZILÁRD; ZECHMEISTER und TUZSON (6)	185
	Diospyros Kaki (Kakifrüchte, verestert, neben Lycopin)	KARRER, MORF, KRAUSS und ZUBRYS	
	Senecio Doronicum (Gemswurz-Kreuzkraut, Blüten)	KARRER und NOTTHAFFT	185
	Rosa canina (Hagebutte), *R. rubiginosa*, *R. damascena* (Frucht, neben Carotin, Lycopin, Lutein, Taraxanthin)	KUHN und GRUNDMANN (4, 7)	151
	Crocus sativus (Safran, Narben, neben Carotin, Lycopin, Crocetin und viel Crocin)	KUHN und WINTERSTEIN (13)	251
Flavoxanthin $C_{40}H_{56}O_3$	*Ranunculus acer* (Hahnenfuß = Butterblume, Blüten, neben Lutein, Taraxanthin usw., teils verestert)	KUHN und BROCKMANN (4)	202
Violaxanthin $C_{40}H_{56}O_4$	*Viola tricolor* (Blüten des gelben Stiefmütterchens)	KUHN und WINTERSTEIN (6)	205
	Tragopogon pratensis (Blüten, verestert, neben Xanthophyll)	KARRER und NOTTHAFFT	204
	Laburnum (Goldregen, Blüten, verestert)	KARRER und NOTTHAFFT	204
	Sinapis officinalis (Ackersenf, Blüten, verestert)	KARRER und NOTTHAFFT	204
	Aesculus hippocastanum (Grüne Blätter der Roßkastanie)	KUHN, WINTERSTEIN und LEDERER	204
	Carica papaya (Frucht, verestert, neben Kryptoxanthin= „Caricaxanthin")	YAMAMOTO und TIN (2)	204

Farbstoff	Isoliert aus	Literatur (unvollständig)	Seite
	Citrus poonensis (Frucht, neben Kryptoxanthin und Carotin)	YAMAMOTO und TIN (3), vgl. KARRER und SCHLIENTZ (2)	204
	Cucurbita maxima (Riesenkürbis, Fruchtfleisch, neben viel Lutein und Carotin)	ZECHMEISTER und TUZSON (11)	204
Taraxanthin $C_{40}H_{56}O_4$	*Taraxacum officinale* (Blüten des Löwenzahns; neben Xanthophyll, verestert)	KUHN und LEDERER (3)	208
	Tussilago farfara (Blüten des Huflattichs, verestert)	KARRER und MORF (5)	208
	Ranunculus acer (Hahnenfuß, Blüten, neben Lutein, Kryptoxanthin usw., teils verestert)	KUHN und BROCKMANN (4)	
	Impatiens noli me tangere (Springkraut, Balsamine, Blüten, verestert)	KUHN und LEDERER (6)	209
	Leontodon autumnalis (Blüten, verestert, neben Lutein)	KUHN und LEDERER (6)	208
	Helianthus annuus (Sonnenblume, verestert, neben viel Lutein und sehr wenig Carotin)	ZECHMEISTER und TUZSON (9)	208
	Rosa canina (Hagebutte), *R. rubiginosa, R. damascena* (Frucht, neben Carotin, Lycopin, Lutein, Zeaxanthin)	KUHN und GRUNDMANN (4, 7)	
Fucoxanthin $C_{40}H_{56}O_6$	Braunalgen, z. B. *Fucus vesiculosus*	WILLSTÄTTER und PAGE; KARRER, HELFENSTEIN, WEHRLI, PIEPER und MORF	214 / 216
Rhodoxanthin $C_{40}H_{50}O_2$	*Taxus baccata* (Eibe, Arillen, neben etwas Carotin)	KUHN und BROCKMANN (9)	222
Physalien $C_{72}H_{116}O_4$ (Dipalmitinsäureester des Zeaxanthins)	*Physalis Alkekengi* und *Ph. Franchetti* (Judenkirsche, Beere und Kelch, neben Kryptoxanthin)	KUHN, WINTERSTEIN und KAUFMANN (1, 2); KUHN und WIEGAND	195
	Lycium halimifolium (Bocksdornbeere)	ZECHMEISTER und CHOLNOKY (12)	196
	Lycium barbaratum (Beere)	WINTERSTEIN und EHRENBERG	193
	Solanum Hendersonii, Hypophaë rhamnoides (Sanddornbeere), *Asparagus officinalis* (Spargelbeere)	WINTERSTEIN und EHRENBERG	193
Helenien $C_{72}H_{116}O_4$ (Dipalmitinsäureester des Luteins)	Blüten von: *Arnica montana, Cheiranthus Sennoneri, Doronicum Pardalianches, Helenium autumnale, H. grandicephalum, Heliopsis scabrae major, H. sc.*	KUHN und WINTERSTEIN (5); KUHN, WINTERSTEIN und LEDERER	184

Farbstoff	Isoliert aus	Literatur (unvollständig)	Seite
	cinniaeflorae, Narcissus pseudonarcissus, Silphium perfoliatum, Tagetes aurea, T. patula, T. nana, Tropaeolum majus (neben anderen Luteinestern)		
Capsanthin $C_{40}H_{56}O_3$	*Capsicum annuum* (Fruchthaut der Schote, neben Carotin, Zeaxanthin, Lutein, Capsorubin und Kryptoxanthin; als Farbwachs)	ZECHMEISTER und CHOLNOKY (1—7)	230
	Capsicum frutescens japonicum (neben Carotin; als Farbwachs)	ZECHMEISTER und CHOLNOKY (6)	228
Capsorubin $C_{40}H_{58}O_4$	*Capsicum annuum* (Fruchthaut, neben viel Capsanthin, Zeaxanthin, Kryptoxanthin, Lutein und Carotin; als Farbwachs)	ZECHMEISTER und CHOLNOKY (7)	238
Bixin $C_{25}H_{30}O_4$	*Bixa orellana* (Samen)	Ausgedehnte ältere Literatur; VAN HASSELT (2); KUHN und EHMANN; FORBÁT	240
Crocetin $C_{20}H_{24}O_4$ (früher „α-Crocetin" genannt)	*Crocus sativus* (Narben: „Safran"), größtenteils als Glucosid: „Crocin" (cis und trans), neben wenig Carotin, Lycopin und Zeaxanthin	KARRER und SALOMON (1—3); KUHN und WINTERSTEIN (13)	254
	Crocus luteus (Blütenblätter)	KUHN, WINTERSTEIN und WIEGAND	256
	Crocus neapolitanus (violetter Crocus; Narben)	KUHN und WINTERSTEIN (3)	253
	Gardenia grandiflora (Chinesische Gelbschote, Frucht, als Glucosid)	KUHN, WINTERSTEIN und WIEGAND	253
	Cedrela toona (Indischer Mahagonibaum)	PERKIN; KUHN, WINTERSTEIN und WIEGAND	253
	Nyctanthes arbor tristis (Blüten)	HILL und SIKKAR	253
	Flores verbasci (Königskerzenblüten, als Glucosid)	SCHMID und KOTTER	253
Azafrin $C_{28}H_{40}O_4$	*Escobedia scabrifolia, E. linearis* (Wurzel, Stengel)	LIEBERMANN (auch mit SCHILLER und MÜHLE); KUHN, WINTERSTEIN und ROTH	263
Astacin-artiger Farbstoff	*Torula rubra* (rote Hefe, neben β-Carotin usw.)	LEDERER (3); vgl. FINK und ZENGER	281

3. Früchte. Um die Größenordnung des Carotinoidgehaltes von reifen *Beeren* zu illustrieren, sei angeführt: a) *Solanum dulcamara:* Eine Beere enthält z. B. 0,1—0,2 mg Lycopin, 1 kg frische Frucht etwa $^1/_2$ g. b) *Tamus communis:* In einer Beere sind 0,2 mg Lycopin enthalten, in 1 kg 0,3—0,4 g (frisch). c) *Lycium halimifolium:* Der Physaliengehalt einer Beere beträgt $^1/_2$ mg, 1 kg enthält z. B. 1,3 g (frisch).

4. Samen. Beispiel für die Größenordnung des Farbstoffgehaltes: 1 kg Samen des *Evonymus europaeus* liefert 150 g Arillen, in denen colorimetrisch 0,3—0,4 g Zeaxanthin ermittelt wurde.

2. Mikrochemischer Nachweis im Gewebe.

Die meisten älteren Literaturangaben über Carotinoide sind qualitativer Art; sie beschränken sich auf die mikroskopische Beobachtung der Krystallform und auf die altbekannte, S. 81 zu besprechende blaue Farbreaktion mit Schwefelsäure, aus deren Eintritt auf die Anwesenheit von „Carotin" gefolgert wird.

Daß ein solcher Schluß nicht immer einwandfrei ist, geht am besten aus folgendem Urteil von MOLISCH (1, dort S. 255) hervor: „Der Mikrochemiker wird gewöhnlich nicht imstande sein, unterm Mikroskop im Gewebe Carotin, Xanthophyll, Lycopin und verwandte' gelbe oder rote Farbstoffe voneinander zu unterscheiden, sondern er wird in den meisten Fällen nur sagen können, daß ein carotinartiger Körper, also irgendein Carotin vorhanden ist. Wenn daher hier das Wort Carotin gebraucht wird, so ist es, falls nichts Besonderes bemerkt wird, immer im Sinne eines Gruppenbegriffes genommen, in demselben Sinne, wie man von Zucker oder Eiweiß spricht." Diese Warnung ist um so mehr berechtigt, als die Carotinoide zu denjenigen Naturstoffen gehören, deren Krystallhabitus je nach Reinheitsgrad, Begleitstoff, Lösungsmittel und Geschwindigkeit der Abscheidung ungewöhnlich großen Schwankungen unterworfen ist.

Carotinoide können entweder direkt mit Farbenreaktionen *nachgewiesen* werden oder indirekt, indem man zunächst die Begleitsubstanzen auf chemischem Wege entfernt und dadurch das Pigment zum Krystallisieren bringt. Das letztere Verfahren ist vorzuziehen, da es die Beobachtung der Krystallform zuläßt und unter Umständen eine erste Orientierung über das Vorliegen von mehreren Carotinoiden geben kann. Die direkte Methode, die sich meist auf den Farbumschlag von amorphen Gebilden, z. B. von rotgelben Kügelchen beschränkt, soll zur Anwendung kommen, wenn die Lokalisation des Pigments ermittelt wird. Bei jedem indirekten Nachweis, also bei jedem chemischen Angriff auf die Plastiden, muß mit der Auswanderung der anschießenden Krystalle gerechnet werden, die sich an Stellen ansammeln können, wo ursprünglich kein oder nur wenig Farbstoff vorhanden war (VAN WISSELINGH).

Die *Kalimethode von* MOLISCH (1, dort S. 253) ist das beste, allgemein anwendbare Verfahren, das auch auf makrochemische Untersuchungen befruchtend gewirkt hat. Es beruht auf dem Umstand, daß Carotinoide gegen *alkoholische Lauge* widerstandsfähig sind, während die Lipoide mehr oder weniger rasch verseift werden. Sobald man sie entfernt hat, setzt die Krystallbildung des Polyens ein.

War verestertes Carotinoid anwesend, was sehr häufig der Fall ist, so wird es gleichfalls gespalten und man erblickt die Krystalle der alkoholischen Komponente, nicht die des nativen Farbstoffs. Es kann auch der Fall eintreten, daß je nach den Bedingungen ein Gemenge von Ester und freiem Carotinoid auskrystallisiert. Andererseits kann ein und dasselbe Polyen mit einer ganzen Reihe von Fettsäuren verestert sein (*Capsicum annuum*, S. 228), so daß eine Schar von chemischen Individuen zugegen ist und zur Farbe des Gewebes beiträgt. Durch Hydrolyse werden aber die Unterschiede zwischen den Komponenten des Farbwachses verwischt und das Auskrystallisieren eines einzigen Farbstoffes veranlaßt. Es ist dies mit ein Grund, warum die mikrochemische und die makrochemisch-präparative Aufarbeitung desselben Ausgangsmaterials öfters widersprechende Ergebnisse geliefert haben.

Ausführung (MOLISCH 1). Die Pflanzenteile werden mehrere Tage lang bei Lichtabschluß im Reagens von MOLISCH gelassen (20 Gew.-proz. an Kaliumhydroxyd, in 40 vol.-proz. Äthylalkohol gelöst). Zweckmäßig verwendet man Gläser mit eingeschliffenem Stopfen. Handelt es sich um chlorophyllhaltiges Material, z. B. um *Blätter*, so werden dieselben bei der Behandlung gelb, indem das Grün als Alkalichlorophyllid in Lösung geht. Nachdem die Lauge durch mehrstündiges Verweilen in destilliertem Wasser ausgewaschen wurde, fertigt man mit Hilfe von Glycerin Dauerpräparate an. Fast jede, früher chlorophyllhaltige Zelle enthält rotbraun gefärbte Krystalle; das Assimilationsparenchym ist dicht besät, Epidermis und Gefäßbündel sind frei. Häufiger vorkommende Formen: Nadeln (einzeln oder in Büscheln), Tafeln (auch mit zackigen Rändern), säbel- und hobelspanartige Gebilde, Schuppen usw. (Beispiel: Abb. 10).

Die erforderliche Dauer des Versuches kann sehr verschieden sein, worauf namentlich VAN WISSELINGH hingewiesen hat. Es kommt vor, daß die Krystallisation erst nach Wochen oder Monaten

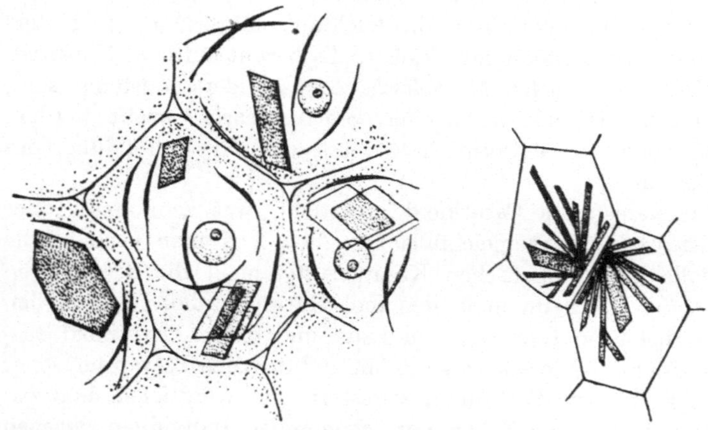

Abb. 10. Typische Carotinkrystalle im Gewebe. *Links:* Zellen aus einem Blüten-blatt von *Hemerocallis fulva* mit Zellkernen, geschrumpften Chromoplasten und mächtigen Carotinkrystallen (nach KOHL). *Rechts:* Carotinkrystalle im etiolierten Blatt von *Vicia faba* nach Kalibehandlung (beide etwa 400 ×). (Aus G. KLEIN, Histochemie.)

einsetzt, oder daß selbst dann nur amorphe, orangerote Kügelchen vorliegen. Offenbar hängt dies mit der verschiedenen Verseifbar-keit der einzelnen Lipoidarten zusammen. Durch Erwärmen auf 70—80⁰ kürzt sich die Versuchsdauer in solchen Fällen sehr stark ab (VAN WISSELINGH).

Zur Durchführung von Farbenreaktionen (S. 81) entzieht man den alkalisch vorbehandelten Gewebsstücken, wenn nötig, Wasser mit Filtrierpapier oder im Exsiccator. Konzentrierte Schwefel-säure verursacht selbst in Anwesenheit von etwas Wasser eine prachtvoll blaue bis indigblaue Färbung, die auf Zusatz von viel Wasser verschwindet.

Sonstige Methoden zur Freilegung des Farbstoffs. Der alkalischen Hydrolyse scheint keine andere Arbeitsweise ebenbürtig zu sein. Am besten bewährt sich noch die *Resorcinmethode* von Tswett (4), die darin besteht, daß die Pflanzenteile auf dem Objektträger mit 50proz. wäßriger Resorcinlösung behandelt werden, die Lipoide und plasmatische Stoffe löst und das Krystallisieren des Carotinoids veranlaßt. Die Erfahrungen van Wisselinghs sind zufriedenstellend; die an der Luft leicht eintretende Bräunung von Resorcin dürfte aber bei Dauerversuchen stören. Nicht bewährt hat sich die sog. „Säuremethode" (Einlegen in verdünnte Salz-, Wein-, Oxal- oder Flußsäure), da die Fetthydrolyse bei höheren Wasserstoffionen-Konzentrationen sehr träge einsetzt und manches Carotinoid säureempfindlich ist. Nach van Wisselingh kann das mikroskopische Bild auch durch braune, krystallisierte Abbauprodukte des Chlorophylls gestört werden.

3. Farbenreaktionen.

a) Reaktion mit Schwefelsäure. Die zuerst von Marquart (1835) an gelben Blüten beobachtete Erscheinung, daß konzentrierte Schwefelsäure schön dunkelblaue bis blauviolette, zuweilen grünlichblaue Färbungen erzeugt, wird makro- und mikrochemisch oft verwertet. Zwar ist die Reaktion insofern unspezifisch, als sie sich über das Gebiet der Carotinoide hinausstreckt; immerhin ist sie ein wertvolles Hilfsmittel, namentlich zur raschen Feststellung der Klassenzugehörigkeit eines Pigments, z. B. bei der Unterscheidung von Anthocyan und Carotinoid. Besonders einfach gestaltet sich die Probe mit chlorophyllfreien Pflanzenteilen: man verreibt dieselben mit viel Quarzsand und 5—10 cm³ Äther (evtl. Chloroform oder Schwefelkohlenstoff) im Porzellanmörser, dekantiert einige Kubikzentimeter des Extraktes in ein Reagensglas und unterschichtet sehr vorsichtig mit 0,5—1 cm³ konzentrierter Schwefelsäure.

Ein vollkommener Wasserausschluß ist im allgemeinen nicht notwendig, da die blaue Farbe bei den meisten Objekten schon mit 85proz. oder mit noch schwächerer Säure auftritt. Wird mit viel Wasser versetzt, so verschwindet das Blau sofort und macht einer unscheinbaren, z. B. schmutziggrünen Nuance Platz.

Die chemische Bedeutung dieser altbekannten Probe ist erst jüngst von Kuhn und Winterstein (1) erkannt worden. Sie zeigten, daß die Reaktion auf dem hohen Grad der Ungesättigtheit beruht und auch bei synthetischen Diphenylpolyenen mit mindestens sechs aliphatischen, konjugierten Doppelbindungen positiv ausfällt. Damit ist auch für die natürlichen Pigmente die reagierende Gruppe erkannt und eine Grundlage für weitere Untersuchungen gegeben (Tabelle 10, S. 82).

Tabelle 10. Verhalten der synthetischen Diphenylpolyene gegen
Schwefelsäure (KUHN und WINTERSTEIN 1).

Polyen	Formel	Farbe mit konz. Schwefelsäure
Diphenyl-äthylen	C_6H_5—$(CH=CH)$—C_6H_5	farblos
,, -butadien	C_6H_5—$(CH=CH)_2$—C_6H_5	farblos
,, -hexatrien	C_6H_5—$(CH=CH)_3$—C_6H_5	gelborange
,, -octatetraen . . .	C_6H_5—$(CH=CH)_4$—C_6H_5	rot
,, -decapentaen . . .	C_6H_5—$(CH=CH)_5$—C_6H_5	violettrot
,, -dodecahexaen . .	C_6H_5—$(CH=CH)_6$—C_6H_5	*blau*
,, -tetradecaheptaen .	C_6H_5—$(CH=CH)_7$—C_6H_5	*blaugrün*
,, -hexadecaoctaen .	C_6H_5—$(CH=CH)_8$—C_6H_5	*blaugrün*

Einige dieser Verbindungen können nach erfolgter Behandlung mit
Schwefelsäure spektroskopisch unterschieden werden.

b) Sonstige allgemeinere Farbreaktionen (vgl. u. a. bei MOLISCH 1
und VAN WISSELINGH). Rauchende *Salpetersäure:* vorübergehende
Blaufärbung. Konzentrierte *Salzsäure* mit etwas Phenol oder
Thymol: Dunkelblaufärbung. Die Säure allein ruft nur bei einigen
sauerstoffreichen Carotinoiden die Reaktion hervor: in Äther
gelöstes Violaxanthin, Cabsorubin, Fucoxanthin und Capsanthin
liefern mit 25proz. oder stärkerer HCl ein positives Resultat.
Seltener werden die folgenden Reagenzien angewandt: Bromdampf
(dunkelblaue bis grüne, vorübergehende Färbungen), Ameisensäure, Di- und Trichloressigsäure, Chlorzink, Acetanhydrid und
konzentrierte Schwefelsäure usw.

Bei Reagensglasversuchen mit festen Präparaten löst man die
Substanz in Äther oder Chloroform, fügt das Reagens vorsichtig
zu und beobachtet die Vorgänge in beiden Schichten.

Ausführlichere Angaben über Farbenreaktionen bringt der Spezielle Teil, z. B. S. 126, 235.

c) Die Farbenreaktion von CARR und PRICE. Diese Forscher
nehmen den Nachweis und die quantitative Bestimmung des
A-Vitamins mit Hilfe der tiefblauen Farbe vor, die beim Ver-
mengen mit einer Antimontrichloridlösung in wasserfreiem Chloroform auftritt. Die Reaktion ist nicht spezifisch, vielmehr wird
sie von *allen Carotinoiden* (wenn auch in sehr verschiedenem Maße)
gegeben, sie ist also ein Polyen-Gruppenmerkmal, dessen Bereich
über die natürlichen Pigmente hinausgeht. An Carotinoiden wurde
die Probe namentlich von EULER und KARRER, teils mit KLUSS-
MANN und MORF studiert.

Versetzt man die zu untersuchende Flüssigkeit (1—2 cm³) zunächst
mit 1 cm³ 0,5proz. Brenzcatechinlösung (in Chloroform), dann mit 2—3 cm³

kaltgesättigtem $SbCl_3$ (in $CHCl_3$) und erhitzt sofort 1—2 Minuten in einem 60° warmem Wasserbad, so entsteht in Anwesenheit des A-Vitamins eine recht beständige, rotviolette, permanganatähnliche Färbung, während die Probe *mit Carotinoiden negativ* ausfällt (ROSENTHAL und ERDÉLYI).

Die Methodik der quantitativen Bestimmung kann von der Vitaminchemie ohne weiteres übernommen werden (für die umfangreiche Literatur vgl. die Zusammenstellung bei KARRER und WEHRLI; WINTERSTEIN und FUNK; ZECHMEISTER 3). Die in ihrem Wesen noch unklare Reaktion verläuft mit mäßiger Geschwindigkeit und erreicht bereits in 10—120 Sekunden den zu messenden Höchstwert. Man führe also die Bestimmung rasch aus, da die Farbintensität bald wieder zurückgeht. Als Apparat eignet sich der *Tintometer von* LOVIBOND (nähere Beschreibung: *The Tintometer Ltd.*; Abb. 11).

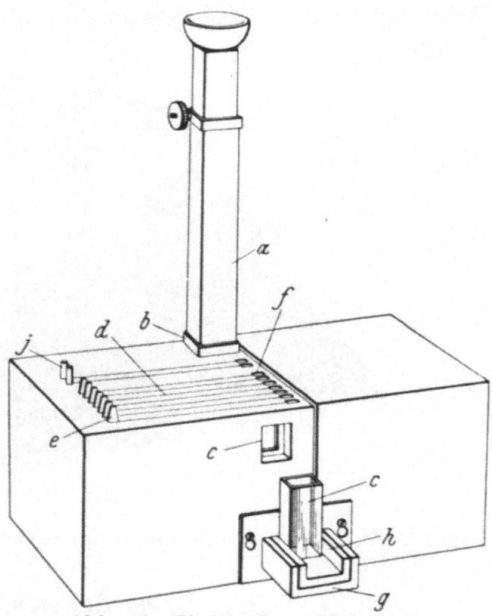

Abb. 11. Tintometer (Modell der *The Tintometer Ltd.*).

Man vergleicht die Lösung mit blauen (gelben bzw. roten) standardisierten Glasplatten, die jeweils einer Kennzahl entsprechen, so daß die Farbstärke in LOVIBOND-*Einheiten* ausgedrückt werden kann. Man erblickt durch das Beobachtungsrohr zwei gleiche, rechteckige Gesichtsfelder und sucht durch systematisches Vorschieben von Glasplättchen dieselben auf den gleichen Farbwert zu bringen. Die Lösung befindet sich in der Cuvette (10 mm breit) und wird mit Hilfe von $SbCl_3$-Lösung (bei 20° gesättigt, über 30 gew.-proz.) bereitet. Kann der richtige Farbton mit Blau allein nicht erreicht werden, so schaltet man auch rote bzw. gelbe Glasplatten vor, deren Kennzahlen aber bei der Auswertung nicht in Betracht kommen.

Das Resultat kann direkt in LOVIBOND-*Blauwerten (blue values)* ausgedrückt werden, besser rechnet man aber zu *Cod liver oil-Einheiten (C.L.O.)* um, und zwar nach der folgenden Formel:

$$C.L.O. = \frac{20 \times (\text{am Tintometer abgelesener Blauwert} : 10)}{\text{mg Substanz in } 1 \text{ cm}^3 \ SbCl_3\text{-Lösung}}.$$

Eine Substanz besitzt also 1 C.L.O., wenn 20 mg davon in 1 cm³ CARR-PRICE-Lösung mit 10 LOVIBOND-Blauwerten farbgleich sind. Das Resultat ist auch von der Konzentration und von der Beleuchtung abhängig, die

6*

Tintometer Ltd. bringt daher neuerdings eine Einheitslichtquelle in den Handel (Abb. 12).

Unter den von EULER und KARRER (3) angewandten Bedingungen wurden z. B. die folgenden C.L.O.-Zahlen ($\pm$ 10%) erhalten:

Carotin	508	Zeaxanthin	500
Lycopin	284	Capsanthin	342
Xanthophyll	432	Bixin	1500

Die Färbungen differieren auch bezüglich der Absorptionsmaxima des Blaus (spektrometrische Messungen bei EULER, KARRER, KLUSSMANN und MORF).

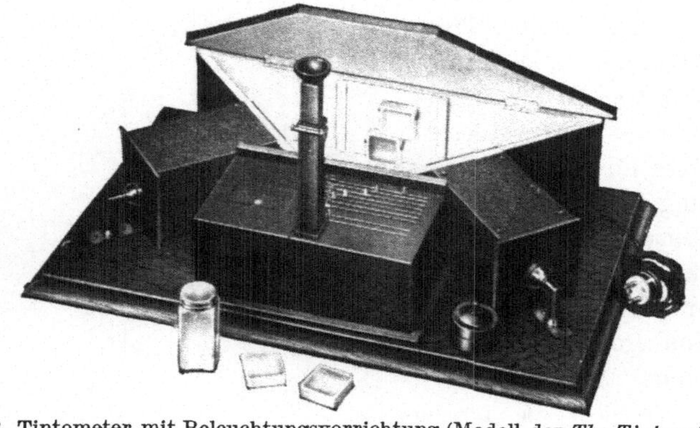

Abb. 12. Tintometer mit Beleuchtungsvorrichtung (Modell der *The Tintometer Ltd.*).

4. Spektroskopie.

Spektroskopische Beobachtungen spielen bei der Erforschung von Pflanzenfarbstoffen seit langem eine Rolle, so daß einige allgemeinere Bemerkungen am Platze sind. Bei der Wertung der einschlägigen älteren Literatur möge die folgende Kritik Berücksichtigung finden: Leider fehlen oft Angaben über Schichtdicke, Konzentration, Lösungsmittel, obzwar die Lage bzw. Breite der Bänder mit der Änderung dieser Faktoren sich stark verschiebt. Bereits dem unbewaffneten Auge erscheint eine verdünnte Carotinlösung in Äther gelb, in Schwefelkohlenstoff rötlicher, während z. B. Capsanthin in Äther bräunlichgelb, in CS_2 blaustichig rosa ist. Bei der Spektroskopie von Rohextrakten wäre auch zu berücksichtigen, daß gleichzeitig mehrere Farbstoffe vorliegen können und daß das Bild irreführen kann, daher wird man in vielen Fällen zunächst eine Trennungsoperation durchführen (Entmischung, Adsorptionsanalyse, S. 90, 94) und erst dann die spektroskopische Messung.

Die Absorptionsspektren der Carotinoide sind typisch und von jenen der meisten anderen Farbstoffklassen leicht zu unterscheiden. So weisen Carotin und Xanthophyll in alkoholischer Lösung von geeigneter Stärke zwei Bänder in Blau und Indigoblau auf, deren Abstand mit der Breite des zweiten Bandes vergleichbar ist. Außerdem sieht man den Beginn der Endabsorption (Abb. 13, s. unten). Bei der direkten spektroskopischen Beobachtung hat man öfters

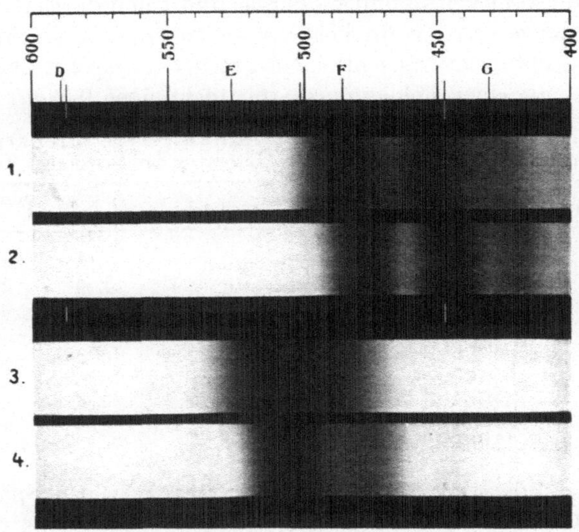

Abb. 13. Spektrum des Blattcarotins und Blattxanthophylls (nach WILLSTÄTTER und STOLL). 1. Carotin in Alkohol, 2. Xanthophyll in Alkohol, 3. Carotin in Schwefelkohlenstoff, 4. Xanthophyll in Schwefelkohlenstoff.

den Eindruck, daß die Grenzen der beschatteten Bänder verschwommen sind. Dies kann (teilweise) von beigemischten Nebenfarbstoffen, z. B. von Isomeren, verursacht sein. In diesem Falle wird das Aussehen des Spektrums durch eine chromatographische Reinigung des Auszuges (S. 94) wesentlich verbessert. Enthält das Farbstoffmolekül ein unmittelbar an das Doppelbindungssystem angeschlossenes Carbonyl, so zeigt sich in alkoholischer Lösung ein völlig verwaschenes Bild, wogegen in Benzin oder CS_2 die spektroskopische Messung anstandslos durchgeführt werden kann (vgl. S. 66).

Während in der früheren Literatur meist die Grenzlinien der Bänder verzeichnet sind, hat sich neuestens das einfache Verfahren bewährt, nur die *optischen Schwerpunkte* (Extinktionsmaxima) anzugeben, welche von Konzentration und Schichtdicke in weiten Grenzen unabhängig sind, so daß für jedes Band *eine* Zahl genügt, nebst Angabe des Lösungsmittels (Tabelle 11). Dazu ist die Verwendung eines Photometers gar nicht erforderlich, denn die Bänder sind bei hinreichend kleinen Konzentrationen symmetrisch genug, um den Mittelwert ihrer Grenzen nehmen zu dürfen. Wird dieses Verfahren für zwei Verdünnungen durchgeführt und durch Anlegen des Fadenkreuzes an die dunkelsten Stellen ergänzt, so ergeben sich die Absorptionsmaxima in einem guten Gitterspektroskop als Mittelwerte mit einer Fehlergrenze von nicht über 0,5 $\mu\mu$.

Tabelle 11. Optische Schwerpunkte in Schwefelkohlenstoff, gitterspektroskopisch gemessen[1] (Literatur im Speziellen Teil).

Carotinoid	Schwerpunkte $\mu\mu$		Carotinoid	Schwerpunkte $\mu\mu$	
Rhodoxanthin.	564	525	Zeaxanthin . .	519	483
Lycopin . . .	548	507	α-Carotin . . .	509	477
Capsanthin . .	543	503,5	Lutein	508	475
Capsorubin . .	543	503,5	Taraxanthin . .	501	469
γ-Carotin . . .	533,5	496	Violaxanthin .	500,5	469
Rubixanthin .	533,5	496	Crocetin[2] . . .	478,5	448
Bixin	523,5	489	Flavoxanthin .	478	447,5
β-Carotin . . .	521	485,5	Azafrin[2] . . .	476	445,5
Kryptoxanthin	519	483			

Für die Aufdeckung ganz feiner Unterschiede in den Spektren ist nach KUHN und SMAKULA die *quantitative lichtelektrische Photometrie* geeignet.

Die *Apparatur* besteht aus einem Doppelmonochromator mit Flintglasprismen. Als Lichtquelle dient eine Nernstlampe; der lichtelektrische Strom wird über eine Kaliumzelle mit einem Einfadenelektrometer gemessen, und zwar von 5 zu 5 $\mu\mu$, indem man abwechselnd Lösung und Lösungsmittel in den Strahlengang einschaltet und gleich lang, z. B. 5 Sekunden belichtet. Die Ausschläge des linear geeichten Elektrometers sind den, durch die Lösung bzw. durch das Lösungsmittel hindurchgegangenen Lichtmengen J bzw. J_0 direkt proportional. Bedeutet c die Konzentration (Mol/Liter) und d die Dicke der Cuvette (cm), so ist die Absorptionskonstante:

$$\varkappa = \frac{2,30}{c \cdot d} \cdot \log_{10} \frac{J_0}{J}$$

Spektrophotometrische Bestimmung der Blattfarbstoffe: WEIGERT. Sensibilisierungsspektren: EDER. RAMAN-Spektrum: EULER und HELLSTRÖM (4).

---

[1] Die Tabelle beschränkt sich auf die beiden langwelligsten Schwerpunkte.
[2] Als Methylester untersucht.

Nach einer unveröffentlichten Untersuchung von K. W. HAUS-
SER (vgl. bei KUHN 1) ist die ermittelte Lage der Absorptions-

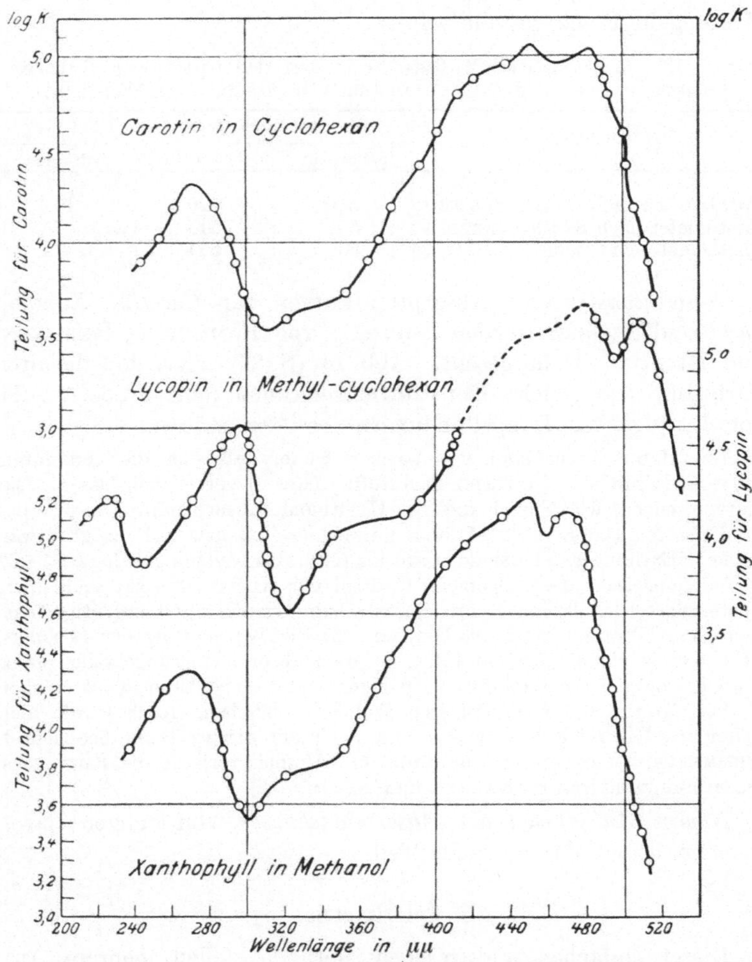

Abb. 14. Absorptionskurven von Carotin, Lycopin und Xanthophyll. Nach PUM-
MERER, REBMANN und REINDEL (gemessen von G. SCHEIBE). Abszisse: Wellenlängen; Ordinate: dekadische Logarithmen der Extinktionskoeffizienten k, aus
$J = J_0 \cdot 10^{-k \cdot c \cdot d}$, wobei c die Konzentration in Molen pro Liter, d die Schichtdicke in cm bedeutet.

bänder insofern auch von der Arbeitsmethode abhängig, als die
im Spektroskop nach LOEWE-SCHUMM gemessenen Werte von

den photometrisch bzw. photoelektrisch erhältlichen abweichen (Tabelle 12). Diese Anomalie beruht auf einem optisch-physiologischen Effekt, ohne daß dadurch die Reproduzierbarkeit der Messung in Frage gestellt wäre.

Tabelle 12. **Einfluß der Meßmethode auf die optischen Schwerpunkte von α- und β-Carotin** (nach HAUSSER, unveröffentlicht).

Instrument	Die ersten Schwerpunkte in CS_2 ($\mu\mu$)		
	α-Carotin	β-Carotin	Differenz
Spektroskop nach LOEWE-SCHUMM	510	520	10
Photometer nach KÖNIG-MARTENS	507	514	7
Photoelektrische Zelle	507	514	7

Absorptionskurven. Absorptionskurven für *Carotin, Xanthophyll* und *Lycopin* wurden frühzeitig von PUMMERER, REBMANN und REINDEL (1) mitgeteilt. Abb. 14 (S. 87) zeigt, daß die drei Farbstoffe das gleiche Konstitutionsmerkmal (eine große Anzahl von konjugierten Doppelbindungen) besitzen müssen.

Die Hauptbänder sind von solcher Höhe, daß sich die genannten Carotinoide mit sehr kräftigen Farbstoffen (Eosin) vergleichen lassen. Die Kurven zeigen, wie ähnlich die drei Carotinoide absorbieren. Das Hauptband des Xanthophylls (2 Maxima mit $\log k = 5{,}2$ bzw. 5,1) zeigt etwas stärkere Extinktion als das des Carotins (5,0), das Nebenband ($\log k = 4{,}3$) ist fast identisch. Der allgemeine Aufbau der Kurve ist sogar in kleinen Unstetigkeiten vollkommen analog, nur beim Xanthophyll um etwa $5\,\mu\mu$ nach dem Ultraviolett verschoben, was für die Betrachtung der Lösungsfarbe hier stark ins Gewicht fällt. Lycopin absorbiert grundsätzlich ganz ähnlich, doch ist die Extinktion bei Haupt- und Nebenband etwas stärker als bei Carotin und nach längeren Wellen verschoben. Auch wurde hier weiter ins Ultraviolett gemessen und noch ein drittes Band beobachtet (PUMMERER, REBMANN und REINDEL 1). Ähnlich verläuft die Kurve des Crocetin-dimethylesters (KARRER und SALOMON 2).

Neuere Aufnahmen der Absorptionskurven von einigen Carotinoiden bringt der Spezielle Teil.

5. Colorimetrie.

Dieser einfachen und raschen Methode stehen mehrere Anwendungsmöglichkeiten offen. Man kann das Colorimeter bei präparativen Arbeiten laufend zu Rate ziehen und durch den Vergleich der Fraktionen den Weg zur Anreicherung des Farbstoffes aufsuchen. Handelt es sich um die Gehaltsbestimmung einer Droge an einem bekannten Polyen, so führen Extraktion und Colorimetrie zum Ziel. Voraussetzung ist natürlich die richtige Wahl der *Vergleichslösung*. Soll z. B. Carotin bestimmt werden, so müßte man die Standardflüssigkeit aus reinem, krystallisierten Farbstoff bereiten, der aber meist nicht verfügbar sein wird und zudem an der Luft verdirbt. WILLSTÄTTER und STOLL (1) haben daher die Lösung von 2,0 g *Kaliumbichromat* in 1 l destilliertem Wasser als Vergleichsflüssigkeit eingeführt (betr. Haltbarkeit vgl. bei JÖRGENSEN). Es gelten die folgenden Gleichwertigkeiten für Carotin, Xanthophyll und Kaliumbichromat:

Carotin (0,0268 g in 1 l Petroläther) .	100	50	25 mm	Schichtdicke
Bichromat (0,2proz.)	101	41	19 „	„
Xanthophyll (0,0284 g in 1 l Äther) .	100	50	25 „	„
Bichromat (0,2proz.)	72	27	14 „	„

EULER, DEMOLE, KARRER und WALKER fanden abweichende Zahlen, was (zumindest teilweise) auf die Uneinheitlichkeit von Carotin- und Xanthophyllpräparaten (s. dort) zurückzuführen sein wird.

PALMER (1) gibt das Verhältnis der Farbstärken graphisch wieder, SPRAGUE ersetzt das Bichromat durch künstliche organische Farbstoffe. Sehr kleine Carotinoidmengen bestimmt man nach EULER, HELLSTRÖM und RYDBOM mit Hilfe eines HÜFNER-Prismas, unter Anwendung von LOVIBONDschen Farbenfiltern. Bei farbschwachen Lösungen wird manchmal nicht die Eigenfarbe gemessen, sondern die (vorübergehende) Blaufärbung, die von Antimontrichlorid in Chloroform erzeugt wird (S. 82).

Empfehlenswert ist die *neue Methode der Mikrocolorimetrie* von KUHN und BROCKMANN (3):

Es genügen bei Anwendung eines Mikrocolorimeters HELLIGE (Freiburg i. Br.), dessen Gefäße 1 cm³ fassen, Farbstoffmengen von 0,001 bis 0,01 mg, wie sie etwa in einem einzigen Blütenblatte vorkommen. Die Gefäße werden, um Verdunstung hintanzuhalten, mit tadellosen Korkdeckeln verschlossen, die in der Mitte eine Öffnung zur Durchführung der Glaszylinder besitzen. Die Ablesungen erfolgen bei Tageslicht oder im Licht einer Tageslichtlampe. Die Genauigkeit läßt sich durch Einschalten eines Blaufilters (Kobaltglas) etwas erhöhen. Man hält die Schichtdicke der Standardlösung (s. unten) konstant (10 mm), variiert die Schichtdicke der Carotinoidlösung bis zur gleichen Farbstärke und nimmt das Mittel von 6—10 Ablesungen. Der Gehalt der Polyenlösung wird durch Verdünnen mit Benzin so eingestellt, daß die erforderliche Schichtdicke zwischen 4 und 20 mm liegt.

Als colorimetrischen Standard benützen KUHN und BROCKMANN (3) *Azobenzol*, das in dem angewandten Konzentrationsgebiet gegenüber den meisten Carotinoiden keine nennenswerten

Abweichungen vom BEERschen Gesetz erkennen läßt. Dadurch entfällt die Berücksichtigung empirischer Eichkurven, was bei der Benützung von Kaliumbichromat notwendig ist. Die Standardlösung enthält 14,5 mg reinstes Azobenzol in 100 cm³ 96proz. Äthylalkohol. *Die damit farbgleichen Carotinoidlösungen enthalten in 1 cm³ Benzin* (Siedep. 70—80°) *die in der Tabelle 13 verzeichneten Farbstoffmengen* (mg).

Tabelle 13. Farbwerte bezogen auf eine Lösung von 14,5 mg Azobenzol in 100 cm³ 96proz. Alkohol (KUHN und BROCKMANN 3).

mg in 1 cm³ Benzin	Farbstoff	Formel	Mol.-Gew.	Opt. Schwerpunkte in Benzin	
				$\mu\mu$	$\mu\mu$
0,00235	α-Carotin . . .	$C_{40}H_{56}$	536,5	478	447,5
0,00235	β-Carotin . . .	$C_{40}H_{56}$	536,5	484	451
0,00242	Kryptoxanthin[1]	$C_{40}H_{56}O$	552,5	485,5	452
0,00252	Lutein	$C_{40}H_{56}O_2$	568,5	477,5	447,5
0,00252	Zeaxanthin . .	$C_{40}H_{56}O_2$	568,5	483,5	451
0,0027	Taraxanthin. .	$C_{40}H_{56}O_4$	600,5	472	443
0,0027	Violaxanthin .	$C_{40}H_{56}O_4$	600,5	472	443
0,0046	Helenien . . .	$C_{72}H_{116}O_4$	1045	477	447,5
0,0046	Physalien . . .	$C_{72}H_{116}O_4$	1045	483	451

Die Farbwerte der paarweise isomeren Farbstoffe sind unter den eingehaltenen Bedingungen praktisch gleich und die Unterschiede zwischen verschiedenen Paaren in der Hauptsache durch die Verschiedenheit der Molekulargewichte gegeben.

Für *Lycopin*, das viel zu rotstichig ist, um mit der angegebenen Lösung verglichen zu werden, kann man als haltbaren Standard eine zehnmal konzentriertere Azobenzollösung verwenden (145 mg Azobenzol in 100 cm³ 96proz. Äthylalkohol). Die damit farbgleiche Lycopinlösung enthält in 1 cm³ Benzin (Siedep. 70—80°): 0,0078 mg Lycopin $C_{40}H_{56}$ (Mol.-Gew. 536,5); Schwerpunkte: 506, 474, 445 $\mu\mu$. Für Crocetin, Bixin und Azafrin, denen man nur in besonderen Fällen begegnen wird, benutzt man als Standard: Crocetin-dimethylester, Methyl-bixin und Azafrin-methylester, die recht luftbeständig sind.

6. Entmischungsmethoden.

Beim Nachweis und besonders bei der Trennung und Bestimmung von Carotinoiden leistet eine Methode vortreffliche Dienste,

---

[1] Nach KUHN und GRUNDMANN (3).

welche in der *Verteilung des Farbstoffes zwischen zwei, miteinander nicht mischbaren Lösungsmitteln* besteht.

Das eine ist meist wäßriger (70—90 proz.) Methylalkohol, Äthylalkohol, seltener Aceton, die untere Flüssigkeitsschicht bildend, während die Oberschicht z. B. Benzin, Petroläther oder Äther + Petroläther oder auch Benzol sein kann. Die wichtigsten Carotinoide verteilen sich nach dem Durchschütteln im Scheidetrichter in charakteristischer Weise ungleich zwischen den beiden Solventen und können durch (evtl. wiederholte) Erneuerung derjenigen Schicht, welche die Hauptmenge des Farbstoffes aufgenommen hat, quantitativ abgetrennt werden. Das Verfahren ist einfach, da man den Gang der Entmischung mit dem Auge verfolgt.

Die Bedeutung einer ähnlichen Arbeitsweise ist bereits 1864 von STOKES erkannt worden: „Was Bequemlichkeit und Raschheit der Ausführung betrifft, gibt es, namentlich bei der Untersuchung von sehr kleinen Mengen, keine Trennungsmethode, die gleichwertig wäre mit der Verteilung zwischen zwei Lösungsmitteln, die sich nach dem Schütteln scheiden." An der Ausgestaltung der Methodik hatten sich u. a. BORODIN (1883), KRAUS sowie SORBY beteiligt (vgl. WILLSTÄTTER und STOLL 1, dort S. 154, 231). WILLSTÄTTER (1) und seine Mitarbeiter, sodann KUHN und BROCKMANN (3) haben den Entmischungsgedanken mit überraschendem Erfolg verwertet. Nach den Versuchen der letztgenannten Autoren ist das Ergebnis der Entmischung weitgehend unabhängig von Begleitstoffen.

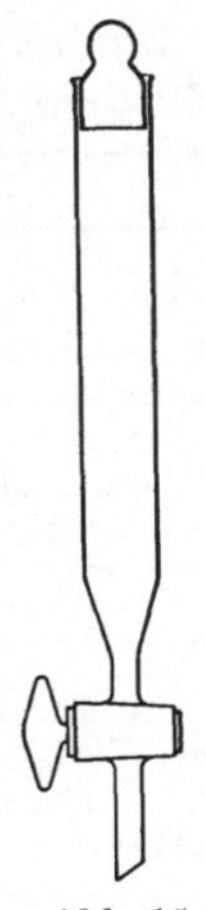

Abb. 15.
Reagensglas-
Scheidetrichter.
(WILLSTÄTTER
und STOLL 1.)

Im Reagensglas-Scheidetrichter (Abb. 15) läßt sich der Versuch so vorführen, daß man die petrolätherische bzw. äther-petrolätherische Lösung mit 1 Vol. wenig verdünntem Holzgeist schüttelt, oder man geht von einer homogenen Farbstofflösung in Methanol + Petroläther aus und fügt vorsichtig, tropfenweise Wasser zu, gerade bis sich die Schichten trennen. *Von den Vertretern der Gruppe C_{40} gehen die Kohlenwasserstoffe α-, β- und γ-Carotin sowie Lycopin, ferner die Farbwachse in die Oberschicht, während man in der unteren Phase die Carotinoide mit mindestens zwei freien Hydroxylen (Xanthophylle) vorfindet*[1]. *Werden die Farbwachse verseift,*

---

[1] Kryptoxanthin und Rubixanthin $C_{40}H_{55}OH$ verhalten sich anders; s. weiter unten c), sowie S. 164, 168.

so zeigen sie das entgegengesetzte Verhalten wie früher, sie sind also nicht mehr *epi-*, sondern *hypophasisch*.

Sieht man von selteneren Farbstoffen ab, so ergibt sich für eine erste Orientierung der in Tabelle 14 verzeichnete Arbeitsgang.

Tabelle 14. Arbeitsgang der Entmischung.

Man verteilt den Farbstoff wiederholt zwischen Äther + Petroläther und 85proz. Methylalkohol:

Oben	Unten
Carotine, Lycopin und *Farbwachse* Man behandelt die abgehobene Oberschicht mit konzentriertem, methylalkoholischem Kali, führt den Farbstoff durch Zusatz von viel Wasser in Äther + Petroläther über und schüttelt wiederholt mit 85proz. Methanol: <table><tr><td>Oben</td><td>Unten</td></tr><tr><td>*Carotine* und *Lycopin* (ihr Verhalten hat sich nicht geändert)</td><td>*Xanthophyll* usw. (die vor der Verseifung verestert waren und sich jetzt umgekehrt wie früher bei der Entmischung verhalten)</td></tr></table>	*Xanthophyll (Lutein)*, *Zeaxanthin*, *Violaxanthin*, *Taraxanthin*, *Fucoxanthin* und *Capsanthin* (unverestert)

In mehreren Fällen ist eine *weitere Fraktionierung* der in der letzten Spalte enthaltenen Farbstoffe (Tabelle 14) mit Hilfe von Entmischungsmethoden möglich. Beispiele:

a) Fucoxanthin und Xanthophyll lassen sich scheiden auf Grund der Beobachtung, daß beim dreimaligen Schütteln der äther-petrolätherischen Lösung (1:1) mit 70proz. Methylalkohol alles Fucoxanthin, aber nur wenig Xanthophyll in die Unterschicht gelangt (WILLSTÄTTER und PAGE). Ähnlich wie Fucoxanthin verhält sich auch Capsanthin.

b) Unterscheidung von Lutein und Violaxanthin (KUHN und WINTERSTEIN 6): Schüttelt man 10 cm³ der äther-petrolätherischen Lösung (1:1) viermal mit je 2 cm³ 70proz. Methanol, so geht doppelt so viel Violaxanthin als Lutein in die untere Schicht. Läßt man dieselbe ab und schüttelt sie mit 5 cm³ Äther + Petroläther durch, so sucht Lutein quantitativ, Violaxanthin nur zum Teil die obere Schicht auf.

c) Bei der Verteilung von Kryptoxanthin zwischen Benzin und 90proz. Methanol geht der Farbstoff, wie β-Carotin, dem es auch sonst sehr nahe steht, völlig in die Oberschicht, wendet man jedoch 95proz. Methylalkohol an, so wandert das Kryptoxanthin deutlich nach unten (Gegensatz zu β-Carotin; KUHN und GRUNDMANN 3).

Bei quantitativen Versuchen wird eine *colorimetrische Messung an das Entmischungsverfahren angeschlossen*. Bei den mikrochemischen Methoden von KUHN und BROCKMANN (3) kommen wir darauf zurück; als Beispiel der makrochemischen Arbeitsweise sei angeführt:

Trennung von Carotin, Xanthophyll und Chlorophyll nach WILLSTÄTTER *und* STOLL (1, dort S. 47—51). Der Extrakt von 2 g getrockneten, fein pulverisierten Brennesselblättern mit 10—20 cm³ 85 vol.-proz. Aceton wird durch Eingießen in 30 cm³ Äther und Zusatz von 50 cm³ Wasser im Scheidetrichter in Äther übergeführt. 5 cm³ der letzteren Lösung schüttelt man mit 2 cm³ starkem methylalkoholischem Kali kräftig durch, verdünnt nach Wiederkehr der grünen Farbe allmählich mit 10 cm³ Wasser und fügt noch etwas Äther zu. Beim Durchschütteln im Reagierglas bilden sich zwei Schichten: oben die Carotinoide, unten das Chlorophyll. Die ätherische Schicht wird abgehoben, mit Wasser gewaschen und auf 1 cm³ eingedampft. Sodann verdünnt man mit 10 cm³ Petroläther und schüttelt etwa dreimal mit je 10 cm³ 90proz. Methylalkohol, bis der letztere farblos bleibt. Im Holzgeist befindet sich dann das gesamte Xanthophyll, im Petroläther das Carotin.

Die Carotinlösung wird abgehoben und andererseits das Xanthophyll aus den vereinigten methylalkoholischen Auszügen durch Zusatz von viel Wasser und Äther in den letzteren übergeführt. Es stehen dann beide Farbstofflösungen zum Vergleich mit 0,2proz. Bichromat bereit (S. 89).

7. Capillaranalytische Methode.

In manchen Fällen läßt sich eine Orientierung über die einfache bzw. zusammengesetzte Natur des in Extrakten enthaltenen Polyenfarbstoffes gewinnen, wenn man Filtrierpapierstreifen in den Auszug hängt. Auf dem nicht eingetauchten Teil der Streifen erscheinen verschiedene Zonen von typischer Lage, Breite und Farbe, welche einzeln auf ihre Reaktionen untersucht, mit Standardproben verglichen, oder extrahiert und spektroskopisch geprüft werden können. Ausführliche Angaben über die Ergebnisse solcher Versuche beschreibt KYLIN (1—8). Aus normalen Blattauszügen erhält man eine grüne Chlorophyll-, darüber eine gelbe Xanthophyll- und unten eine gelbe Carotinzone. Bei der Ausgestaltung dieser Verhältnisse dürften sowohl Löslichkeits- als auch Adsorptionsunterschiede mitspielen. Betreffs Grenzen der Anwendbarkeit der Methode vgl. WINTERSTEIN und EHRENBERG.

KYLIN (1, 2) hat namentlich mit folgendem Pflanzenmaterial Versuche angestellt (meist Früchte bzw. Blüten): *Aloe vera, Arum italicum, Brassica napus, Calceolaria scabiosifolia, Calendula officinalis, Capsicum annuum, Daucus carota, Evonymus europaeus, Lycium carolinianum, Lycopersicum ceraciformae, L. esculentum, Physalis Alkekengi, Rosa canina, Solanum Balbisii, S. dulcamara, S. pseudocapsicum, Sorbus aucuparia, Tagetes patula,*

Taxus baccata, Tropaeolum majus. Betreffs Algenfarbstoffe s. bei BORESCH sowie auf S. 211.

Die capillaranalytische Methode ist von dem chromatographischen Adsorptionsverfahren (s. unten), *namentlich in bezug auf die präparative Verwendbarkeit, weit überflügelt worden.*

8. Die chromatographische Adsorptionsmethode von TSWETT.

Der Gedanke, die Entwirrung von natürlichen Pigmentgemischen unter Ausnützung der feinen Unterschiede durchzuführen, welche in bezug auf die Adsorbierbarkeit der Komponenten bestehen, gab der Chemie der Carotinoide wohl den stärksten Impuls, den sie seit der Einführung der Spektroskopie von physikalischer Seite empfangen hat. Es ist das Verdienst des russischen Botanikers TSWETT (1—3), daß er seiner bahnbrechenden Idee sogleich eine einfach ausführbare Form gab, die im wesentlichen heute noch befolgt wird.

TSWETT ließ mit Petroläther, Benzol oder Schwefelkohlenstoff bereitete Lösungen durch eine vertikal aufgestellte Säule des Adsorptionsmittels (Calciumcarbonat, Inulin, Rohrzucker) sickern, von welchem ein 10—15 cm langes, 1—2 cm breites, unten ausgezogenes Glasrohr dicht erfüllt war. Der mit der stärksten Adsorptionsaffinität behaftete Pigmentanteil wird bereits oben festgehalten, während die übrigen mehr oder tiefer in die Säule vordringen. So entstehen verschiedene, gut sichtbare Zonen im Rohr, die durch Nachgießen von reinem Lösungsmittel noch weiter auseinandergezogen („entwickelt") und zum Schlusse mechanisch voneinander getrennt werden, z. B. durch entsprechende Zerschneidung des Rohres oder der ausgedrückten Säule. Die (evtl. durch Wiederholung des Versuches noch verschärften) Farbringe stehen dann für Elution, Spektroskopie, Colorimetrie usw. bereit.

25 Jahre hindurch wurde die „Chromatographie" nur gelegentlich angewandt (s. z. B. PALMER und ECKLES; PALMER 1, 3, dort S. 226; VEGEZZI, LIPMAA 1), sie blieb aber zu wenig beachtet, teils wohl auch deshalb, weil das Gebiet der Polyene dem, mit den üblichen Methoden arbeitenden Chemiker noch Aufgaben in Fülle bot. Zum TSWETTschen Verfahren griff man erst zurück, als subtilere Fragestellungen auftauchten und zu einer Zeit, als es aus den Enzymforschungen der WILLSTÄTTERschen Schule bekannt geworden war, daß mit Hilfe von planmäßig ausgeführten Adsorptionen und Elutionen hauchartig feine Unterschiede erfaßt werden können.

Die diagnostische Methode von Tswett (1—3) wurde von Kuhn und Lederer (1) sowie von Kuhn, Winterstein und Lederer mit Erfolg in die präparative Chemie der Carotinoide eingeführt (vgl. auch Kuhn und Brockmann 2). Die Trennung der Carotine wurde durch Anwendung von Calcium-hydroxyd bzw. -oxyd vervollkommt (Karrer und Walker 1).

Ein zusammenfassender Bericht über die in rascher Entwicklung begriffene Methodik stammt von Winterstein (3).

Theoretisches.

Das fein differenziierte Verhalten der miteinander nahe verwandten Polyenfarbstoffe gegenüber den Adsorptionskräften von festen Körpern zeigt klar, daß jene Eigenschaft ungewöhnlich stark von dem Bau des Farbstoffmoleküls beeinflußt wird und demzufolge noch viele Anwendungsmöglichkeiten bietet. Nach den bisherigen Erfahrungen kommt die Fixierbarkeit der Carotinoide in Anwesenheit von mehreren Hydroxylgruppen sehr stark zur Geltung, am schwächsten aber in den sauerstoff-freien Gliedern der Reihe: Lycopin, α-, β- und γ-Carotin. Innerhalb der letzteren Unterklasse steht das mit 13 Doppelbindungen ausgestattete Lycopin an der Spitze, dann folgen nacheinander: γ-Carotin (12 F), β- und schließlich α-Carotin (11 F). Aber noch viel kleinere Strukturunterschiede machen sich im Chromatogramm bemerkbar. Diese Verhältnisse wurden von Winterstein und Stein eingehend studiert; von ihnen stammt auch die Tabelle 15 (vgl. bei Winterstein 3, dort S. 1414), in der eine *Adsorptionsrangordnung* für die wichtigsten Polyene aufgestellt wird.

Tabelle 15. Adsorptionsreihe der wichtigsten Carotinoide aus Benzinlösung (nach Winterstein 3).

Am stärksten adsorbiert	Fucoxanthin	$C_{40}H_{56}O_6$		
	Violaxanthin . .	$C_{40}H_{56}O_4$		
	Taraxanthin . .	$C_{40}H_{56}O_4$	Alkohole	CaCO₃
	Flavoxanthin . .	$C_{40}H_{56}O_3$		
	Zeaxanthin . . .	$C_{40}H_{56}O_2$		
	Lutein	$C_{40}H_{56}O_2$		
	Rhodoxanthin . .	$C_{40}H_{50}O_2$	Keton	
	Physalien . . .	$C_{72}H_{116}O_4$	Ester	
	Helenien	$C_{72}H_{116}O_4$		
	Lycopin	$C_{40}H_{56}$		Al₂O₃
	γ-Carotin	$C_{40}H_{56}$	Kohlenwasserstoffe	
Am schwächsten adsorbiert	β-Carotin	$C_{40}H_{56}$		
	α-Carotin . . .	$C_{40}H_{56}$		

Abnahme der Adsorptionsaffinität — Adsorptionsmittel

Man sieht, daß die Anwendung von zweierlei Adsorbenten in den meisten Fällen hinreicht: die Polyenalkohole lassen sich an $CaCO_3$ festhalten und differenziieren, während man die übrigen, namentlich die Kohlenwasserstoffe durch die Säule treibt, worauf sie auf Al_2O_3 oder $Ca(OH)_2$ fixiert und weiter aufgeteilt werden.

Eine entsprechend höher dispers gewählte Calciumcarbonat-säule bindet übrigens auch die Farbwachse und sogar das Lycopin.

Ergänzend sei das gegenseitige, charakteristische Verhalten von Capsanthin, Zeaxanthin und Lutein (Xanthophyll) angeführt:

Eine *Schwefelkohlenstofflösung* der beiden erstgenannten Farbstoffe ergibt am $CaCO_3$ zwei Zonen: oben violettrotes Capsanthin, darunter orangegelbes Zeaxanthin. Von dem Adsorbens wird also das Capsanthin bevorzugt und dieses hat die, gegenüber Polyenen bestehende Affinität des Carbonates am oberen Teile der Säule bereits erschöpft, so daß das Zeaxanthin nur mehr auf die nächsttiefere Scheibe aufziehen kann. Ist aber Zeaxanthin allein in Lösung, so wird es bereits ganz oben festgehalten und läßt sich von dort mit Hilfe von CS_2 kaum nach unten verspülen. Gießt man jetzt eine Capsan-thinlösung wiederholt auf, so findet eine zwar sehr langsame, aber schließlich (fast) vollständige Verdrängung des Zeaxanthins nach unten statt. Die umgekehrte Verdrängung gelingt nie. Ob man also die beiden Farbstoffe gleichzeitig oder getrennt dem Carbonat darbietet, entsteht am Ende des Versuches das nämliche Bild. Lutein nimmt eine Mittelstellung ein, die Rangordnung ist also (in Schwefelkohlenstoff, auf $CaCO_3$): Capsanthin, Lutein, Zeaxanthin (CHOLNOKY).

Trotz der mehrfach abgestuften Adsorptionsaffinitäten der Carotinoide, genügt es bei dem Studium eines *kompliziert zu-sammengesetzten Pigments* nicht immer, wenn man es nach einem Schema chromatographiert. So konnten bei der Aufteilung des Paprika-Farbwachses die folgenden *vier Arbeitswege* befolgt werden, deren Ergebnisse einander gegenseitig ergänzen und kontrollieren: a) Chromatographie von rohen Capsanthinkrystallisaten, b) Aufteilung des mit Alkali verseiften Gesamtauszuges der Droge, c) Adsorptionsanalyse von unhydrolysierten Farbwachsextrakten und d) Reesterifizierung der freigelegten Polyenalkohole mit einer einheitlichen Säure und darauffolgende Bearbeitung nach TSWETT. (Nähere Angaben: ZECHMEISTER und CHOLNOKY 7.)

Versuchstechnik.

Adsorptionsrohr. Das auf einer Saugflasche montierte, vertikal aufgestellte Rohr hat je nach dem Zweck des Versuches eine ver-schiedene Größe und Gestalt. Für kleinere qualitative Proben genügt ein einseitig ausgezogenes Glasrohr, das oberhalb der

Verjüngungsstelle einen Wattebausch und darüber das pulverförmige
Adsorptionsmittel trägt (Abb. 16). Arbeitet man präparativ, so
sind ⸝zwei Hauptanforderungen an die Vorrichtung zu stellen:
1. muß sie ein dichtes und gleichmäßiges Feststampfen des Adsorbens ermöglichen und 2. eine leichte Herausnahme der Säule (in
einem Stück), nach beendetem Versuch.

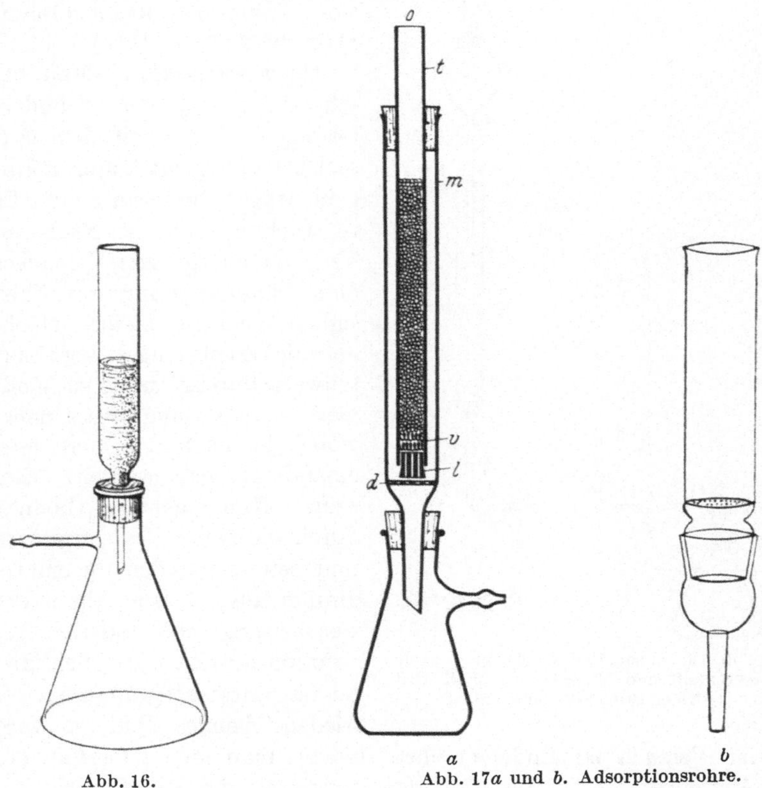

Abb. 16.   Abb. 17a und b. Adsorptionsrohre.

Wird das Rohr ungleichmäßig gefüllt, so entstehen, nebst gröberen
Fehlern (Kanälen), lästige Verzerrungen und Verbiegungen der Farbzonen,
die beim richtigen Arbeiten Scheiben mit waagerechten Grenzflächen sind;
dadurch wird das spätere Zerschneiden der Säule erleichtert. Man achte
daher auf die homogene Verteilung des Adsorptionsmittels. Das Pulver
wird anteilsweise mit einem passenden Holzzylinder festgestampft, oder
man füllt, nach Winterstein und Stein, das in Benzin (oder in einem anderen
Lösungsmittel) suspendierte Adsorbens unter Saugen ein. Um die Säule
in einem Stück leicht herausnehmen zu können, empfiehlt Vegezzi die in

Abb. 17 a wiedergegebene Vorrichtung (t = inneres Glasrohr 35 × 1,6 cm, v = Glaswolle, l = durchlöcherter Korkstopfen, d = Porzellansieb). KUHN und BROCKMANN (3) verwenden Adsorptionsröhren, an denen ein engeres Ansatzrohr unten angeschliffen ist. Im Laboratorium des Verfassers hat sich das Rohr b bewährt (zylindrischer Oberteil z. B. 21 × 5,5 cm; die Säule steht auf einer 1 cm hohen Watteschicht; darunter eine Siebplatte aus Porzellan). Es sei auch auf die Apparatur von HEILBRON, HESLOP, MORTON, WEBSTER, REA und DRUMMOND hingewiesen (Abb. 18).

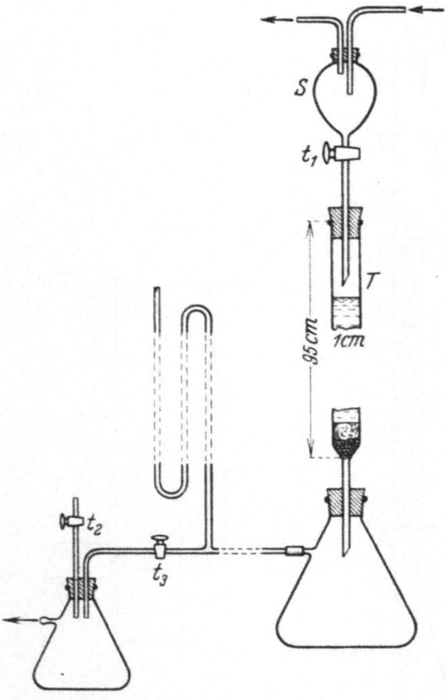

Gang der Analyse. Man beschickt $^1/_2$—$^2/_3$ des zylinderförmigen Rohres mit dem Adsorbens und gießt unter mäßigem Saugen die Lösung auf. Es ist wichtig, daß die Säule im Verlaufe des ganzen Versuches ohne Unterbrechung mit Flüssigkeit bedeckt bleibe. Nachdem die Lösung eingesickert bzw. teilweise durchgelaufen ist, gießt man reines Lösungsmittel nach, wobei die Farbringe meist auseinandergezogen werden. Einzelne Komponenten können durch die ganze Säule wandern und treten so aus dem Chromatogramm aus; sie sind dann der Bearbeitung mit anderen Adsorptionsmitteln zugänglich. Bietet das Chromatogramm ein zufriedenstellendes Bild, so wird

Abb. 18. Adsorptionsvorrichtung nach HEILBRON und Mitarbeitern (in S wird O-freier Stickstoff eingeleitet).

der Versuch zu Ende geführt, indem man den Oberteil des Glasrohres, unter Anschluß der Pumpe an die Saugflasche, für kurze Zeit schließt, hierauf die Apparatur auseinander nimmt, die halbtrockene Säule mit einem passenden Holzkolben ausdrückt und mit dem Skalpell zu Scheiben abteilt [1]. Nun folgt die Elution: die Zonen werden einzeln unter einem geeigneten Lösungs-

---

[1] Dauerndes Einatmen von CS_2-Dämpfen ist gesundheitsschädlich, bei Serienversuchen wäscht man daher das Lösungsmittel mit Benzin von der Säule aus, bevor die letztere herausgedrückt wird. Meist läßt sich dies ohne Änderung des fertigen Chromatogrammes durchführen.

mittel, z. B. Äthylalkohol oder methanolhaltigem Benzin zer-
kleinert, der Farbstoffextrakt filtriert und spektroskopisch, colorimetrisch usw. untersucht. In vielen Fällen muß das Verfahren
wiederholt werden.

Beispiel: Zerlegung des Eidotterfarbstoffes in Lutein und Zeaxanthin
nach KUHN, WINTERSTEIN und LEDERER. Man saugt die Lösung von 30 mg
Farbstoff in 500 cm³ CS₂ langsam durch ein, mit gefälltem Calciumcarbonat
(MERCK) beschicktes Rohr (Durchmesser 7 cm, Abb. 19), das unten mit
einem Wattebausch abgeschlossen ist. Durch Nachwaschen mit Schwefelkohlenstoff wurden die beiden Zonen 5 cm auseinandergezogen, die mittleren
Schichten mit Methanol eluiert und aus CS₂ an frischem Calciumcarbonat

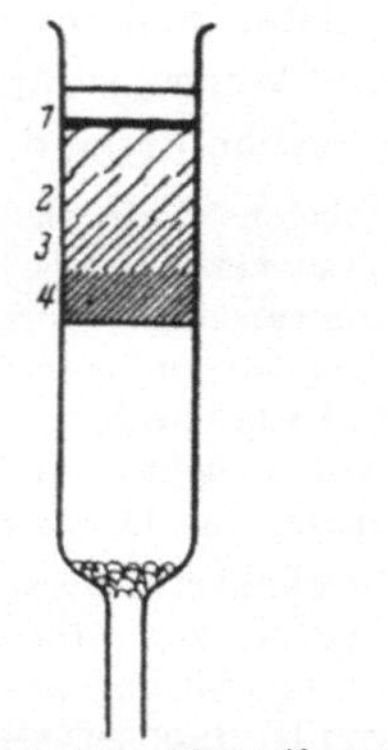

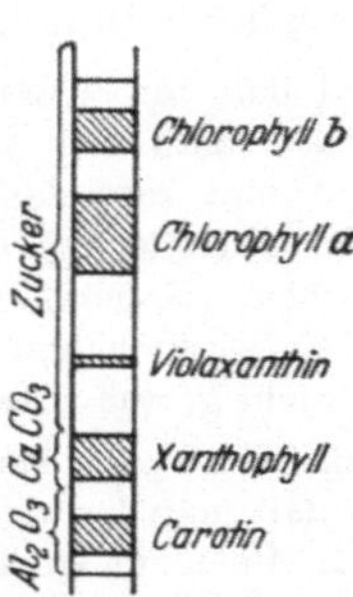

Abb. 19. Einfaches Adsorptionsrohr.   Abb. 20. Chromatogramm eines grünen
Blattes. (WINTERSTEIN und STEIN.)

adsorbiert. Die Mittelschichten des zweiten Rohres wurden wieder eluiert
und der darin enthaltene Farbstoff ein drittes Mal durch ein Calciumcarbonat-
rohr geschickt. Die nun vereinigten Schichten *1* und die vereinigten
Schichten *4* (Abb. 19) enthielten je 10% des angewandten Farbstoffes. Nach
dem Eluieren mit Methanol, Filtrieren und Verdampfen, wurde in CS₂ gefunden: Schichten *1*: 508 und 476 $\mu\mu$; Schichten *4*: 513,5 und 479 $\mu\mu$.

Die beschriebene Arbeitsweise kann natürlich mannigfach abgeändert werden. Es lassen sich z. B. nach WINTERSTEIN und STEIN
verschiedene Adsorptionsmittel schichtenweise in dasselbe Rohr
füllen; so entstand das in Abb. 20 wiedergegebene Chromatogramm
eines grünen Blattes.

Für *präparative Zwecke* werden die entsprechenden Zonen von
mehreren (auch vielen) Einzelansätzen vereinigt und weiter verarbeitet. Es ist dies in der Regel einer allzu starken Vergrößerung
des Apparatenmaßstabes vorzuziehen. Man spart übrigens Zeit,
wenn einige Rohre gleichzeitig im Betrieb sind, während andere
gefüllt werden.

7*

Wurde ein Farbring mit Alkohol eluiert, so läßt sich der Farbstoff durch Zusatz von Wasser und Äther in den letzteren überführen und oft sogleich durch Verdampfen in krystallinischer Form gewinnen. Wurde hingegen zur Elution methanolhaltiges Benzin benützt, so wäscht man den Alkohol mit Wasser sehr sorgfältig weg und dampft das Benzin ab, oder man nimmt zuvor eine zweite chromatographische Trennung vor.

Adsorptionsmittel. Zur Lösung des Farbstoffgemisches bzw. zur Extraktion der Droge werden, wie erwähnt, meist Schwefelkohlenstoff, Benzin (Siedep. 70—80⁰), Benzin + Benzol usw. verwendet. Eine größere Mannigfaltigkeit bietet sich in bezug auf die Adsorptionsmittel und mit Recht betont WINTERSTEIN (3), daß hier die Möglichkeiten bei weitem nicht erschöpft sind.

Oft wird das von TSWETT (1—3) vorgeschlagene *Calciumcarbonat* angewandt, das gemäß dem jeweiligen Zwecke eine verschiedene Korngröße besitzen muß; man kann das Material aus Calcium carbonicum praecipitatum (MERCK oder KAHLBAUM) und aus Calcium carbonicum laevissimum zusammenmischen. (Näheres bei ZECHMEISTER und CHOLNOKY 7.) Wie in jedem Falle, so ist auch hier die Abwesenheit von Feuchtigkeit im Adsorptionsmittel wichtig, was nötigenfalls durch Erhitzen auf 150⁰ erreicht wird.

Auf dem Carbonat lassen sich die Polyenkohlenwasserstoffe kaum fixieren, so daß man bei den Carotinen und Lycopin zum *Aluminiumoxyd* greifen muß. Geeignet ist z. B. das Aluminium oxydatum anhydr. puriss. der Firma MERCK, die auch ein aktiviertes und von H. BROCKMANN standardisiertes Aluminiumoxyd erzeugt, dessen Anwendung empfohlen sei. Die Aktivierung des Oxyds wurde von HOLMES, DELFS und CASSIDY durch Erhitzen auf 200⁰ im Kohlensäurestrom durchgeführt und ergab, je nach der Darstellungsweise, Präparate von sehr verschiedener Adsorptionskraft.

Beispiele: ,,Aluminumoxyd II'' wird von der Aluminium-Company of America durch langsames Auskrystallisieren aus verdünnter Lauge und nachträgliches Erhitzen erhalten. Ein noch recht gutes Präparat ist das ,,Aluminiumoxyd III'', das durch Erhitzen von $Al(NO_3)_3$, 9 H_2O auf 200—300⁰ bis zum Aufhören der Stickstoffdioxyd-Abgabe bereitet wird. Man schickt das so aktivierte Oxyd (ohne vorheriges Mahlen) durch den 200-Maschensieb (Näheres vgl. im Original sowie bei WINTERSTEIN 3, dort S. 1410). Die *Fasertonerde* nach WISLICENUS (MERCK) ist allein oder als Komponente einer Mischung sehr wirksam, jedoch für größere Versuche viel zu teuer.

Den Vorzug der Billigkeit und hoher Aktivität hat fein gemahlener *Kalk* bzw. *Calciumhydroxyd*, das von KARRER und WALKER (1) empfohlen wird und zur Aufteilung von Kohlenwasserstoff-Gemischen das allerbeste Hilfsmittel ist.

Ergebnisse. Im Speziellen Teil sind eine Reihe von Resultaten angeführt, von denen typische Beispiele in der Tabelle 16, S. 101

Tabelle 16. Einige typische Beispiele für die chromatographische Verarbeitung von Polyengemischen.

Spaltenüberschrift der mittleren Spalten: **Isoliert oder nachgewiesen**

Gruppe	Ausgangsmaterial	α-Carotin	β-Carotin	γ-Carotin	Lycopin	Isocarotin	Rubixanthin	Kryptoxanthin	Lutein = Xanthophyll	Zeaxanthin	Flavoxanthin	Taraxanthin	Violaxanthin	Rhodoxanthin	Capsanthin	Crocetin	Literatur (unvollständig)	Seite
Blätter	Eidotterpigment								+	+							Kuhn, Winterstein und Lederer	99
Blätter	Gesamt-Carotinpräparate	+	+	+													Kuhn und Lederer (2); Kuhn und Brockmann (8); Karrer und Walker (1); Karrer und Schlientz (1)	129, 131
Blätter	Roßkastanie (*Aesculus hippocastanum*)								+				+				Kuhn, Winterstein und Lederer	204
Blüten	Hahnenfuß (*Ranunculus acer*)								+		+	+	(+)				Kuhn und Brockmann (4)	202
Blüten	Löwenzahn (*Taraxacum officinale*)								+			+					Kuhn und Lederer (3)	208
Blüten	Sonnenblume (*Helianthus annuus*)		+						+			+					Zechmeister und Tuzson (9)	208
Blüten	*Leontodon autumnalis*								+			+					Kuhn und Lederer (6)	208
Blüten	Safran (*Crocus sativus*)		+	+	+					+						+	Kuhn und Winterstein (13)	251
Blüten	Maiglöckchen (*Convallaria majalis*)	+	+	+	+				+								Winterstein und Ehrenberg; Winterstein (1)	129
Früchte	*Gonocaryum pyriforme*	+	+	+	+												Winterstein (2)	129
Früchte	Judenkirsche (*Physalis Alkekengi*)							+		+							Kuhn und Grundmann (3)	164
Früchte	Eibenbeere (*Taxus baccata*)		+		+					+				+			Kuhn und Brockmann (9)	224
Früchte	Paprika (*Capsicum annuum*)	+	+					+	+	+					+		Zechmeister und Cholnoky (7)	232
Früchte	Aprikose (*Prunus armeniaca*)		+	+	+												Brockmann	151
Früchte	Orange (*Citrus aurantium*)		+										+				Winterstein und Stein	
Früchte	Mandarine (*Citrus madurensis*)		+						+	+			(+)				Zechmeister und Tuzson (8)	
Früchte	Riesenkürbis (*Cucurbita maxima*)	+	+						+				+				Zechmeister und Tuzson (11)	122
Früchte	Hagebutte (*Rosa canina* usw.)		+	+	+		+		+	+		+					Kuhn und Grundmann (4)	166
Früchte	Carotinoide + Vitamin A		+						+	+							Karrer und Schöpp	125
Früchte	β-Carotin + Isocarotin		+			+											Kuhn und Lederer (5)	

zusammengefaßt sind. Vgl. auch bei WINTERSTEIN (3). Die im
nächsten Abschnitt beschriebene Mikromethodik macht gleichfalls
von der auswählenden Adsorption Gebrauch.

9. Mikromethode von KUHN und BROCKMANN (3) zur Trennung und Bestimmung von Carotinoiden.

Grundlagen. Diese Arbeitsweise gestattet die quantitative Bestimmung von mehreren Carotinoiden nebeneinander in kleinen
Extraktmengen und verwertet die Methoden der *Entmischung*,
der *Chromatographie* (s. oben) sowie der S. 89 besprochenen *Mikrocolorimetrie.* Die klassischen Verfahren der Entmischung wurden
insbesondere im Hinblick auf die inzwischen erfolgte Entdeckung
der Farbwachse ergänzt. Diese begleiten bei der *Entmischung* die
Kohlenwasserstoffe in die Benzinschicht, begeben sich aber nach
erfolgter Verseifung ins Methanol. Dadurch ist eine *erste Aufteilung*
in die drei Gruppen der *Kohlenwasserstoffe,* der *Xanthophylle* (Pigmente mit mindestens zwei alkoholischen Hydroxylen) und *Xanthophyllester* gegeben. In die Xanthophyllfraktion gehen noch etwaige
Carotinoid-Carbonsäuren (Bixin, Crocetin und Azafrin) ein, die sich
auf Grund ihrer Löslichkeit in Alkali abtrennen lassen, ebenso wie
das *Chlorophyll*[1].

Eine weitere Aufteilung der durch Lösungsmittel trennbaren
Farbstoffgruppen gelingt durch *chromatographische Analyse* (s. oben).
Die Anwendung geeigneter Adsorptionsmittel gestattet isomere
Farbstoffe, wie Lycopin und Carotin, leicht quantitativ zu trennen.
In anderen Fällen, etwa für die Trennung von Lutein und Zeaxanthin sind so spezifische Adsorptionsmittel noch nicht bekannt,
daß eine quantitative Trennung in einem Arbeitsgange möglich
wäre. Hier erfaßt die folgende Mikromethodik zunächst die Summe
der Isomeren, auf deren Mengenverhältnis dafür die Lage der
Absorptionsbänder (bei genügendem Reinheitsgrade) Rückschlüsse
gestattet. Die durch ihren Sauerstoffgehalt unterschiedenen Xanthophylle, wie Zeaxanthin und Violaxanthin oder Lutein und
Taraxanthin lassen sich durch auswählende Adsorption annähernd
quantitativ nebeneinander bestimmen.

---

[1] Die *Ester des Bixins und Crocetins* verhalten sich bei der Verteilung
wie freie Xanthophylle, was im Gegensatz zu den Xanthophyllestern bemerkenswert ist.

Das allgemeine Schema des Arbeitsganges ist folgendes:

Schema des Analysenganges (KUHN und BROCKMANN 3).

(Erläutert an der Trennung eines Gemisches von α-, β- und γ-Carotin, Lycopin, Lutein und Zeaxanthin, Violaxanthin, Lutein- und Zeaxanthinestern, Violaxanthinestern, Crocetin und Chlorophyll.)

Frisches oder getrocknetes, fein gepulvertes Material mit Methanol und Benzin erschöpfend extrahieren. Durch Zusatz von Wasser entmischen. Benzinschicht mehrmals mit 90proz. Methanol, Methanolschicht mit Benzin ausschütteln.

I. Vereinigte Benzinphasen.

α-, β-, γ-Carotin, Lycopin, Lutein-, Zeaxanthin- und Violaxanthinester, Chlorophyll. Mit 5proz. äthylalkoholischer Kalilauge verseifen und mit 90proz. Methanol ausziehen, rückentmischen.

Benzinphasen	Methanolphasen
α-, β- und γ-Carotin, Lycopin *Adsorption an Fasertonerde*[1]; Adsorbat: *Lycopin* Filtrat: die *Carotine*[2]	Alkalisch verdünnen und mit Benzin ausschütteln: unten *Chlorophyll* *Benzinphase*: Lutein, Zeaxanthin und Violaxanthin *Adsorption an Calciumcarbonat:* Oben: *Violaxanthin* (verestert) Unten: *Lutein* und *Zeaxanthin* (verestert)

II. Vereinigte Methanolphasen.

Freies Lutein, Zeaxanthin, Violaxanthin, ferner Crocetin und Chlorophyll. Alkalisch machen, mit gleichem Volumen Wasser verdünnen und wiederholt mit Benzin ausschütteln.

Benzinphasen	Alkalische Phase
Lutein, Zeaxanthin, Violaxanthin *Adsorption an Calciumcarbonat:* Oben: *Violaxanthin* (frei) Unten: *Lutein* und *Zeaxanthin* (frei)	Chlorophyll und Polyen-carbonsäuren. Falls Chlorophyll und andere farbige Carbonsäuren fehlen, ansäuern und mit Benzin ausschütteln: *Crocetin*

Hier folgen zunächst methodische Erläuterungen, sodann wird der Analysengang nach KUHN und BROCKMANN (3) näher geschildert.

1. Zur Trennung der Xanthophylle von Carotin, Lycopin und Xanthophyllestern. Die Trennung der Xanthophylle (Lutein, Zeaxanthin, Violaxanthin, Taraxanthin) von den Carotinen, Lycopin

---

[1] Nach KUHN und GRUNDMANN (3) ist es zweckmäßiger, hier Calciumcarbonat zu verwenden, da das *Kryptoxanthin* $C_{40}H_{56}O$ vom Lycopin mit Hilfe von Aluminiumoxyd nicht scharf trennbar ist. Ähnliches gilt für das isomere *Rubixanthin*.

[2] Dieselben werden am besten nach KARRER und WALKER (1) im Calciumhydroxyd-Chromatogramm weiter aufgeteilt.

und den Xanthophyllestern erfolgt durch *Verteilung zwischen Benzin* (Siedep. 70—80°) und 90*proz. Methanol.* Dabei geht der größte Teil der Xanthophylle in die Alkoholphase. Der Rest läßt sich der Benzinschicht durch nochmaliges Auswaschen mit 90proz. Methanol entziehen, während die Farbwachse, Carotine sowie das Lycopin nahezu quantitativ in der Benzinschicht bleiben. Durch solche Verteilung lassen sich kleine Mengen von Xanthophyllestern, Carotin und Lycopin in Xanthophyllpräparaten nachweisen, besonders, wenn die anfänglich fast oder ganz farblose Benzinschicht durch wiederholtes Ausschütteln mit 95proz. Methanol, das viel Benzin aufnimmt, konzentriert worden ist. Werden die vereinigten Alkoholphasen mit dem gleichen Volumen Wasser versetzt, so lassen sich durch mehrmaliges Ausschütteln mit Benzin alle Xanthophylle quantitativ in dieses überführen. Diese Benzinlösung dient zur Trennung der Xanthophylle durch Adsorptionsanalyse und zur colorimetrischen Bestimmung.

Ist *Chlorophyll* anwesend, so geht es bei der ersten Verteilung in beide Schichten. In der Alkoholschicht wird es dadurch von den Xanthophyllen abgetrennt, daß die alkoholische Lösung vor dem Verdünnen mit Wasser mit etwas 2 n-Natronlauge vermischt und 2 Stunden bei Zimmertemperatur aufbewahrt wird. Das Chlorophyll wird dadurch verseift und bleibt als Chlorophyllid beim Verdünnen und Ausschütteln mit Benzin in der alkalischen-wäßrig-alkoholischen Schicht.

Die kleinen Mengen von Carotinen, Lycopin oder Xanthophyllestern, die auf Grund des Verteilungsverhältnisses in die Alkoholschicht gelangen, bewirken bei genügend großer Konzentration der Xanthophylle einen Fehler, der innerhalb der Fehlergrenze der colorimetrischen Bestimmung liegt. Sind jedoch *kleine Mengen von Xanthophyllen neben viel Carotin,* Lycopin und Farbwachsen zu bestimmen, so kann so viel von diesen Stoffen in die alkoholische Schicht gelangen, daß die Xanthophyllwerte erheblich gefälscht werden. In diesem Fall ist es nötig, die Alkoholschicht mit einigen Kubikzentimetern *Benzin* durchzuschütteln. Die Benzinschicht enthält dann alles Carotin, Lycopin und verestertes Xanthophyll der alkoholischen Phase, sowie etwas freies Xanthophyll, das mit *80proz. Methanol* ausgeschüttelt und wieder zur Alkoholschicht zurückgegossen wird.

2. Zur Trennung der Xanthophyllester von Carotin und Lycopin. Die Abtrennung der Xanthophyllester erfolgt durch Verseifung, wonach die freien Xanthophylle sich, wie beschrieben, durch Verteilung zwischen Benzin und 90proz. Methanol abtrennen lassen. Das verseifte *Chlorophyll* geht mit den Xanthophyllen in den Alkohol; beim Ausschütteln der, mit Wasser auf das doppelte verdünnten alkoholischen Lösung mit Benzin, bleibt es in der unteren Schicht, während die Xanthophylle quantitativ in das Benzin gehen.

Zur *Verseifung der Xanthophyllester* wird die Benzinlösung von der ersten Verteilung mit dem gleichen Volumen 5proz. äthylalkoholischem Kali vermischt und 3 Stunden bei 40⁰ aufbewahrt. Danach wird mit einer Wassermenge, die 20% der alkoholischen Kalilauge beträgt, entmischt und die Benzinschicht wiederholt mit 90proz. Methanol ausgeschüttelt, bis dieses farblos ist.

In der Benzinschicht können nach der Verseifung *noch Carotine* und *Lycopin* enthalten sein, die sich durch *Adsorption an Fasertonerde* trennen lassen. Gießt man die, durch häufiges Waschen mit Wasser vom Alkohol befreite Benzinlösung durch eine Schicht von Fasertonerde, so wird das Lycopin viel stärker adsorbiert als Carotin. Durch Nachwaschen mit Benzin läßt sich das Carotin aus der Fasertonerde entfernen und colorimetrieren, während das Lycopin noch quantitativ an dem Adsorptionsmittel haftet. Das Lycopin wird durch Benzin, das 1% Äthylalkohol enthält, eluiert. In der gleichen Weise lassen sich durch *Adsorption an Calciumcarbonat* Lutein und Zeaxanthin vom Violaxanthin trennen. Aus einer Benzinlösung wird Violaxanthin viel stärker von Calciumcarbonat fixiert als Lutein und Zeaxanthin.

Beschreibung des Analysenganges. *a) Extraktion und erste Entmischung.* 0,1—0,2 g fein gepulvertes, getrocknetes Pflanzenmaterial[1] wird mit insgesamt 40—50 cm³ absolutem Methanol, danach mit 40—50 cm³ Benzin (Siedep. 70—80⁰), die man in kleinen Anteilen zusetzt, in einer Porzellanreibschale gründlich verrieben. Das zurückbleibende Pulver darf bei der Untersuchung mit der Lupe keine gefärbten Partikelchen mehr aufweisen. Die Extrakte werden quantitativ durch eine Glas-Sinternutsche in einen zylindrischen, graduierten Scheidetrichter von 120 cm³ Inhalt übergeführt, worauf durch so viel Wasser (4—5 cm³) entmischt wird, daß das Methanol 10% davon enthält. Nach kräftigem Durchschütteln

---

[1] Zweckmäßig trocknet man bei 15—20 mm Druck, über Phosphorpentoxyd.

wartet man, bis eine saubere Trennung der beiden Schichten erfolgt ist. Die untere läßt man in einen 200 cm³ fassenden, zylindrischen Scheidetrichter fließen und wäscht die Benzinschicht zwei- bis dreimal mit etwas 90proz. Methanol vorsichtig nach, bis dieses farblos bleibt.

Um der Methanolschicht kleine Mengen von Carotin, Lycopin oder von Xanthophyllestern zu entziehen, wird sie ein- bis zweimal mit einigen cm³ Benzin durchgeschüttelt. Das vorsichtig abgetrennte Benzin wird in einem kleinen Scheidetrichter zwei- bis dreimal mit 90proz. Methanol gewaschen und mit der Hauptbenzinlösung vereinigt. Das zum Auswaschen benötigte Methanol wird zur Hauptmenge der Methanollösung gegeben.

b) Verarbeitung der Alkoholphase. Ist die Alkoholschicht durch Chlorophyll grün gefärbt, so wird sie mit 10 cm³ 2 n-NaOH versetzt und 2—3 Stunden bei Zimmertemperatur aufbewahrt. (Anwesenheit von Flavonen zeigt sich durch gelbe bis rotgelbe Verfärbung nach dem Zusatz der Lauge an.) Nach beendeter Verseifung des Chlorophylls wird mit etwas Benzin versetzt, mit Wasser auf das doppelte Volumen verdünnt und kräftig durchgeschüttelt. (Zeigt die Lösung Neigung zur Bildung von Emulsionen, so wird noch etwas 2 n-Natronlauge zugegeben.) Nach einigem Stehen scheidet sich die Benzinschicht klar und rein gelb ab. Mehrmaliges Nachextrahieren mit Benzin entzieht der wäßrig-alkoholischen Schicht alles Xanthophyll. Die vereinigten Benzinextrakte werden gründlich (fünf- bis sechsmal) mit Wasser gewaschen und in einem Meßkolben auf ein, für die Colorimetrie geeignetes Volumen gebracht. Die Benzinschicht muß sorgfältig gewaschen werden, weil Spuren von Alkohol die nachfolgende Adsorptionsanalyse stören.

Zur Abtrennung des Violaxanthins vom Lutein und Zeaxanthin werden *Adsorptionsrohre* verwendet, die etwa 12 cm lang sind, einen Durchmesser von 8—10 mm haben und an die ein engeres Ansatzrohr angeschliffen ist (Abb. 17b, S. 97). Das scharf getrocknete Calciumcarbonat (gefällt, MERCK) wird in kleinen Portionen eingetragen und jedesmal mit einem Glasstab bis zu 7 cm Höhe festgestampft. Das gefüllte Adsorptionsrohr wird auf eine kleine Saugflasche oder ein Absaugrohr gesetzt. Dann wird bei geringem Unterdruck ein aliquoter Teil, wenn nötig die gesamte Menge der Xanthophyllösung in Benzin durch das Adsorptionsrohr gesaugt. Ist die Lösung in der Adsorptionsschicht eingesickert, so wird mit reinem Benzin nachgewaschen, wobei darauf zu achten ist, daß das

Calciumcarbonat stets von Benzin bedeckt bleibe. Lutein und Zeaxanthin wandern als verwaschene, goldgelbe Zonen ziemlich schnell durch die Säule, während Violaxanthin in einem scharfen gelben Ringe am $CaCO_3$ hängen bleibt. Ist alles Lutein oder Zeaxanthin durchgelaufen, so wird das Filtrat auf ein bestimmtes Volumen aufgefüllt oder in einem Meßröhrchen auf 1% genau abgemessen und colorimetriert[1].

Das Violaxanthin wird mit Benzin, das 1% Äthylalkohol enthält, eluiert. Um eine zu große Verdünnung der Farbstoffe zu vermeiden, kann man den unteren, angeschliffenen Teil des Adsorptionsrohres mit etwas Fasertonerde füllen, die Lutein und Zeaxanthin stark adsorbiert. Hat man diese beiden Xanthophylle an der Fasertonerde, so wird der obere Teil des Röhrchens herausgenommen. Lutein und Zeaxanthin werden mit einigen cm^3 alkoholhaltigem Benzin aus dem unteren Teil des Rohres, der einen kleinen Trichter bildet, herausgewaschen. Zur Charakterisierung der Fraktionen dient die Messung der Absorptionsbänder. Die Violaxanthinfraktion wird außerdem auf positiven Ausfall der blauen Salzsäureprobe (25proz. HCl) geprüft.

c) Verarbeitung der Benzinphase. Um die Xanthophyllester zu verseifen, wird die Benzinschicht von der ersten Entmischung mit dem gleichen Volumen 5proz. äthylalkoholischem Kali (5 g KOH in 100 cm^3 96proz. Äthylalkohol) vermischt und 3 Stunden bei 40^0 (Brutschrank) aufbewahrt. (Mischt sich die Lauge nicht vollständig mit dem Benzin, so muß noch etwas absoluter Äthylalkohol zugefügt werden.)

Nach beendigter Verseifung wird mit so viel Wasser entmischt, daß die alkoholische Schicht 20% davon enthält. Unter diesen Bedingungen gehen keine nennenswerten Mengen von Carotin und Lycopin in die untere Phase. Die Benzinschicht wird abgetrennt und mit 90proz. Methanol mehrmals gewaschen, bis dieses farblos ist. Das Chlorophyll, das bei der ersten Verteilung partiell mit ins Benzin gegangen ist, gelangt bei dieser zweiten Verteilung in den Alkohol, aus dem in der gleichen Weise wie bei der ersten Trennung die Xanthophylle, nach dem Verdünnen mit Wasser, durch Benzin ausgeschüttelt und der Adsorptionsanalyse unterworfen werden.

---

[1] Kleine Flüssigkeitsmengen, die getrübt sind, messe man in Zentrifugenröhrchen, die in 0,1 cm^3 geteilt sind, um ohne Umfüllen in der Zentrifuge klären zu können.

Die Benzinschicht der zweiten Verteilung enthält Carotine und Lycopin, deren Trennung durch *Adsorptionsanalyse* der sorgfältig gewaschenen Benzinlösung vorgenommen wird, und zwar auf einer Mischung von 1 Teil Fasertonerde (MERCK, nach WISLICENUS) und 4 Teilen Aluminiumoxyd. anhydr. puriss., MERCK). Die Trennung wird in genau derselben Weise ausgeführt wie bei den Xanthophyllen. Die Carotine laufen beim Nachwaschen mit Benzin bedeutend schneller durch die adsorbierende Schicht als das Lycopin, das als leuchtend roter Ring nur langsam wandert. Das Lycopin wird (nach quantitativem Durchwaschen des Carotins) mit Benzin, das 1% Äthylalkohol enthält, eluiert.

Die colorimetrische Bestimmung der einzelnen Polyene erfolgt nach der S. 89 angegebenen Mikromethode von KUHN und BROCKMANN (3).

Zersetzungsprodukte der Farbstoffe und ihr Einfluß auf die Genauigkeit der Analyse. Da die Carotinoide gegen Sauerstoff und gegen Säuren recht empfindlich sind, ist damit zu rechnen, daß zur Untersuchung gelangendes Pflanzenmaterial auch Zersetzungsprodukte enthält, die, soweit sie noch *farbig* sind, die Analysen stören. Es ist eine wichtige Frage, in welchem Ausmaße solche Produkte beim Analysengang erkannt und entfernt werden können.

Die Erfahrung zeigt, daß die farbigen oxydativen Umwandlungsprodukte der *Kohlenwasserstoffe* die Bestimmung derselben am wenigsten stören. Die aus Carotin und Lycopin durch *Oxydation* an der Luft oder durch ganz gelinde Einwirkung von Chromsäure entstehenden Farbstoffe sind zum Teil in 90proz. Methanol löslich und begleiten bei der ersten Entmischung die Xanthophylle. Ein anderer Teil findet sich im Unverseifbaren der Benzinphase. Dieser Teil ist an Fasertonerde bedeutend leichter adsorbierbar als Lycopin und Carotine und kann so als oberste Schicht des Chromatogramms, vor dem Eluieren des Lycopins, entfernt werden. Auf diese Beobachtung gründet sich eine sehr *empfindliche Methode*, um Carotin- und Lycopinpräparate auf ihren *Reinheitsgrad*, d. h. auf die Abwesenheit von Autoxydationsprodukten, zu prüfen. Hat Autoxydation eingesetzt, so erhält man in der obersten Schicht der Fasertonerde eine schmale Farbzone, die beim Nachwaschen mit Benzin kaum tiefer rückt. Der daraus mit alkoholhaltigem Benzin eluierbare Farbstoff zeigt verwaschene oder auch gar keine Absorptionsbänder. Gegen *Säuren* ist Carotin erheblich widerstandsfähiger als Lutein.

Viel schwieriger erscheint eine Berücksichtigung der aus den *Xanthophyllen* hervorgehenden Zersetzungsprodukte. Bei der Einwirkung sehr kleiner Mengen organischer *Säuren* auf Lutein ändert sich das Verhalten bei der Entmischung wesentlich (KUHN, WINTERSTEIN und LEDERER). Der Farbstoff bleibt, allerdings nicht so ausgesprochen wie die Carotine, im Benzin, auch nach alkalischer Verseifung. An dem Spektrum und am Adsorptionsverhalten ist dabei keine nennenswerte Änderung festzustellen. Lutein, das durch *Oxydation*, sei es an der Luft oder durch gelinde Einwirkung von Chromsäure, verändert ist, bleibt im Chromatogramm an $CaCO_3$ ganz oben hängen und kann so entfernt werden. Von Fasertonerde wird auch reines Lutein sehr stark adsorbiert, so daß eine Trennung kaum möglich ist. Das durch Oxydation veränderte Lutein verhält sich bei der Entmischung wie der reine Farbstoff und zeigt im Spektroskop verwaschene, aber kaum verschobene Bänder.

10. Allgemeine Bemerkungen zum Arbeiten mit Carotinoiden.

Führt man Versuche mit Polyenpigmenten durch, so müssen gewisse Eigentümlichkeiten derselben Berücksichtigung finden, vor allem *die Neigung zur Autoxydation an der Luft, schon bei Zimmertemperatur.*

Die Merkmale dieser meist nur allmählich, nach einer gewissen Latenzzeit einsetzenden, aber dann mit steigender Geschwindigkeit verlaufenden Umwandlung sind: Farbverlust, Gewichtszunahme, Erhöhung der Löslichkeit und Verschwinden des Krystallisiervermögens. Die einzelnen Carotinoide sind in fester Form in verschiedenstem Maße dieser Gefahr ausgesetzt, ohne daß der Zusammenhang zwischen Konstitution und Sauerstoffgier klargelegt wäre. Empfindlich sind Xanthophyll, Zeaxanthin, Carotine, Lycopin, Capsanthin, viel weniger Fucoxanthin (nur in Lösung), während dem die Polyene mit Säurecharakter (Crocetin, Bixin und Azafrin) sowie das Diketon Rhodoxanthin trotz ihrer stark ungesättigten Natur sich als merkwürdig luftbeständig erweisen.

Oft wurden an verschiedenen Präparaten desselben Carotinoids schwankende Beobachtungen über den Grad der Luftbeständigkeit gemacht. Diese, zunächst überraschende Tatsache findet durch den in letzterer Zeit erfaßten Umstand ihre Erklärung, daß die erwähnten Oxydationsvorgänge, wie so viele andere auf dem Gebiete der organischen Chemie, durch Spuren von Katalysatoren weitgehend beeinflußt — gehemmt oder beschleunigt — werden. Für Carotin selbst haben schon WILLSTÄTTER und ESCHER (1) den Einfluß des Reinheitsgrades auf die Oxydationsgeschwindigkeit betont; EULER, KARRER und RYDBOM (1) ist es gelungen, ganz besonders hochgereinigte Carotinpräparate herzustellen, die erst nach 7—10 Tagen die ersten Oxydationserscheinungen zeigen. Durch Zusatz von Ferrichlorid wird die O-Aufnahme katalysiert, von Phenolen gehemmt[1].

---

[1] Durch welche Schutzstoffe das Pigment im *Gewebe* gegen den Luftsauerstoff stabilisiert wird, ist noch unerforscht; bekanntlich stehen Reduktionsmittel bzw. O-Acceptoren in reichlicher Menge der Pflanzenzelle zur Verfügung.

Damit in Einklang beobachten Kuhn und Meyer, daß auch Bixin, Norbixin, Methylbixin und Crocetin, die in krystallisiertem Zustand als luftbeständig gelten, in geeigneten Lösungsmitteln, bei Zimmertemperatur Sauerstoff absorbieren. Da der Vorgang durch Blausäure stark gedrosselt wird, handelt es sich wohl um Schwermetallkatalysen. Es ist interessant, daß auch Hämin die Autoxydationsvorgänge beschleunigt (s. auch Franke), aber nur in geeigneten Lösungsmitteln; von Cyanwasserstoff wird die Sauerstoffaufnahme gehemmt. Hierher gehört auch die Angabe von Kuhn, Winterstein und Kaufmann (2), daß ihr synthetisches Physalien weit autoxydabler ist als der Naturstoff, was offenbar durch Spuren von Katalysatoren bedingt wird, die dem Kunstprodukt von der Darstellung her anhaften.

Für die Praxis gilt, daß reine Präparate luftbeständiger sind als Rohprodukte.

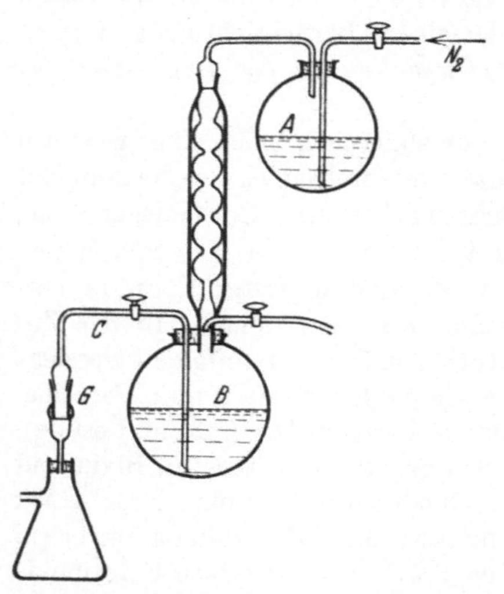

Abb. 21. Apparat zum Umkrystallisieren von Carotin im Stickstoffstrom, nach Euler, Karrer und Rydbom (1).

Feste Carotinoide sind in zugeschmolzenen, mit Kohlendioxyd oder Stickstoff gefüllten Röhrchen (kleine, ausgezogene Reagiergläser) aufzubewahren; Präparate, die noch bearbeitet, z. B. zur Gewichtskonstanz getrocknet werden, hält man über Phosphorpentoxyd (nicht über Schwefelsäure), in einem mit CO_2 (oder Stickstoff) gefüllten und erst dann evakuierten Exsiccator; beim Öffnen läßt man statt Luft trockenes Kohlendioxyd aus einem Kipp-Apparat (bzw. N_2) einströmen. Flüssigkeiten werden in vollgefüllten Erlenmeyer-Kolben unter CO_2 aufbewahrt. Kurze Operationen, wie Absaugen, Waschen, Umkrystallisieren, können in der Regel ohne Vorsichtsmaßnahmen ausgeführt werden. Für besondere Zwecke arbeitet man in eingeschliffenen Apparaten, unter Durchleitung von Stickstoff (Abb. 21, nach Euler, Karrer und Rydbom 1).

Die ganze *Apparatur* besteht aus Glas; als Verbindungsstücke kommen nur Glasschliffe, als Nutsche eine Glasnutsche zur Verwendung. Der Petroläther wird im N_2-Strom aus dem Kolben *A* in den Kolben *B* destilliert, wo das Carotin durch Erwärmen in Lösung, und nach dem Kühlen zur Krystallisation gebracht wird. Hierauf zieht man die überstehende Mutterlauge durch Rohr *C* ab, löst das in Kolben *B* krystallisierte, zurückbleibende Carotin in neu eindestilliertem Petroläther und nutscht nach wiederholten Krystallisationen das Carotin nach dem Aufsaugen durch Rohr *C* auf der Glasnutsche *G*.

Über die *Säureempfindlichkeit* namentlich der Xanthophylle vgl. S. 179.

Auch gegen *höhere Temperaturen* sind z. B. Carotin, Lycopin, Xanthophyll (besonders in Lösung) verhältnismäßig empfindlich, namentlich wenn der Ausschluß von Sauerstoff nicht gewährleistet ist. Allgemein vermeide man eine Erwärmung über 50⁰ und führe Destillationen, unter Ausschluß von hochsiedenden Lösungsmitteln, im Vakuum aus; ein schwacher, trockener Kohlensäure- oder Stickstoffstrom wird durch die Capillare geleitet.

Günstig für präparative Arbeiten ist die folgende Erfahrung: wurde ein Carotinoid durch Luft oder Wärme etwas angegriffen, so verdirbt in der Regel nicht das ganze Material gleichmäßig, sondern nur ein kleiner Teil davon, welcher sein Krystallisiervermögen einbüßt. Die Hauptmenge kann meist in reiner Form zurückgewonnen werden.

Schließlich sei betont, daß die *mikroskopische Kontrolle* auf diesem Gebiete eine große Rolle spielt. Farblose Begleiter lassen sich rasch erkennen, und andererseits gilt das schöne, vollkommen einheitliche und typische mikroskopische Bild als ein wichtiges Merkmal der Reinheit. *Die Homogenität eines Carotinoidpräparates darf allerdings nur dann als sichergestellt gelten, wenn es auch bei der chromatographischen Adsorptionsanalyse sich als völlig einheitlich verhält.*

Spezieller Teil.

Fünftes Kapitel.

Carotinoide im engeren Sinne (mit 40 Kohlenstoffatomen).

Übersicht.

a) *Polyen-Kohlenwasserstoffe:* α-Carotin, β-Carotin, γ-Carotin, Lycopin.

b) *O-haltige Polyene* (und ihre Ester): Kryptoxanthin, Rubixanthin, Xanthophyll bzw. Lutein, Physalien, Zeaxanthin, Helenien, Flavoxanthin, Violaxanthin, Taraxanthin, Fucoxanthin, Rhodoxanthin, Capsanthin, Capsorubin.

a) Polyen-Kohlenwasserstoffe.

Nach allen bisherigen Erfahrungen überwiegt das β-Carotin in der Natur, namentlich zufolge seines reichlichen Vorkommens in allen grünen Pflanzenteilen. α-Carotin wird vom Pflanzengewebe spärlicher dargeboten, γ-Carotin tritt mengenmäßig ganz zurück. Für die Biosynthese von größeren Quantitäten des Lycopins scheinen günstige Bedingungen in der Regel nur in den Früchten zu bestehen.

1. Carotin.

(Bruttoformel $C_{40}H_{56}$. *Nach neueren Untersuchungen ist das ,,Carotin`` meist ein Gemisch von α- und β- eventuell auch γ-Carotin.* Der nachstehende Text bezieht sich zunächst auf das *Gesamtcarotin.* Konstitutionsformeln der einzelnen Isomeren: S. 137.)

Der Begriff *Carotin* (oder Caro*ten*) hat im Verlaufe eines Jahrhunderts manche Wandlungen durchgemacht. Teils hat man Pigmente so bezeichnet, die keine Kohlenwasserstoffe sind, teils wurde die heute Carotin genannte Verbindung mit anderen Namen belegt. Zieht man noch in Betracht, daß Farbstoffe nicht selten auf Grund von mikrochemischen Gruppenmerkmalen ohne weiteres als ,,Carotin`` angesprochen wurden und ferner, daß manche Autoren veränderte, z. B. anoxydierte Präparate in Händen hatten, so ergibt sich die Unmöglichkeit, alle älteren Angaben zu sichten. Nur die chemische Analyse führt hier zu einem abschließenden Urteil, der Analyse ist aber die Benennung weit vorausgeeilt. Nach

Willstätter und Mieg ist Carotin sehr wahrscheinlich identisch mit dem Erythrophyll von Bougarel, dem Chrysophyll von E. Schunck und C. A. Schunck, mit dem Xanthocarotin von Molisch und vielleicht auch mit dem Etiolin von Pringsheim, aber nicht mit dem Chrysophyll von Hartsen (vgl. auch bei Escher 1, dort S. 22 sowie bei Willstätter und Stoll 1).

1831 entdeckt Wackenroder, daß die Wurzel der Mohrrübe *(Daucus carota)* einen, in rubinroten Tafeln krystallisierenden Farbstoff enthält. Die unerwartete Tatsache, daß ein *Kohlenwasserstoff* vorliegt, wurde von Zeise festgestellt; sie ist dann mehrfach bezweifelt, viel später von Arnaud bekräftigt, aber erst von Willstätter und Mieg endgültig bewiesen worden. Ihnen verdankt man die richtige Carotinformel $C_{40}H_{56}$, während früher unter anderem die folgenden Symbole benützt wurden: C_5H_8 (Zeise 1847), $C_{18}H_{24}O$ (Husemann 1861), $C_{26}H_{38}$ (Arnaud 1885—1889).

Wichtige Untersuchungen beziehen sich auf das physiologisch interessante *Vorkommen von Carotin im Blattgrün* und auf die Identität des Blattcarotins mit dem Pigment der Mohrrübe. Diese Identität wurde von Arnaud angenommen, der als erster krystallisiertes Carotin aus grünen Blättern in den Händen gehabt hat. Daß außer Carotin noch ein gelbes Pigment im Blatte vorkommt, war schon nach früheren Untersuchungen sehr wahrscheinlich (Stokes, Sorby, Borodin, Monteverde, Tschirch, Tswett, Schunck) und ist von Willstätter und Mieg einwandfrei bewiesen worden, nämlich durch Isolierung eines zweiten, prächtig krystallisierten Farbstoffes (Xanthophyll $C_{40}H_{56}O_2$). Es ist heute bekannt, daß das Blattgrün im wesentlichen aus Chlorophyll *a*, Chlorophyll *b*, Carotin und Xanthophyll besteht.

Eine ausführlichere historisch-kritische Besprechung s. bei Willstätter und Stoll (1, dort S. 231); Willstätter und Mieg; Escher (1, dort S. 12) sowie bei Palmer (1, dort S. 25). — Auf die Beziehungen von Blattxanthophyll zum Lutein kommen wir noch zurück.

Nach capillaranalytischen Versuchen von Kylin (3—8) ist Carotin auch in *niederen Pflanzen* verbreitet und wurde namentlich in Algen oft nachgewiesen (vgl. bei Boresch sowie den Abschnitt „Fucoxanthin"). Jüngst ist Carotin auch aus der roten Hefe *(Torula rubra)* in Krystallen erhalten worden (Lederer 3; Fink und Zenger). Zusammenstellung von spektroskopischen Daten betr. Pilzcarotin: Kögl (dort S. 1421). Bakterien: S. 70

Carotingehalt des Pflanzenmaterials. Auf die außerordentliche Verbreitung des Carotins und auf den Nachweis von Polyenpigmenten wurde bereits früher hingewiesen, nachstehend seien einige quantitative Verhältnisse besprochen, namentlich in bezug auf jenes Pflanzenmaterial, das für die praktische Darstellung von krystallisiertem Carotin in Betracht kommt.

a) In der *Mohrrübe*, die außer Carotin keinen anderen Farbstoff in erwähnenswerten Mengen enthält[1], kann der Gehalt durch einfache Extraktion und Colorimetrie, z. B. unter Benützung des S. 89 erwähnten Bichromat - Standardes ermittelt werden. ESCHER (1) fand in den besten Sorten frischer Karotten 0,135 bis 0,023% Carotin; nach BILLS und McDONALD sind die Gartenvarietäten farbstoffreicher als Feldkarotten.

b) In der trockenen Fruchthaut von *Capsicum annuum* (Paprika) wurden neben viel Capsanthin colorimetrisch z. B. 0,05% Carotin bestimmt.

c) Beim Studium des *grünen Blattes* sind WILLSTÄTTER und STOLL (2) zu den folgenden Ergebnissen gelangt: Unter normalen Bedingungen beträgt die Verhältniszahl grüne Farbstoffe/gelbe Farbstoffe etwa 3 bis 4. Dieser Quotient variiert verhältnismäßig wenig und auch die absolute Menge der Carotinoide ist nur relativ kleinen Schwankungen unterworfen. Die Summe von Carotin und Xanthophyll beträgt 0,07—0,20% vom Trockengewicht der Blätter (das sind 0,03—0,07 g pro m² Blattfläche), das Mengenverhältnis Carotin/Xanthophyll ist im Lichtblatt rund 0,6 (± 0,1), auf 1 Mol Carotin treffen also 1,5—2 Mole Xanthophyll. Im Schattenblatt ist die Verhältniszahl niedriger, rund 0,35. Auch im herbstlichen Laub verschieben sich die Zahlen zugunsten des (teils veränderten) Xanthophylls (vgl. S. 23).

Für die absoluten Mengen, unter normalen Verhältnissen und für die Größe der Schwankungen enthält Tabelle 17 orientierende Beispiele. (Für künstliche Beleuchtung s. die Angaben von SJÖBERG.)

Weiteres Vorkommen in höheren Pflanzen: Tabelle 9, S. 72.

Bestimmung von Carotin und Xanthophyll in grünen Pflanzenteilen. Eine von WILLSTÄTTER und STOLL (1, dort besonders S. 99) ausgearbeitete Methode ermöglicht die gleichzeitige Bestimmung der vier Chloroplastenfarbstoffe. Nachstehend wird der auf die

---

[1] Nach EULER und NORDENSON kommt etwas Xanthophyll in der Karotte vor (vgl. auch bei LUBIMENKO sowie bei KYLIN 2).

Tabelle 17. Gehalt der Blätter an grünen und gelben Farbstoffen.
(Auszug aus der Tabelle bei WILLSTÄTTER und STOLL 1, dort S.112;
ergänzende Erläuterungen im Original.)

Pflanze	Lebens-bedingungen	Mengen (g) in 1 kg trockener Blätter			
		Gesamt-chloro-phyll (a und b)	Carotin	Xantho-phyll	Summe der Caro-tinoide
Sambucus nigra . . .	Lichtblatt	7,98	0,52	0,95	1,47
„ „ . . .	Schattenblatt	11,79	0,38	1,18	1,56
Aesculus hippocastanum	Lichtblatt	9,58	0,82	1,25	2,07
„ „	Schattenblatt	11,66	0,37	1,11	1,48
Platanus acerifolia . .	Lichtblatt	6,82	0,33	0,73	1,06
„ „ . . .	Schattenblatt	11,15	0,51	1,25	1,76

Carotinoide bezügliche Teil des Verfahrens wiedergegeben. Die
Arbeitsweise ist auf beliebige Pflanzenteile übertragbar; in Abwesenheit von Chlorophyll gestaltet sie sich natürlich einfacher.

40 g frische Blätter, deren Trockengehalt in einem besonderen
Versuch bestimmt wird, werden zur teilweisen Entfernung von
Begleitstoffen mit 50 cm³ 40proz. Aceton übergossen und mit 100 g
Quarzsand in einer innen rauhen Reibschale von 25 cm³ Durchmesser rasch zerrieben. Wenn außer chlorophyllfreien Nerven-
teilen keine gröberen Blattbestandteile mehr zu erkennen sind,
übergießt man den ziemlich trockenen Brei nochmals mit 100 cm³
30proz. Aceton und saugt nach kurzem Anrühren auf der Nutsche
durch eine dünne Talkschicht. Dann wird mit 30proz. Aceton
(z. B. 100—200 cm³) nachgewaschen, bis das Filtrat farblos abläuft.
Zerkleinern und Vorextraktion erfordern $^1/_4$—$^1/_2$ Stunde.

Nun folgt das vollständige Herauslösen der Farbstoffe mit
reinem Aceton (insgesamt 400—600 cm³), dem man gegen Ende
5—10% Wasser beimischt. Man saugt das wäßrige Aceton gut ab,
maceriert einige Minuten lang mit reinem Aceton, unter Auf-
lockern mit dem Spatel, saugt scharf ab und wiederholt diese
Operationen, bis das Lösungsmittel selbst bei längerer Einwirkung
farblos abläuft und auch die gröberen Blattbestandteile entfärbt
sind. Der grüne Extrakt wird in Anteilen von 100—200 cm³, wie
man sie bei dem Ausziehen nacheinander erhält, in 200—250 cm³
Äther gegossen und das Aceton mit destilliertem Wasser größtenteils herausgewaschen. Die Entfernung des Acetons wird, wenn
alles Chlorophyll gesammelt ist, vervollständigt. Zur Vermeidung
von Emulsionen schwenke man dabei vorsichtig um und lasse am

8*

Ende das Wasser (ohne zu schwenken) an der Wand des Scheidetrichters hinunterfließen. Die mit Natriumsulfat getrocknete und filtrierte Lösung wird mit Äther auf genau 200 cm³ verdünnt und die Hälfte zur Bestimmung der Chlorophylle, die andere Hälfte zur *Bestimmung von Carotin und Xanthophyll* wie folgt verwendet:

Man schüttelt mit 2 cm³ konzentrierter methylalkoholischer Kalilauge zuerst kräftig mit der Hand, dann ¹/₂ Stunde an der Maschine. Nach einigem Stehen ist der Äther gewöhnlich rein gelb, zeigt er aber noch rote Fluorescenz, so schüttelt man weiter und setzt nötigenfalls noch etwas Lauge zu. Nach vollständiger Verseifung des Chlorophylls wird die ätherische Lösung von Kaliumsalz in einen kleinen Scheidetrichter abgegossen und unter Umschwenken mit etwas Äther nachgewaschen. Das genügt nicht zur Extraktion des Xanthophylls. Man setzt daher nochmals 30 cm³ Äther zum sirupösen Chlorophyllinsalz, dann unter Umschütteln nach und nach Wasser und wartet, bis sich die Emulsion im Scheidetrichter getrennt hat.

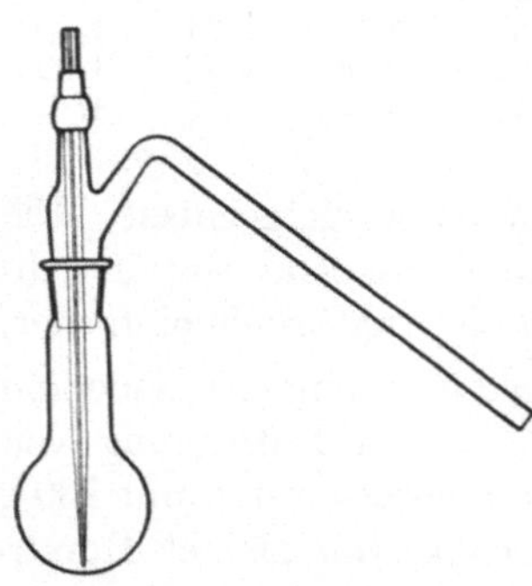

Abb. 22. Helmkolben.

(Zur Kontrolle soll die alkalische Flüssigkeit ein zweites Mal mit Äther geschüttelt werden, der dabei gewöhnlich farblos bleibt.)

Die sodann vereinigten ätherischen Lösungen werden mit Wasser gewaschen, dem man etwas methylalkoholische Kalilauge zusetzt und schließlich zweimal mit reinem Wasser. Dann wird im Helmkolben (Abb. 22) der Äther im Vakuum, bei gewöhnlicher Temperatur auf wenige Kubikzentimeter abgedampft, der Rückstand mit 80 cm³ Petroläther in einen Scheidetrichter gebracht und das Kölbchen mit etwas Äther nachgespült. Für die Trennung von Carotin und Xanthophyll schüttelt man nacheinander mit 100 cm³ 85proz., mit 100 cm³ 90proz. und zweimal mit je 50 cm³ 92proz. Methylalkohol. (Der letzte Auszug ist meistens farblos, andernfalls ist die Extraktion mit dem 92proz. Methylalkohol zu wiederholen.)

Nun befindet sich das *Carotin im Petroläther*, das *Xanthophyll im wäßrigen Holzgeist.* Die letztere Lösung wird mit 130 cm³ Äther vermischt und der Farbstoff durch langsamen Zusatz von Wasser in Äther übergeführt. Diese Xanthophyllösung (und ebenso die petrolätherische des Carotins) befreit man durch zweimaliges

Waschen mit Wasser vom Holzgeist, läßt sie durch trockene Filter in zwei 100 cm³-Meßkolben laufen und versetzt sie bis zur Klärung mit einigen Tropfen absoluten Alkohols. Endlich wird bis zur Marke aufgefüllt und der colorimetrische Vergleich mit 0,2proz. Bichromatlösung vorgenommen (S. 89).

Mikrochemische Bestimmung nach KUHN und BROCKMANN (3): S. 102.

Gewinnung von Carotin. Krystallisiertes Carotin läßt sich in größeren Mengen (gramm- und dekagrammweise) vorteilhaft z. B. aus den folgenden Rohmaterialien isolieren:

1. Aus frischen oder getrockneten Mohrrüben *(Daucus carota)*.

2. Aus grünen Blättern, bei gleichzeitiger Xanthophyllgewinnung, und zwar:

    a) aus Brennesseln *(Urtica)*, als Nebenprodukt von Chlorophyll, auch ohne Isolierung des letzteren,

    b) aus *Heracleum*-Blättern, als Nebenprodukt des „krystallisierten Chlorophylls",

    c) aus Brennesseln, als Nebenprodukt von Chlorophyllinkalium[1].

3. Aus der reifen Fruchthaut des *Capsicum annuum* (Paprika), als Nebenprodukt der Capsanthingewinnung, eventuell für sich allein.

4. Aus Vogelbeeren *(Sorbus aucuparia)*.

5. Aus dem Fruchtfleisch des Riesenkürbis *(Cucurbita maxima)*.

6. Aus Palmöl (KARRER, EULER und HELLSTRÖM, s. im Original).

Nur die Mohrrübe enthält das Carotin als (praktisch) einzigen Farbstoff, demgemäß gilt auch die Gewinnung aus *Daucus* als einfach und billig. Allerdings ist gutes Ausgangsmaterial nur zu einer bestimmten Jahreszeit erhältlich; auch ist die Rübe voluminös und schrumpft beim Trocknen auf etwa $^1/_{10}$ Gewichtsteil oder noch mehr zusammen. Trockenes Karottenpulver kann zwar gelegentlich im Handel bezogen werden, es ist aber nicht selten arm an Farbstoff. Die unter 2 angeführten Verfahren bieten den Vorteil, daß gleichzeitig auch Xanthophyll in guter Ausbeute gewonnen wird. Methode 3 ist verwickelter als die Aufarbeitung des *Daucus*, doch ist das Ausgangsmaterial leichter zu handhaben als die voluminöse Mohrrübe. Geringer ist der Ertrag aus der *Cucurbita*, aber in diesem Falle ist das Rohprodukt schon fast rein.

Es sei betont, daß die Isolierung des gesamten, colorimetrisch bestimmbaren Carotins auf keinem Wege gelingt und daß die folgenden Ausbeuten schwer zu übertreffen sind:

---

[1] Einzelheiten der unter b und c erwähnten Verfahren können bei WILLSTÄTTER und STOLL (1, dort S. 199, 238 und 240) nachgelesen werden.

Aus 1 kg Karotten (selbst getrocknet): 1 g Carotin (ESCHER 1); aus frischem Material etwa 0,1 g.

Aus 1 kg Brennesselmehl (trocken), nach 2a: 0,15—0,2 g Carotin, nebst 0,4—0,7 g Xanthophyll (WILLSTÄTTER und STOLL 1).

Aus 1 kg Paprikafruchthaut (trocken): 0,3 g Carotin, nebst viel mehr Capsanthin; Ausbeute etwa 50% (ZECHMEISTER und CHOLNOKY 2).

Aus 1 kg Fruchtfleisch der *Cucurbita maxima* (trocken): 0,1 g (S. 122).

1. Isolierung von Carotin aus der Mohrrübe, nach WILLSTÄTTER und ESCHER (1) (in Einzelheiten ergänzt durch Privatmitteilung von H. H. ESCHER).

Karotten, die in der Mitte möglichst rot sein sollen, werden mit Hilfe einer Fleischhackmaschine zerteilt, wobei man nicht allzuviel Saft abpressen soll. Man trocknet die Schnitzel bei 40—60⁰ (nicht höher!) und erhält im Laufe von 2—3 Tagen aus je 10 kg etwa 1 kg gedörrte Späne, die nicht klebend, sondern dürr krachend, nicht rot, sondern braun sind. Sie werden gemahlen und colorimetrisch geprüft.

Die Extraktion erfolgt mit insgesamt 3 l Petroläther (Siedep. bis 70⁰) auf 1 kg Droge. Es wird entweder perkoliert oder in Pulverflaschen mehrmals geschüttelt und einen halben Tag stehen gelassen, bis das Material erschöpft ist. Die vereinigten, filtrierten Auszüge dampft man im Vakuum, am Wasserbade bei 30—40⁰ bis auf 100—200 cm³ ein und setzt etwa 100 cm³ Schwefelkohlenstoff zu. Nun wird das Carotin mit insgesamt dem 3—6fachen Volumen (z. B. mit 1 l) absoluten Alkohols gefällt: Man setzt den Weingeist alle 2—5 Minuten in kleinen Portionen zu (wodurch sich zuerst nur farblose Substanzen ausscheiden), schwenkt um, hält einen Leinwandfilter bereit, filtriert aber noch nicht, sondern wartet. Erst wenn die ersten, prächtig reflektierenden Carotintäfelchen erschienen, wird von Begleitern rasch abfiltriert und nach Zufügen des übriggebliebenen Alkohols über Nacht im Eisschrank, unter Kohlendioxyd stehen gelassen. Ein Blick in das Mikroskop orientiert über etwaige farblose Verunreinigungen.

Das abgesaugte Rohcarotin wird in wenig Schwefelkohlenstoff gelöst, mit Alkohol gefällt und aus Petroläther umkrystallisiert. Zweckmäßig extrahiert man dabei zunächst mit 20—30 cm³ Petroläther bei 50—60⁰ und verwirft die wachshaltige Lösung. Der zurückgebliebene Farbstoff wird dann von einer größeren Menge des warmen Lösungsmittels aufgenommen und durch Stehen im Eisschrank auskrystallisiert. Man trocknet das Präparat im

Kohlensäure-Vakuumexsiccator (vgl. S. 109) und bewahrt es in eingeschmolzenen Röhrchen, unter Kohlendioxyd im Dunkeln auf.

Nach KUHN und LEDERER (2) unterwirft man die getrockneten und vermahlenen Karottenschnitzel (10 kg) zunächst einer Vorextraktion mit 15 l Methanol und zieht den Rückstand durch Schütteln mit 15 l Petroläther aus. Der erste Extrakt liefert beim Einengen in CO_2-Strom auf $^1/_{10}$ Vol. 3 g Carotin, das in heißem Benzin gelöst, von einem farblosen Begleiter filtriert, mit Methanol gefällt und viermal durch Lösen in warmem Benzol und vorsichtigen Zusatz von warmem Methylalkohol umkrystallisiert wird.

Im Laboratorium des Verfassers ist es üblich, die Mohrrübenauszüge vor der weiteren Verarbeitung mit methylalkoholischem Kali zu verseifen.

Weitere Angaben: HOLMES und LEICESTER; DELEANO und DICK.

2. Isolierung von Carotin und Xanthophyll als Nebenprodukte des Chlorophylls nach WILLSTÄTTER und STOLL (1, dort S. 133, 237).

2 kg Brennesselmehl werden auf der Steinzeugnutsche (Abb. 23) festgesaugt und in $^1/_2$ Stunde mit 6—6,4 l

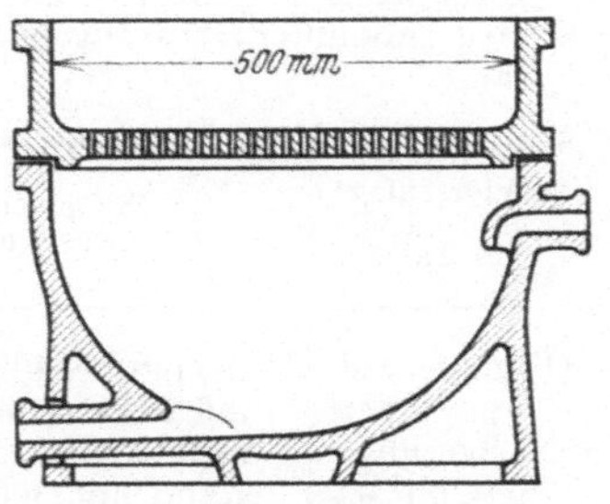

Abb. 23. Steinzeugnutsche (Durchmesser 50 cm).

80 vol.-proz. Aceton extrahiert. Zuerst läßt man ohne Saugen 2 l in 5 Minuten einsickern und füllt dann das Lösungsmittel literweise nach, indem abwechselnd ohne Vakuum maceriert bzw. mäßig gesaugt wird. Der Farbstoff läßt sich in 4 l Petroläther (0,64—0,66) überführen, wenn man den Extrakt hälftenweise im 7 l-Scheidetrichter in die ganze Petroläthermenge eingießt und je $^1/_2$ l Wasser unter Umschwenken langsam zufügt. Nun wird die abgehobene Oberschicht mit 2×1 l 80proz. Aceton ausgeschüttelt und aus der petrolätherischen Lösung der Acetongehalt mit je $^1/_2$ l Wasser unter leichtem Umschwenken entfernt. Dem Petroläther, der alle vier Blattfarbstoffe enthält, wird durch drei- bis fünfmaliges Ausschütteln mit je 2 l 80proz. Holzgeist das Xanthophyll entzogen. *Nach der Trennung der beiden Schichten verfährt man nach Tabelle 18, S. 120.*

3. Isolierung von Carotin aus der Paprikafruchthaut, als Nebenprodukt von Capsanthin. 5 kg entkörnte, bei 40° getrocknete und gemahlene Fruchthaut werden in drei Portionen mit Petroläther perkoliert, der Extrakt in Gegenwart von Äther mit 30proz.

Tabelle 18. **Isolierung von Blatt-carotin und -xanthophyll
aus Rohextrakten (vgl. den Text S. 119).**

Im Petroläther: Carotin, Chlorophyll	Im verdünnten Methylalkohol: Xanthophyll (+ Spur Chlorophyll b)
Durch etwa viermaliges Waschen der petrolätherischen Lösung (3,6 l) mit je 2 l Wasser werden die letzten Anteile von Methylalkohol und Aceton entfernt. Dabei trübt sich der Petroläther und Chlorophyll fällt aus. Die Suspension wird mit etwas geglühtem Natriumsulfat und mit 150 g Talk geschüttelt und durch eine Schicht von 50 g Talk unter zeitweiligem Rühren abgesaugt	Man extrahiert durch Vermischen mit Äther (im ganzen mit 4—5 l) und Verdünnen mit Wasser. Etwas mitgegangenes Chlorophyll b wird durch Schütteln mit 30—50 cm³ konzentriertem methylalkoholischem Kali verseift. Nach Wiederkehr der grünen Farbe läßt sich das Chlorophyllin durch mehrmaliges Ausziehen mit Wasser entfernen. Der Äther wird mit Natriumsulfat getrocknet, im Wasserbad auf etwa 30 cm³ abgedampft und mit 200—300 cm³ Methylalkohol vermischt. Man verjagt den Rest des Äthers durch etwas weiteres Einengen und filtriert die heiße holzgeistige Lösung. Beim Erkalten krystallisiert *Xanthophyll* in Täfelchen von starkem Oberflächenglanz aus. Setzt man, um die Abscheidung vollständig zu machen, etwas Wasser hinzu, so bilden sich radial angeordnete Aggregate, die sich beim Stehen in die Tafeln verwandeln. Ausbeute: 0,8 g Xanthophyll (aus 2 kg Blattmehl)

Niederschlag: Chlorophyll (im Talk)	Filtrat: Carotin (+ etwas Chlorophyll)	
(Für die weitere Verarbeitung vgl. im Original)	Man engt bei 40°, im Vakuum möglichst weit ein und vermischt den öligen Rückstand mit 300 cm³ 95proz. Alkohol. Das Carotin beginnt sogleich in stahlblau glänzenden Rhomboedern zu krystallisieren, und die Ausscheidung wird beim Stehen in der Kälte vollständig. Ein etwa beigemischtes farbloses Nebenprodukt läßt sich durch Zusatz von 200—300 cm³ Petroläther rasch in Lösung bringen. Das *Carotin* wird sofort filtriert und mit einem Gemisch von 2 Vol. Petroläther und 1 Vol. Alkohol gewaschen. Ausbeute: 0,25 g Carotin (aus 2 kg Brennnesselmehl) [1]	

---

[1] Bei der für die Isolierung des Chlorophylls geeigneten Extraktion des Pflanzenmehles mit 80proz. Aceton bleibt etwas von den gelben Pigmenten, namentlich *Carotin*, in der Blattsubstanz zurück. Um Carotin vollständig zu extrahieren, wendet man etwas mehr vom wäßrigen Aceton als angegeben an, oder man extrahiert das ausgezogene Mehl im Perkolator weiter mit Petroläther. Aus derselben Charge von 2 kg Brennnesseln konnten WILLSTÄTTER und STOLL (1) weitere 0,1 g reines Carotin gewinnen.

methylalkoholischem Kali behandelt und das Capsanthin größtenteils ausgefällt (Näheres S. 231). Es resultiert ein noch capsanthinhaltiges, petrolätherisches Filtrat (etwa 6 l), das folgend auf Carotin verarbeitet wird (ZECHMEISTER und CHOLNOKY 2):

Man dampft im Vakuum auf das halbe Volumen ein und schüttelt mit 0,4 l des methylalkoholischen Kalis 1 Tag an der Maschine. Hierauf wird die tiefrote Lauge abgelassen, die gewaschene Oberschicht von etwas auskrystallisiertem Capsanthin filtriert und die alkalische Behandlung wiederholt. Von neuem geht Farbstoff in die Lauge über, wenn auch weniger als vorher. Die nur mehr Spuren von Capsanthin enthaltende petrolätherische Schicht hat ihr Aussehen gänzlich verändert, indem die rötliche Farbe einer gelben Nuance gewichen ist.

Die Lösung wird so lange gewaschen, bis das Wasser neutral bleibt und beim Schütteln nicht schäumt. Nun fügt man 0,5 Vol. Alkohol zu, hierauf vorsichtig Wasser, gerade bis sich die Schichten trennen. Nach Ablassen der weingeistigen Flüssigkeit soll diese Entmischung etwa fünfmal wiederholt werden, bis die Unterschicht fast farblos bleibt. Der Petroläther ist nun typisch carotinartig gefärbt und wird nach Wegwaschen des Alkoholgehaltes mit Natriumsulfat getrocknet, sodann im Vakuum bei 35^0, unter schwachem Durchperlen von Kohlendioxyd, bis zu 0,2 l verdampft. Auf Zusatz von 1 l absolutem Alkohol setzt das, für Carotin typische Flimmern ein: metallisch glänzende Täfelchen erfüllen bald die dunkle Flüssigkeit. Man saugt erst ab, nachdem der Kolben 1—2 Tage lang im Eisschrank, unter CO_2 oder N_2 verweilte. Die mit absolutem Alkohol gewaschene, sehr reine Substanz (z. B. 1,5 g) entspricht einer Ausbeute von etwa 0,3 g Carotin aus 1 kg Fruchthaut. Beim Umkrystallisieren aus Schwefelkohlenstoff + Alkohol geht die Menge auf 1,35 g zurück.

Wird auf die Isolierung des Capsanthins verzichtet, so gestaltet sich die Carotingewinnung einfacher. Man schüttelt dann das petrolätherische Rohperkolat der Fruchthaut 1 Tag lang mit dem Alkali und befolgt daran anschließend die obige Vorschrift (Auswaschen, Alkoholzusatz usw.).

4. Isolierung von Carotin aus der Vogelbeere (Sorbus aucuparia), nach KUHN und LEDERER (2). 50 kg frische Beeren blieben 14 Tage unter Methanol stehen, wobei fast nur Anthocyan in Lösung ging. Die abgepreßten Beeren extrahierte man dreimal mit je 6 l Aceton. Nach Überführen des Carotins in Petroläther wurde verseift, mit

90proz. Methanol ausgeschüttelt, nach gründlichem Waschen mit Wasser und Trocknen über Natriumsulfat stark eingeengt und das Carotin mit Methanol gefällt (0,15 g).

5. *Isolierung von Carotin aus Curbita maxima* DUCH. Das gesäuberte und zerhackte Fruchtfleisch (20 kg) wird durch Einlegen in Alkohol in 24 Stunden entwässert, ausgepreßt, bei 40⁰ getrocknet, 24 Stunden mit kaltem Äther ausgezogen und über Nacht mit methylalkoholischem Kali verseift. Nun setzt man viel Wasser zu, wäscht die entstandene Oberschicht alkalifrei, nimmt ihren Abdampfrückstand in Petroläther auf und entfernt durch öfteres Schütteln mit 90proz. Methanol die Xanthophylle. Beim Verjagen des Lösungsmittels hinterbleibt ein sehr reines β-Carotinpräparat, das aus Benzol + Methanol umkrystallisiert wird. Ausbeute z. B. 0,18 g = 96% der colorimetrisch bestimmten Menge (ZECHMEISTER und TUZSON 11; vgl. SUGINOME und UENO).

Mikrochemische Trennung nach KUHN und BROCKMANN (3) S. 102.

Kommen *Carotin und Lycopin gemeinsam im Gewebe vor,* so gelingt die präparative Trennung auf Grund der verschiedenen Löslichkeiten in Petroläther. Als Beispiel kann die Aufarbeitung der reifen Wassermelone *(Cucumis citrullus)* dienen (ZECHMEISTER und TUZSON 4 isolierten 0,07 g Carotin aus 100 kg Fruchtfleisch). WINTERSTEIN und EHRENBERG nehmen die Trennung mit Hilfe von Trichloräthylen und Alkohol vor (Aufarbeitung der *Convallaria*-Beere). *Am besten befolgt man die chromatographische Adsorptionsmethode* (S. 94).

Beschreibung von Carotin (vgl. vor allem WILLSTÄTTER und MIEG; WILLSTÄTTER und ESCHER 1 sowie ESCHER 1). Die Eigenschaften von Gesamt-Carotinpräparaten sind etwas schwankend, je nach dem Mengenverhältnis von α-, β- bzw. γ-Carotin (s. unten, S. 131).

Carotin besitzt, namentlich in reinerem Zustande, ein bedeutendes Krystallisiervermögen und zeigt typische Formen (Abb. 36—40, S. 287). Makroskopisch betrachtet, stellt es ein dunkel-kupferrotes bzw. zinnoberähnliches, oft aus 1—2 mm großen Tafeln bestehendes und prachtvoll metallisch glänzendes, geruchloses Krystallpulver dar, von hart wachsähnlicher Konsistenz, welches an Xanthophyll erinnert. Die Ähnlichkeit verschwindet jedoch unter dem Mikroskop, wo man bei einiger Übung unmöglich die beiden Pigmente verwechseln kann. Carotin zeigt in der Durchsicht eine leuchtend orangerote Farbe, dicke Stücke sind orange-purpurfarbig; Xanthophyll ist dagegen gelb, nur an den Kreuzungsstellen von mehreren

Krystallen orangerot und nur dort carotinähnlich (farbige Abbildungen bei Escher 1 sowie Karrer und Wehrli 2).

Carotin krystallisiert aus Schwefelkohlenstoff-Alkohol in Rhomboedern oder auch in charakteristischen, teils sternförmig gruppierten, schleifsteinartigen Gebilden (Abbildungen S. 287—288). Petroläther scheidet es in fast quadratischen, oft eingekerbten Tafeln von lebhaftem Oberflächenglanz ab, der bald kupfrig, bald mehr stahlblau erscheint. Aus Äther erhält man häufig eingekerbte, vierseitige Blättchen. Präparate aus Schwefelkohlenstoff + Weingeist enthalten $1/_2$—$2/_3$ Mol. Krystallalkohol. Für die Elementaranalyse krystallisiert man am besten (evtl. wiederholt) aus diesem Gemisch, schließlich aber aus niedrig siedendem Petroläther um, der nicht als Krystallflüssigkeit aufgenommen wird. Auch Benzol + Methanol ist sehr geeignet.

Röntgenographisches über die Krystallstruktur des *Daucus*-Carotins: Mackinney.

Das Präparat schmilzt bei 172—174⁰ (korr.), der Schmelzpunkt ist von der Geschwindigkeit des Erhitzens abhängig. Tiefere Schmelzpunkte können auf begonnene Oxydation hindeuten, die sich aber, wenn nicht weit fortgeschritten, durch Umkrystallisieren beheben läßt. Unter besonderen Vorsichtsmaßregeln gereinigt, zeigt Carotin den Schmelzp. 183—184⁰ (korr., vgl. Euler, Karrer und Rydbom 1). Javillier und Emerique (1) steigerten den Schmelzp. bis zu 184—185⁰ durch Eintropfen der Schwefelkohlenstofflösung in siedenden Methylalkohol und fünfmalige Wiederholung dieses Verfahrens im Stickstoffstrom. Zur Darstellung von hochschmelzenden Präparaten ist auch Umkrystallisieren aus 20 Teilen Pyridin sehr geeignet (Rosenheim und Starling). Die erwähnten Unterschiede im Schmelzpunkt beruhen auf der *zusammengesetzten* Natur des Carotins (S. 128).

Die *Löslichkeit* ist nach Willstätter und Mieg grundsätzlich unterscheidend vom Xanthophyll. In Schwefelkohlenstoff: spielend leicht, in Chloroform: sehr leicht, in Benzol: ziemlich leicht, in Äther: mäßig (1 g in 0,9 l beim Kochen), in niedrig siedendem Petroläther: 1 g in 1,5 l kochend, in der Kälte noch viel schwieriger. Siedender absoluter Alkohol löst spärlich, kalter Alkohol fast gar nicht (nach Schertz 4 immerhin 0,0155 g pro Liter bei 25⁰). Unreine Präparate sind leichter löslich.

Versetzt man die petrolätherische (oder die Schwefelkohlenstoff-) Lösung mit Methylalkohol, der wenig Wasser enthält (z. B. mit

90proz. Holzgeist), so bleibt die methylalkoholische Schicht farblos, während sich Xanthophyll gerade entgegengesetzt verhält (vgl. S. 90: Entmischungsmethoden).

Die *Farbe* von verdünnten Carotinlösungen ist in den meisten Solventien intensiv gelb, wäßrigen Bichromatlösungen in der Nuance ähnlich; konzentriertere Lösungen sind tief orangefarbig. Schwefelkohlenstoff löst mit roter Farbe und die kaltgesättigte Lösung hinterläßt auf Filtrierpapier einen orangeroten Fleck, während der Xanthophyllfleck gelb ist, der Lycopinfleck fleischrot bis schokoladenbraun (farbige Abbildungen bei ESCHER 1). Carotinlösungen tingieren je nach dem Medium verschiedenartig: in Äther grünlichgelb, in Chloroform bräunlichgelb, in CS_2 rötlichbraun.

In Fett ist Carotin löslich; diese Eigenschaft ist in der histologischen Praxis zur Färbung von Fettgewebe und von degenerativen Fetteinlagerungen empfohlen worden (GALESESCO und BRATIANO).

Nach FODOR und SCHOENFELD sowie KARRER, EULER, HELLSTRÖM und RYDBOM (vgl. auch OLCOVICH und MATTILL) lassen sich *kolloidale Carotinlösungen* in Wasser herstellen. Carotinsole zeigen die Erscheinung der Strömungsdoppelbrechung (EULER, HELLSTRÖM und KLUSSMANN).

Aus petrolätherischer Lösung wird Carotin (im Gegensatz zu Xanthophyll) durch trockenes Calciumcarbonat nicht adsorbiert (TSWETT 2, 3). Weitere Adsorptionsversuche: EULER und GARD. Quantitative Mikromethoden nach KUHN und BROCKMANN (3): S. 102. Über das Adsorptionsverhalten s. auch Tabelle 15, S. 95.

Colorimetrische Bestimmung S. 88 und 102.

Spektrum. Die für Carotin typische Schwingungskurve wurde bereits S. 87 abgedruckt, hier sei auf die einfache spekroskopische Beobachtung Bezug genommen. Bei geeigneter Verdünnung (5 mg in 1 l Alkohol bzw. Schwefelkohlenstoff) erblickt man das auf Abb. 13, S. 85 wiedergegebene Bild: zwei Bänder in Blau und Indigoblau; das erste Band ist etwas breiter als der Abstand zwischen den beiden. Die Endabsorption setzt fast bei Beginn von Violett ein. Die Grenzen sind ziemlich verschwommen, was die Abweichungen zwischen verschiedenen Angaben teilweise erklärt; es spielt auch hier das schwankende Mengenverhältnis von α-, β- und γ-Carotin mit (S. 128), manchmal auch die Anwesenheit von kleinen Mengen noch undefinierter Carotinarten (vgl. Tabelle 19).

Tabelle 19. Spektrum von Gesamt-Carotinpräparaten
(5 mg in 1 l Lösung).

Lösungsmittel	Schicht-dicke (mm)	Band	aus Daucus (ESCHER 1) $\mu\mu$	aus Blättern (WILLSTÄTTER-STOLL 1) $\mu\mu$	aus Capsicum (ZECHMEISTER-CHOLNOKY 2) $\mu\mu$
Alkohol	5	I.	—	492——478	494——477
		II.	—	459——446	461——446
,,	10	I.	—	492—476	492—476
		II.	—	459—445	460—446
Schwefel-kohlenstoff	10	I.	525——511,5	524...510	524...510
		II.	488,5—475	489—475	492—475
,,	20	I.	533——507,5...	525——508	525,5——509
		II.	489—472...	490—474	492—476

—— bzw. —— und ... bedeuten starke bzw. schwache und sehr schwache Lichtabsorption.

Ultraviolettspektrum: BILGER; KAWAKAMI (1); McNICHOLAS.

Farbreaktionen. Carotin gibt die S. 81 erwähnten allgemeinen Polyenreaktionen. Näheres s. Tabelle 20, S. 126.

Die *Vitamin-A-Wirkung* des Carotins wurde bereits auf S. 30—38 besprochen. Zur *Trennung von Carotin und Vitamin A* nimmt man entweder eine Entmischung vor, wobei sich das Vitamin wie ein Xanthophyll verhält (WOLFF, OVERHOFF und VAN EEKELEN), oder wird die Petrolätherlösung auf Fasertonerde chromatographiert und mit viel Lösungsmittel nachgespült: oben bleibt A-Vitamin, unten Carotin hängen (KARRER und SCHÖPP; vgl. hierzu auch einige Angaben von HOLMES, DELFS und CASSIDY).

Umwandlungen und Derivate des Carotins.

Carotin besitzt den Charakter eines stark ungesättigten Kohlenwasserstoffes, mit einem langen, konjugierten Doppelbindungssystem. Es zeigt weder saure noch basische Eigenschaften.

Durch *Bestrahlung* mit ultraviolettem Licht oder mit weichen Röntgenstrahlen werden Carotinlösungen entfärbt (BILGER).

Autoxydation (WILLSTÄTTER und ESCHER 1; vgl. auch S. 109). Die Krystalle des Carotins bleichen an der Luft allmählich aus, unter Bindung von Sauerstoff und Zunahme des Gewichtes; dabei tritt ein schwacher Geruch nach Veilchenwurzeln auf (Jonon). Der Angriff setzt auf reine Präparate sehr gelinde ein (vgl. bei EULER, KARRER und RYDBOM 1), um dann mit steigender Geschwindigkeit (autokatalytisch?) zu verlaufen. Hochgereinigte

Präparate der Autoren zeigten bis zu 10 Tagen keine Gewichtszunahme; Präparate von Willstätter und Escher (1) haben in den ersten 5 Tagen z. B. 0,3% O, in einem gleich langen späteren Zeitintervall (15.—20. Tag) aber 16% aufgenommen. An freier Luft beansprucht der Vorgang oft Monate. Endverbrauch: 34 bis 35 Gew.-proz. Sauerstoff, entsprechend 11—12 O-Atomen. Neben der Addition läuft eine Abspaltung von flüchtiger organischer Substanz, darunter Kohlendioxyd, das mit Hilfe von Barytwasser nachweisbar ist (Escher 4). Das Endprodukt des Oxydationsprozesses ist weiß, amorph, leicht in Alkohol, schwer in Petroläther löslich.

Auch die *Oxydation mit Sauerstoff* in CCl_4-Lösung bewirkt einen weitgehenden Abbau (Pummerer, Rebmann und Reindel 2). Stabilitätsverhältnisse in verschiedenen Ölen: Baumann und Steenbock. Stufenweise O-Aufnahme: McNicholas. Große Haltbarkeit in Sesamöl: Scheunert und Schieblich (2). Prüfung von Carotinpräparaten auf Autoxydationsprodukte: S. 108.

Über Additionsvorgänge im allgemeinen s. auch Tabelle 6, S. 50.

Einwirkung von Carotin auf die Autoxydation von ungesättigten Fettsäuren: Franke (betr. Linolensäure vgl. Monaghan und Schmitt).

Katalytische Hydrierung (Zechmeister, Cholnoky und Vrabély 1, 2). Die Aufnahme von 22 H-Atomen verläuft glatt (Beispiel: 0,6 g Farbstoff, 250 cm³ Cyclohexan, 1 g Platin, Dauer

Tabelle 20. Vergleich einiger Farbenreaktionen von Carotin und Xanthophyll.

Ansatz bzw. Reagens	Carotin	Xanthophyll
Chloroformlösung (1—2 mg in 2 cm³) + konz. H_2SO_4	Unterschicht grün, dann sogleich blau	dem Carotin ähnlich
2 cm³ Farbstofflösung + wenige Tropfen Acetanhydrid, mit 1 cm³ konzentrierter Schwefelsäure unterschichtet	Säure dunkelblau, Chloroform fast farblos	wie Carotin
2 cm³ Lösung in $CHCl_3$ + 1 Tropfen rauchender Salpetersäure	sofort blau, dann grün, schließlich farbschwach (schmutziggelblich)	dem Carotin ähnlich; grüne Phase etwas stärker
2—3 mg Krystalle + ebenso viele cm³ 95proz. Ameisensäure	kalt und kochend unlöslich; die Säure bleibt fast farblos, beim Kochen kaum stahlblau	von Carotin völlig verschieden: kalt löslich mit saftgrüner Farbe, grün tingierend (beständig)

Tabelle 20 (Fortsetzung).

Ansatz bzw. Reagens	Carotin	Xanthophyll
Chloressigsäure (geschmolzen)	schwer löslich, schwach grünlichbraun, kaum tingierend	besser löslich mit saftgrüner Farbe, Tinktion mattgrünlich
Dichloressigsäure	kalt nach 1—2 Minuten violettstichig blaue Lösung	kalt löslich (schön saftgrün tingierend); erhitzt: smaragdgrün, dann dunkelblau, schließlich schmutzig violettstichig
Trichloressigsäure (geschmolzen)	kalt sofort dunkelblau, erhitzt violetter und viel farbschwächer	dem Carotin ähnlich
Trichloressigsäure (etwa 0,3 g in 1 cm³ Chloroform) + 2 mg Farbstoff	gelb, in tintenstiftähnliches Blau übergehend	grünlichgelb, dann olivgrün, bläulichgrün (als ein Parallelansatz mit Carotin schon längst blau ist), schließlich graublau
Konzentrierter methylalkoholischer Chlorwasserstoff	kein Farbumschlag	Farbumschlag in Grün (besonders in der Wärme)
Arsentrichlorid	rot, dann blau (sehr rasch)	bräunlichrot, dann blau (sehr rasch)
Antimontrichlorid [1]	tief dunkelblau	tief dunkelblau
Antimontrichlorid (in Chloroform) +1—2 mg Farbstoff auf 2 cm³ Reagens [1]	bräunlich, sofort dunkelblau, dann violettstichig (recht beständig)	saftgrün, rasch abgeblaßt, dann grünlichblau und tief tintenblau (beständig)
Zinntetrachlorid (geschmolzen)	in der Wärme blau, violettblau, dann violett	fast unlöslich; Krystalle dunkelblau bis schwarz angefärbt
Phosphortrichlorid	tief tintenblau	wie Carotin

$1/_2$ Stunde). Beim Verdampfen des Lösungsmittels hinterbleibt *Perhydrocarotin* $C_{40}H_{78}$, das farblos, leichter löslich und viel niedriger schmelzend ist, als Carotin selbst. Das Rohprodukt bildet eine weiße, durchscheinende Masse, die erstarrt und wie getropftes Paraffin aussieht [2]. Der Perhydrokörper ist gesättigt, die Blaufärbung mit Schwefelsäure bleibt aus. — *Dihydrocarotin* $C_{40}H_{58}$ (ölig, hellgelb) entsteht unter der Einwirkung von Aluminiumamalgam

---

[1] Näheres vgl. bei EULER, KARRER und RYDBOM (1, 2); eine feste, tiefblaue Additionsverbindung ist von EULER und WILLSTAEDT isoliert worden; s. KARRER, EULER und SCHÖPP sowie EULER und KARRER (3); S. 82.

[2] Die in den ersten Versuchen beobachteten Nadeln ließen sich später nicht reproduzieren.

(SMITH 2) und gab beim oxydativen Abbau nur $\alpha\alpha$-Dimethylglutarsäure (KARRER und MORF 3).

Mit *Benzopersäure* sind acht Doppelbindungen des Carotins nachweisbar (PUMMERER und REBMANN 1).

Carotin und Halogene. In unverdünntem *Brom* löst sich Carotin schon bei Eiskälte; bei Raumtemperatur entweicht Bromwasserstoff und es läßt sich eine spröde, weiße Masse ($C_{40}H_{36}Br_{22}$) isolieren (WILLSTÄTTER und ESCHER 1). Brom in Chloroform wirkt milder ein. Zunächst entweicht kein Bromwasserstoff und man kann die rein addierte Brommenge ($8\,Br_2$) maßanalytisch bestimmen (ZECHMEISTER und TUZSON 2). In einer Atmosphäre von Bromdampf werden bei Lichtabschluß $11\,Br_2$ rein addiert, ohne daß Substitution erfolgt. Im Vakuum oder bei 110^0 entweicht HBr, durch Nachbromieren lassen sich wiederum alle 11 Doppelbindungen nachweisen (ROSSMANN).

Chlorjod erfaßt alle 11 Doppelbindungen (S. 49: PUMMERER und REBMANN 1).

Carotindijodid $C_{40}H_{56}J_2$. WILLSTÄTTER und MIEG tropften ein Drittel des Farbstoffgewichtes an Jod (in Äther) zu einer ätherischen Carotinlösung; die Farbe vertieft sich und das Jodid krystallisiert im Verlaufe eines Tages aus. Kupfrig glänzende Spieße und Prismen, zu Rosetten gruppiert. Das Pulver ist dunkelviolett, in der mikroskopischen Durchsicht erscheinen die Krystalle hellblaugrau. Kein scharfer Schmelzpunkt. Carotindijodid besitzt Vitamin-A-Eigenschaften (EULER, KARRER und RYDBOM 1), wahrscheinlich weil das Halogen im Tierkörper wieder entfernt wird. Bei der Behandlung mit Thiosulfat wird das Jod ebenfalls abgegeben und man erhält je nach den Versuchsbedingungen unverändertes Carotin zurück oder Isocarotin (Näheres S. 147).

Unter abgeänderten Bedingungen läßt sich auch ein „Trijodid" bzw. „Tetrajodid" gewinnen (WILLSTÄTTER und ESCHER 1; ESCHER 1; EULER, KARRER, HELLSTRÖM und RYDBOM). Der Halogengehalt solcher Präparate ist schwankend und man geht wohl nicht fehl, wenn man sie als Mischkrystalle auffaßt (ROSENHEIM und STARLING; KUHN und LEDERER 5).

Uneinheitlichkeit des Pflanzencarotins. Vorkommen von α- β- und γ-Carotin.

Genau ein Jahrhundert, nachdem WACKENRODER den Mohrrübenfarbstoff entdeckt hat (1831), wurde die auch physiologisch wichtige Tatsache bekannt, daß das aus pflanzlichem Material isolierte Carotin in den meisten Fällen keine einheitliche Verbindung ist, sondern in Komponenten zerlegt werden kann, die alle die Zusammensetzung $C_{40}H_{56}$ besitzen.

KUHN und LEDERER (1, 2) haben Präparate aus Karotten, Kastanienlaub und Vogelbeeren durch fraktionierte Fällung mit Jod oder besser durch fraktionierte Adsorptionsmethoden in die stark rechtsdrehende Komponente α-*Carotin* ($[\alpha]_{Cd} = + 385^0$, in Benzol) und in ein optisch inaktives Isomere (β-*Carotin*) zerlegt und so die Frage nach der Heterogenität des Carotins mit Erfolg auf präparativem Wege entschieden. In einer fast gleichzeitig durchgeführten Untersuchung zeigen KARRER, HELFENSTEIN, WEHRLI, PIEPER und MORF (vgl. auch KARRER, EULER und HELLSTRÖM), daß Mohrrübencarotin aus einer rechtsdrehenden und einer inaktiven Komponente besteht, deren natürliches Mengenverhältnis durch fraktionierte Krystallisationen aus Petroläther weitgehend verschoben werden kann: die schwerstlöslichen Anteile sind praktisch inaktiv, die leichtlöslichen zeigten spezifische Drehungen bis zu $[\alpha]_C = + 136^0$. Eine vollständige Trennung kann auf diesem Wege, wie auch von KARRER und WALKER (1) später betont wird, kaum erfolgen; hingegen wurde von diesen Forschern in der chromatographischen Adsorption an Calciumhydroxyd oder Calciumoxyd eine leistungsfähige Fraktioniermethode gefunden, die schon bei einmaliger Anwendung (fast) quantitative Resultate liefert und mit deren Hilfe das bishin erreichte, nahezu vollkommene Reinheitsgrad des α-Carotins noch etwas gesteigert werden konnte.

Während α- und β-Carotin in gewaltigen Mengen in der Natur vorkommen, haben KUHN und BROCKMANN (7, 8) ein drittes (optisch inaktives) Isomere, das γ-*Carotin*, entdeckt, das nur etwa $^1/_{1000}$ Teil der meisten Carotinpräparate ausmacht. Durch die Isolierung dieses Polyens ist die große Leistungsfähigkeit der chromatographischen Adsorptionsmethode von TSWETT erneut bewiesen worden. Untergeordnete Mengen derselben Carotinart sind in der Aprikose *(Prunus armeniaca)* nachweisbar (BROCKMANN); γ-Carotin kommt auch in den Beeren des Maiglöckchens vor (*Convallaria majalis*; WINTERSTEIN und EHRENBERG) und ist reichlich in *Gonocaryum pyriforme* enthalten (WINTERSTEIN 2).

Natürliches Mengenverhältnis von α-, β- *und* γ-*Carotin.* Soweit es sich derzeit abschätzen läßt, ist die mengenmäßige Reihenfolge der von der Natur dargebotenen Isomeren: β-, α- und γ-Carotin. Die Zusammensetzung des Gesamtcarotins in verschiedenen

Pflanzenmaterialien schwankt sehr stark, die evtl. Abhängigkeit von Vegetationsbedingungen ist aber noch nicht erforscht. In den meisten, heute bekannten Fällen liegt entweder (fast) nur β-Carotin vor (optisch inaktive Präparate) oder überwiegt dieses Isomere stark, während noch keine Droge bekannt ist, die ausschließlich α-Carotin enthalten würde. Wie erwähnt, scheint das γ-Isomere in der Regel nur spärlich vorzukommen, doch ist bereits eine Droge beschrieben worden, deren Carotin etwa zu 60% aus γ besteht (Fruchthaut des *Gonocaryum pyriforme* aus Holländisch - Indien: WINTERSTEIN 2). Der Safran *(Crocus sativus)* sowie die *Hagebutte* (z. B. *Rosa rubiginosa*) enthalten nur sehr wenig γ - Isomeres (KUHN und GRUNDMANN 4; KUHN und WINTERSTEIN 13).

Zu einer Orientierung über das *Verhältnis von α- und β-Carotin* ist, falls ein krystallisiertes, von Fremdstoffen freies Präparat vorliegt, die Polarimetrie geeignet. KUHN und LEDERER (2, 4) fanden z. B. die folgenden spezifischen Drehungen (in Benzol, Cadmiumlicht) für Präparate aus *Daucus carota*: $+36$ bis 75^0 (ein erheblicher Unterschied in der Verteilung von α und β im inneren

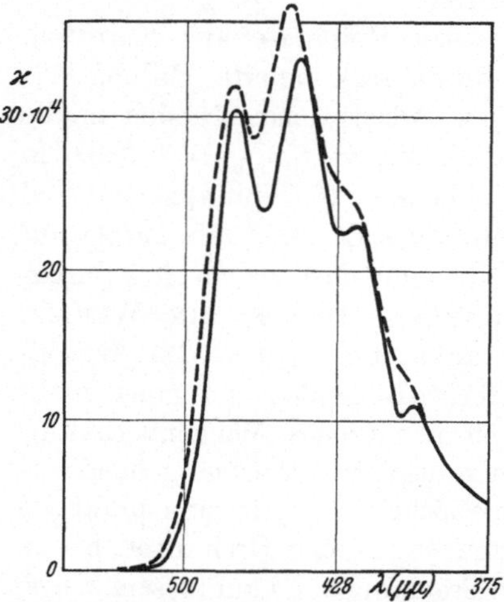

Abb. 24. Absorptionskurven von α-Carotin (ausgezogen) und β-Carotin (gestrichelt) in Hexan (KUHN).

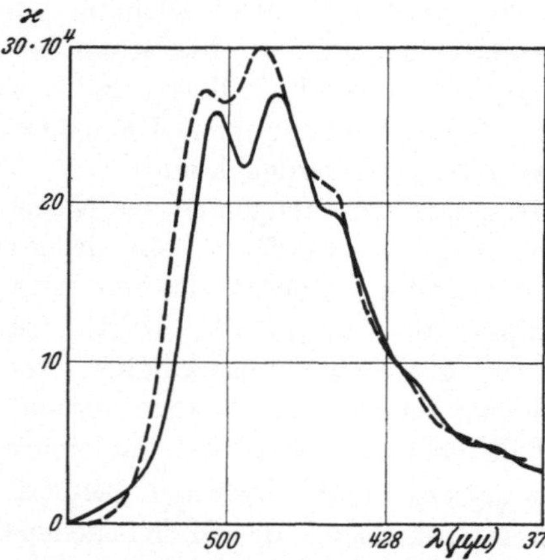

Abb. 25. Absorptionskurven von α-Carotin (ausgezogen) und β-Carotin (gestrichelt) in CS$_2$ (KUHN).

bzw. äußeren Teil der Karotte besteht nicht, s. auch VAN STOLK, GUILBERT und PÉNAU); aus Vogelbeeren *(Sorbus aucuparia)*: $+50^0$, aus grünen Kastanienblättern *(Aesculus hippocastanum)*:

+ 90 bis 115⁰; das Carotin aus Palmöl, besonders reich an α-Carotin, ergab: + 115 bis 169⁰ (KUHN und BROCKMANN 2; vgl. auch KARRER, EULER und HELLSTRÖM); Handelscarotine zeigen z. B. die spezifischen Drehungen $[\alpha]_{rot} = + 35$ bis 110⁰ (ROSENHEIM und STARLING).

Die spektroskopische Prüfung, die auch in Gegenwart von farblosen Begleitern durchgeführt werden kann, beruht darauf, daß β-Carotin bedeutend langwelliger absorbiert als α (Schwerpunkte in CS_2 für β: 521, 485,5 $\mu\mu$, aber für α: 509, 477 $\mu\mu$). Oft steht die spektroskopische Messung mit der polarimetrischen in Einklang, indem einer Zunahme von $[\alpha]_{Cd}$ um 30—40⁰ (in Benzol) eine ungefähre Verschiebung der Schwerpunkte um 1 $\mu\mu$ (in CS_2) nach dem Kurzwelligen entspricht (KUHN und LEDERER 4).

Einige Ergebnisse sind in der Tabelle 21 verzeichnet; die jeweilige Differenz von 100% entspricht annähernd dem β-Carotingehalt.

Tabelle 21. α-Carotingehalt verschiedener Carotinpräparate (KUHN und LEDERER 4 bzw. KUHN und BROCKMANN 2).

Aus grünen Blättern		Aus anderem Material	
Palmöl	30—40%	Karotten	10—20%
Kastanien	25%	Vogelbeeren	15%
Brennesseln	0%	Riesenkürbis [1]	< 1%
Spinat	0%	Paprika	0%
Gras	0%	(Ovarien	0%)

Mit Hilfe des Calciumhydroxyd-Chromatogrammes sind im Spinat, Brennesseln, Paprika Spuren von α-Carotin nachweisbar (KARRER und SCHLIENTZ 1).

Methoden zur Isolierung von α-, β- und γ-Carotin.

β-Carotin. Die Gewinnung dieses Isomeren ist am einfachsten: Man geht vorteilhaft von einem der Rohmaterialien aus, in denen es (fast) ausschließlich vorkommt. So wurde β-Carotin z. B. aus Paprika bequem und in reichlichen Mengen gewonnen (S. 119). Spuren des besonders leicht adsorbierbaren γ-Isomeren lassen sich im $CaCO_3$- oder $Ca(OH)_2$-Chromatogramm ausschalten, für die meisten Zwecke ist aber ihre Gegenwart nicht störend.

α-Carotin. Das α-Isomere kommt, soweit bekannt, nirgends allein vor und muß von überwiegenden β-Mengen getrennt werden.

---

[1] ZECHMEISTER und TUZSON (11).

Das bequemste Verfahren hierzu ist die Aufteilung des in Petroläther gelösten Rohcarotin-Gemisches im Calciumhydroxyd- bzw.
Calciumoxyd-Chromatogramm (KARRER und WALKER 1). Wendet
man käuflichen, gelöschten, fein vermahlenen Kalk an, so findet
eine scharfe Schichtentrennung statt: oben (als tief rotgelbe Zone)
β-, unten α-Carotin (hellgelb). Die Trennung ist nach einmaliger
Adsorption (fast) quantitativ und muß zur Ausschaltung der
letzten β-Spuren höchstens noch einmal wiederholt werden. Schließlich krystallisiert man das durch Elution gewonnene Präparat
aus Petroläther um.

Die historisch interessanten Trennungsmethoden von KUHN
und LEDERER (2, 4; fraktionierte Fällung mit Jod, fraktionierte
Adsorption an Fasertonerde) sind relativ umständlich. Einfacher
in der Ausführung erwies sich eine von KUHN und BROCKMANN (2)
veröffentlichte Arbeitsweise, die allerdings mit großen Verlusten
verbunden ist; als Grundlage dient die Beobachtung, daß β-Carotin
aus Benzin an Fullererde viel leichter adsorbiert wird als α. Liegt
ein Carotingemisch mit etwa 15% α-Carotin vor, so braucht man
nur in die Lösung so lange Fullererde einzutragen, bis nach colori-
metrischer Kontrolle etwa 90% des Farbstoffes adsorbiert sind,
und man erhält durch Einengen des Filtrats reines α-Carotin. Ein
Nachteil des Verfahrens besteht in der Acidität des angewandten
Adsorptionsmittels, worunter namentlich die β-Komponente leidet.

Beispiel: 0,36 g Carotin ($[\alpha]_{Cd} = + 150^0$) aus Palmöl wurden in 500 cm³
Benzin (Siedepunkt 70—80⁰) gelöst und so viel Fullererde (MERCK) in kleinen
Anteilen eingetragen (36 g), daß die Hälfte des Farbstoffes adsorbiert wurde.
Aus dem Filtrat krystallisierten nach dem Einengen und Zusatz von Methanol
68 mg, dann 40 mg Carotin mit 511,5 und 477,5 $\mu\mu$ (in CS_2). Die beiden
Fraktionen ergaben, gemeinsam umkrystallisiert $[\alpha]_{Cd} = + 319^0$ (in Benzol).
40 mg davon hat man erneut mit Fullererde zerlegt, und zwar so, daß ein
Viertel des Farbstoffes aufgenommen wurde. Das Filtrat lieferte 20 mg reines
α-Carotin: $[\alpha]_{Cd} = + 363^0$ (in Benzol).

γ-*Carotin.* a) Aus 70proz. *Handelscarotin* HOFFMANN-LA ROCHE
(KUHN und BROCKMANN 8). Das Rohmaterial wurde dreimal aus
Benzol + Methanol und dann aus Benzol + Benzin umkrystall-
lisiert und vor jeder Umscheidung zweimal mit reinstem Methanol
ausgekocht. Je 3 g Carotin wurden in 300 cm³ Benzol (pro anal.)
gelöst, mit 900 cm³ Benzin (MERCK, Siedep. 70—80⁰, viermal mit
destilliertem Wasser gewaschen und getrocknet) verdünnt, durch
eine Al_2O_3-Säule (Fasertonerde, 17 × 5 cm, 500 g) filtriert und solange mit Benzol + Benzin (1 : 4) nachgewaschen (etwa 1 l), bis

sich eine deutlich abgegrenzte, rötliche Zone von γ-Carotin gebildet hatte und das Al_2O_3 darunter nur noch schwach gefärbt war. Nun hat man die rotgelbe Schicht, unter Verwerfung der Ränder, sofort in methanolhaltigem Benzin eluiert, den Alkohol durch gründliches Waschen entfernt und die Adsorption (in einem kleineren Rohr) sowie alle nachherigen Operationen noch zweimal wiederholt. Nun saugt man die Elutionsflüssigkeit durch ein enges Glas-Sinterfilter, verdampft im Vakuum zur Trockne, kocht zweimal mit Methanol aus und krystallisiert aus wenig Benzol + Methanol (1 : 1) um. Rohausbeute 34 mg aus 35 g Carotin. Zur Reinigung wurde dreimal aus Benzol + Methanol (2 : 1) umkrystallisiert. Man kocht jedesmal vorher mit Methanol aus und wäscht die abgeschiedenen Krystalle mit Petroläther. Vor der letzten Umscheidung wird die Benzollösung wiederholt mit Wasser gewaschen und durch ein Glas-Sinterfilter filtriert, um aschenfreie Präparate zu erhalten.

b) Aus 300 Fruchtschalen (2 kg Früchte) des *Gonocaryum pyriforme* (aus Java; trocken 70 g) hat WINTERSTEIN (2) 3 mg γ-Carotin isoliert: Die unter Ammonsulfat aufbewahrte Droge wurde durch Waschen von dem Salz befreit, 24 Stunden unter Aceton gehalten, getrocknet (40⁰), staubfein vermahlen und mit insgesamt $^3/_4$ l Petroläther (30—50⁰) kalt ausgezogen. Nachdem der Extrakt mit 10proz. methylalkoholischem Kali unter Luftabschluß 12 Stunden geschüttelt worden, hat man die Seifen ausgewaschen und die getrocknete, auf 300 cm³ eingeengte Lösung in einer Al_2O_3-Säule (17 × 6 cm, standardisiert nach BROCKMANN; MERCK) chromatographiert. Das mit 2 l gewaschenem Benzin (Siedep. 70⁰) entwickelte, vierschichtige Chromatogramm enthielt in der 2. Zone das γ-Carotin, mit einer unbekannten Carotinart vermengt. Nach der Elution und Wiederholung der Adsorption mit dieser Schicht, wurde die Säule so zerlegt, daß die Fraktion, dessen 1. Band bei 532—533 $\mu\mu$ lag (CS_2), gefaßt wurde (50—60 % des Gesamtpigments). Durch eine dritte Adsorption ist das γ-Carotin einheitlich geworden. Nun wurde die Hauptfraktion mit Petroläther + Methanol eluiert, der Alkohol weggewaschen und der Petroläther im Vakuum stark eingedampft. Führt man das Konzentrat in eine Ampulle über, entfernt das Lösungsmittel vollständig im Vakuum und schmilzt im Hochvakuum zu, so krystallisiert das γ-Carotin innerhalb mehrerer Tage aus. Die Ampulle wurde in Aceton + Kohlensäure gekühlt, der Inhalt mit sehr wenig stark gekühltem Pentan rasch angerieben und rasch genutscht (3 mg).

Beschreibung des α-, β- und γ-Carotins
(s. auch den Vergleich in Tabelle 22, S. 136).

Die Adsorptionsaffinitäten der Polyen-Kohlenwasserstoffe nehmen in der folgenden Reihenfolge ab: Lycopin, γ-Carotin, β-Carotin, α-Carotin, die Isomeren können daher im Aluminiumoxyd- oder besser im Calciumhydroxyd-Chromatogramm getrennt werden. In der gleichen Reihenfolge werden die Spektren kurzwelliger und auch die Anzahl der Doppelbindungen sinkt, nämlich von 13 (Lycopin) über 12 (γ-) bis 11 $\models$ (α- und β-Carotin). Alle drei Carotine gehören zu den A-Provitaminen des Tierkörpers, demgegenüber ist das Lycopin biologisch inaktiv (Näheres S. 30—38).

α**-Carotin** $C_{40}H_{56}$ krystallisiert aus Benzol+Methanol in beiderseitig zugespitzten, flachen Prismen, die vielfach zu Drusen vereinigt sind und gerade Auslöschung zeigen (Abb. 38, S. 287), β-Carotin krystallisiert aus demselben Lösungsmittel in anderen, charakteristischen Formen. Während des Krystallisierens zeigt α-Carotin lebhaften Kupferglanz; nach dem Absaugen sind die Krystalle violett, mit der methanolhaltigen Form des Luteins vergleichbar; β-Carotin ist dunkler violett. α-Carotin ist bedeutend leichter löslich als β. In Benzol gilt das colorimetrische Verhältnis $\alpha : \beta = 1 : 1,3$ (KUHN und LEDERER 2). Brechungsindex in Chloroform: 1,451 (EULER und JANSSON). Die spezifische Drehung beträgt in Benzol $+ 385^0$ (Cadmiumlicht $= 643,85\,\mu\mu$; KUHN und LEDERER 1, 2)[1]; α-Carotin zeigt starke Rotationsdispersion (KARRER und WALKER 1):

$$[\alpha]_C^{18} = + 315^0 \ (\pm 7\%); \quad [\alpha]_{643,5}^{18} = + 385^0 \ (\pm 5\%);$$
$$[\alpha]_{625,5}^{18} = + 437^0 \ (\pm 5\%); \quad [\alpha]_{607,5}^{18} = + 507^0 \ (\pm 5\%).$$

Schmelzp. 187—188⁰ (korr.). Optische Schwerpunkte in Schwefelkohlenstoff: $509, 477\,\mu\mu$ (KARRER und WALKER 1), in Benzin: $478, 447,5\,\mu\mu$ (KUHN und BROCKMANN 3). Mit Antimontrichlorid in Chloroform gibt α-Carotin eine tiefblaue Farbe, deren Absorptionsmaximum bei $542\,\mu\mu$ liegt (KARRER und WALKER 1).

Katalytisch hydriert, nimmt α-Carotin nach KUHN und MÖLLER 11 Mol. Wasserstoff auf (vgl. auch SMITH 4). Es bildet ein gut krystallisiertes Dijodid $C_{40}H_{56}J_2$ (KARRER, SOLMSSEN und WALKER).

---

[1] Die von SMITH (2) angegebene Linksdrehung wurde bisher von keiner Seite bestätigt, dagegen nehmen KARRER, SCHÖPP und MORF an, daß auch die Racemform des α-Carotins in der Mohrrübe vorkommt.

β-**Carotin** $C_{40}H_{56}$. Die Eigenschaften dieses Isomeren stehen denjenigen des Gesamtcarotins in der Regel am nächsten. β-Carotin krystallisiert aus Benzol + Methanol in sehr charakteristischen Formen, die Verwachsungsdrillinge darzustellen scheinen (Abb. 39, S. 287). Diese Krystalle besitzen, neben α betrachtet, dunkler violette Farbe. Schmelzp. 183⁰ (korr.). Die optischen Schwerpunkte liegen in CS_2 bei 521, 485,5 $\mu\mu$, in Benzin bei 483,5, 452,

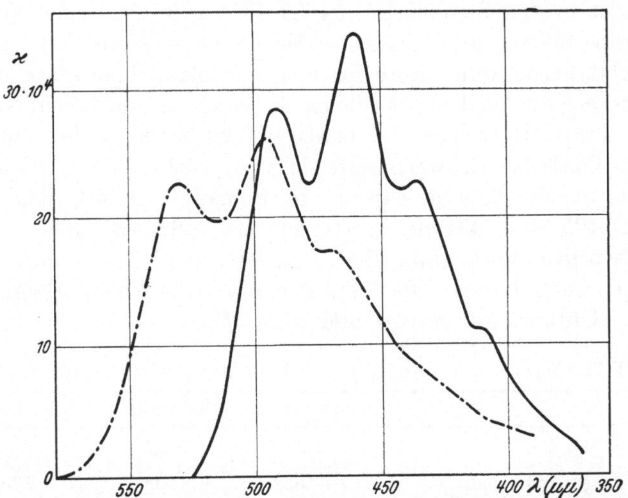

Abb. 26. Absorptionskurven von γ-Carotin in Hexan (ausgezogen) bzw. in CS_2 (strichpunktiert) nach KUHN und BROCKMANN.

426 $\mu\mu$ (KUHN und LEDERER 2; KUHN und BROCKMANN 3, 8), in Chloroform bei 497, 466 $\mu\mu$ (EULER, KARRER, KLUSSMANN und MORF), in Hexan bei 482, 451 $\mu\mu$ (WINTERSTEIN 2). Brechungsindex in Chloroform: 1,453 (EULER und JANSSON). β-Carotin ist bedeutend schwerer löslich als α und reichert sich bei der wiederholten Umkrystallisation von Rohpräparaten an, während die Mutterlaugen (auch beim Schütteln von festen Gemischen mit Methanol) an α-Carotin reicher werden (KUHN und LEDERER 2). β-Carotin ist optisch inaktiv.

Mit $SbCl_3$ in Chloroform gibt β-Carotin eine Blaufärbung; ein Absorptionsmaximum liegt nur gegen 590 $\mu\mu$ (Unterschied von α; KARRER und WALKER 1).

Bei der katalytischen Hydrierung werden 11 Mole Wasserstoff gebunden und ein optisch inaktiver Perhydrokörper $C_{40}H_{78}$ gebildet

(ZECHMEISTER, CHOLNOKY und VRABÉLY 1; ZECHMEISTER und CHOLNOKY 8).

Die von SMITH (3) angegebene Anzahl von nur 10 Doppelbindungen ist korrekturbedürftig (ZECHMEISTER, CHOLNOKY und VRABÉLY 2; SMITH 4).

Mit Jod entsteht ein krystallisiertes Dijodid (S. 128).

γ-Carotin $C_{40}H_{56}$ (KUHN und BROCKMANN 7, 8). In vielen seiner Eigenschaften steht dieses Isomere zwischen Lycopin und β-Carotin, was auch in der Strukturformel (S. 137) zum Ausdruck kommt. γ-Carotin bildet, aus Benzol + Methanol krystallisiert, mikroskopische, derbe, dunkelrote Prismen mit bläulichem Oberflächenglanz oder — schnell abgeschieden — Büscheln von feinen Nadeln. Solche Präparate zeigen eine etwas hellere Farbe. Schmelzp. 178^0 (korr.). Optische Schwerpunkte in CS_2: 533,5, 496, 463 $\mu\mu$, in Chloroform: 508,5, 475, 446 $\mu\mu$, in Benzol: 510, 477, 447 $\mu\mu$, in Benzin: 495, 462, 431 $\mu\mu$, in Hexan: 494, 462, 431 $\mu\mu$.

γ-Carotin nimmt, katalytisch hydriert, nicht 11, sondern 12 H_2 auf (vgl. auch KUHN und MÖLLER) und liefert beim Ozonabbau Aceton (Unterschied von α- und β-Carotin).

Tabelle 22. Vergleich von α, β- und γ-Carotin (Literatur s. oben).

	α-Carotin	β-Carotin	γ-Carotin
Formel	$C_{40}H_{56}$	$C_{40}H_{56}$	$C_{40}H_{56}$
Schmelzp. (korr.)	187—188^0	183^0	178^0
Krystallform aus Benzol + Methanol	Abb. 38, S. 287	Abb. 39, S. 287	derbe Prismen
Im Chromatogramm. . . .	unten	in der Mitte	oben
Spezifische Drehung in Benzol (Cd-Licht)	+ 385^0	0	0
Optische Schwerpunkte ($\mu\mu$) in CS_2	509, 477	521, 485,5	533,5, 496, 463
in Benzin	478, 447,5	483,5, 452	495, 462, 431
Brechungsindex ($CHCl_3$) . .	1,451	1,453	--
Absorptionsmaximum mit $SbCl_3$ in Chloroform . .	542 $\mu\mu$	590 $\mu\mu$	—
Doppelbindungen	11	11	12
Ringsysteme	. 2	2	1
Beim Ozonabbau	kein Aceton	kein Aceton	1 Mol. Aceton
Als Provitamin A	stark wirksam	sehr stark wirksam	stark wirksam

Abbau und Konstitutionsermittlung der Carotine.

Es ist erst in den letzten Jahren geglückt, das Carotinmolekül zu charakteristischen Spaltstücken zu zerschlagen, die als Grundlage für die Aufstellung von völlig aufgelösten Strukturformeln

α-Carotin (2 Ringsysteme; optisch aktiv). (Nach KARRER, MORF und WALKER.)

β-Carotin (2 Ringsysteme; optisch inaktiv). (Nach KARRER, HELFENSTEIN, WEHRLI und WETTSTEIN.)

γ-Carotin (1 Ringsystem; optisch inaktiv). (Nach KUHN und BROCKMANN 8.)

Lycopin (0 Ringsystem; optisch inaktiv). (Nach KARRER, HELFENSTEIN, WEHRLI und WETTSTEIN.)

dienen können. Die Versuche wurden zunächst mit Präparaten aus der Mohrrübe (vorwiegend β-, daneben auch α-Carotin enthaltend) durchgeführt, später auch mit individuellen Carotinarten. Manche, an dem Gesamtcarotin aus *Daucus* erzielten Resultate lassen sich (wenn das Ausgangsmaterial viele Umkrystallisationen durchgemacht hat) auf das β-Isomere übertragen.

Das bisherige Ergebnis der Konstitutionsforschung auf dem Gebiete der natürlichen Polyen-Kohlenwasserstoffe hat zu den, auf S. 137 abgedruckten Symbolen geführt.

Gesamtcarotin.   Schon WILLSTÄTTER und ESCHER (1) war es aufgefallen, daß bei der Autoxydation des Farbstoffes ein Geruch nach Veilchenwurzeln auftritt (Unterschied von Lycopin und Xanthophyll). KARRER und HELFENSTEIN (1) ist es dann gelungen, bei der Oxydation mit kaltem, wäßrigem Permanganat aus Carotin (in Benzol) etwas *β-Jonon* zu erhalten, ferner $\alpha\alpha$-Dimethylglutarsäure, $\alpha\alpha$-Dimethylbernsteinsäure und Dimethylmalonsäure, endlich, unter Anwendung von Ozon (gemeinsam mit WEHRLI und WETTSTEIN), auch *Geronsäure* ($\alpha\alpha$-Dimethyl-δ-acetyl-valeriansäure) als besonders charakteristisches Abbauprodukt, — also gerade dieselben Spaltstücke, die in ähnlicher Ausbeute auch aus β-Jonon entstehen. Dadurch war nicht nur der schon früher vermutete Zusammenhang mit den Terpenen experimentell bewiesen, sondern zumindest der eine der beiden cyclischen Systeme, die nach dem Ergebnis der Hydrierung sowie der Analyse des Perhydrokörpers im Carotin vorliegen müssen, als *β-Jononring* erkannt:

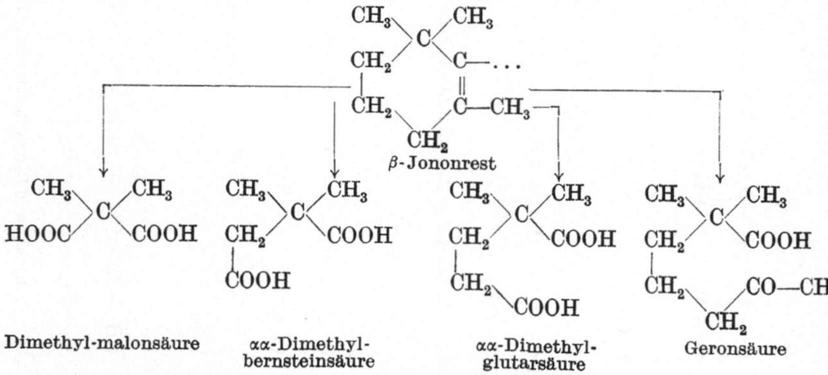

$$\text{[Strukturformeln: } \beta\text{-Jononrest und Abbauprodukte]}$$

Dimethyl-malonsäure $\alpha\alpha$-Dimethyl-bernsteinsäure $\alpha\alpha$-Dimethyl-glutarsäure   Geronsäure

Damit steht auch das Ergebnis einer ausführlichen, vergleichenden Untersuchung über den Ozonabbau des Carotins in Einklang,

welche von Pummerer, Rebmann und Reindel (2) durchgeführt
wurde. Diese Versuche ergaben einen größeren Teil des Kohlenwasserstoffes in Form von zum Teil höheren Spaltstücken, die alle
auch aus β-Jonon entstehen; neben Geronsäure wurde ihr Aldehyd
von den genannten Forschern isoliert. Strain (1) erhielt bis zu
0,67 Mol. Geronsäure aus Carotin.

Ausführung. Eine Vorschrift für die Isolierung der Geronsäure
wird auf S. 141 bei dem β-Carotin gegeben, die Arbeitsweise mit
Permanganat ist aus dem nachfolgenden, der Abhandlung von
Karrer, Helfenstein, Wehrli und Wettstein entnommenem
Beispiel ersichtlich:

Eine Lösung von 3 g Carotin in 500 cm³ reinstem Benzol wurde mit
einer Lösung von 25 g Kaliumpermanganat in 2 l Wasser, in dem 40 g
calcinierte Soda gelöst waren, 24 Stunden bei Zimmertemperatur auf der
Maschine geschüttelt. Beim Öffnen der Flasche war starker *Jonongeruch*
bemerkbar. Man kochte nun 2 Stunden am Rückfluß, dampfte hierauf das
Benzol ab, säuerte die wäßrige Flüssigkeit mit Phosphorsäurelösung ($d = 1,7$)
an und reduzierte den Permanganat- und Braunsteinüberschuß allmählich
mit 30proz. Perhydrol. Die entstandene wasserhelle, filtrierte Lösung wurde
im Vakuum auf 600 cm³ konzentriert und mehrmals mit insgesamt 3 l Äther
ausgezogen. Die auf 1 l eingeengten Extrakte hat man zweimal mit 5 cm³
konzentrierter Natriumbicarbonatlösung geschüttelt, um die sauren Abbauprodukte abzutrennen, säuerte den Bicarbonatextrakt mit HCl an und zog
wiederholt mit Äther aus. Beim Eindunsten des getrockneten Äthers blieb
ein Öl zurück, das sich beim Kochen mit Benzol bis auf Spuren löste. Nach
der Konzentration dieser Lösung auf 3 cm³ begann bald $\alpha\alpha$-*Dimethyl-*
bernsteinsäure zu krystallisieren, die sich durch Umkrystallisieren aus Benzol
reinigen ließ. Beim Einengen der Benzolmutterlaugen auf 1 cm³ krystallisierte
noch eine kleine Menge dieser Säure; beim Versetzen des Filtrates mit
Petroläther schied sich im Eisschrank nach mehreren Tagen $\alpha\alpha$-*Dimethyl-*
glutarsäure ab.

Struktur des β-Carotins. Nachdem die katalytische Hydrierung
11 Doppelbindungen, die Analyse des Perhydrokörpers 2 Ringsysteme angezeigt hatte (Zechmeister, Cholnoky und Vrabély
1, 2) und die Anzahl der Methylseitenketten ermittelt war (Kuhn
und L'Orsa 2; Kuhn und Roth 2; Karrer, Helfenstein,
Wehrli und Wettstein u. a.), haben Karrer und Morf (3) die
am Mischcarotin schon früher durchgeführten Abbauversuche mit
reinem β-Carotin wiederholt. Sie erhielten 16% der für 2 β-Jonon-
ringe berechneten Menge *Geronsäure*, während β-Jonon selbst 19,4%
ergibt. Hieraus wurde auf die Richtigkeit der S. 140 abgedruckten
Formel geschlossen. Der Spaltversuch nahm z. B. den folgenden
Verlauf (S. 141):

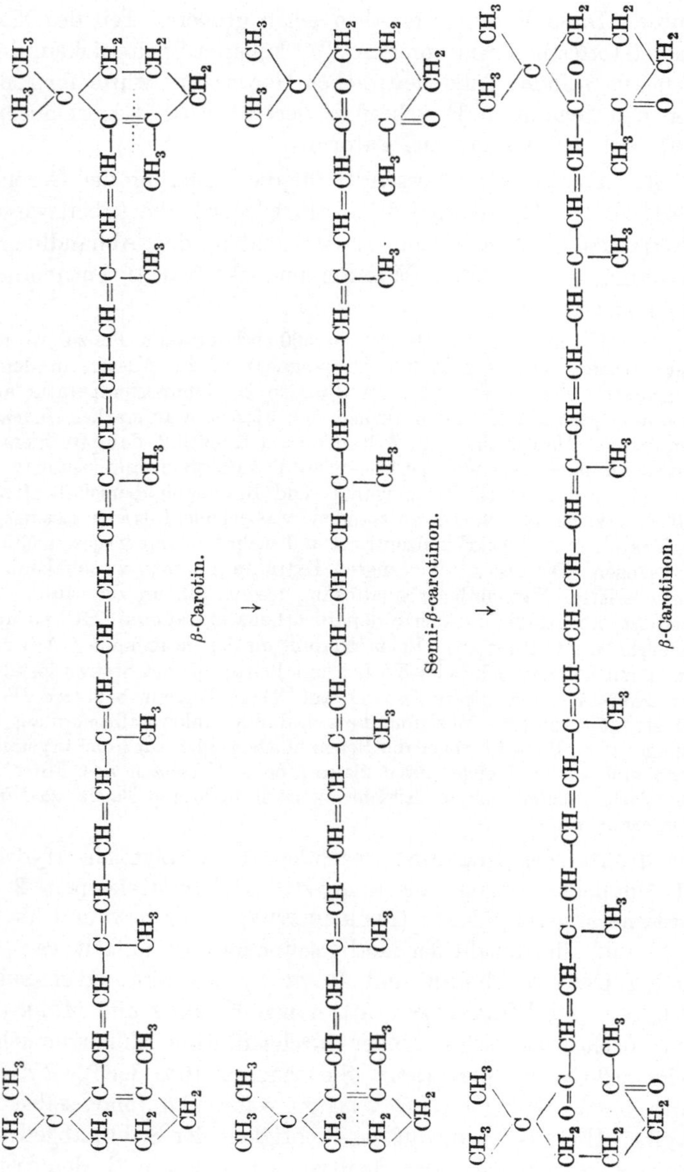

β-Carotin. → Semi-β-carotinon. → β-Carotinon.

0,53 g *β-Carotin* wurde in 10 cm³ Tetrachlorkohlenstoff 24 Stunden, und nach Zugabe von 10 cm³ Eisessig weitere 24 Stunden *ozonisiert*, mit 90 cm³ Wasser versetzt, 1 Stunde am Rückfluß gekocht, hierauf im Vakuum zur Sirupdicke konzentriert und die letzten Essigsäurereste durch Versetzen mit 50 cm³ Wasser und neuerliches Einengen im Vakuum verjagt. Nun schüttelt man mit 5 × 100 cm³ Äther, entzieht dem letzteren die sauren Bestandteile durch fünfmalige Extraktion mit je 8 cm³ konzentrierter Bicarbonatlösung, säuert die wäßrige Flüssigkeit mit Phosphorsäure an und zieht mit insgesamt 500 cm³ Äther portionenweise aus. Der Abdampf-rückstand des Äthers wurde mit 5 cm³ heißem Wasser extrahiert, die Lösung filtriert und mit einer solchen von 0,5 g Semicarbazid-chlorhydrat und 1 g Natriumacetat in 3 cm³ Wasser versetzt. Die Menge des innerhalb 24 Stunden im Eisschrank abgeschiedenen *Geronsäure-semicarbazons* betrug 0,074 g.

Dihydro-β-carotin (mit Aluminiumamalgam bereitet) liefert ein sehr ähnliches Resultat.

Mit diesen Befunden steht auch das Ergebnis der thermischen Zersetzung in Einklang (S. 63).

Nachdem die Formel des *β*-Carotins auf Grund von Spaltprodukten aufgestellt wurde, die höchstens 9 Kohlenstoffatome enthalten (Geronsäure), haben KUHN und BROCKMANN (5, 6, 11) mit Hilfe von genau dosierten *Chromsäure*-Mengen, unter milden Versuchsbedingungen erreicht, daß das gesamte Kohlenstoffgerüst des *β*-Carotins erhalten blieb, während die beiden Ringe schrittweise geöffnet wurden. Die Reaktion ist so zu formulieren, daß 1 oder 2 Doppelbindungen, welche an den äußersten Enden des chromophoren Systems stehen und Bestandteile von cyclischen Gebilden sind, zerreißen, wobei ihre C-Atome als Carbonyle erhalten bleiben. So wird ein *Diketon (Semi-β-carotinon)* und dann ein *Tetraketon (β-Carotinon)* gebildet, nach den Formeln auf S. 140.

Die Struktur dieser tiefgefärbten, ausgezeichnet krystallisierten Verbindungen geht aus den Bruttoformeln sowie aus der lang-welligeren Lichtabsorption gegenüber *β*-Carotin hervor und wurde besonders durch den direkten Nachweis von $O=C<$- Gruppen mit Hilfe von Hydroxylamin geklärt. Dabei reagieren nur die CH_3—CO—CH_2-Reste, während die zwischen je einem quartären C-Atom und einer Doppelbindung liegenden Carbonyle wohl aus sterischen Gründen reaktionsträge sind. Es ließ sich nämlich aus Carotinon nur ein Dioxim, aus dem Semi-carotinon nur ein Monoxim bereiten.

Jüngst wurde die Konstitution des *β*-Carotinons und demzufolge auch des *β-Carotins* selbst dadurch bekräftigt, daß es KUHN und BROCKMANN (12) gelungen ist, von dem Tetraketon mit Hilfe einer Chromsäureoxydation zu einem Aldehyd $C_{27}H_{36}O_3$

zu gelangen, der sich in Dehydro-azafrinon-amid $C_{27}H_{35}O_2N$ überführen ließ (s. unter „Azafrin", S. 267).

$$CH_3 \quad CH_3$$
$$\diagdown \text{C} \diagup$$
$$CH_2 \quad C{-}CH{=}CH{-}C{=}CH{-}CH{=}CH{-}C{=}CH{-}CH{=}CH{-}CH{=}C{-}CH{=}CH{-}C{\diagup}^{O}_{\diagdown H}$$
$$CH_2 \quad \overset{O}{\diagdown} \quad \overset{|}{CH_3} \qquad \overset{|}{CH_3} \qquad \overset{|}{CH_3}$$
$$\diagdown CH_2 \diagup \diagdown CH_3$$

Aldehyd aus β-Carotinon.

Wie ersichtlich, stehen alle diese Befunde mit der von KARRER,
HELFENSTEIN, WEHRLI und WETTSTEIN aufgestellten Strukturformel in Einklang.

Beschreibung der Carotinone S. 144—147.

Struktur des α-Carotins. Das auffallendste Kennzeichen dieser
Carotinart und ihres Perhydrokörpers ist die Anwesenheit eines
Asymmetriezentrums, die beiden Molekülenden müssen daher mit
verschiedenen Ringsystemen besetzt sein, während der Mittelteil
nach allen Erfahrungen mit demjenigen des β-Isomeren zusammen-
fällt. Ein Blick auf die S. 137 stehende Strukturformel zeigt deutlich, daß man in diesem Falle gleichfalls *Geronsäure* bei dem
Abbau erwarten darf, außerdem aber (aus dem rechten Molekülende) auch *Isogeronsäure* (γγ-Dimethyl-δ-acetyl-valeriansäure):

$CH_3\,CH_3$ $CH_3\,CH_3$

$\diagdown\,\text{C}\,\diagup$ $\diagdown\,\text{C}\,\diagup$

$\ldots{-}\overset{*}{C}H \; CH_2$ $\longrightarrow$ $CH_2 \; CH_2$

$CH_3{-}C \; CH_2$ $CH_3{-}CO \; CH_2$

CH $COOH$

Ein Ring des α-Carotins.   Isogeronsäure.

Nach anfänglichen Mißerfolgen gelang es schließlich in der Tat,
sowohl Geron- als Isogeronsäure aus reinem α-Carotin zu gewinnen
(KARRER, MORF und WALKER). Der Ozonabbau geschah in derselben Weise, wie es bei β-Carotin beschrieben wird, nur bestand
das am Schlusse des Spaltversuches gewonnene Semicarbazon aus
zwei Isomeren, von welchen man das Derivat der Geronsäure mit
kochendem Essigester in Lösung bringt, während das Isogeron-
säure-semicarbazid zurückbleibt.

Oxydationsprodukte des α-Carotins mit 40 C-Atomen wurden von KARRER, SOLMSSEN und WALKER mit Chromtrioxyd bereitet: *α-Oxycarotin* (Nädelchen, Schmelzp. 183°; in CS_2: 502, 471, 440 $\mu\mu$) und *α-Caroton* $C_{40}H_{56}O_5$ (Prismen, Schmelzp. 148°, stark rechtsdrehend).

Struktur des γ-Carotins (KUHN und BROCKMANN 8). Man hat dieses schwer zugängliche Isomere auf höhermolekulare Abbauprodukte noch nicht verarbeitet. Lediglich ist festgestellt worden, daß es, wie β-Carotin, optisch inaktiv ist, bei der Hydrierung aber 12 H_2 bindet und beim Ozonisieren nahezu 1 Mol. Aceton gibt. Das Auftreten dieses Ketons zeigt deutlich, daß das eine Molekülende kein Ringsystem sein kann, sondern ein Isopropylidenrest $= C(CH_3)_2$, also dieselbe Gruppierung, von der beide Enden des Lycopins abgeschlossen werden. Auch in bezug auf die Anzahl der Doppelbindungen (12) sowie auf die Wellenlängen der optischen Schwerpunkte *steht das γ-Carotin zwischen Lycopin und β-Carotin*, was auch im Adsorptionsverhalten zum Ausdruck kommt (S. 95). Die auf S. 137 wiedergegebene Strukturformel des γ-Carotins ist aus $^1/_2$ Lycopin und $^1/_2$ β-Carotin zusammengefügt.

Einige Derivate des β-Carotins.

a) Reduktionsprodukte.

Dihydro-β-carotin $C_{40}H_{58}$, eine unbeständige, ölige Substanz, scheint in reiner Form noch nicht untersucht zu sein (Literatur bei KUHN und BROCKMANN 6).

Perhydro-(β)-carotin $C_{40}H_{78}$ (vgl. S. 126) wurde von ZECHMEISTER, CHOLNOKY und VRABÉLY (1, 2) durch Hydrierung mit Wasserstoff in Cyclohexan, in Gegenwart von Platinmohr erhalten. Sehr gut, wenn auch langsamer, läßt sich β-Carotin in Eisessig-Suspension reduzieren, wobei die Substanz allmählich in Lösung geht. Der in Äther übergeführte und durch Abdampfen gewonnene Perhydrokörper bildet ein farbloses, sehr dickes Öl[1] bzw. eine Masse, die wie getropftes Paraffin aussieht. Er ist optisch inaktiv (ZECHMEISTER und CHOLNOKY 8), im Hochvakuum destillierbar und viel leichter löslich als der Farbstoff. Aus der von KARRER, HELFENSTEIN, WIDMER und WETTSTEIN aufgestellten β-Carotinformel geht die auf S. 143 stehende Struktur hervor (identisch mit den α-Isomeren).

Perhydro-β-carotin ist biologisch unwirksam (EULER, DEMOLE, KARRER und WALKER).

b) Oxydationsprodukte.

β-*Carotin-monoxyd* $C_{40}H_{56}O$ (EULER, KARRER und WALKER). Bei der Einwirkung von 1 Mol. Benzopersäure auf 1 Mol. β-Carotin in Chloroform, bildet sich in einer Ausbeute von 10—15% eine gelblichrote, krystallisierte Substanz von unbekannter Struktur, welche möglicherweise ein Ringsystem des Carotins in der nebenstehenden Form enthält und sich chromatographisch abtrennen ließ. Schmelzp. 160—161°, Absorptionsmaxima in CS_2: 486, 456, 427, in Chloroform: 465, 437, 410 $\mu\mu$. Als Provitamin A wirksam.

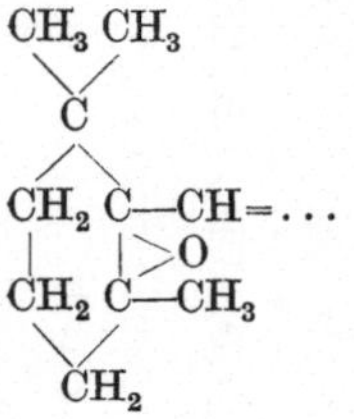

β-*Oxycarotin* $C_{40}H_{56}O_2$ (KUHN und BROCKMANN 5, 6; Formel unveröffentlicht, Struktur teils unklar) wird gewonnen durch Oxydation von β-Carotin mit 0,1 n-Chromsäure (entsprechend 1,5 O-Atomen) und nachfolgende Adsorptionsanalyse. Ausbeute 10%. Orangerote Nädelchen mit blauem Oberflächenglanz, Schmelzp. 184° (korr., Hochvakuum). Spektrum kurzwelliger als das von β-Carotin; Schwerpunkte in CS_2: 508, 475, 446, in Chloroform: 487, 456, 429, in Benzin: 478, 448, 420 $\mu\mu$. Absorptionskurve in Benzol: S. 146. Bei der Entmischung verhält sich β-Oxycarotin wie ein Kohlenwasserstoff. Nach ZEREWITINOFF liefert es reichlich 1 Mol. Methan; es geht bei der Oxydation in Azatrinonaldehyd $C_{27}H_{36}O_3$ über; zeigt bei der Autoxydation Veilchengeruch; ein β-Jononring scheint darin noch unversehrt zu sein, was auch die Wachstumswirkung erklären wird.

Semi-β-carotinon $C_{40}H_{56}O_2$ (Strukturformel S. 140; KUHN und BROCKMANN 11). Die Darstellung folgt dem Prinzip, daß die zu reagierenden Lösungen an einem schnell rotierenden Glasstab vor der Vermischung zu dünnen Filmen ausgebreitet und dann baldigst aus der Reaktionszone entfernt werden (Abb. 27, S. 145).

Apparatur: Zwei graduierte Schütteltrichter, an deren umgebogenen Ablaufrohren, wie Abb. 27 zeigt, dickwandige Capillaren angeschmolzen sind, dienen zur Aufnahme der Lösungen. Die Capillaren sind so bemessen,

---

[1] Die bei den ersten Versuchen in einer Ausbeute von etwa 5% erhaltenen Nädelchen konnten später nicht beobachtet werden, so daß es sich möglicherweise um eine Verunreinigung handelt. Die weitverzweigte Struktur läßt eher eine amorphe als krystallinische Beschaffenheit zu.

daß pro Minute etwa 3 cm³ durchtreten können. Um gleichmäßiges Auslaufen zu erzielen, sind die Schütteltrichter nach Art einer MARIOTTEschen Flasche mit Niveaurohren versehen. Die schräg abgeschnittenen Capillaren werden bis auf 0,5 mm an den rotierenden Glasstab herangeführt, der an seinem unteren Ende zur Spitze ausgezogen und im stumpfen Winkel seitlich umgebogen ist. Die Ausflußöffnung der einen Capillare liegt etwa 2 cm höher als die der anderen.

Betrieb: In den Schütteltrichter mit dem höher gelegenen Ausflußrohr wird die Carotinlösung, in den anderen die Chromsäurelösung eingefüllt. Die Niveaurohre in beiden Trichtern werden so gestellt, daß in gleichen Zeiten gleiche Flüssigkeitsmengen ausfließen (gleiche Blasenfrequenz). Ist das erreicht, so schließt man die Hähne, führt die Ausflußöffnungen auf 0,5 mm Abstand an den rotierenden Rührer heran und läßt die Flüssigkeiten ausfließen. Die aus der oberen Capillare austretende Carotinlösung bildet auf dem rotierenden Glasstab einen Film, welcher etwas tiefer mit Chromsäurelösung in Berührung kommt. Um für gute Durchmischung zu sorgen, wird unterhalb der zweiten Capillare an den Glasstab ein Platindraht herangeführt, der eine Wirbelströmung in dem Flüssigkeitsfilm hervorruft. Die am Glasstab herunterfließende Flüssigkeit wird von der rotierenden Spitze gegen die Wand des Auffangtrichters geschleudert und fließt von dort in ein darunter stehendes Gefäß mit Wasser ab. Durch häufiges Umschwenken des Gefäßes wird für gute Durchmischung der Reaktionsflüssigkeit mit dem Wasser gesorgt. In Abständen von etwa 15 Minuten gießt man

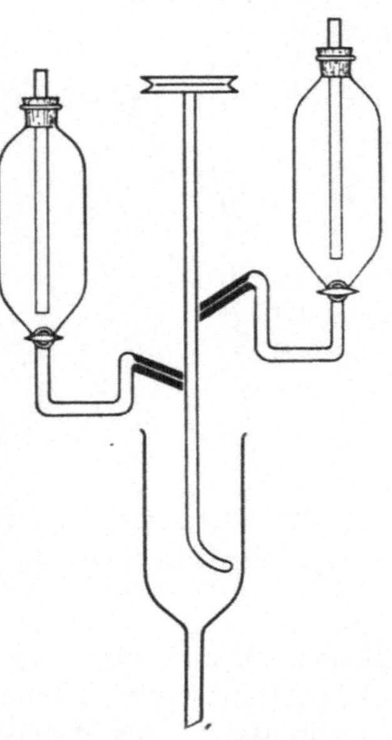

Abb. 27. Vorrichtung zur Darstellung von Semi - β - carotinon.

das Gemisch in einen größeren Scheidetrichter mit Wasser, verdünnt die auf dem Wasser schwimmende Benzolschicht mit dem gleichen Volumen Benzin (Siedep. 70—80°) und wäscht bis zum Verschwinden der sauren Reaktion mit destilliertem Wasser.

Reaktionslösungen: Carotinlösung, enthaltend 1 g reinstes Carotin in 1 l Benzol (pro analysi, MERCK). Chromsäurelösung, dargestellt durch Auffüllen von 60 cm³ 0,1 n-Chromsäure (entsprechend etwa 1,5 O-Atomen) mit Eisessig (pro analysi, MERCK) auf 1 l. Die Umsetzung wird in Chargen zu je 250 cm³ beider Lösungen vorgenommen und dauert je Charge etwa 1¹/₂ Stunden.

Die gewaschene, tiefrote Benzol-Benzinlösung (aus 1 g Carotin) wurde durch eine Säule von Al_2O_3 (standardisiert nach BROCKMANN) filtriert und mit Benzol nachgewaschen. Von den 3 Zonen wird die mittlere (rotviolette) mit methanolhaltigem Benzin eluiert und der Vakuum-Abdampfrückstand des Eluates dreimal aus Methanol umkrystallisiert. Ausbeute 0,09—0,1 g.

Semi-β-carotinon bildet prächtig glänzende, carmoisinrote, viereckige Blättchen, die dem Carotinon ähnlich sind. Schmelzp. 118—119° (korr., im evakuierten Röhrchen). Es absorbiert langwelliger als β-Carotin, aber kaum kurzwelliger als β-Carotinon. Schwerpunkte in CS_2: 538, 499, in Chloroform: 519, 487 (verwaschen), in Benzin: 501, 470, 446 $\mu\mu$. Verteilungsquotient Benzin: 90proz. Methanol = 20:1. Das Semi-carotinon wird an Al_2O_3 aus

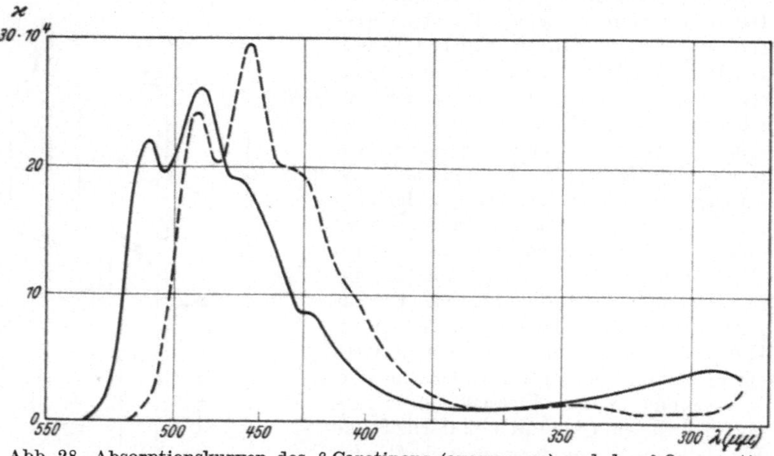

Abb. 28. Absorptionskurven des β-Carotinons (ausgezogen) und des β-Oxycarotins (gestrichelt) in Benzol, nach KUHN und BROCKMANN.

Benzin gut adsorbiert, aber weniger stark als β-Carotinon, von dem es so getrennt werden kann. Das Diketon ist zum Carotinon weiter oxydierbar. — Als Wachstumsprovitamin wirksam.

Semi-β-carotinon-oxim $C_{40}H_{57}O_2N$ wird durch Einwirkung von freiem Hydroxylamin auf das Keton (in wenig Pyridin + Methanol) und Erhitzen im evakuierten Rohr während 45 Minuten auf 55° bereitet. Carmoisinrote, glänzende, zu Bündeln vereinigte Nadeln, Schmelzp. 134—135° (korr., im evakuierten Röhrchen).

β-**Carotinon** $C_{40}H_{56}O_4$ (Strukturformel S. 140; KUHN und BROCKMANN 5, 6, 11). Darstellung: Gereinigtes Carotin wird in Portionen von 50 mg in einem Gemisch von 15 cm³ Benzol und 45 cm³ Eisessig gelöst und mit 8 cm³ wäßriger 0,1 n-Chromsäure (= 4 O-Atome) unter starkem Rühren tropfenweise versetzt. Das mit 1 Vol. Benzin verdünnte Reaktionsgemisch wird in destilliertes Wasser gegossen und die gründlich ausgewaschene Oberschicht im Vakuum verdampft. Den Rückstand löst man in kochendem absolutem

Äthylalkohol, der beim Erkalten glänzende Blättchen abscheidet. Zur Reinigung wird aus Benzol und Benzin umkrystallisiert; Ausbeute 10—15%.

Eigenschaften: Carmoisinrote, sechseckige Blättchen von bläulichem Glanz. Schmelzp. 174—175⁰ (korr., im Hochvakuum eingeschmolzen). Leicht löslich in Chloroform, Schwefelkohlenstoff, Benzol, wenig in kaltem Methanol und Äthanol, sehr schwer in Benzin. Verteilungsverhältnis Benzin: 90proz. Methanol = 1:200. Das Carotinon wird aus Benzin sowohl durch Al_2O_3 als auch durch $CaCO_3$ adsorbiert, aber von Benzin nur vom letzteren (langsam) ausgewaschen. Bei der Autoxydation tritt kein Veilchengeruch auf; an der Ratte ist die Verbindung unwirksam (S. 35). Diese Beobachtungen weisen darauf hin, daß beide Ringsysteme des Carotins geöffnet sind. β-Carotinon adsorbiert langwelliger als β-Carotin und bleibt wenig hinter Lycopin zurück. Schwerpunkte in CS_2: 538, 499, 466, in Chloroform: 527, 489, 454, in Benzin: 502, 468,440 $\mu\mu$.

Das *Dioxim des β-Carotinons* $C_{40}H_{58}O_4N_2$ zeigt die gleichen Absorptionsbänder. Es wird durch zweistündiges Kochen von je 30 mg Carotinon und freiem Hydroxylamin in Äthylalkohol gebildet und krystallisiert bei 0⁰ in Form von glänzenden Blättchen aus, die viel schwerer löslich sind als die ähnlich aussehenden Krystalle des freien Tetraketons. Schmelzp. 198⁰ (korr., Hochvakuum).

Weitere Carotinarten.

Schon eine flüchtige Durchsicht der Literatur zeigt, daß die Liste der natürlichen Carotinarten mit dem α-, β- und γ-Isomeren unmöglich erschöpft sein kann.

Es wurden z. B. in den folgenden Pflanzen weitere Carotine, die noch nicht isoliert sind, spektroskopisch nachgewiesen: in der Fruchthaut des *Capsicum annuum* (518, 484, 452 $\mu\mu$ in CS_2, KUHN und LEDERER 4), in *Daucus carota* (482, 453 $\mu\mu$ in CS_2, KARRER, SCHÖPP und MORF, vgl. auch VAN STOLK, GUILBERT und PÉNAU sowie KARRER und WALKER 1), in der Fruchthaut des *Gonocaryum pyriforme* (526, 490, 457 $\mu\mu$, WINTERSTEIN 2; „δ-Carotin"), in *Torula rubra* (566, 522, 491, 461 $\mu\mu$, LEDERER 3) usw.

„*Cucurbiten*" $C_{40}H_{56}$ wurde aus dem Riesenkürbis (*Cucurbita maxima* DUCH.) von SUGINOME und UENO gewonnen. Der besondere Name ist überflüssig, da „Cucurbiten" β-Carotin ist (mit sehr wenig α vermengt; ZECHMEISTER und TUZSON 11).

Isocarotin $C_{40}H_{56}$. Diese Carotinart ist bis jetzt in der Natur nicht aufgefunden, sondern nur durch Verwandlung von Carotinpräparaten erhalten worden. Sie wird bei der Zerlegung von Jodadditionsprodukten des Carotins mit Thiosulfat, Quecksilber oder fein verteiltem Silber gebildet (KUHN und LEDERER 1; ROSENHEIM und STARLING); wahrscheinlich entsteht derselbe Körper, wenn man die mit Antimontrichlorid in Chloroform aus β-Carotin erzeugte tiefblaue Verbindung (S. 82) nach 2 Minuten in Wasser gießt und das Pigment zurückgewinnt (GILLAM, HEILBRON, MORTON und DRUMMOND), vielleicht auch als Nebenprodukt bei der Einwirkung von wenig Benzopersäure auf Carotin (EULER, KARRER

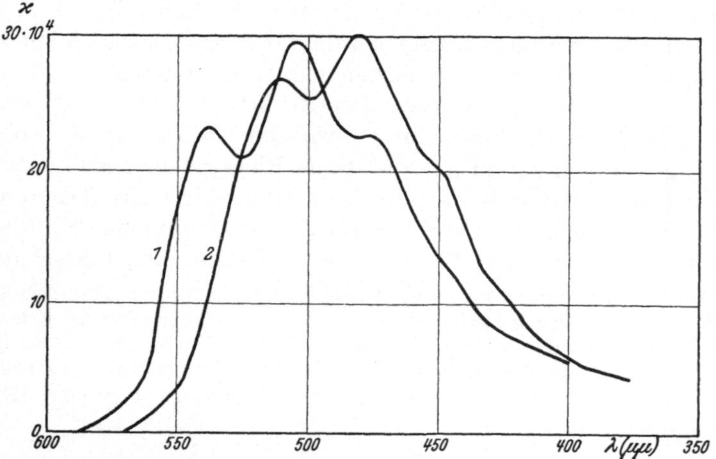

Abb. 29. Absorptionskurve von Carotin (1) bzw. Isocarotin (2) in CS_2, nach KUHN.

und WALKER). Die Tendenz zur Isomerisierung ist keineswegs allen Carotinoiden eigen, denn sowohl die freien und veresterten Xanthophylle (KARRER und WALKER 2) als sogar das α-Carotin (KUHN und LEDERER 5) lassen sich aus ihren Jodverbindungen unverändert regenerieren[1].

Das Wesen der interessanten Reaktion ist unbekannt und bedeutet bestimmt keine cis-trans-Änderung der Konfiguration (Ringöffnung?). Während die labilen Formen von Bixin und Crocetin-dimethylester schon durch sehr wenig Jod in ihre stabilen Raumisomeren übergehen (KARRER, HELFENSTEIN, WIDMER und VAN ITALLIE; KUHN und WINTERSTEIN 7, 10), erfordert die Isocarotinbildung eine stöchiometrische Jodmenge.

---

[1] Arbeitet man rasch, so liefern die Jodadditionsprodukte auch des β-Carotins unveränderten Farbstoff zurück (EULER, KARRER, HELLSTRÖM und RYDBOM; KARRER, SCHÖPP und MORF; KUHN und LEDERER 5).

Nach KUHN und LEDERER (5) erleidet eigentlich nicht das Carotin selbst, sondern sein Jodid die Umlagerung, die spektroskopisch verfolgt werden kann und nur in gewissen Lösungsmitteln eintritt (Benzol, Schwefelkohlenstoff, Aceton, aber nicht in Pyridin oder in niedrigen Alkoholen).

Darstellung des Isocarotins (KUHN und LEDERER 5). Die auf — 10^0 gekühlte Lösung von 0,5 g Mohrrübencarotin (80% β) in 500 cm³ Benzin (Siedep. 70—80⁰) wird unter starkem Rühren in 250 cm³ Benzin von — 10⁰, das 0,4 g Jod enthält (ber. für das Tetrajodid) im Laufe 1 Minute eingegossen. Man rührt noch 2 Minuten, filtriert das ausgeschiedene schwarze Jodid möglichst rasch ab, wäscht mit Benzin, löst es in 1,5 l Aceton von Raumtemperatur und läßt 10—15 Minuten stehen. Beim Schütteln mit einer Lösung von 5 g Natriumthiosulfat in 200 cm³ Wasser hellt sich die Farbe auf und schlägt nach Rot um. Man entmischt mit 200 cm³ Benzin und 800 cm³ Wasser, wäscht die abgehobene Oberschicht mehrmals mit Wasser, dampft sie im Vakuum ab, löst den Rückstand in 5 cm³ Benzol und fällt in der Hitze mit Methanol (Ausbeute 0,16—0,18 g). Die Reinigung erfolgt durch wiederholtes Krystallisieren aus Benzol + Methanol. Violette, glitzernde Krystalle, deren Spektrum[1] und Wasserstoffverbrauch an Lycopin erinnern, die aber mit dem Tomatenfarbstoff sicher nicht identisch sind. Betreffs *Eigenschaften* s. Tabelle 23.

Tabelle 23. Vergleich von Isocarotin, Carotin und Lycopin
(KUHN und LEDERER 5).

	Isocarotin	β-Carotin	Lycopin
Formel	$C_{40}H_{56}(C_{40}H_{54}?)$	$C_{40}H_{56}$	$C_{40}H_{56}$
Schmelzpunkt (korr.) . . .	180—181⁰	181—182⁰	172⁰
Löslichkeit in Hexan (0⁰) .	1 : 3300	1 : 1000	1 : 14000
Drehungsvermögen	0	0	0
Optische Schwerpunkte			
in CS_2 ($\mu\mu$)	543, 504, 472	521, 485,5	548, 507,5 477
in Benzin ($\mu\mu$).	504, 475, 447	484, 451	506, 475,5 447
CARR-PRICE-Probe	positiv	positiv	positiv
Verbraucht Mole H_2. . . .	13	11	13
Beim Ozonabbau Aceton .	nein	nein	viel
Als Provitamin A	unwirksam	wirksam	unwirksam

In einer neuen Arbeit haben KARRER, SCHÖPP und MORF das Isocarotin nach dem Auskochen mit Methanol aus Ligroin (Siedep. 60—70⁰) umkrystallisiert und den Schmelzpunkt bis zu 192—193⁰ (korr.) getrieben. Bei der katalytischen Hydrierung finden sie nur 12 Doppelbindungen und ferner keine Geron- oder Isogeronsäure bei dem Ozonabbau; ein α- oder β-Jononring kann daher kaum anwesend sein. Unter der Einwirkung von kaltem Permanganat wurden lediglich die, aus natürlichem Carotin erhältlichen Spaltprodukte gefaßt.

---

[1] Schwingungskurve nach KUHN (1): Abb. 29, S. 148.

2. Lycopin.

(Bruttoformel $C_{40}H_{56}$, Konstitutionsformel S. 162.)

Lycopin, das einzige, derzeit näher bekannte Isomere von α-, β- und γ-Carotin ist dem Mohrrübenfarbstoff in mancher Hinsicht ähnlich, in wichtigen Punkten aber davon ganz verschieden. Von der Pflanzenwelt wird es spärlicher als Carotin dargeboten, doch scheint es, namentlich in Früchten recht verbreitet zu sein.

Vorkommen. Der Hauptfundort ist die reife, rote *Frucht der Tomate (Lycopersicum esculentum)*, die den Farbstoff in roten bis orangeroten Chromoplasten in den inneren Gewebszellen enthält; in den Epidermiszellen findet man nur wenige, kleine Chromoplasten (KYLIN 2). Eine kritische Besprechung der älteren präparativen Arbeiten haben WILLSTÄTTER und ESCHER (1), ESCHER (1) sowie PALMER (1, dort S. 22) gegeben. Schon MILLARDET erhielt (1876) rote „Solanorubin"-Krystalle aus der Tomate; über die Frage, ob dieselben mit Carotin identisch sind, waren aber die Meinungen längere Zeit hindurch geteilt, obzwar schon ZOPF sowie SCHUNCK große Unterschiede in den Spektren feststellen. MONTA-NARI, der eine sorgfältige Vorschrift für die Isolierung gibt, war der Ansicht, daß Lycopin ein „Dicaroten" sei und leitete auf Grund der damals geltenden Carotinformel $C_{26}H_{38}$ das Symbol $C_{52}H_{74}$ ab. Erst WILLSTÄTTER und ESCHER (1) stellen die Isomerie mit Carotin $C_{40}H_{56}$ fest.

Die physiologischen Bedingungen der natürlichen Lycopinsynthese sind schon S. 25 erörtert worden.

Das Lycopin überwiegt sehr stark im *Tomaten*pigment, daneben kommen aber noch andere Polyene vor. Mikrochemische Beobachtungen VAN WISSELINGHS weisen auf die Anwesenheit von untergeordneten Mengen eines zweiten Carotinoids hin und tatsächlich konnten WILLSTÄTTER und ESCHER (1) etwas Carotin isolieren. KYLIN (2) folgert aus capillaranalytischen Versuchen, daß außerdem eine Xanthophyllart und „Arumin" vorliegen; nach LUBIMENKO sollen sechs Farbstoffe anwesend sein.

MONTEVERDE und LUBIMENKO (2) unterscheiden eine ganze Reihe von „Lycopinoiden", die chemisch nicht gekennzeichnet sind (vgl. auch bei LUBIMENKO und BRILLIANT).

Jüngst haben KUHN und GRUNDMANN (2) auf adsorptionsanalytischem Wege das Tomatenpigment *in verschiedenen Stadien der Reife* studiert und erhielten für frische, im Freien gezogene Früchte (Mitte September, Heidelberg) die Zahlen der Tabelle 24.

Tabelle 24. Zusammensetzung des Tomatenpigments
(KUHN und GRUNDMANN 2).

	mg Farbstoff in 100 g frischer Frucht		
	grün	halbreif	vollreif
Lycopin	0,11	0,84	7,85
Carotin (isoliert β)	0,16	0,43	0,73
Xanthophylle, frei	0,02	0,03	0,06
„ verestert	0,00	0,02	0,10

Der Chlorophyllgehalt der grünen Tomaten liegt unter 3,0 mg
in 100 g frischer Frucht. Das Lycopin ist schon in unreifen Früchten,
die auch im Innern noch rein grün erscheinen, nachweisbar, daneben
überwiegt Carotin. Im halbreifen Zustand (Fruchthaut gelbgrün,
Inneres der Frucht schon rötlich) hat das Lycopin bereits das
Carotin überflügelt. Der Xanthophyllanteil besteht vorwiegend
aus Zeaxanthin und Lutein; Violaxanthin fehlt.

Weiteres Vorkommen des Lycopins. Krystallisiertes Lycopin
wurde, meist in größerem Maßstabe auch aus folgenden *Früchten*
gewonnen:

Hagebutte (*Rosa canina*; ESCHER 3 sowie KARRER und WIDMER).

Reife Beeren von *Tamus communis* sowie von *Solanum dulcamara*
(ZECHMEISTER und CHOLNOKY 9, 10).

Fruchtfleisch der Wassermelone (*Cucumis citrullus*; ZECHMEISTER und
TUZSON 4; neben Carotin).

Früchte des Maiglöckchens (*Convallaria majalis*; WINTERSTEIN und
EHRENBERG; neben Carotin und Xanthophyll).

Frucht der Zaunrübe (*Bryonia dioica*; WINTERSTEIN und EHRENBERG).

Kakifrüchte (*Diospyros Kaki*; KARRER, MORF, KRAUSS und ZUBRYS).

Die tropischen Früchte (Java): *Erythroxylon novogranatense* (Cocastrauch),
Actinophleus Macarthurii und *Ptychosperma elegans* (Palmen; ZIMMERMANN).

Aprikose (*Prunus armeniaca*; BROCKMANN; neben viel Carotin).

Mikrochemisch hat VAN WISSELINGH den Hauptfarbstoff der Früchte
von *Aglaonema commutatum*, auf capillaranalytischem Wege KYLIN (2) das
Pigment der Früchte von *Solanum Balbisii*, *Arum italicum* sowie das der
Steckrübe (*Brassica napus*) als Lycopin identifiziert. Das früher behauptete
Vorkommen in dem Paprika (*Capsicum annuum*) ist unzutreffend. Eine
Zusammenstellung der Früchte, deren Lycopingehalt nur spektroskopisch
nachgewiesen wurde, bringen WINTERSTEIN und EHRENBERG.

Lycopin kommt auch in *Blüten* vor und wurde aus *Calendula officinalis*
neben Carotin und Violaxanthin (ZECHMEISTER und CHOLNOKY 13) sowie
aus *Dimorphoteca aurantiaca* (KARRER und NOTTHAFFT) isoliert.

Lycopin in Bakterien: READER.

Nachweis und Bestimmung. *a) Mikrochemisch* kann Lycopin
nicht durch individuelle Farbenreaktionen im Gewebe erkannt

und von Carotin unterschieden werden. In der Tomate kommt es aber nach VAN WISSELINGH (und älteren Autoren) in einem charakteristischen Zustand vor, nämlich in Form von verhältnismäßig langen, rollenförmigen, oft zugespitzten, rotvioletten Röhrchen, die wahrscheinlich auch andere Substanzen enthalten. Bei der Einwirkung von MOLISCHschem Reagens (S. 79) bei Zimmertemperatur löst sich kein Lycopin aus den Röhrchen heraus, während andere Carotinoide sich zunächst lösen, dann wandern und krystallisieren.

b) Makrochemischer Nachweis in Extrakten. Eine Voraussetzung hierfür ist der Beweis, daß das Pigment ein Kohlenwasserstoff ist. Derselbe kann durch Entmischungsmethoden nach vorhergegangener alkalischer Behandlung erbracht werden, worauf meist nur mehr die Wahl zwischen Lycopin und Carotinen zu treffen sein wird. Für eine Orientierung genügt die Beobachtung des Absorptionsspektrums in CS_2. Typisch verschieden sind auch die Flecke, die beim Verdunsten von stärkeren Schwefelkohlenstofflösungen auf Filtrierpapier hinterbleiben: Lycopin fleischrot bis schokoladenbraun, Carotin orangerot, Xanthophyll gelb (farbige Abbildungen bei ESCHER (1). Nach COWARD (2) läßt sich die Trennung von Carotin mit Hilfe einer Filtration durch Kreidenpulver durchführen. EULER und GARD finden, daß Lycopin aus Petroläther von Magnesia reichlicher adsorbiert wird als Carotin. Trennung mit Fasertonerde: S. 157; Stellung in der Adsorptionsrangliste: S. 95.

Die Identifizierung ist leicht, wenn ein krystallisiertes Präparat vorliegt. Unterscheidend von Carotin ist, außer der Krystallform und Farbe (S. 155), die merklich geringere Löslichkeit des Lycopins in Petroläther und Schwefelkohlenstoff.

c) Colorimetrische Bestimmung. CONNEL beschreibt ein Verfahren, unter Anwendung von Cobaltsulfat-Kaliumbichromat im STANDFORD-Colorimeter. — Im einfachen Apparat von DUBOSQ kann man den Vergleich mit 0,2proz. Bichromat allein durchführen: Man löst die Substanz in möglichst wenig CS_2 und verdünnt bis zur ungefähren Stärke des Bichromates mit Petroläther. Drogen extrahiere man mit CS_2 und verdünne einen aliquoten Teil des Auszuges. Colorimetrisch ungefähr gleichwertig sind die Schichtdicken:

Lycopinlösung (3,6 mg in 1 l) . . . . 49 mm   24 mm
Kaliumbichromatlösung (0,2proz.) . . . . 50 mm   25 mm

Mikrocolorimetrie mit Azobenzol, sowie *mikrochemische Trennung von anderen Carotinoiden* nach KUHN und BROCKMANN (3): S. 89 und 102.

Isolierung von Lycopin. *Aus der Tomate.* a) Man geht nach WILLSTÄTTER und ESCHER (1) zweckmäßiger als von der etwa 97% Wasser enthaltenden Frucht, von Tomatenkonserven aus. Es wurden 74 kg „Purée di pomidoro concentrata" der „Soc. gener. delle conserve alimentari cirio, Neapel"[1] verarbeitet, schätzungsweise entsprechend 500—800 kg frischen Tomaten.

Die Konserven wurden in Portionen von etwa 8 kg in Pulverflaschen mit 4 l 96proz. Alkohol angeschüttelt (mehr Alkohol erleichtert die Arbeit), die geronnene Masse durch ein feines Tuch koliert und mit gelindem Druck möglichst weit abgepreßt. Man wiederholt das Durchschütteln mit 2—3 l Alkohol und preßt den Brei in einem Preßsack unter stärkerem Druck zu einer krümeligen Masse aus, um diese bei 40—50° zu trocknen und in der Pulvermühle zu mahlen. Das Tomatenmehl wird dann in Perkolatoren mit Schwefelkohlenstoff erschöpft und der Auszug, so weit als möglich, unter vermindertem Druck eingedampft, gegen Ende in einem Bad von 40°, unter Einleiten von trockener Kohlensäure durch die Capillare. Der tief rotbraune Brei (feine Nädelchen enthaltend) soll mit 3 Vol. absolutem Alkohol verdünnt und nach dem Absaugen auf der Nutsche mit Petroläther gewaschen werden. Man reinigt das rohe Lycopin durch Fällen mit absolutem Alkohol aus CS_2-Lösung, oder besser durch Umkrystallisieren aus Gasolin (Siedep. 50—80°), wovon beim Kochen 4—5 l für 1 g Lycopin erforderlich sind. Die filtrierte Gasolinlösung scheidet beim Abkühlen in der Kältemischung ein lockeres, braunes Pulver von prismatischen Krystallen ab. Zur Analyse krystallisiert man aus Gasolin um, unter Verwerfung der schwerer löslichen Anteile und dann aus Schwefelkohlenstoff oder CS_2 + Alkohol, ohne besondere Fraktionierung.

Ausbeuten. Es wurden aus 74 kg Konserven 5,6 kg trockenes Pulver erhalten und daraus 11 g einmal umkrystallisierter Farbstoff, also 0,2% der Trockensubstanz. Zum Vergleich haben WILLSTÄTTER und ESCHER (1) die Vorschrift von MONTANARI nachgearbeitet und isolierten aus 135 kg frischen Tomaten 2,6 kg Trockensubstanz und 2,7 g umkrystallisiertes Lycopin. Die Ausbeute

---

[1] Andere gute Fabrikate liefern gleichfalls reichlich Lycopin.

beträgt hier also 0,02 g Lycopin aus 1 kg frischer Frucht, aber 0,15 g aus 1 kg Konservenpüree.

b) KUHN und GRUNDMANN (2) vermögen die Lycopinausbeute durch Zusatz von Pottasche weiter zu steigern, nachdem sie einen schädlichen Säuregehalt mancher Handelskonserven feststellten. 8,5 kg Tomatenpüree (10 Dosen, Alessandro Melloni, Bologna) werden mit 350 g Kaliumcarbonat versetzt, mit 10 l Methanol sehr gut verrührt (Schäumen), nach einigen Stunden genutscht und der Rückstand in einer großen Zentrifuge abgeschleudert. Die überstehende Flüssigkeit wird abgegossen; man verrührt den festen Bodensatz mit 10 l Aceton. Nach einigen Stunden langem Stehen läßt sich das Material rasch absaugen und scharf abpressen. Der bröckelige, sehr hygroskopische Kuchen wird sofort von Hand fein zerkrümelt und mit 4 l CS_2 übergossen, unter CO_2 in wohlverschlossenen Flaschen eine Nacht extrahiert. Man nutscht scharf ab, engt das tiefrote Filtrat auf dem Dampfbade auf 100 cm³ ein, fällt das Lycopin mit 200 cm³ reinem Methanol, nutscht nach mehrstündigem Stehen im Eisschrank und wäscht mit eisgekühltem Petroläther, bis dieser, frei von dunklen Ölen, klar abläuft. Das Rohprodukt (5 g) wird in 70 cm³ Benzol heiß gelöst, filtriert und mit 1 Vol. Methanol versetzt, wobei 3,0 g über 95proz. Lycopin erhalten werden. Ausbeute nach Wiederholung der Krystallisation: 2,0—2,5 g (im Mittel 0,265 g pro kg Konserve); Reinheitsgrad mindestens 99proz.

Bemerkung. In den Tomatenfrüchten bzw. Konserven gewisser Ernten kommen erhebliche Mengen von *Hentriakontan* $C_{31}H_{64}$ vor, die durch Krystallisationsverfahren schwer von Lycopin zu trennen sind. In solchen Fällen gießt man die Benzinlösung durch eine Säule von Al_2O_3 (das den gesättigten Kohlenwasserstoff nicht festhält) und eluiert dann den Farbstoff mit alkoholhaltigem Benzol oder Chloroform (KUHN und GRUNDMANN 1).

Isolierung von Lycopin aus Tamus communis-Beeren (ZECHMEISTER und CHOLNOKY 9). 4 kg frische Beeren wurden mit der Hand zerquetscht und unter 4 l Alkohol 1 Tag stehen gelassen. Das Material wird koliert und die Behandlung mit Sprit wiederholt. Die so entwässerten Fruchthäute, die noch die meisten Kerne enthalten, lassen sich leicht kolieren und in Leinwand gewickelt auspressen (der Preßsaft setzt allmählich ein farbstoffreiches, feines Pulver ab, das zur Hauptmenge gefügt wird). Man befreit das noch nasse Material größtenteils von den Kernen, trocknet es auf Sieben bei 35⁰ mit Hilfe einer unterstellten Glühbirne und erhält eine rotstichig-braune Masse, die sich leicht vermahlen läßt (140 g = 3,5% der Beeren; colorimetrisch bestimmter Lycopingehalt: 1,4 g).

Das Pulver wird mit 1 l Schwefelkohlenstoff in 1—2 Stunden perkoliert; der Auszug ist tiefviolettrot, in der Aufsicht fast schwarz. Schon gegen Ende der Extraktion schießen im Kolben schöne Prismen an, bis zu 1—2 mm Länge. Ohne dieselben abzunutschen, dampft man bei 35⁰, unter Durchperlen von CO_2, im Vakuum bis zu 100 cm³ ein. Auf Zusatz von 4 Vol. wasserfreien Alkohols schied sich die überwiegende Menge des Lycopins hübsch krystallinisch ab. Das abgesaugte Präparat wurde mit eiskaltem Petroläther gewaschen und wog, über Phosphorpentoxyd getrocknet 0,92 g (Ausbeute 66%). Zur Reinigung dient eine Umfällung aus CS_2 + Petroläther. Reinausbeute: etwa 0,22 g Lycopin aus 1 kg frischen Beeren.

Eigenschaften. Vergleich mit Carotin (WILLSTÄTTER und ESCHER 1, ESCHER 1, mit Ergänzungen). Lycopin bildet makroskopisch betrachtet, eine dunkelbraun-carminrote, samtglänzende Masse von hart wachsartiger Konsistenz, bestehend aus Nadeln, die oft strahlenförmig gruppiert sind. Das Mikroskop zeigt bräunlich-rosafarbige lange Prismen, meist mit typisch zerklüfteten Enden (Abb. 43, S. 288)[1]. Die Kreuzungsstellen sind blaustichig. Aus viel Petroläther umkrystallisiert, ergibt Lycopin mehrere Millimeter lange, violettstichig-dunkelrote, meist flache Prismen. Die Einzelkrystalle sind oft paarweise verwachsen und bilden Sterne. Manchmal tritt Lycopin in Form von haarähnlichen Nadeln auf, die so dünn sind, daß ihre Eigenfarbe unter dem Mikroskop fast verschwindet. Demgegenüber ist die Grundform des natürlichen Carotingemisches das flache Rhomboeder; es krystallisiert tafelartig, zeigt unter dem Mikroskop eine leuchtend orangerote Farbe, wogegen Lycopin bräunlicher violettrot aussieht (farbige Abb. bei ESCHER 1 sowie bei KARRER und WEHRLI 2). Carotin neigt viel mehr dazu, Metallglanz zu zeigen, man erhält aber auch Lycopinpräparate mit ausgesprochenem Metallglanz und bis zu $^1/_2$ cm Länge, durch Zusatz von 8 Vol. leichten Petroläthers zu einer 2proz. Lösung in CS_2.

Röntgenographische Untersuchung der Krystallstruktur: MACKINNEY.

---

[1] In PALMERs (1) Monographie (dort S. 232, Tafel 2) sind die Mikroaufnahmen von Lycopin und Xanthophylljodid zu vertauschen.

„Trotz der übereinstimmenden Zusammensetzung ist der Tomatenfarbstoff von Carotin in seinen Eigenschaften, namentlich in der Form und Farbe der Krystalle und in der Farbe der Lösungen so augenfällig verschieden, daß man die beiden Kohlenwasserstoffe nicht für identisch halten und nicht verwechseln kann (WILLSTÄTTER und ESCHER 1)."

Der Schmelzpunkt des Lycopins wird mit 173° (unkorr.) angegeben (KARRER und WIDMER) bzw. mit 175° (korr.). Die Löslichkeit erinnert an Carotin, doch ist der Tomatenfarbstoff schwerer löslich, namentlich in Petroläther, was zur Trennung der beiden Kohlenwasserstoffe dienen kann (vgl. die Aufarbeitung des Melonenpigments; ZECHMEISTER und TUZSON 4). Durch Entmischungsmethoden können Lycopin und Carotin nicht voneinander geschieden werden.

Tabelle 25. Löslichkeit von Lycopin, Carotin und Xanthophyll
(WILLSTÄTTER und ESCHER 1).

Lösungsmittel	Lycopin	Carotin aus Daucus oder aus Blättern	Blattxanthophyll
Äther (kochend)	1 g in etwa 3 l	1 g in 900 cm³	1 g in 300 cm³
Alkohol	äußerst schwer	recht schwer	ziemlich leicht
Schwefelkohlenstoff (kalt) .	recht leicht	spielend	ziemlichschwer
Petroläther (kochend,Siedep. 30—60°)	1 g in etwa 10 l	1 g in etwa 1,5 l	fast unlöslich

In Holzgeist ist Lycopin noch schwerer löslich als in Äthylalkohol, in beiden auch heiß schwerer als Carotin; leicht in kaltem Chloroform, recht leicht in heißem Benzol. CS_2 löst bei Siedehitze reichlich. Typisch ist die geringe Löslichkeit (0,01%) in Petroläther. Betreffs Farbe der Lösungen vgl. Tabelle 26:

Tabelle 26. Farbe von Lycopin- und Carotinlösungen.

Lösungsmittel	Lycopin	Carotin
In Schwefelkohlenstoff (stark verdünnt). .	blaustichig rot	gelbstichiges Orangerot
In Äther (gesättigt) . .	blaustichig, tingiert kaum	gelb, tingiert stark
In Alkohol (heiß gesättigt)	dunkelgelb, im Ton etwas bräunlicher als die Carotinlösung	goldgelb

Adsorptionsverhalten. Das Lycopin wird, wie die isomeren Carotine, an Calciumcarbonat sehr wenig festgehalten und läßt sich dadurch von den Xanthophyllen trennen. Hingegen ist Aluminiumoxyd (Fasertonerde, oder Al_2O_3 MERCK, standardisiert nach BROCKMANN) zur Aufnahme des Lycopins aus Benzin oder Schwefelkohlenstoff sehr geeignet. Liegen daneben auch Carotine vor, so gelingt die Trennung leicht: der Tomatenfarbstoff bildet eine obere Zone, tiefer folgen nacheinander γ-, β- und α-Carotin. Die Carotine lassen sich in der Regel mit viel Benzin ganz durch die Säule waschen, jedenfalls stark auseinanderziehen. Zur Elution des Lycopins dient z. B. Benzin, das 1% Äthylalkohol enthält (KUHN und BROCKMANN 3; WINTERSTEIN und STEIN). Die mikrochemische Bestimmung und Trennung von anderen Polyenen ist S. 102 nach KUHN und BROCKMANN (3) beschrieben worden. Lycopin wird aus Petroläther auch von Magnesia praktisch vollständig adsorbiert (EULER und GARD).

Spektrum. Die Schwingungskurve des Lycopins (in Methylcyclohexan) wurde nach PUMMERER, REBMANN und REINDEL (1) S. 87 wiedergegeben. Trotzdem sie ähnlich der Carotin- und Xanthophyllkurven verläuft, kann sie durch eine etwas stärkere Extinktion von Haupt- und Nebenband, sowie durch die beträchtliche Verschiebung derselben nach längeren Wellen vom Isomeren unterschieden werden. Optische Schwerpunkte in Benzin (Siedep. 70—80°): 506, 474, 445 $\mu\mu$ (KUHN und BROCKMANN 3), in Chloroform: 517, 480 und 435 $\mu\mu$ (EULER, KARRER, KLUSSMANN und MORF), in Schwefelkohlenstoff: 548, 507,5, 477 $\mu\mu$ (KUHN und LEDERER 5). Bei der einfachen spektroskopischen Beobachtung fällt der Unterschied zwischen den beiden Isomeren sofort auf, besonders charakteristisch sind die Unterschiede in Schwefelkohlenstoff: während Carotin ein Band in Grün und eines in Blau aufweist, werden beim Lycopin drei Bänder wahrgenommen, von denen zwei in Grün und das dritte in Blau liegen (Tabelle 27, S. 158).

Umwandlungen und Derivate. *Autoxydation.* Lycopin ist sehr leicht oxydabel und verbraucht mehr Sauerstoff als Carotin. Bei einem Parallelversuch nahm Lycopin in 10 Tagen unter Entfärbung 30%, Carotin nur $^1/_4$% Sauerstoff aus der Luft auf (WILLSTÄTTER und ESCHER 1). Der Endwert betrug für Lycopin 41%. Dabei wird flüchtige organische Substanz (wahrscheinlich CO_2) abgespalten. Prüfung von Lycopinpräparaten auf Autoxydationsprodukte: S. 108.

Sauerstoffaddition aus Benzopersäure: S. 50.

Tabelle 27. Vergleich des Lycopin- und des Carotinspektrums
(WILLSTÄTTER und ESCHER 1)[1].

Schichtdicke		
10 mm $\mu\mu$	20 mm $\mu\mu$	40 mm $\mu\mu$

a) *Lycopin*: 0,005 g in 1 l CS_2

Band I.	554——540	561———555—536	563—533...525
„ II.	541——499,5	517,5—498	525—493...483
„ III.	479...472	481,5——468	483—462,5...427—

Reihenfolge der Intensitäten: I. II. III.

b) *Carotin*: 0,005 g in 1 l CS_2

| Band I. | 525———511,5 | 533———528—507,5..489 | } 542———529,5— |
| „ II. | 488,5———474 | 489—472... | } Endabsorption |

Katalytische Hydrierung. KARRER und WIDMER haben auf
diesem Wege erkannt, daß Lycopin 13 Doppelbindungen, somit
eine rein aliphatische Struktur besitzt (Unterschied von Carotin;
vgl. auch KARRER, HELFENSTEIN und WIDMER). *Perhydro-lycopin*
$C_{40}H_{82}$ gehört zu den Paraffinen; farbloses, optisch inaktives Öl,
Siedep. 238—240° bei 0,03 mm. Synthese: S. 18.

Dihydro-lycopin $C_{40}H_{58}$ wird bei der Einwirkung von Aluminiumamalgam
unter Aufhellung gebildet; infolge der großen Unbeständigkeit ist aber noch
kein einheitliches Präparat isoliert worden (KARRER und MORF 1; KARRER,
MORF, KRAUSS und ZUBRYS).

Halogenaufnahme. Mit unverdünntem *Brom* reagiert Lycopin
unter starker Entwicklung von HBr, aber zum Unterschied von
Carotin bindet es weit mehr Halogen, als Bromwasserstoff austritt. Auch das Verhalten gegen *Jod* ist abweichend: unter den
für die Gewinnung von Carotin-dijodid günstigen Bedingungen
liefert Lycopin nur Flocken, keine Krystalle (WILLSTÄTTER und
ESCHER 1). Die Jodverbindung liefert, mit Thiosulfat zersetzt,
einen neuen Farbstoff mit besonders langwelliger Absorption
(KUHN und GRUNDMANN 2). Einwirkung von *Chlorjod* auf Lycopin:
PUMMERER, REBMANN und REINDEL (1), vgl. S. 49.

Reaktion mit Alkalimetall. Nach KARRER und BACHMANN
werden je 2 Atome Lithium, Kalium oder Natrium addiert. Durch
Jodmethyl wird kein Lycopin zurückgebildet, die Metallatome sind
also wahrscheinlich an nicht benachbarte C-Atome getreten (vgl.
SCHLENK und BERGMANN).

---

[1] Die beiden Spektren sind im Original auch graphisch verglichen, ebenso
bei ESCHER (1); — bedeutet starke, —— schwache, ... sehr schwache
Lichtabsorption.

Der chemische Vergleich mit Carotin ist auch pflanzenphysiologisch von Interesse. Schon WILLSTÄTTER und ESCHER (1) erkannten, daß die Beziehung keine ganz nahe ist. Heute läßt sich der Unterschied im Verhalten der beiden isomeren Kohlenwasserstoffe genauer umgrenzen (Tabelle 28).

Tabelle 28. Vergleich der chemischen Eigenschaften von Lycopin und Carotin.

	Lycopin	β-Carotin
Bindet Mole Wasserstoff . .	13	11
Perhydrokörper	ist ein Paraffin	enthält 2 Ringe
Auf Benzopersäure reagieren	12 Doppelbindungen	8
Jodadditionsprodukt. . . .	amorph	krystallisiert
Reaktion mit Brom	Das Verhältnis zwischen Br-Verbrauch und entbundenem HBr ist ganz verschieden	
Ozonspaltung gibt.	Aceton	kein Aceton
Permanganatabbau liefert .	Bernsteinsäure	Dimethyl-malonsäure, $\alpha\alpha$-Dimethyl-bernsteinsäure und $\alpha\alpha$-Dimethylglutarsäure
Alkalimetall (Bedingungen von KARRER und BACHMANN)	wird addiert	nicht addiert
Als Vitamin des Wachstums	unwirksam	stark wirksam

Abbau und Konstitution des Lycopins. Die strukturelle Klärung des Tomatenfarbstoffes begann mit den Untersuchungen von: KARRER und WIDMER; KARRER und BACHMANN; KARRER, HELFENSTEIN und WEHRLI; KARRER, HELFENSTEIN, WEHRLI und WETTSTEIN; KARRER und HELFENSTEIN (2), sowie von KARRER, HELFENSTEIN, PIEPER und WETTSTEIN. Das Endergebnis läßt sich folgend zusammenfassen:

1. Während die katalytische Hydrierung von Carotin zur Bindung von 11 Molekülen Wasserstoff, also zum Perhydrokörper $C_{40}H_{78}$ geführt hat, werden vom isomeren Lycopin 13 H_2 aufgenommen, das Endprodukt ist also ein Paraffin, von der Zusammensetzung $C_{40}H_{82}$. Hieraus folgt, daß der Tomatenfarbstoff *rein aliphatisch* gebaut ist.

2. Beim Ozonabbau wurden 1,6 Mol. Aceton $(CH_3)_2C{=}O$ gefaßt, so daß an beiden Enden des Lycopinmoleküls die Gruppierung $(CH_3)_2C{=}$ stehen muß.

3. Aus dem Nichtauftreten von höheren Fettsäuren bei der Spaltung des Ozonides folgt, daß jene C-Atome der Hauptkette, die in Hinblick auf die Bruttoformel $C_{40}H_{56}$ gesättigt sein müssen,

nicht auf *ein* Ende der Hauptkette konzentriert sein können, sondern zwischen den *beiden* aceton-liefernden Endgruppen und dem konjugierten System liegen müssen.

4. Aus diesen Teilen des Moleküls entstammt die, bei dem Permanganatabbau erhaltene Bernsteinsäure, durch welche die Gruppierung $=CH-CH_2-CH_2-CH=$ angezeigt wird.

Versucht man nun, auf der skizzierten Grundlage Lycopin zu formulieren, so ergibt sich unter anderem die Schwierigkeit, daß die einheitliche Stellung der dehydrierten Isoprenreste

$$\ldots-C=CH-CH=CH-C=CH-CH=CH-C=\ldots$$
$$|||$$
$$CH_3CH_3CH_3$$

(mit je 3 C-Atomen zwischen den Abzweigungsstellen der Methylseitenketten) bei der Chromsäureoxydation 8 Mole Essigsäure erwarten läßt, während tatsächlich nur 6 entstehen. Dieser Gegensatz verschwindet, wenn man die Formel in beiden Hälften gleich baut. In dem nachstehenden Symbol[1] ist in der Mitte des Moleküls eine sog. „Umstellung" der Isoprenreste erfolgt, da zwischen den beiden mittleren, seitenkette-tragenden Kohlenstoffatomen, nicht wie anderswo 3, sondern 4 C-Atome der Hauptkette liegen (vgl. S. 17 und die *Lycopinformel* auf S. 162).

Mit der Formel stehen auch die Produkte der thermischen Zersetzung in Einklang (Toluol und m-Xylol, S. 64), ebenso auch die von STRAIN aus ozonisiertem Lycopin beobachtete Bildung von Lävulinaldehyd und Lävulinsäure, welche z. B. den Molekülenden des Farbstoffes entstammen können, und zwar nach der Absprengung je einer Isopropylidengruppe:

$$CH_3-C=CH-CH_2-CH_2-C=CH-\ldots \quad\rightarrow\quad \overset{O}{\underset{H}{{>}}}C-CH_2-CH_2-C=O$$
$$|||$$
$$CH_3CH_3CH_3$$

Endgruppe des Lycopins.   Lävulinaldehyd.

Isolierung von größeren Spaltstücken aus Lycopin, durch oxydativen Abbau. KUHN und GRUNDMANN (1, 2) ist es gelungen, durch Einwirkung von Chromsäure sämtliche 40 Kohlenstoffatome des Tomatenfarbstoffes in Form von größeren Spaltstücken zu fassen, was zu einer weiteren Bestätigung der S. 162 abgedruckten Lycopinformel geführt hat. Bei dem schonenden Abbau wird zunächst

---

[1] Dasselbe ist in Helvet. chim. Acta **14**, 435 (1931) durch einen Druckfehler entstellt. Die richtige Formel steht ebendort **13**, 1088 (1930); vgl. auch **14**, 662 (1931).

1 Molekül Methylheptenon $(CH_3)_2C=CH-CH_2-CH_2-CO-CH_3$ abgestoßen und der Farbstoff in den, um 8 C ärmeren Monoaldehyd Lycopinal $C_{32}H_{42}O$ übergeführt, das dann auf einem ähnlichen Wege (unter Verlust von weiteren 8 C-Atomen) den Dialdehyd $C_{24}H_{28}O_2$ des trans-Bixins ergibt (Formulierung: S. 162).

Das Auftreten des Methylheptenons zeigt erneuert, daß die beiden Molekülenden des Tomatenfarbstoffes die folgende Gestalt besitzen, was von der KARRERschen Formel auch verlangt wird:

$$CH_3-\underset{\underset{CH_3}{|}}{C}=CH-CH_2-CH_2-\underset{\underset{CH_3}{|}}{C}=\ldots \quad und \quad \ldots=\underset{\underset{CH_3}{|}}{C}-CH_2-CH_2-CH=\underset{\underset{CH_3}{|}}{C}-CH_3$$

Molekülenden des Lycopins.

Lycopinal $C_{32}H_{42}O$. Darstellung: Je 100 mg Lycopin werden in 70 cm³ Benzol (MERCK, D.A.B. VI) gelöst und mit 100 cm³ Eisessig (über Permanganat dest.) verdünnt. Man gibt unter sehr energischem Rühren, in der Kälte Tropfen für Tropfen 0,1 n-Chromsäure (11,2 cm³ = 3 O-Atome) aus einer Bürette zu, dann wird mit 200 cm³ Benzin (Siedep. 70—80⁰) und 0,5 l doppelt destilliertem Wasser entmischt und die Benzinschicht mit reinem Wasser entsäuert. Nachdem durch etwa zehnmaliges Schütteln mit je 20 cm³ 90proz. Methanol die Nebenprodukte entfernt wurden, wäscht man den Alkoholgehalt völlig von der Benzinlösung aus und gießt die letztere in ein Chromatogrammrohr (Durchmesser 3 cm, Säulenhöhe 5 cm, gefüllt mit 1 Teil Fasertonerde MERCK+4 Teilen Al_2O_3). Das festgehaltene Lycopinal wird mit Benzin nachgewaschen und mit Chloroform, 10% absoluten Alkohol enthaltend, eluiert. Dampft man nun auf dem stark siedenden Wasserbade rasch bis zu 1 cm³ ein und kocht nach Zusatz von 10 cm³ 96proz. Alkohol auf, so krystallisiert bei 0⁰ in mehreren Stunden das Lycopinal; Ausbeute 25—30% des theoretischen. Zur Reinigung wird aus wenig Benzol und 96proz. Alkohol umkrystallisiert. (Es ist wichtig, reinste Reagenzien anzuwenden, da sonst die Präparate aschehaltig werden.)

Eigenschaften. Mikroskopisch: tief granatrote, glänzende Blättchen, Schmelzp. 147⁰, korr., im evakuierten Röhrchen. Leicht löslich in Chloroform, CS_2, Benzol, dürftig in Alkohol. Schwerpunkte in CS_2: 569, 528,5, 493,5 $\mu\mu$. Das Lycopinal geht bei der Verteilung zwischen Benzin und 90proz. Methanol vollständig in die Oberschicht; es wird von Al_2O_3, aber nicht von $CaCO_3$ adsorbiert und unterliegt rasch der Autoxydation an der Luft. Mit freiem Hydroxylamin in Alkohol gibt Lycopinal leicht ein *Oxim* $C_{32}H_{43}ON$ (hellrote Blättchen, korr. Schmelzp. 198⁰, im Vakuum).

Für die *Struktur* des Lycopinals ist es maßgebend, daß die Absorptionsmaxima seines Oxims viel kurzwelliger sind als diejenigen des Aldehyds selbst; daraus folgt, daß die Aldehydgruppe mit dem ungesättigten System in Konjugation stehen muß (S. 66). Da Lycopinal beim Ozonisieren fast 1 Mol. Aceton liefert, ist das eine Ende des Tomatenfarbstoffes beim Abbau unverändert geblieben.

Überführung von Lycopinal in Bixin-dialdehyd. Zu einer Lösung von 100 mg Lycopinal in 30 cm³ Benzol (pro anal.) wurden 70 cm³ Eisessig

Lycopin.

$\rightarrow$

Lycopinal.

$\rightarrow$

Bixin-dialdehyd.

(über Permanganat dest.) gefügt. Dann tropfte man 9,3 cm³ 0,1 n-Chromsäure zu (2 O-Atome), bis das Lycopinalband (526 $\mu\mu$ in Benzin) völlig verschwunden war. Man entmischt mit 200 cm³ Benzol und 500 cm³ Wasser, entsäuert mit Wasser und engt die Benzolschicht im Vakuum auf 5 cm³ ein. Über Nacht scheiden sich 33 mg Dialdehyd aus (45% d. Th.). Der Bixin-dialdehyd, welcher auch direkt aus Lycopin erhalten werden kann und dessen Reinigung durch Krystallisationen aus Pyridin gelingt, bildet derbe Prismen; Schmelzp. 220⁰ (korr., evakuiertes Röhrchen). Bei der Verteilung zwischen Benzin und 90proz. Methanol geht es in die Unterschicht. Schwerpunkte in CS_2: 539,5, 502, 467,5 $\mu\mu$. Strukturformel: S. 162.

Das bei der Chromsäureoxydation gebildete *Methylheptenon* wurde von Kuhn und Grundmann (1, 2) als p-Nitrophenylhydrazon gefaßt.

b) Sauerstoffhaltige Farbstoffe der C_{40}-Reihe.

Die O-Atome liegen in Hydroxyl- oder (seltener) in Carbonylresten. Die Carotinoide mit C_{40} und freien OH-Gruppen werden auch „*Xanthophylle*" genannt[1], nach dem verbreitetesten Vertreter, dem *Xanthophyll* (Lutein), das in jedem grünen Pflanzenteile in recht großen Mengen zugegen ist. Sehr verbreitet ist auch das *Zeaxanthin*, welches von dem Blattpigment zwar fehlt, aber in anderen Organen sich oft stark anhäuft (frei oder als Farbwachs). Das Algencarotinoid *Fucoxanthin* ist in Landpflanzen bisher nicht festgestellt worden.

Unter den Xanthophyllen des Pflanzenkörpers überwiegen die Vertreter mit einer *paaren Anzahl von O-Atomen* in außerordentlichem Maße, was noch nicht mit Sicherheit erklärt werden kann. Wahrscheinlich werden diese Pigmente von zwei Molekülhälften aufgebaut, die gleich viel Sauerstoff führen.

1. Kryptoxanthin.

(Bruttoformel $C_{40}H_{56}O$, und zwar $C_{40}H_{55}OH$, wahrscheinliche Konstitutionsformel: S. 166; identisch mit „Caricaxanthin".)

Das Kryptoxanthin, das (nebst Rubixanthin) unter allen Xanthophyllarten die *sauerstoffärmste* ist und demgemäß in mancher Hinsicht dem β-Carotin nahe steht, wurde jüngst von Kuhn und Grundmann (3) in den roten Kelchen und Beeren des *Physalis Alkekengi* und *Ph. Franchetti* aufgefunden. Es begleitet dort den Hauptfarbstoff Physalien (S. 193) und macht — gleichfalls in Form eines Esters — fast $1/3$ des Gesamtpigments aus. Kryptoxanthin ist auch aus der Frucht der *Carica papaya* isoliert und zunächst mit der Formel $C_{40}H_{56}O_2$ belegt worden (Yamamoto und Tin 2); das

---

[1] Nach Karrer „Phytoxanthine".

„Caricaxanthin" der japanischen ·Autoren besitzt aber nach KARRER und SCHLIENTZ (2) die Zusammensetzung $C_{40}H_{56}O$ und ist mit Kryptoxanthin identisch. Ferner wurde etwas Kryptoxanthin isoliert: aus der Frucht des *Citrus poonensis* (YAMAMOTO und TIN 3), aus dem gelben Mais (*Zea mays*, KUHN und GRUNDMANN 5) und aus Paprikaschoten (*Capsicum annuum*, ZECHMEISTER und CHOLNOKY 7).

In je 10 g frischem, italienischem Mais sind z. B. 0,007 mg Carotine, 0,046 mg Kryptoxanthin und 0,127 mg Zeaxanthin enthalten, für die Wachstumswirkung ist also in erster Linie das Kryptoxanthin verantwortlich (KUHN und GRUNDMANN 5).

Bei der Untersuchung von Pflanzenextrakten kann das Kryptoxanthin nach KUHN und GRUNDMANN (3) leicht *mit β-Carotin verwechselt* werden, mit dem es u. a. die folgenden Merkmale teilt: a) die Spektren sind in verschiedenen Lösungsmitteln fast identisch und stimmen auch mit den Bändern des Zeaxanthins überein; b) bei der Verteilung zwischen Benzin und 90proz. Methylalkohol suchen beide Farbstoffe die Oberschicht auf; verwendet man jedoch 95proz. Methanol, so wandert das Kryptoxanthin deutlich nach unten (Abweichung von β-Carotin); c) recht ähnlich ist das Adsorptionsverhalten gegenüber einer Säule von Calciumcarbonat: Kryptoxanthin wird aus Benzin eben noch adsorbiert, β-Carotin kaum, Zeaxanthin stark.

Die *Trennung* von β-Carotin, Kryptoxanthin und Zeaxanthin gelingt am besten im Aluminiumoxyd-Chromatogramm, und zwar nach Entwicklung mit Benzol-Benzingemischen, wobei das Zeaxanthin oben, Kryptoxanthin in der Mitte und Carotin weiter unten hängen bleibt. Dagegen ist das Kryptoxanthin (im Gegensatz zu den anderen Xanthophyllen) von Lycopin mittels Al_2O_3 nicht scharf trennbar, die Abtrennung von Carotin und Lycopin sollte daher im Analysengang von KUHN und BROCKMANN (3, vgl. S. 102) zweckmäßiger mittels Calciumcarbonat vorgenommen werden.

Isolierung. 1600 frische *Physalis*-Kelche wurden 2 Tage bei 40⁰ getrocknet (380 g), fein gemahlen, in 1,5 l Methanol eingelegt (farbige Harze gehen in Lösung), nach 2 Tagen abgesaugt, mit 1 l reinem Benzol über Nacht stehen gelassen, genutscht und mit 2 × 200 cm³ Benzol gewaschen. Nun hat man die, im Vakuum auf 100 cm³ eingeengte Lösung mit 1 Vol. 5proz. äthylalkoholischem Kali 12 Stunden hydrolysiert (etwa ausfallender Farbstoff ist durch Benzolzusatz wieder zu lösen), mit 500 cm³ Benzol verdünnt und im Scheidetrichter vorsichtig mit Wasser versetzt, bis das in der Grenzschicht ausfallende Zeaxanthin anfing harzig zu werden. Das Kryptoxanthin bleibt in der Benzol + Benzinschicht gelöst, welche abgehoben, wiederholt mit Wasser gewaschen und durch Aluminiumoxyd (MERCK, standardisiert nach BROCKMANN) gesaugt wird (Säule 12 × 5 cm). Entwickelt man nun das Chromatogramm durch Aufgießen von Benzol + Benzin (1 : 1), so treten langsam zwei scharf getrennte, braunrote Zonen auf; die obere enthält Zeaxanthin, aus der unteren wurde durch Eluieren mit Benzin (1% Äthylalkohol enthaltend) und Eindampfen Kryptoxanthin gewonnen, das nach dem Umkrystallisieren aus Benzol + Methanol (1 : 3) 293 mg wog (die Mutterlauge lieferte weitere 60 mg).

Zur Reinigung kocht man die Hauptfraktion mit 30 cm³ absolutem Alkohol und etwas Benzin aus und scheidet mit Benzol + Methanol (1 : 3) um. Nach dreimaliger Wiederholung dieser Operationen betrug die Reinausbeute 95 mg.

Beschreibung. Kryptoxanthin krystallisiert aus Benzol + Alkohol oder Benzol + Methanol in schmetterlingartig verwachsenen, zugespitzten Prismen oder in regelmäßigen, gerade abgeschnittenen Prismen, die zwischen gekreuzten Nicols gerade Auslöschung und vielfach die für β-Carotin typische, briefkuvertartige Zeichnung erkennen lassen (Abb. 47—48, S. 290). Solche Präparate zeigen sehr lebhaften, hellen Metallglanz und enthalten selbst nach Trocknung im Hochvakuum bei 110° (45 Minuten) etwa 0,5 Mol. Krystallalkohol, der sich durch wiederholtes Abdampfen mit Benzol entfernen läßt. Schmelzp. 169° (korr., BERL-Block, evakuiertes Röhrchen).

Optische Schwerpunkte (Gitterspektroskop, Kupferoxydammoniakfilter):

In Schwefelkohlenstoff	519	483	452 $\mu\mu$
„ Chloroform	497	463	433
„ absolutem Alkohol	486	452	424
„ Benzin (Siedep. 70—80°)	485,5	452	424
„ Hexan	484	451	423

Colorimetrische Bestimmung: S. 90. — Verhalten bei der Entmischung und bei der Adsorptionsanalyse s. oben. — Das Drehvermögen ist für die Cd-Linie unmeßbar gering. — Mit Antimontrichlorid gibt Kryptoxanthin eine tiefblaue Lösung, mit dem, auch für β-Carotin typischen Absorptionsmaximum bei 590 $\mu\mu$.

Chemisches sowie biologisches Verhalten und Konstitution. Das Kryptoxanthin nimmt bei der katalytischen Hydrierung 22 H-Atome

Kryptoxanthin. (Nach KUHN und GRUNDMANN 3.)

auf, woraus die Anwesenheit von 11 Doppelbindungen und 2 Kohlenstoffringen folgt. Die Bestimmung nach ZEREWITINOFF zeigt 1 aktiven Wasserstoff an. Daß das O-Atom einer *Hydroxylgruppe* angehört, wurde auch durch die Acetylierung mit Essigsäureanhydrid in Pyridin bewiesen; man erhält in Form von granatroten Blättchen (Schmelzp. 117—118°, korr.) ein *Kyptoxanthin-acetat* $C_{40}H_{55}OCOCH_3$, das spektroskopisch mit dem Ausgangsmaterial übereinstimmt, jedoch am Calciumcarbonat nicht hängen bleibt und bei der Verteilung zwischen Benzin und 95proz. Methanol quantitativ die Oberschicht aufsucht.

Auf Grund dieser und anderer Befunde ist die nebenstehende, wahrscheinliche *Strukturformel* aufgestellt worden, die aus je einer Hälfte des β-Carotins (links) und des Zeaxanthins (rechts) zusammengefügt ist. Damit steht in Einklang, daß das Kryptoxanthin zu den A-Provitaminen zählt, was im Hinblick auf die S. 35 wiedergegebenen Gedankengänge auf Grund der Formel erwartet werden durfte (KUHN und GRUNDMANN 5).

2. Rubixanthin.

(Bruttoformel $C_{40}H_{56}O$, Konstitutionsformel S. 169.)

Dieses Isomere des Kryptoxanthins wurde von KUHN und GRUNDMANN (4, 7) in den Früchten der *Rosa canina*, *R. rubiginosa*, *R. damascena* (Hagebutten) sowie der wildwachsenden Reinrose entdeckt und wird von verestertem Lutein, Zea- und Taraxanthin, ferner von Lycopin, β- sowie γ-Carotin begleitet (Tabelle 29, S. 167).

Isolierung. 27 kg frische, reife Hagebutten *(R. rubiginosa)* wurden mit Methanol übergossen, gut zerquetscht, nach dreitägigem Stehen soweit möglich abgenutscht (7,5 l) und der Rückstand unter 120 Atm. abgepreßt

Tabelle 29. Farbstoff-Gehalt von 100 g frischen Hagebutten (KUHN und GRUNDMANN 4, 7).

	Rosa canina		*Rosa rubiginosa*	
	mg	% des Pigments	mg	%des Pigments
Xanthophyllester	3,1	36	2,35	27
Carotine	2,55	29	2,30	27
Lycopin	1,6	19	2,75	32
Rubixanthin	1,35	16	1,25	14

(weitere 11 l). Der bei 37° getrocknete Rückstand ließ sich in der Kugelmühle so mahlen, daß die Häute feinpulverig wurden, die Kerne aber erhalten blieben. Das von den letzteren abgesiebte Mehl wog 2,1 kg.

Die Droge wurde mit einem Gemisch von 0,6 l absolutem Alkohol, 1,1 l Benzol (pro anal.) und 4,5 l Benzin (Siedep. 70—80°) 1 Stunde geschüttelt, dann 2—3 Tage stehen gelassen. Nach dem Absaugen dampfte man den tiefroten Extrakt im Vakuum auf 150 cm³ ein. Von den dabei ausfallenden braunen Schmieren wurde abgegossen und die Lösung mit 1 Vol. 5proz. äthylalkoholischem Kali 2 Stunden auf 40° erwärmt, sodann über Nacht sich selbst überlassen. Hierauf wurde mit Wasser entmischt und das in der Grenzschicht ausfallende Wachs entfernt.

Man verdünnt nun die Lösung mit Benzol + Benzin (1:4) auf 1 l, saugt sie durch eine Al_2O_3-Säule (20 × 6 cm) und entwickelt mit dem erwähnten Lösungsmittel. Die oberste Zone war gelbbraun, darunter der Rubixanthinring braunrot. Der letztere wurde eluiert, die Adsorption damit wiederholt und schließlich der Farbstoff mit alkoholhaltigem Benzin eluiert und seine Lösung völlig verdampft. Nimmt man den Rückstand in 10 cm³ heißem Benzol auf und vermengt die filtrierte Lösung mit 50 cm³ Petroläther (Siedep. 30—50°), so krystallisiert 0,42 g rohes Rubixanthin, das mit etwas kaltem Petroläther und Methanol gewaschen wird.

Zur Nachverseifung hat man das Präparat in 10 cm³ warmem Benzol gelöst und mit 50 cm³ 10proz. äthylalkoholischem Kali 4 Stunden auf 40° erwärmt. Dann wurde mit 100 cm³ Benzin verdünnt, mit 5 cm³ Wasser entmischt, die abgehobene Oberschicht mit 50 cm³ 90proz. Methanol durchgeschüttelt, dreimal mit Wasser gewaschen, von ausgeschiedenen Sterinen filtriert, im Vakuum abgedampft, in 7 cm³ Benzol heiß gelöst, filtriert und mit 1 Vol. Methanol vermengt. Nach einstündigem Stehen bei —5°

hatten sich farblose Begleitstoffe abgeschieden. Man versetzte ihr Filtrat mit 30 cm³ Methanol und ließ es über Nacht bei — 12° stehen. Dabei krystallisierte das Rubixanthin aus und wurde von farblosen Stoffen, die beim längeren Waschen mit kaltem Petroläther größtenteils in Lösung gingen, getrennt. Das Rohprodukt (115 mg) wurde aus Benzol + Methanol (1 : 3) umkrystallisiert, mit Petroläther gewaschen, mit 3 cm³ Methanol ausgekocht, nochmals aus Benzol + Methanol umkrystallisiert und die beiden letzteren Operationen wiederholt. Reinausbeute 36 mg.

Eigenschaften. Rubixanthin krystallisiert aus Benzol + Methanol in stark kupferglänzenden, sternförmig angeordneten, feinen Nadeln (Abb. 45—46, S. 289), die bei 160° schmelzen (BERL-Block) und frei von Krystallflüssigkeit sind; aus Benzol + Petroläther erscheinen orangerote, sehr feine, verfilzte Nädelchen. Das Spektrum deckt sich mit dem des γ-Carotins:

Optische Schwerpunkte ($\mu\mu$):

In Schwefelkohlenstoff	533	494	461
„ Chloroform	509	474	439
„ absolutem Alkohol	496	463	433
„ Benzin (Siedep. 70—80°)	495,5	463	432
„ Hexan	494	462	432

Ein Drehungsvermögen ist nicht zu erkennen, obzwar es von der Formel gefordert wird.

Bei der *Verteilungsprobe* und bei dem *Adsorptionsversuch* verhält sich Rubixanthin dem Kryptoxanthin ganz ähnlich (S. 164) und läßt sich chromatographisch nicht quantitativ davon trennen. Mit $SbCl_3$ gibt Rubixanthin in Chloroform eine recht beständige, grünstichig blaue Lösung, die ein Band 595—535 $\mu\mu$ und Endabsorption in Rot zeigt (von 630 $\mu\mu$ an).

Chemisches Verhalten und Konstitution. Bei der katalytischen Hydrierung werden, in Gegensatz zu allen anderen bekannten Xanthophyllen und in Übereinstimmung mit γ-Carotin 12 Mole Wasserstoff gebunden. Auch gibt das Rubixanthin, wie γ-Carotin bei der Ozonisierung 1 Mol. Aceton. Das eine Molekülende ist also acyclisch. Da das Sauerstoffatom im Hinblick auf die ZEREWITINOFF-Bestimmung und auf die biologische Unwirksamkeit des Farbstoffes wohl ein *Hydroxyl* bildet, ergibt sich als sehr wahrscheinliche Formulierung das auf S. 169 stehende Symbol.

3a. Xanthophyll.

(Bruttoformel $C_{40}H_{56}O_2$, und zwar $HCC_{40}H_{54}OH$, Konstitutionsformel S. 192.)

Die untenstehenden Angaben beziehen sich, wenn nichts anderes vermerkt ist, zunächst auf das Gesamtxanthophyll $C_{40}H_{56}O_2$ des grünen Blattes; vgl. hierzu auch den Abschnitt „Lutein", S. 179.

Xanthophyll ist neben Carotin ein nie fehlender Bestandteil des Blattgrüns; es wurde von WILLSTÄTTER und MIEG in prächtigen Krystallen erhalten und analysiert. Methoden für die quantitative Bestimmung stammen namentlich von WILLSTÄTTER und STOLL (1) sowie von KUHN und BROCKMANN (3). Die Menge des Carotins wird von Xanthophyll, der viel später als Carotin entdeckten Komponente des Blattpigments, stets übertroffen. Das Xanthophyll des grünen Blattes kann nicht verestert sein, denn es wurde bereits von WILLSTÄTTER und STOLL (1, dort S. 237) ohne Anwendung von Alkali isoliert. Neue Untersuchungen über den Zustand des Blattxanthophylls stammen von KARRER, HELFENSTEIN, WEHRLI, PIEPER und MORF, sowie von KUHN und BROCKMANN (3) vgl. S. 22.

Vorkommen. Xanthophyll ist in der Natur außerordentlich verbreitet und neben Chlorophyll a, Chlorophyll b sowie Carotin *in jedem grünen Pflanzenteile* anwesend. In 1 kg trockener Blätter wurden z. B. 0,68—1,25 g Xanthophyll gefunden (WILLSTÄTTER und STOLL 1, dort S. 112); auf 1 Mol. Carotin treffen im Lichtblatte etwa 1,5—2 Mol. Xanthophyll, so daß das Verhältnis Carotin/Xanthophyll im Mittel 0,6 ($\pm$ 0,1) beträgt; orientierende Zahlen: Tabelle 17, S. 115; herbstliche Blätter: S. 23; vgl. hierzu auch Angaben bei EULER, DEMOLE, KARRER und WALKER; SJÖBERG; KUHN und BROCKMANN (3), KARRER und WALKER (2).

Rubixanthin (KUHN und GRUNDMANN 4).

Trotz der großen Verbreitung ist leider keine Droge vom Typus der Mohrrübe bekannt, mit einer starken Anhäufung von Xanthophyll als praktisch einzigen Farbstoff.

Verbreitet ist freies und namentlich verestertes Xanthophyll auch in *Blüten*, wo es oft von Carotin, Anthocyan, Flavonfarbstoff begleitet wird; die verschiedenen Pigmenttypen sind mitunter scharf lokalisiert. In die Chemie der Blütenxanthophylle begann man erst in den letzten Jahren einzudringen. (Neuere Literatur z. B. KUHN, WINTERSTEIN und LEDERER; KARRER und SALOMON 4, KUHN und WINTERSTEIN 6, ZECHMEISTER und TUZSON 5, KARRER und NOTTHAFFT usw.; vgl. auch den Abschnitt „Lutein" sowie Tabelle 9, S. 72.)

Nachweis und Bestimmung. Xanthophyll wird *mikrochemisch* durch die S. 78—84 erwähnten Verfahren bzw. Gruppenreaktionen im Gewebe nachgewiesen.

Zur *Unterscheidung von Carotin* dienen einige Angaben der Tabelle 20, S. 126. Reines Xanthophyll löst sich in konzentrierter *Schwefelsäure*, wie Carotin mit tiefblauer Farbe auf; beim Eingießen in Wasser erhält man amorphe, grüne Flocken. Konzentrierte *Salpetersäure* gibt in der Wärme eine ungefärbte Lösung, woraus beim Verdünnen farblose Flocken ausfallen. Beim kurzen Erwärmen löst sich Blattxanthophyll in starker alkoholischer *Salzsäure* mit grüner Farbe, die bald in Blau umschlägt. Eine Lösung von 3 mg Farbstoff in 3 cm³ Chloroform gibt bei 10⁰ mit 0,5 cm³ 0,1 n-*Brom*lösung (in Chloroform) eine vorübergehende olivgrüne Färbung (Unterschied von Carotin). Eine ähnliche, aber beständigere Färbung wird durch ¹/₂ Tropfen *Ferrichlorid* in der heißen, gesättigten holzgeistigen Lösung hervorgerufen. — Mit 25proz. Salzsäure gibt eine ätherische Xanthophylllösung keine Farbenreaktion, im Gegensatz zu den ausgesprochen „basisch" erscheinenden Carotinoiden Violaxanthin, Fucoxanthin, Capsanthin, Capsorubin und Azafrin. — Kennzeichnend für Xanthophyll ist auch das S. 171 beschriebene mikroskopische Bild, besonders die rote Kreuzungsstelle der gelben Krystalle.

Bei dem makrochemischen Nachweis in Pflanzenauszügen sind die S. 90 besprochenen *Entmischungsmethoden* von Bedeutung, die stets einer weiteren Prüfung vorangehen sollten. Unverestertes Xanthophyll wandert beim Schütteln seiner äther-petrolätherischen Lösung mit schwach wasserhaltigem Holzgeist (im Gegensatz zu Carotinen, Lycopin, Kryptoxanthin, Rubixanthin, Physalien und sonstigen Farbwachsen) in die *Unterschicht* und kann bei entsprechender Wahl der Methanolkonzentration auch von Capsanthin, Violaxanthin oder Fucoxanthin getrennt werden (S. 170). Ist das Xanthophyll verestert, oder wird es von sehr viel Fett bzw. Chlorophyll begleitet, so muß vor der Entmischungsprobe eine alkalische

Hydrolyse, z. B. mit Hilfe von methylalkoholischem Kali oder Natriumäthylat, eingeschaltet werden.

Die *colorimetrische Bestimmung* von Xanthophyll neben Carotin im grünen Blatte ist nach WILLSTÄTTER und STOLL (1) S. 93 beschrieben worden, ebenso auch die *Mikrocolorimetrie* nach KUHN und BROCKMANN (3; S. 89). — Für die spektrophotometrische Bestimmung im Blatte siehe die Arbeit von WEIGERT.

Mikromethoden zur Trennung und Bestimmung: S. 102.

Eigenschaften. Vergleich mit Carotin (s. besonders bei WILLSTÄTTER und STOLL 1, WILLSTÄTTER und MIEG; vgl. auch S. 179: „Lutein"). Xanthophyll bildet prachtvolle, stahlblau pleochroitisch glänzende Krystalle und zwar meist granatrote Täfelchen, die makroskopisch den Carotinkrystallen nicht unähnlich sind. Die gepulverte Substanz ist rot bis ziegelrot und erinnert an Mennige. Unter dem Mikroskop sieht man ein so typisches Bild, daß eine Verwechslung mit Carotin ausgeschlossen ist: aus Äthylalkohol krystallisieren große, viereckige Tafeln, an den Spitzen rund abgestumpft; aus Methylalkohol lange, schief abgeschnittene Tafeln bzw. flache Prismen, die an den Enden oft in einer charakteristischen Art „schwalbenschwanzförmig" eingekeilt sind (Abb. 50, S. 290). Kennzeichnend ist auch die Farbe: Einzelkrystalle sind gelb, dort aber, wo sich zwei oder mehrere Tafeln überdecken, ist die Kreuzungsstelle carotinähnlich rot. Demgegenüber erscheint Carotin auch in dünneren Schichten orangerot, nicht gelb. (Farbige Wiedergabe bei ESCHER 1, sowie KARRER und WEHRLI 2.)

Für das Blattxanthophyll findet man meist 173—174⁰ als Schmelzpunkt, oder höhere Werte, bis zu 193⁰. Auf diese Erscheinung, die mit der Uneinheitlichkeit des Xanthophylls (vielleicht auch mit der Säureempfindlichkeit desselben) zusammenhängt, kommen wir noch zurück (S. 176).

Die *Löslichkeit* ist typisch und unterscheidend von Carotin, was bereits anläßlich der Besprechung der Entmischungsmethoden hervorgehoben wurde. Xanthophyll löst sich ziemlich leicht in Alkohol, recht leicht in Äther, fast gar nicht in Petroläther. Zum Lösen von 1 g sind ungefähr erforderlich: 700 cm³ siedender, 5 l kalter Methylalkohol, 300 cm³ Äther (kochend). Chloroform löst sehr leicht, Schwefelkohlenstoff oder Benzol in der Kälte ziemlich schwer, Phenol spielend, Glycerin gar nicht, heißer Eisessig leicht, schwer und träge bei Zimmertemperatur. SCHERTZ (3) fand die folgenden Löslichkeiten pro Liter bei 25⁰: Petroläther

0,0095 g, absoluter Alkohol 0,2015 g, absoluter Methanol 0,1349 g, Äther 0,952 g.

Man krystallisiert das Blattxanthophyll zweckmäßig zunächst aus Methylalkohol um, dann aber durch Lösen in Chloroform und Zusatz von Petroläther, denn so werden krystallflüssigkeit-freie Präparate zum Zwecke der Analyse gewonnen. Abscheidungen aus Holzgeist enthalten nämlich etwa 1 Mol. Krystallmethanol, dessen Menge schwanken kann. Die methanolfreie Form ist ocker- gelb, nicht metallglänzend. Die Entfernung des Krystallmethyl- alkohols gelingt auch durch gelindes Erwärmen mit Benzin (Siedep. 70—80⁰; KUHN, WINTERSTEIN und LEDERER).

Tabelle 30 enthält die auffallendsten Unterschiede zwischen den beiden gelben Blattfarbstoffen (s. bei WILLSTÄTTER und MIEG).

Tabelle 30. Vergleich von Carotin und Xanthophyll.

	Blattcarotin	Blattxanthophyll
Zusammensetzung. . .	$C_{40}H_{56}$	$C_{40}H_{56}O_2$
Typische Krystallform.	rhombische Täfelchen	schwalbenschwanz-förmig eingekerbte Prismen
Farbe in Durchsicht .	rot	gelb
Geht bei der Entmi- schung mit Petroläther- Holzgeist in die . . .	Oberschicht(epiphasisch)	Unterschicht(hypophasisch)
In Petroläther	beträchtlich löslich	unlöslich
In Alkohol.	sehr schwer löslich	beträchtlich löslich
In Aceton	recht schwer löslich	leicht löslich
In Schwefelkohlenstoff	spielend löslich	ziemlich schwer

Adsorptionsversuche mit Xanthophyll: EULER und GARD; vgl. besonders S. 95 und 96.

Xanthophyll ist stark rechtsdrehend. Über den Betrag der von verschiedenen Autoren sehr abweichend gefundenen Drehvermögens s. S. 178.

Schwache Xanthophyllösungen sind goldgelb, stärkere orange- gelb; die Schwefelkohlenstofflösung ist selbst in beträchtlicher Verdünnung rot, sie hinterläßt aber beim Verdampfen auf Filtrier- papier einen reingelben Fleck, während Carotin einen ziegelroten, Lycopin einen braunroten Fleck liefert (farbige Wiedergabe bei ESCHER 1).

Eine Xanthophyllösung in CS_2 ist etwa fünfmal farbkräftiger als in Äther.

Xanthophyll ist in Lösung farbschwächer als Carotin, ein einfaches Zahlenverhältnis gibt es aber nicht, da es mit dem Lösungsmittel und mit der Konzentration wechselt (Tabelle 31).

Tabelle 31. Intensitätsverhältnis von Blattcarotin- und Blattxanthophyll-Lösungen (WILLSTÄTTER und STOLL 1, dort S. 244 [1]).

Schicht von Carotin (mm)	Schicht von Xanthophyll (mm)	Intensitätsverhältnis Carotin/Xanthophyll
Je 10^{-6} Mol. Substanz in 200 cm³ Schwefelkohlenstoff:		
12	50	4,1
25,5	87	3,4
38,5	120	3,1
85	180	2,1
Je 10^{-6} Mol. Substanz in 200 cm³ (Carotin in Petroläther + Äther, Xanthophyll in Äther):		
10	20	2,0
40	60	1,5
91	120	1,3

Sehr stark verdünnte Lösungen sind nicht vergleichbar, weil sie in der Nuance zu verschieden sind, Carotin mehr rot, Xanthophyll grünstichiger.

Spektrum. Die Absorptionskurve des Xanthophylls (in Methanol) wurde nach PUMMERER, REBMANN und REINDEL (1) auf Abb. 14, S. 87 reproduziert (s. auch Abb. 13, S. 85). Für die einfache Ablesung am Gitterspektroskop gilt Tabelle 32. Aus derselben geht deutlich hervor, daß das Xanthophyllspektrum dem

Tabelle 32. Spektrum des Blattxanthophylls (5 mg in 1 l) WILLSTÄTTER und STOLL 1, dort S. 246 [2]).

Lösungsmittel	Schichtdicke (mm)	Band Nr.	$\mu\mu$
Alkohol.	5	I.	484— —472
		II.	454— —441
		Endabsorption	419—
,, ...	10	I.	488—471
		II.	454—440
		Endabsorption	420—
Schwefelkohlenstoff	10	I.	515...501
		II.	482—469
		III.	—
,,	20	I.	516— —501
		II.	483—467
		III.	447...441

[1] Vgl. die abweichenden Angaben von EULER, DEMOLE, KARRER und WALKER, sowie besonders den Abschnitt „Lutein", S. 179.

[2] — bedeutet starke, — — schwächere, ... schwache Beschattung.

des Carotins ähnlich ist, doch sind die Bänder beim sauerstoffhaltigen Pigment gegen das kurzwellige Gebiet verschoben.

Neue Messungen von KUHN, WINTERSTEIN und KAUFMANN (2), mit Angabe der optischen Schwerpunkte:

in absolutem Alkohol: 480, 450, 421 $\mu\mu$,
in Chloroform[1]:   486, 455, 424 $\mu\mu$,
in Schwefelkohlenstoff: 505, 473, 441 $\mu\mu$.

Ultraviolettspektrum: KAWAKAMI (1).
Brechungsindex von Xanthophyll in Chloroform 1,448 (EULER und JANSSON).

Farbreaktionen von Xanthophyll und Carotin: Tabelle 20, S. 126.

Chemisches Verhalten des Blattxanthophylls.

Xanthophyll gibt weder Säure- noch Carbonylreaktionen. Es ist ein zweiwertiger Alkohol und besitzt die Zusammensetzung $HOC_{40}H_{54}OH$ (KARRER, HELFENSTEIN und WEHRLI), die ZEREWITINOFF-Bestimmung zeigt nämlich zwei aktive O-Atome an und der Farbstoff läßt sich mit 2 Molekülen Fettsäure verestern. — Gegen Säure ist Xanthophyll sehr empfindlich (vgl. besonders bei KUHN, WINTERSTEIN und LEDERER), weit größer ist die Beständigkeit gegen Alkali, wodurch z. B. die Isolierung als Nebenprodukt des Chlorophylls erleichtert wird. Immerhin ist die Beständigkeit begrenzt, denn in methylalkoholischem Kali gelöstes Xanthophyll läßt sich nur träge und unvollständig regenerieren (WILLSTÄTTER und PAGE).

Autoxydation. Xanthophyll gehört zu den luftempfindlichsten Carotinoiden. Die ätherische Lösung bleicht viel rascher aus als die des Carotins. Der feste Farbstoff bindet in einigen Wochen rund 36,5% O; Farbe, Krystallisationsfähigkeit und Schwerlöslichkeit gehen dabei verloren (WILLSTÄTTER und MIEG).

Die *Einwirkung von Benzopersäure* verläuft unter Verbrauch von 8 O-Atomen (PUMMERER, REBMANN und REINDEL 1).

Katalytische Hydrierung. In Eisessig werden in Anwesenheit von Platinmohr 11 Mole Wasserstoff gebunden (Beispiel: 0,85 g Substanz, 250 cm³ Eisessig, 1,4 g Pt, Dauer $^3/_4$ Stunden). *Perhydroxanthophyll* $C_{40}H_{78}O_2$ ist ein farbloses, dickes Öl, das nach rechts dreht (z. B. $[\alpha]_D^{20} = + 28^0$, in Chloroform) und viel leichter löslich

---

[1] Angaben von EULER, KARRER, KLUSSMANN und MORF: 487, 456 und 428 $\mu\mu$.

ist als der Farbstoff (ZECHMEISTER und TUZSON 1, 2). Es läßt sich mit Essigsäure zu einem öligen Diacetat verestern (KARRER und ISHIKAWA 1, 2): $CH_3COO\ C_{40}H_{76}OOCCH_3$.

Im *Verhalten gegen Halogene* ist Xanthophyll dem Carotin ähnlich. Bei der Einwirkung von unverdünntem *Brom* entsteht unter HBr-Abgabe ein sauerstoff-freies Bromid $C_{40}H_{40}Br_{22}$ (WILL-STÄTTER und ESCHER 1; ESCHER 1). Brom in Chloroform wirkt milder: es treten 8 Mol. Brom ein; dabei kann unter passenden Versuchsbedingungen eine HBr-Entwicklung vermieden und der Halogenverbrauch titriert werden (ZECHMEISTER und TUZSON 2). Mit *Chlorjod* erinnert die Reaktionsweise nach PUMMERER, REB-MANN und REINDEL (1) an das Lycopin, da nach 24 Stunden nur etwa 10 Doppelbindungen in Reaktion getreten sind und erst nach 7 Tagen alle 11.

Xanthophyll-dijodid $C_{40}H_{56}O_2J_2$ (Mikroaufnahme bei WILL-STÄTTER und MIEG)[1]. Zur Darstellung dieses jodärmsten Additions-produktes, durch dessen Analyse die Molekulargröße von Xantho-phyll bestätigt wurde, läßt man viel weniger als die berechnete Menge des Halogens in Äther einwirken. Es werden büschelförmig angeordnete, lange, dunkelviolette, glänzende Prismen abgeschieden (kein definierter Schmelzpunkt).

Von Natriumthiosulfat wird unverändertes Xanthophyll aus dem Jodid regeneriert, eine Isomerisierung erfolgt nicht (KARRER und WALKER 2).

Synthetische Ester des Xanthophylls (KARRER und ISHIKAWA 1, 2). In Pyridinlösung lassen sich beide Hydroxyle glatt verestern. Man fügt das Säurechlorid zu, erwärmt und isoliert den Ester z. B. durch Fällen mit Holzgeist. Die Ester liefern praktisch dasselbe Spektrum wie Xanthophyll, sie könnten daher in Pflanzenauszügen über-sehen werden. Kennzeichnend ist jedoch die *Entmischungsprobe:* die Ester wandern, wie die Farbwachse allgemein, bei der Ver-teilung zwischen Äther + Petroläther und verdünntem Methanol in die Oberschicht, da sie sich, im Gegensatz zum freien Farbstoff viel leichter in Petroläther als in Alkoholen lösen und darin mit den Polyenkohlenwasserstoffen übereinstimmen.

Die *Schmelzpunkte* der Ester fallen im allgemeinen mit zunehmender Länge der Kohlenstoffkette. Im Original sind Angaben über die folgenden Xanthophyllester enthalten (Schmelzp. eingeklammert): Diacetat (170°),

---

[1] In PALMERS (1) Monographie, dort S. 232, Tafel 2, sind die Abbildungen von Xanthophylljodid und von Lycopin zu vertauschen.

Dipropionat (138⁰), Dibutyrat (156⁰), Divalerat (128⁰), Dicapronat (117⁰), Diönanthat (111⁰), Dicaprylat (108⁰), Dipalmitat (89⁰), Distearat (87⁰), Dibenzoat (etwa 165⁰), Di-p-nitrobenzoat (210⁰). Die letztere Verbindung ist, zufolge ihrer außerordentlichen Schwerlöslichkeit, zur Abscheidung und Kennzeichnung des Xanthophylls geeignet. Die meisten Ester krystallisieren in Blättchen, das Acetat bildet Drusen.

Äther des Xanthophylls. Es ist schwierig, die Hydroxyle des Xanthophylls zu veräthern. KARRER und JIRGENSONS gelang die Darstellung eines Monomethyläthers (Nadeln, Schmelzp. 150⁰). Der Dimethyläther ist noch unbekannt.

Oxydativer Abbau und Konstitution des Xanthophylls: S. 190.

Das als Wachstumsvitamin an der Ratte inaktive Xanthophyll wird von PBr_3 in ein A-wirksames Produkt von unbekannter Struktur verwandelt (EULER, KARRER und ZUBRYS).

Isomere Xanthophyllarten. Uneinheitlichkeit des Blattxanthophylls.

Das in zahllosen Objekten vorkommende Xanthophyll hat man erst aus verhältnismäßig wenigen Pflanzenmaterialien gewonnen, es unterliegt aber keinem Zweifel, daß die Natur mehrere Isomere von der Zusammensetzung $C_{40}H_{56}O_2$ hervorbringt. Es sind dies *hydroxylhaltige Polyenfarbstoffe mit 40 C-Atomen*, die bei der Verteilung zwischen Petroläther und 90proz. Methanol (mit Ausnahme des Krypto- und Rubixanthins) vorzugsweise die Unterschicht aufsuchen, oder falls sie verestert sind, nach erfolgter Hydrolyse ein solches Verhalten zeigen. Da dieses Merkmal durch die Anwesenheit von mehr als 2 Sauerstoffatomen nicht wesentlich verändert wird, kann man auch die sauerstoffreicheren Pigmente Flavoxanthin $C_{40}H_{56}O_3$, Violaxanthin $C_{40}H_{56}O_4$, Taraxanthin $C_{40}H_{56}O_4$ und Fucoxanthin $C_{40}H_{56}O_6$ zwanglos in die Reihe der „*Xanthophylle*" einordnen, und so die Gruppenbezeichnung ausdehnen[1].

Das im vorangehenden Abschnitt beschriebene Präparat soll ausdrücklich als „*Blattxanthophyll*" bezeichnet werden. Sowohl aus chemischen, wie aus pflanzenphysiologischen Gründen ist es naheliegend, daß im intermediären Stoffwechsel *Gemische von verschiedenen Xanthophyllarten* entstehen können. Die sichere Entscheidung, ob fallweise ein chemisches Individuum, oder ein aus sehr ähnlichen Komponenten bestehendes Gemenge vorliegt, war

---

[1] KARRER und Mitarbeiter gebrauchen dafür den Ausdruck „*Phytoxanthine*".

bis zur Einführung der chromatographischen Adsorptionsmethode von Tswett in die präparative Chemie der Polyene schwierig oder unmöglich.

Im vorigen Abschnitt ist das Xanthophyll des grünen Blattes so beschrieben worden, wie es nach den klassischen Methoden von Willstätter und seiner Schule tatsächlich erhalten wird. Der *Frage nach der Homogenität von Xanthophyllpräparaten* sind die folgenden, zunächst historischen Ausführungen gewidmet.

Namentlich in der botanischen Literatur hat man wiederholt die Ansicht vertreten, daß das Blattxanthophyll aus *mehreren, einander ähnlichen Komponenten* besteht (vgl. z. B. das ausführliche Referat bei Palmer 1, dort S. 37, 44, 224). Tswett (2, 3) kam durch Untersuchung von Extrakten, namentlich aus *Plantago* und *Lamium album* mit Hilfe seiner chromatographischen Adsorptionsmethode (S. 94) zur Überzeugung, daß mindestens drei, vielleicht aber vier Xanthophylle im Blattpigment vorliegen, die er provisorisch als α-, α'-, α''- bzw. β-Xanthophyll bezeichnet[1]. Die Unterschiede beziehen sich auf das Verhalten bei der Adsorption, auf Differenzen im Spektrum und teils auf Farbreaktionen mit Salzsäure. Ähnliche Beobachtungen wurden später unter anderem von Palmer und Eckles an Blätterextrakten aus *Medicago sativa* gemacht. Leider sind die Tswettschen Xanthophyllarten seinerzeit weder rein dargestellt noch analysiert worden.

Wohl deshalb ließen Willstätter und Stoll (1, dort S. 234) die Frage nach der Einheitlichkeit des Blattxanthophylls offen (1913) und sie fassen ihre Meinung folgend zusammen: „Indessen gelangt M. Tswett anscheinend zu einer noch weitergehenden Auflösung des Blattgelbs. ... Tswett hält das Xanthophyll von Willstätter und Mieg für ein isomorphes Gemisch von zwei oder drei Xanthophyllen, worin α überwiegt. Es ist nicht unmöglich, daß die Annahme des verdienten Botanikers, wie so viele seiner Beobachtungen, zutrifft. Wenn wir die außerordentliche Ähnlichkeit des Xanthophylls der Blätter mit dem Xanthophyll aus dem Hühnereidotter — nur der Schmelzpunkt ist unterscheidend — berücksichtigen, so können wir die Möglichkeit nicht ausschließen, daß die Krystalle des Xanthophylls der Chloroplasten aus sehr ähnlichen isomorphen

---

[1] Über die von Tswett nur in Lösung erhaltenen Xanthophyllarten läßt sich derzeit folgendes sagen: $\alpha =$ Lutein, α' und α'' enthalten das Violaxanthin, vielleicht auch Isomere, β ist noch nicht identifiziert, von Violaxanthin verschieden (Kuhn und Brockmann 3).

und isomeren Körpern bestehen, für deren Trennung wir keine präparativen Methoden haben. Indessen wäre es auch möglich, daß bei der chromatographischen Analyse Xanthophyll durch Oxydation, der es in adsorbiertem Zustande besonders leicht unterliegt, Veränderungen erlitten hat.“ (Vgl. auch WILLSTÄTTER und PAGE, dort S. 254.)

KYLIN (2) findet auf capillaranalytischem Wege drei Xanthophyllarten im grünen Gewebe, welche als Xanthophyll, Phylloxanthin und Phyllorhodin bezeichnet werden. Auch KARRER, SALOMON und WEHRLI haben frühzeitig Zweifel an der Einheitlichkeit des Xanthophylls aus Blättern geäußert, nachdem sie den Schmelzpunkt ihrer Präparate durch häufiges Krystallisieren aus absolutem Methylalkohol bis zu 186—187⁰ (unkorr.) steigern konnten; diese Fraktionen sind wohl mit „Lutein“ (S. 179) identisch (s. auch KARRER und HELFENSTEIN 2, H. FISCHER). ZECHMEISTER und TUZSON (2) erhielten aus der selben Brennesselmehlprobe je nach dem angewandten Extraktionsverfahren sehr ungleich drehende, analysenreine Präparate: $[\alpha]_C = + 137$ bis zu $+ 192^0$ und schlossen, daß das Blattxanthophyll aus verschieden drehenden Isomeren besteht. Es lassen sich auch Fraktionen mit $[\alpha]_C = + 90$ bis 120⁰ bereiten (KARRER, HELFENSTEIN, WEHRLI, PIEPER und MORF).

Die Ansichten über die Existenz von isomeren Xanthophyllen wurden schon frühzeitig dadurch unterstützt, daß es WILLSTÄTTER und ESCHER (2) gelungen war, aus dem Eidotter das schön krystallisierte „Lutein“ (Zusammensetzung gleichfalls $C_{40}H_{56}O_2$) abzuscheiden, das in den allermeisten Eigenschaften mit dem Blattxanthophyll übereinstimmt. Ein Xanthophyllpräparat aus Schaf- und Kuhkot steht dem Eierlutein noch näher (FISCHER; KARRER und HELFENSTEIN 2).

Eine neuere, vergleichende Untersuchung über pflanzliches und tierisches Xanthophyll haben KUHN, WINTERSTEIN und LEDERER durchgeführt. Sie finden, daß das Pigment des Eidotters nicht einheitlich ist, sondern größtenteils aus einer wohldefinierten Xanthophyllart „Lutein“ $C_{40}H_{56}O_2$ (zur Nomenklatur vgl. S. 180) besteht; daneben kommt Zeaxanthin $C_{40}H_{56}O_2$ vor (entdeckt von KARRER, SALOMON und WEHRLI im Maispigment). Lutein bildet *den überwiegenden Hauptbestandteil des Blatt- bzw. Blütenxanthophylls* z. B. aus folgenden Ausgangsmaterialien (KUHN, WINTERSTEIN und LEDERER):

a) *Grüne Laubblätter:* Roßkastanie *(Aesculus hippocastanum)*, Brennessel *(Urtica dioica)*, Wiesenklee *(Trifolium pratense)*, Gelber Mais *(Zea mays)*, Luzerne *(Medicago sativa)*, Spinat *(Spinacia glabra)* und Gras. b) *Gelbe Blütenblätter: Tagetes grandiflora, T. erecta, T. patula, T. nana, Helenium autumnale, Rudbecchia Neumannii, Helianthus annuus* (vorwiegend als Dipalmitinsäureester: „Helenien", S. 184).

Die Autoren schreiben: „Es ist wohl denkbar, daß in den Chloroplasten der untersuchten Laubblätter unter anderen Vegetationsbedingungen ein Xanthophyll gebildet wird, das verschieden ist von dem, das wir erhalten haben. In *kleinen* Mengen sind sicherlich noch andere Farbstoffe in den Xanthophyllfraktionen enthalten." *Die zusammengesetzte Natur des Gesamtxanthophylls wird also prinzipiell auch durch diese Arbeit bestätigt,* aber das starke Vorwiegen des als chemische Einzelverbindung definierten *Luteins* festgestellt. Zur Erklärung einiger abweichenden Literaturangaben (z. B. von Zechmeister und Tuzson 2) kommt nach Kuhn, Winterstein und Lederer die erstaunliche Säureempfindlichkeit der Xanthophylle in Betracht; so vermag schon 0,00001 n-Oxalsäure den Schmelzpunkt des Luteins um 20^0 zu senken und gleichzeitig das Drehvermögen um 50^0 zu steigern. Eine Erklärung von *niedriger* als für das „Lutein"-Präparat gefundenen Drehwerte ergibt sich dadurch natürlich noch nicht. Karrer, Helfenstein, Wehrli, Pieper und Morf haben für Xanthophyll aus Gras auch $[\alpha]_C = + 90^0$ gemessen; ein schwankender Methanolgehalt ist für die Erklärung von derartigen Abweichungen nicht ausreichend.

Eine sehr gut definierte Xanthophyllart ist das *Zeaxanthin* $C_{40}H_{56}O_2$ (Karrer, Salomon und Wehrli), das im Blattgrün nicht vorkommt, dagegen in Fruchthäuten und Samen recht verbreitet ist, sowohl frei als auch verestert, z. B. in Form seines Dipalmitates Physalien (S. 184, 193).

Nachfolgend wird erst das Lutein, dann das Zeaxanthin eingehender geschildert; ihre natürlichen Ester s. S. 184 bzw. 193.

3b. Lutein.

(Bruttoformel $C_{40}H_{56}O_2$, und zwar $HOC_{40}H_{54}OH$, Konstitutionsformel S. 192.)

Vor längerer Zeit haben Willstätter und Escher (2) ein schön krystallisiertes Carotinoid aus dem Hühnereidotter isoliert, das von ihnen *Lutein* genannt wurde und eine *überraschende Ähnlichkeit mit Xanthophyll* aus grünen Blättern aufweist. Diese

Ähnlichkeit erstreckt sich auf die Zusammensetzung $C_{40}H_{56}O_2$ und auf die Eigenschaften in einem solchen Maße, daß zunächst nur der hohe Schmelzpunkt des Luteins 196° (korr.) als Unterscheidungsmerkmal galt. Später wurde ein viel schwächeres Drehvermögen am Eigelbpräparat als am Blattxanthophyll beobachtet: $[\alpha]_C =$ etwa $+ 70°$ (KARRER und HELFENSTEIN 2). Neuestens konnten KUHN, WINTERSTEIN und LEDERER durch Anwendung der chromatographischen Analyse (S. 94) das Eierlutein von WILLSTÄTTER und ESCHER (2) in folgende Isomere *zerlegen*, was auch im Wege der lichtelektrischen Photometrie der Spektren bestätigt wurde (KUHN und SMAKULA):

1. Etwa $^2/_3$ des Dotterpigments besteht in den untersuchten Eiern aus einer Xanthophyllart $C_{40}H_{56}O_2$, dessen Kennzahlen die folgenden sind: Schmelzp. 193° (korr.), rechtsdrehend, $[\alpha]_{Cd} = + 160°$ (in Chloroform) bzw. $+ 145°$ (in Essigester).

2. Daneben kommt, z. B. in einer Menge von $^1/_3$, Zeaxanthin $C_{40}H_{56}O_2$ vor (Schmelzp. 207°, korr.; linksdrehend [1], $[\alpha]_C = - 70°$, S. 184).

Für die erstere, quantitativ überwiegende Komponente, welche mit dem Hauptbestandteil des Blattxanthophylls $C_{40}H_{56}O_2$ *identisch ist, haben die Autoren den bisher für den Gesamtfarbstoff des Eidotters geltenden Namen „Lutein" beibehalten.*

Diese *Nomenklatur* fand indessen keine allgemeine Annahme und die Bezeichnung „Xanthophyll" bzw. „Blattxanthophyll" wird weiter gebraucht (EULER und KLUSSMANN 1; KARRER und WEHRLI 2; KARRER und NOTTHAFFT usw., dazu die Erwiderung von KUHN und LEDERER 6). Für die Registrierung und bei dem Vergleich von Literaturangaben bestehen demzufolge Schwierigkeiten: KUHN und Mitarbeiter machen von „Xanthophyll" nur noch als Sammelbegriff Gebrauch und nennen die von ihnen isolierte, individuelle Xanthophyllart „Lutein". Demgegenüber hat die KARRERsche Schule den historischen Namen für den Hauptbestandteil des Blatt*xanthophylles* beibehalten und für die Polyenalkohole der C_{40}-Reihe den Ausdruck „*Phytoxanthine*" geprägt (KARRER und NOTTHAFFT).

Das Dotterpigment ist unzweifelhaft pflanzlichen Ursprungs [2] und sein Hauptbestandteil mit demjenigen des Blätterxantho-

---

[1] Nach einer neuen Arbeit von KUHN und GRUNDMANN (6) ist reines Zeaxanthin optisch inaktiv (Schmelzp. 215,5°).

[2] Näheres s. im Kapitel über tierische Carotinoide, S. 276.

phylls identisch. Derselbe Farbstoff kommt auch in Blüten vor, entweder frei oder in Form des Dipalmitates Helenien (Tabelle 9, S. 72).

Mikrochemische Bestimmung und *Trennung* von anderen Carotinoiden nach KUHN und BROCKMANN (3, S. 102).

Isolierung *des Luteins aus Brennesseln* (KUHN, WINTERSTEIN und LEDERER; ähnlich verläuft die Aufarbeitung von Kastanienblättern, Klee usw.). 6 kg getrocknete Brennesseln wurden sofort nach dem Mahlen in der Kugelmühle mit 8 l 80proz. Methanol übergossen und in vollkommen gefüllten Pulverflaschen 4 (bis 12) Wochen stehen gelassen. Man saugt auf 6 Nutschen (Durchmesser 40 cm) ab und extrahiert auf den Nutschen der Reihe nach mit insgesamt 8—9 l peroxydfreiem Äther, wobei der Extrakt von Nutsche 1 auf Nutsche 2 kommt usw. Zuletzt wird mit insgesamt 2—3 l Methanol nachgewaschen. Die ersten Chargen waren vollständig extrahiert, die Rückstände auf Nutsche 5 und 6 noch schwach grün. Die vereinigten Extrakte (11 l) wurden mit 6 l Wasser versetzt, 3 Stunden stehen gelassen und die untere Phase abgezapft. Man schüttelt die Ätherschicht (6 l) mit 500 cm^3 10proz. methylalkoholischem Kali auf der Maschine, gibt 2 l Wasser zu und vervollständigt die Hydrolyse über Nacht mit 500 cm^3 3proz. methylalkoholischem Kali. Der Äther wird dann bis zur neutralen Reaktion gegen Phenolphtalein mit Wasser gewaschen, über Natriumsulfat getrocknet und im CO_2-Strom auf 300 cm^3 eingeengt. Beim Erkalten fielen 1,5 g Lutein aus, beim Einengen auf 150 cm^3 weitere 2,0 g, aus dem Filtrat nach Zusatz von 150 cm^3 Benzin 1,2 g, aus dessen Mutterlauge nach Entmischen mit 80proz. Methanol 0,8 g und durch Wasserzusatz 0,5 g. Summe 6 g. (Nur die letztere Fraktion enthielt etwas Violaxanthin.)

Darstellung von Lutein aus Tagetes grandiflora (oder *T. erecta*, *T. patula* und *T. nana* EHRENKREUZ). Die frischen Blütenblätter werden bei Zimmertemperatur getrocknet und in der Kugelmühle vermahlen. 200 g Pulver läßt man mit 500 cm^3 Petroläther (Siedep. 30—50°) 3 Stunden stehen, saugt ab und wäscht mit 250 cm^3 Petroläther nach. Zur Verseifung des Polyenesters werden die vereinigten tiefroten Filtrate mit 1 g Natriumäthylat in 20 cm^3 96proz. Alkohol versetzt. Nach etwa 10 Minuten beginnt das Lutein auszukrystallisieren, es wird nach 1—2 Stunden filtriert und mit Petroläther gewaschen. Rohausbeute 3,1 g. Man löst das Lutein in 300—400 Teilen Methanol + Äther 1:1 und dampft den Äther so weit ab, bis die Krystallisation in der Wärme beginnt. Das Präparat wird am besten durch Entmischung zwischen Petroläther und wäßrigem Methanol und einmalige Krystallisation aus Methanol + Äther gereinigt (KUHN, WINTERSTEIN und LEDERER).

Darstellung aus der Sonnenblume vgl. ZECHMEISTER und TUZSON (5, 9). Über *Blütenxanthophylle* s. auch die Arbeit von KARRER und NOTTHAFFT, sowie S. 170.

Eigenschaften (KUHN, WINTERSTEIN und LEDERER). Lutein ähnelt dem Blätter-*Xanthophyll*-Präparat von WILLSTÄTTER und

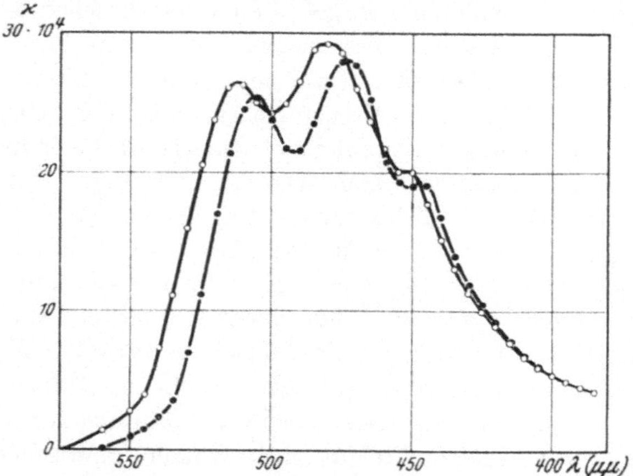

Abb. 30. Absorptionskurven von Zeaxanthin (links) und Lutein (rechts) in CS_2, nach KUHN und SMAKULA.

MIEG in außerordentlichem Maße, so daß im allgemeinen auf dessen Beschreibung verwiesen werden darf (S. 171). Der Farbstoff bildet, aus Holzgeist umkrystallisiert und langsam abgeschieden, metallglänzende, flache Prismen, die öfters schwalbenschwanzartig eingekerbt sind. Unter dem Mikroskop sind die Kreuzungsstellen orangerot bis rubinrot. Die Krystalle enthalten Methylalkohol. Bei raschem Erkalten scheidet sich der Farbstoff in einer ockergelben, methanolfreien Form ohne Metallglanz ab, deren Umwandlung in die metallglänzende Form unter Methylalkohol spontan eintreten kann. Regelmäßig läßt sich die Umlagerung durch gelindes Erwärmen hervorrufen. Aus Äther + Methanol erhält man immer die metallglänzenden Krystalle. Rohes Lutein wird am besten durch ein- bis zweimalige Entmischung zwischen Petroläther und Methanol und einmaliges Umkrystallisieren gereinigt, wobei der Schmelzpunkt über 190° steigt und nur wenig Farbstoff verloren geht.

Von *Zeaxanthin unterscheidet* sich Lutein unter anderem durch die größere Löslichkeit in siedendem Methanol (1:700 statt 1:1550), durch den niedrigeren Schmelzpunkt 193° (korr., statt 207°), sowie durch sein Spektrum: Schwerpunkte in CS_2: 508, 475, 445 $\mu\mu$; in Benzin: 477,5, 447,5 $\mu\mu$, in Alkohol: 476, 446,5, 420 $\mu\mu$.

Spektroskopischer Vergleich mit Zeaxanthin: Tabelle 34, S. 188. Resultate der lichtelektrischen Photometrie: KUHN und SMAKULA. Ultraviolettspektrum: KAWAKAMI (1). Röntgenuntersuchung der Krystalle: MACKINNEY.

Tabelle 33. Unterscheidung von Lutein und Violaxanthin
(KUHN und WINTERSTEIN 6).

	Lutein	Violaxanthin
Formel	$C_{40}H_{56}O_2$	$C_{40}H_{56}O_4$
Konzentrierte Ameisensäure (kalt)	löst sich langsam olivgrün	löst sich tiefblau
Eisessig	bleibt auch in heißem Eisessig gelb	löst sich langsam grasgrün; bei Erwärmen steigt die Intensität
Pikrinsäure in Äther .	in 24 Stunden keine Farbreaktion	in 2 Minuten oliv, dann beständig grasgrün

Mit verdünnten Mineralsäuren gibt Lutein keine Farbreaktion, hingegen erleidet es infolge seiner außerordentlichen Säureempfindlichkeit schon mit Spuren mittelstarker organischer Säure Veränderungen, die sich im Ansteigen des Drehvermögens und Sinken des Schmelzpunktes äußern (KUHN, WINTERSTEIN und LEDERER).

Luteinpräparate sind im Gegensatz zum Zeaxanthin, stark rechtsdrehend: $[\alpha]_{Cd} = +160°$ (in Chloroform) bzw. $+145°$ (in Essigester).

Adsorptionsverhalten: Lutein wird aus CS_2 oder Benzin auf Calciumcarbonat festgehalten und nimmt, relativ zu anderen Polyenen, die auf S. 95 angegebene Lage im Chromatogramm ein. Nachdem das A-Vitamin auf $CaCO_3$ nicht hängen bleibt, ergibt sich eine Trennung von Lutein bzw. anderen Xanthophyllarten (KARRER und SCHÖPP).

„*Cucurbitaxanthin*" $C_{40}H_{56}O_2$. Unter diesem Namen wurde von SUGINOME und UENO ein aus den Früchten der *Cucurbita maxima* DUCH. (Riesenkürbis) isoliertes Präparat beschrieben, das aber mit Lutein identisch ist und einer besonderen Bezeichnung nicht bedarf (ZECHMEISTER und TUZSON 11).

4. Helenien (Lutein-dipalmitinsäureester).

(Bruttoformel $C_{72}H_{116}O_4$, und zwar $C_{15}H_{31}COOC_{40}H_{54}OOCC_{15}H_{31}$, Konstitutionsformel der alkoholischen Komponente Lutein, s. S. 192.)

KUHN und WINTERSTEIN (5) fanden in den folgenden Blüten vorzugsweise mit Palmitinsäure verestertes Lutein („Helenien", mit Physalien isomer): *Arnica montana, Cheiranthus Sennoneri, Doronicum Pardalianches, Helenium autumnale, H. grandicephalum, Heliopsis scabrae major, H. sc. cinniaeflorae, Narcissus pseudonarcissus, Silphium perfoliatum, Tagetes aurea, T. patula, T. nana* Ehrenkreuz, *Tropaeolum majus*.

Ein hochprozentiges Helenienpräparat wird nach KUHN, WINTERSTEIN und LEDERER erhalten, wenn man das Blütenmehl des *Tagetes* dreimal mit Methanol, dann mit 90proz. Aceton auskocht und mit 100proz. Aceton über Nacht stehen läßt, wobei noch kein Farbstoff in Lösung geht. Durch Auskochen mit 100proz. Aceton läßt sich dann das Helenien extrahieren. Es wird in Petroläther übergeführt, aus dem ein Produkt vom Schmelzp. 81—82⁰ auskrystallisiert (andere Verfahren im Original). Helenien krystallisiert aus Alkohol in feinen, roten Nadeln und schmilzt bei 92⁰. Optische Schwerpunkte in Benzin (Siedep. 70—80⁰): 477, 447,5 $\mu\mu$ (KUHN und BROCKMANN 3). Bei der Verseifung liefert Helenien 1 Molekül Lutein und 2 Mole Palmitinsäure. *Mikrochemische Bestimmung* S. 102.

5. Zeaxanthin.

(Bruttoformel $C_{40}H_{56}O_2$, und zwar $HOC_{40}H_{54}OH$, Konstitutionsformel S. 192.)

Vorkommen. Nachdem schon THUDICHUM darauf hingewiesen hatte, daß das Pigment des gelben Maises *(Zea mays)* dem Karottenfarbstoff nahe steht, haben PALMER und ECKLES vermutet, daß Xanthophyll vorliegt. ESCHER beobachtete aber kleine Mengen eines schön krystallisierten Farbstoffes, dessen mikroskopische Form von Blätterxanthophyll und Eierlutein verschieden war (unveröffentlicht). Erst KARRER, SALOMON und WEHRLI ist es gelungen, das Pigment in präparativem Maßstabe analysenrein abzuscheiden und zu kennzeichnen (KARRER, WEHRLI und HELFENSTEIN). Sie stellen fest, daß das Maiscarotinoid, *Zeaxanthin* $C_{40}H_{56}O_2$ genannt, nicht identisch, sondern isomer mit dem Blattxanthophyll ist, von dem es weit mehr als Lutein in seinen Eigenschaften abweicht.

Bei der Verarbeitung von *Zea mays* betrug die Ausbeute nur 0,1—0,2 g Farbstoff aus 100 kg Maismehl, es stehen jedoch ausgiebigere Rohmaterialien zur Verfügung, da Zeaxanthin, namentlich in Samen und Fruchthäuten sehr verbreitet ist (Tabelle 9, S. 72). Es kommt meist in Form von Fettsäureestern im Gewebe vor, von denen das Dipalmitat unter dem Namen „Physalien“ bekannt wurde (S. 193).

Die Isolierung von krystallisiertem Zeaxanthin führte unter anderen zu den folgenden Ergebnissen:

1 kg trockene Kelchblätter des *Physalis Alkekengi* und *Ph. Franchetti* liefern 4 g Zeaxanthin, das als Physalien im Gewebe enthalten war (KUHN und WIEGAND; KUHN, WINTERSTEIN und KAUFMANN 1, 2).

1 kg frische Bocksdornbeeren *(Lycium halimifolium)* ergeben nach Hydrolyse des Physaliens 0,4—0,5 g Zeaxanthin (ZECHMEISTER und CHOLNOKY 12).

1 kg frische Sanddornbeeren *(Hippophae rhamnoides)*: 0,025 g Zeaxanthin (KARRER und WEHRLI 1). Auch hier kommt Physalien in der Frucht vor (WINTERSTEIN und EHRENBERG).

1 kg Samen des Spindelbaumes *(Evonymus europaeus)*: 0,2 g Zeaxanthin, das unverestert im Arillus enthalten ist (ZECHMEISTER und SZILÁRD; ZECHMEISTER und TUZSON 6).

Zeaxanthinester sind auch in der Paprikafrucht *(Capsicum annuum)* in erheblichen Mengen enthalten. Ferner besteht nach KUHN, WINTERSTEIN und LEDERER z. B. ein Drittel des Eidotterpigments aus Zeaxanthin, dessen Menge durch entsprechende Fütterung gesteigert werden kann. Zeaxanthin kommt auch in Blüten vor, z. B. in *Senecio Doronicum* (KARRER und NOTTHAFFT).

Mikromethoden zur Trennung von anderen Carotinoiden und zur quantitativen Bestimmung nach KUHN und BROCKMANN (3): S. 102 und 89.

Isolierung. *a) Aus Mais* (KARRER, WEHRLI und HELFENSTEIN). Je 15 kg stark gelber Maisgrieß wurden fein vermahlen und mit 15 l Alkohol im Extraktionsapparat durch fortwährendes Überdestillieren und Abhebern ausgezogen, bis der abfließende Extrakt nur noch schwach gelb war. Man engt auf wenige Liter ein, versetzt je 1 l Extrakt mit 1 l Benzol und gibt zur dünnflüssigen Lösung in einem Stutzen, unter Umrühren 1 l Wasser zu, wodurch sich das Eiweiß ausscheidet. Die Masse wird im Koliertuch ausgepreßt, die rote Benzolschicht von der farblosen Schicht getrennt und die filtrierte, mit Natriumsulfat getrocknete Lösung auf dem Dampfbad, später im Vakuum möglichst weit eingeengt. Das zurückbleibende braunrote Öl kocht man 1 Stunde lang im Stickstoffstrom auf dem Wasserbade, unter Rückfluß mit 2 n-methylalkoholischem Kali (0,22 g KOH auf 1 g Öl) und schüttelt nach Zugabe der fünffachen Wassermenge viermal mit je $^1/_2$ Vol. Äther aus (eventuell unter Zusatz von konzentrierter Kochsalzlösung). Die alkalische Schicht verbleibt braunrot. Die mit Natriumsulfat getrocknete ätherische Lösung wurde auf etwa 750 cm³ eingeengt, filtriert und im Vakuum auf dem Wasserbade vollständig abgedampft. Man kocht die zurückgebliebene, braunrote Masse mit 400 cm³ Ligroin aus, wobei der größere Teil des Farbstoffes ungelöst bleibt. Dieser Rückstand ergibt nach Umkrystallisieren aus absolutem Methylalkohol, Auskochen mit Ligroin und nochmaligem Auskrystallisieren den reinen Farbstoff. (Aus den Ligroinextrakten kann noch etwas Zeaxanthin gewonnen werden.)

Isolierung des Mais-Zeaxanthins auf chromatographischem Wege: KUHN und GRUNDMANN (5). Ergiebiger sind die Darstellungsverfahren b) und c):

b) Aus Physalien (nach KUHN, WINTERSTEIN und KAUFMANN 2). Die Lösung von 3 g Physalien in 500 cm³ Äther wird mit 60 cm³ 10proz. methylalkoholischem Kali unter öfterem Umschütteln 4 Stunden bei Zimmertemperatur stehen gelassen und mit 50 cm³ Wasser versetzt. Man verdünnt die abgetrennte, etwas farbstoffhaltige alkoholische Schicht mit 100 cm³ Wasser, stumpft mit verdünnter Schwefelsäure ab und schüttelt zweimal mit je 100 cm³ Äther aus, wobei nahezu aller Farbstoff in den Äther geht. Die mit der Hauptmenge der Ätherlösung vereinigten Ätherauszüge werden sorgfältig, anfangs ohne zu schütteln, mit Wasser gewaschen, bis die Waschwässer beim Ansäuern keine Palmitinsäure mehr ausfallen lassen; sodann wäscht man mit ganz verdünnter Essigsäure und schließlich mit Wasser. Beim fortschreitenden Waschen der Ätherschicht beginnt sich Zeaxanthin in glänzenden, schönen Krystallen auszuscheiden. Um ein vorzeitiges Ausfallen zu verhindern, setzt man gegen Ende dem Äther noch etwas Alkohol zu. Ist aller Alkohol ausgewaschen, so krystallisieren 0,3 g Zeaxanthin aus. Die angewärmte ätherische Mutterlauge wird kurz mit Natriumsulfat getrocknet; über Nacht schieden sich z. B. 0,25 g Zeaxanthin ab. Die ätherische Lösung liefert beim Einengen auf 50 cm³ weitere 0,2 g und schließlich die Mutterlauge davon, nach Behandlung mit Petroläther, noch 0,35 g. Einmaliges Umkrystallisieren aus möglichst wenig Chloroform und absolutem Äther genügt zur Reinigung. Ausbeute, die vermutlich noch zu steigern sein wird: 70%.

c) Direkte Darstellung aus Bocksdornbeeren. Die Häute werden durch Einlegen in Alkohol entwässert, getrocknet, vermahlen und mit Äther perkoliert. Man läßt den Auszug 3 Tage über methylalkoholischem Kali stehen, versetzt mit viel Wasser, wäscht die Oberschicht alkalifrei und verdampft die getrocknete Ätherlösung. Der Rückstand wird mit wenig eiskaltem Methanol angerieben, genutscht und mit Petroläther gewaschen (ZECHMEISTER und CHOLNOKY 12).

Beschreibung und Verhalten (KARRER, WEHRLI und HELFENSTEIN, ferner KUHN, WINTERSTEIN und KAUFMANN 2; KUHN und WINTERSTEIN 6; ZECHMEISTER und CHOLNOKY 12).

Zeaxanthin krystallisiert aus Methylalkohol in gelben, langgestreckten Blättchen, die zu Büscheln vereinigt sein können (Abb. 52—56, S. 291; farbige Aufnahme bei KARRER und WEHRLI 2). Die Krystalle sind frei von Methanol (Unterschied von Blattxanthophyll), erscheinen an Kreuzungsstellen nicht gelbrot, sondern nur dunkler mattgelb und zeigen seltener schwalbenschwanzförmige Einkerbungen. Besonders schön krystallisiert der Maisfarbstoff aus Äthylalkohol, in kurzen, dicken, rhombischen Prismen, die an Carotin erinnern. Bei Überschneidungen dicker Individuen kann hier orangerote bis rubinrote Farbe auftreten. Aus Schwefelkohlenstoff scheidet sich Zeaxanthin auf Zusatz von Petroläther in büschelartig angeordneten Nadeln bzw. Prismen aus, die röter erscheinen als Krystalle aus Holzgeist. Makroskopisch bildet Zeaxanthin, aus viel Methanol abgeschieden, ein dunkel ziegelrotes, glänzendes, teils verfilztes Krystallpulver. Präparate aus Äthylalkohol sind oft carotinähnlich; sie bestehen aus prachtvoll stahlblau glänzenden Täfelchen, deren Gestalt ohne optischen Hilfsmittel zu erkennen ist. Rasch aus Alkoholen gefällte Präparate bilden ein ockergelbes Pulver, ohne Metallglanz. Aus Chloroform + Äther erscheinen metallglänzend violette, rautenähnliche Krystalle. Der Schmelzpunkt liegt sehr hoch (207°, korr.), nach KUHN und GRUNDMANN (6) bei 215,5° (korr.).

Zeaxanthin ist schwer löslich in Petroläther, Ligroin, Methanol, leichter in Schwefelkohlenstoff, Benzol, Chloroform, Tetrachlorkohlenstoff, Pyridin und Essigester. Im allgemeinen ist es schwerer löslich als Blattxanthophyll (Lutein), namentlich in kochendem Methylalkohol (1 : 1550). Es ist merkwürdig, daß sich 0,1 g Zeaxanthin, das in 5—10 cm³ Eisessig suspendiert ist, auf Zusatz von 5 cm³ Hexan klar löst, obwohl es von Hexan allein nicht aufgenommen wird. Bei der Entmischungsprobe ist das Verhalten des Zeaxanthins rein „xanthophyllartig". Im Gegensatz zu den Isomeren drehen die meisten Zeaxanthinpräparate nach links: $[\alpha]_C = -70^0$ (in Chloroform), $[\alpha]_{Cd} = -55^0$ (in Essigester), nach KUHN und GRUNDMANN (6) ist jedoch reines Zeaxanthin (aus *Physalis*) optisch inaktiv, $[\alpha]_{Cd}^{20} = \pm 5^0$.

Die Absorptionsbänder des Zeaxanthins sind gegenüber Lutein bzw. Blattxanthophyll (noch mehr gegen Violaxanthin) nach dem Langwelligen verschoben (Tabelle 34).

Tabelle 34. Optische Schwerpunkte von Zeaxanthin und Lutein (KUHN und WINTERSTEIN 6, KUHN und SMAKULA).

	Zeaxanthin $\mu\mu$	Lutein $\mu\mu$
In Schwefelkohlenstoff . .	519 483 450	508 475 445
In Äthylalkohol	483 451,5 423,5	476 446,5 420

Betreffs Breite der Bänder kann die folgende Messung orientieren: 5 mg Zeaxanthin in 1 l CS$_2$, Schichtdicke 20 mm: I. 526—507, II. 491—473 $\mu\mu$; Schichtdicke 10 mm: I. 523—506, II. 491—473 $\mu\mu$.

In Benzin liegen die optischen Schwerpunkte für Zeaxanthin bei 483,5, 451 $\mu\mu$ (KUHN und BROCKMANN 3), in Chloroform bei 494, 462 und 429 $\mu\mu$ (EULER, KARRER, KLUSSMANN und MORF).

Ergebnisse der lichtelektrischen Photometrie: KUHN und SMAKULA.

Das Verhältnis der wichtigsten Konstanten zum Dotterpigment und zum Lutein geht aus Tabelle 35 hervor.

Tabelle 35. Vergleich von Lutein, Eidotterfarbstoff (Gemisch) und Zeaxanthin (KUHN, WINTERSTEIN und LEDERER).

	Lutein	Gesamtfarbstoff des Hühnereidotters (Beispiel)	Zeaxanthin
Schmelzpunkt (korr.)	193^0	195—196^0	215,5^0
Schwerpunkt des I. Bandes in CS$_2$	508 $\mu\mu$	509,5 $\mu\mu$	519 $\mu\mu$
$[\alpha]_{Cd}^{18}$ in Essigester	+ 145^0	+ 70 bis 90^0	$\pm$ 5^0[1]
Löslichkeit in siedendem Methanol	1 : 700	1 : 1000	1 : 1550

[1] Vgl. oben.

Adsorptionsverhalten. Von den nahe verwandten Farbstoffen β-Carotin $C_{40}H_{56}$ und Kryptoxanthin $C_{40}H_{56}O$ kann das Zeaxanthin mit Hilfe eines Al_2O_3-Chromatogrammes getrennt werden. Man gießt die Benzinlösung auf und zieht die drei Farbringe mit Benzol-Benzingemischen auseinander: oben Zeaxanthin, in der Mitte Kryptoxanthin, unten β-Carotin. Die Schichten werden getrennt eluiert und geben die Polyene in krystallisierbarer Form ab (KUHN und GRUNDMANN 3).

Die Trennung von Zeaxanthin und A-Vitamin gelingt in der Calciumcarbonatsäule, welche aus einer Benzinlösung nur das Zeaxanthin (und andere Xanthophylle) zurückhält, während das Vitamin gelöst bleibt und durch das Adsorptionsrohr wandert (KARRER und SCHÖPP).

Chemische Umwandlungen. *Autoxydation.* Zeaxanthin oxydiert sich unter Entfärbung an der Luft. Die Anfangsgeschwindigkeit ist kleiner als beim Xanthophyll, erfährt aber später eine namhafte Beschleunigung. In luftgefülltem Exsiccator fanden KARRER, WEHRLI und HELFENSTEIN:

Tage	5	10	20	40	70	110	120
Gewichtszuwachs (%)	0,2	1,15	6,5	25,1	33,3	36,7	36,7

Additionsreaktionen. Zeaxanthin besitzt ein, den Blattcarotinoiden analoges ungesättigtes System. Wie jene, addiert es 11 Mol. Wasserstoff, nimmt aus Benzopersäure 8 O-Atome auf und bindet in Chloroform 8 Mol. Brom. Die von KUHN, WINTERSTEIN und KAUFMANN (2) durchgeführte katalytische Hydrierung ergab *Perhydro-zeaxanthin* $C_{40}H_{78}O_2$, das auch bei der Hydrolyse von Perhydro-physalien entsteht (vgl. bei ZECHMEISTER und CHOLNOKY 12). Farbloses, dickes Öl oder teils krystallisierte Masse. Im Gegensatz zum Xanthophyllderivat linksdrehend: $[\alpha]_C = -24{,}5^0$ (in Chloroform).

Die *energische Oxydation mit Permanganat* ergab nach vorangegangener Ozonisierung die Anwesenheit von sechs Methylseitenketten (ausgeführt mit Physalien, von KUHN, WINTERSTEIN und KAUFMANN 2). KARRER, WEHRLI und HELFENSTEIN fanden, daß die Oxydation des Zeaxanthins mit Ozon kein Aceton liefert, der Farbstoff schließt sich somit auch hier den Blattcarotinoiden an. Die Oxydation mit kaltem Permanganat, nach vorangegangener Ozonisierung, ergibt $\alpha\alpha$-Dimethylbernsteinsäure (vgl. die Vorschrift bei KARRER, HELFENSTEIN, WEHRLI und WETTSTEIN, s. auch S. 191).

Thermische Zersetzung des Zeaxanthins S. 64.

Das als Provitamin A inaktive Zeaxanthin wird von PBr_3 in ein wirksames Produkt übergeführt (EULER, KARRER und ZUBRYS).

Ester und Äther des Zeaxanthins.

Ester mit 2 Molen Fettsäure. Wie mehrfach erwähnt, liegt im *Physalien* (S. 193) das natürliche Dipalmitat des Zeaxanthins vor, von der Zusammensetzung $C_{15}H_{31}$—COO—$C_{40}H_{54}$—OOC—$C_{15}H_{31}$ (Schmelzp. 99^0). Nach KUHN, WINTERSTEIN und KAUFMANN läßt sich die Synthese solcher Gebilde, ausgehend von Zeaxanthin mit Hilfe von Säurechloriden, in Pyridin durchführen (vgl. S. 197). *Dilaurinsäureester* $C_{11}H_{23}$—COO—$C_{40}H_{54}$—OOC—$C_{11}H_{23}$ (Schmelzp. 104^0), *Distearinsäureester* $C_{17}H_{35}$—COO—$C_{40}H_{54}$—OOC—$C_{17}H_{35}$ (Schmelzp. 95^0). Diese synthetischen Farbwachse krystallisieren in Formen, die an Physalien erinnern. KARRER und NOTTHAFFT haben die entsprechenden *Dipropionsäure-, Dibuttersäure-, Divaleriansäure-, Dicapron- und Dicaprinsäureester* bereitet (Schmelzp. 142^0, 132^0, 125^0, 117—118^0 und 107^0).

Zeaxanthin-monopalmitat $C_{15}H_{31}$—COO—$C_{40}H_{54}$—OH, das dem Physalien strukturell nahe steht, ist bis jetzt nur künstlich erhalten worden (KARRER und SCHLIENTZ 2), dürfte aber auch in der Natur vorkommen. Es krystallisiert aus Benzol + Alkohol in breiten, vielfach zu Drusen vereinigten Plättchen (Abb. 56, S. 292) und schmilzt bei 148^0 (unkorr.). Schwerpunkte in CS_2: 518, 483, 453 $\mu\mu$. Schwerlöslich in heißem Benzin oder Alkohol; bei der Verteilung zwischen Benzin und 85—90proz. Holzgeist geht der Ester in die Oberschicht.

Methyläther des Zeaxanthins (KARRER und TAKAHASHI 2). Bei der Einwirkung von Kalium-tertiär-amylalkoholat (in Toluol) und Methyljodid gewinnt man hauptsächlich den Monomethyläther HO—$C_{40}H_{54}$—OCH_3 (Nadeln, Schmelzp. 153^0), der bei dem Nachmethylieren in den entsprechenden Dimethyläther CH_3O—$C_{40}H_{54}$—OCH_3 übergeht (Nadeln, Schmelzp. 176^0). Der letztere wandert bei der Entmischungsprobe ganz, das Monomethylderivat teilweise in die Oberschicht.

Konstitution der Xanthophylle $C_{40}H_{56}O_2$.

Der nahe Zusammenhang zwischen diesen sauerstoffhaltigen Polyenen und dem Carotin, welcher auch von den Bruttoformeln und durch das gemeinschaftliche Vorkommen in Pflanzenorganen belegt wird, hat in den letzten Jahren eine Klärung erfahren. Zeaxanthin und Blattxanthophyll (Lutein) addieren, wie Carotin, 11 Mole Wasserstoff und müssen daher gleichfalls *zwei Ringsysteme* enthalten. Das Zusammenfallen der colorimetrischen Hydrierungskurven zeigt ferner, daß in den beiden gelben Begleitern des Chlorophylls ein sehr ähnliches ungesättigtes System vorkommt (ZECHMEISTER und TUZSON 1). Auch das Verhalten gegenüber Benzopersäure, Brom in $CHCl_3$ usw. ist übereinstimmend.

Die strukturelle Klärung der Xanthophylle $C_{40}H_{56}O_2$ umfaßt also zwei Aufgaben: die Feststellung der jeweils zugrunde liegenden Carotinart und die Erforschung von Lage und Funktion der Sauerstoffatome. Während man früher eine ätherartige Bindung vermutet hat, zeigen KARRER, HELFENSTEIN und WEHRLI, daß bei der Bestimmung nach ZEREWITINOFF zwei aktive Wasserstoffatome gefunden werden, daß also *zwei Hydroxyle* vorliegen müssen. Dieses Ergebnis wurde durch die Auffindung von natürlichen Fettsäureestern gestützt (ZECHMEISTER und CHOLNOKY 11, 12; KUHN und WINTERSTEIN 5; KUHN, WINTERSTEIN und KAUFMANN 1, 2). Daß alle diese Beobachtungen nicht etwa auf Enolisierungen von Carbonylgruppen beruhen, was immerhin theoretisch möglich wäre, wurde durch die Oxydation von Perhydroxanthophyll zu einem Diketon bewiesen, woraus außerdem die *sekundäre* Natur der Hydroxyle folgt (KARRER, ZUBRYS und MORF).

Lutein (Xanthophyll) und Zeaxanthin sind also zweiwertige, disekundäre Alkohole. Theoretisch könnten sehr viele Dioxycarotine existieren, da sowohl die Lage der funktionellen Gruppen, als auch die räumliche Konfiguration an den Doppelbindungen sich mannigfach variieren ließe (cis-trans-Isomerie). Doch gibt die Natur, wie so oft in anderen Fällen, auch hier wenigen Möglichkeiten den Vorzug, so daß man in den verschiedensten Pflanzenorganen immer wieder dieselben Xanthophylle antrifft.

Die Natur der Ringsysteme und die Lage der OH-Gruppen in denselben gehen aus dem Ergebnis von oxydativen *Abbauversuchen* hervor: Blattxanthophyll bzw. Zeaxanthin liefern, wie Carotin Dimethylmalon- und $\alpha\alpha$-Dimethylbernsteinsäure, während $\alpha\alpha$-Dimethylglutarsäure $HOOC{-}CH_2{-}CH_2{-}C(CH_3)_2{-}COOH$ und Geronsäure $CH_3{-}CO{-}CH_2{-}CH_2{-}CH_2{-}C(CH_3)_2COOH$ hier nicht erhalten werden. Die Ringe müssen von den Hydroxylgruppen derart substituiert sein, daß die Bildung der beiden letztgenannten Spaltprodukte verhindert wird (KARRER, WEHRLI und HELFENSTEIN; Dieselben mit WETTSTEIN; KARRER, HELFENSTEIN, WEHRLI, PIEPER und MORF; NILSSON und KARRER). Dies ist der Fall, wenn man den Hydroxylen eine para-Stellung zur langen, ungesättigten Seitenkette zuweist (vgl. die obenstehende Formel).

Xanthophyll (Lutein), ein Dioxy-α-carotin.
(Nach KARRER, ZUBRYS und MORF.)

Zeaxanthin, ein Dioxy-β-carotin.
(Nach KARRER 4.)

Das hier behandelte Konstitutionsproblem ist durch die *Zerlegung des Carotins* in seine Komponenten in eine neue Phase getreten. Wie auf S. 128 erwähnt, besteht das Gesamtcarotin der Pflanze vorwiegend aus dem rechtsdrehenden α- und dem optisch inaktiven β-Carotin; es ist naheliegend, dem einen das Lutein (Blattxanthophyll), dem anderen das Zeaxanthin zuzuordnen. Zur Entscheidung der paarweisen Zugehörigkeit haben NILSSON und KARRER bzw. KARRER, MORF, KRAUSS und ZUBRYS die beiden Dioxycarotine perhydriert, die OH-Gruppen durch Brom ersetzt und dann das Halogen reduktiv entfernt. So entstand aus dem Blattxanthophyll (Lutein) ein schwach rechtsdrehender, aus dem Zeaxanthin ein optisch inaktiver Kohlenwasserstoff $C_{40}H_{78}$, woraus die richtige Zuordnung der Dioxycarotine zu den beiden Carotinarten (α und β) hervorgeht (vgl. auch KUHN und LEDERER 2). Zieht man die auf S. 137 abgedruckten Symbole der Kohlenwasserstoffe in Betracht, so ergeben sich nämlich die auf S. 192 stehenden Formulierungen.

Wenn diese Zuordnung die richtige ist, so müssen die optischen Schwerpunkte von je einem Polyenkohlenwasserstoff und einem Polyenalkohol paarweise angenähert zusammenfallen, da ja die chromophoren Systeme identisch sind, die Hydroxyle außerhalb des ungesättigten Systems liegen und dasselbe nur wenig beeinflussen. Demnach muß z. B. das Absorptionsspektrum des Zeaxanthins demjenigen des β-Carotins näher stehen als dem α-Carotin. Dies ist nun tatsächlich der Fall:

Optische Schwerpunkte in CS_2 ($\mu\mu$):

α-Carotin	509, 477	β-Carotin	521, 485,5
Lutein	508, 475	Zeaxanthin	519, 483

6. Physalien (Zeaxanthin-dipalmitinsäureester).

(Bruttoformel $C_{72}H_{116}O_4$, und zwar $C_{15}H_{31}$—COO—$C_{40}H_{54}$—OOC—$C_{15}H_{31}$ Konstitutionsformel S. 201.)

Vorkommen und Bildung. Dieses merkwürdige Carotinoid wurde von KUHN und WIEGAND in der Judenkirsche (*Physalis Alkekengi* und *Ph. Franchetti*, chinesische Laternen) entdeckt und auch in den Beeren des Bocksdorns *(Lycium halimifolium)* aufgefunden (ZECHMEISTER und CHOLNOKY 11, 12). Daß in diesen Pflanzen ein besonderer Farbstoff zugegen ist, ging schon früher aus capillaranalytischen Versuchen von KYLIN (2) hervor. Dasselbe Polyen ist auch in den Beeren von *Lycium barbaratum, Solanum Hendersonii, Hypophae rhamnoides* und *Asparagus officinalis* (Spargelbeeren) enthalten (WINTERSTEIN und EHRENBERG).

Der Farbstoffgehalt der roten Physalis-kelchblätter beträgt 0,9—1,8% des Trockengewichtes, davon entfällt nach KUHN und GRUNDMANN (3) fast $^1/_3$ auf Kryptoxanthin (S. 163)[1]. Die Beeren enthalten dasselbe Pigment, und zwar nur in der Schale. Aus der frischen Frucht konnten 0,05% Physalien gewonnen werden, während 1 kg getrocknete Kelchblätter z. B. 12 g krystallisierten Farbstoff ergeben. Aus dem in der Schweiz offizinellen *Fructus Alkekengi* (von den Kelchen befreite, getrocknete Früchte) ließ sich, wenn auch in sehr schlechter Ausbeute, ebenfalls reines Physalien

---

[1] Früher von KUHN und BROCKMANN (3) als „Carotin" bezeichnet; Richtigstellung bei KUHN und GRUNDMANN (3).

gewinnen. — Die korallroten, ovalen Bocksdornbeeren enthalten lange vor Abschluß des Wachstums den fertigen Farbstoff. In 1 Beere fand man z. B. $^1/_2$ mg Physalien, in 1 kg frischer Frucht (2000—2500 Beeren) 0,6—1,2 g, und zwar fast ausschließlich in den Häutchen.

KUHN und BROCKMANN (3) haben die *quantitativen Verhältnisse bei der natürlichen Physaliensynthese* studiert. Nach ihrer Untersuchung sind die grünen Laubblätter des *Physalis Franchetti* praktisch frei von Physalien, das ausschließlich in den Kelchblättern und Beeren zur Zeit der Reife gebildet wird:

Die *grünen Kelchblätter* enthalten als normale Begleiter des Chlorophylls Lutein und Carotin, deren Mengenverhältnis etwa 3:1 beträgt. Läßt man die grünen Kelche künstlich vergilben, indem man sie 3 Tage unter Sauerstoff bei 35° aufbewahrt, so nimmt bei mäßiger Erhöhung des Carotingehaltes das Xanthophyll stark ab, auf $^1/_5$ und weniger, und gleichzeitig beginnt die Synthese des Physaliens, das im *gelben Kelch* bereits über 0,1% des Trockengewichtes ausmacht. Läßt man die Kelchblätter an der Pflanze reifen, so ist, wenn die Kelche gelb geworden sind, der Gehalt an Physalien etwa gleich hoch (0,15%) und man bemerkt bei der spektroskopischen Untersuchung der freien Xanthophylle, daß diese bereits in erheblicher Menge aus Zeaxanthin bestehen. Der reife *rote Kelch* enthält mit über 1% das Maximum an Farbwachs. Beim Altern nimmt der Farbstoffgehalt der Kelche allmählich ab; nach 1 Jahr fand man noch 0,1% Physalien. Im *Fruchtfleisch* der roten Beeren kommt freies Xanthophyll in nennenswerter Menge nicht vor.

Esterstruktur. Schon eine erste Betrachtung des Physaliens (KUHN und WIEGAND) zeigte drei so spezielle Merkmale, daß allein auf Grund derselben eine Sonderstellung dem Farbstoff zukommen muß: 1. Das Molekulargewicht beträgt nahezu das Doppelte des Carotins und liegt in der Nähe von 1000; 2. der Schmelzpunkt wird trotzdem um 100° tiefer gefunden als bei den Blattcarotinoiden; 3. folgt Physalien der klassischen Entmischungsregel nicht, sondern es verhält sich, trotz des beträchtlichen Sauerstoffgehaltes, wie Carotin und Lycopin und sucht bei der Verteilung zwischen Petroläther und richtig verdünntem Methanol die Oberschicht auf.

Das besondere Strukturprinzip des Physalis- und Lyciumfarbstoffes wurde gleichzeitig von KUHN, WINTERSTEIN und KAUF-

MANN (1, 2) sowie von ZECHMEISTER und CHOLNOKY (11, 12) erkannt. Danach ist Physalien der Vertreter einer neuen Körperklasse, nämlich der *Farbwachse* (Polyenwachse), die im Wege einer *Veresterung von hydroxylhaltigem Carotinoid mit Pflanzensäuren*, vor allem Fettsäuren, im Gewebe aufgebaut werden. Durch eine alkalische Behandlung wird Physalien zu 2 Mol. Palmitinsäure $C_{15}H_{31}COOH$ und 1 Mol. Zeaxanthin $C_{40}H_{56}O_2$ verseift, wobei das Verhalten bei der Entmischungsprobe sprunghaft sich ändert:

$$C_{15}H_{31}COOC_{40}H_{54}OOCC_{15}H_{31} + 2\,KOH = HOC_{40}H_{54}OH + 2\,C_{15}H_{31}COOK$$

Strukturell unterscheidet sich also das Physalienmolekül von den Carotinoiden im engeren Sinne dadurch, daß es nicht vollständig, sondern nur etwa zur Hälfte aus Isoprenresten aufgebaut ist, daneben aber lange, unverzweigte Kohlenstoffketten enthält. Nach KUHN und L'ORSA (1) liegen von den 72 C-Atomen des Physaliens nur 6 als Methylseitenketten vor, welche als Essigsäure gefaßt werden; bei dem oxydativen Abbau entsteht außerdem Palmitinsäure. Dagegen ist das *Chromophor* des Physaliens dem Doppelbindungssystem von Carotin und Xanthophyll durchaus analog.

Mikrocolorimetrie, mikrochemische Bestimmung neben anderen Carotinoiden nach KUHN und BROCKMANN (3): S. 89 und 102.

Isolierung. *a) Aus Kelchblättern des Physalis* (KUHN, WINTERSTEIN und KAUFMANN 2). Das frische Material wird mit der Hand in Kelchblätter und Beeren getrennt. Man trocknet die Kelche bei 40—50°, wobei das Gewicht auf etwa 25% zurückgeht und die Farbe unverändert bleibt. In der Scheibenmühle wird nur grob gemahlen, um die anschließende Extraktion im Perkolator zu erleichtern. Man läßt das Mahlgut (12 kg) in Chargen von 1 kg mit je 3,7 kg Benzol über Nacht stehen, zapft dann ab (2,9 kg tiefrot-oranger Extrakt) und erneuert das Lösungsmittel noch zweimal. Der dritte Auszug kann zur Extraktion einer neuen Charge verwendet werden. Die filtrierten Auszüge werden unter Kohlendioxyd, im Vakuum bei 30° eingeengt, und zwar die ersten auf 150—200 cm³, die zweiten auf 50—60 cm³. Man versetzt die konzentrierten Auszüge noch warm mit der gleichen bis doppelten Menge Aceton, wobei nach einigen Minuten etwa 2 g eines rostbraunen Niederschlages ausfallen, der sich auf einer großen Nutsche absaugen läßt und mit siedendem Hexan eine beträchtliche Farbstoffmenge liefert.

Das Filtrat wird nun weiter mit Aceton versetzt, so daß davon 5 Teile auf 1 Teil konzentrierten Benzolauszug kommen (1 l Aceton pro Charge). Es fallen im Laufe mehrerer Stunden 5—6 g Physalien aus (Schmelzp. 92—93⁰) und die Mutterlauge liefert nach Zugabe von 2—3 l 96proz. Alkohol, über Nacht, in der Kälte, unter CO_2 weitere 3—4 g (Schmelzp. 89⁰). Aus den zweiten Benzolauszügen erhält man in entsprechender Weise insgesamt 2—3 g Physalien. Die Rohprodukte sind in Hexan klar löslich.

Zur *Reinigung* kann man in Benzol lösen und fraktioniert mit Methylalkohol in der Hitze fällen. Die zuerst erscheinenden Fraktionen enthalten eventuell eine wachsartige Substanz, die sich bei Anwendung eines Heißwassertrichters abfiltrieren läßt. Die späteren Fraktionen liefern den Farbstoff. Durch abermaliges Lösen in Benzol, Zusatz von Methylalkohol in der Siedehitze bis zur beginnenden Trübung und langsames Erkalten unter CO_2, erhält man reines Physalien (Schmelzp. 97⁰, unkorr.). — Etwas schneller und mit geringeren Verlusten gelingt die Reinigung durch Lösen des rohen Farbstoffes in etwa 60 Teilen Benzol und Zusatz von 120—180 Teilen absolutem Äthylalkohol in der Siedehitze. Man läßt unter CO_2 erkalten und wiederholt die Krystallisation in der angegebenen Weise. 1 g Rohprodukt liefert 0,5—0,7 g reines Physalien. Die Benzol-Alkohol-Mutterlaugen geben nach starkem Einengen, auf Zusatz von viel Methylalkohol, noch weitere 0,2 g, dessen Schmelzpunkt bei wiederholtem Umkrystallisieren auf 97⁰ ansteigt.

b) Aus der Physalisbeere (KUHN und WIEGAND). Die frischen Beeren wurden unter Sprit gesammelt. Nach Abgießen des Alkohols werden je 2 kg durch eine Fleischhackmaschine getrieben, mit 96proz. Alkohol zu einem dünnen Brei verrührt und nach 1 Tag scharf abgepreßt. Der Alkohol nimmt nur sehr wenig Farbstoff auf. Der Preßkuchen wird noch zweimal gründlich mit je 2 l Alkohol durch Schütteln auf der Maschine ausgezogen. Man preßt jedesmal scharf ab und trocknet schließlich bei 40⁰. Die Kerne lassen sich dann durch ein geeignetes Sieb von den farbstoffhaltigen Häutchen weitgehend trennen, die auf dem Siebe zurückbleiben. Die vollständige Entfernung der Kerne ist wichtig, mit Rücksicht auf deren hohen Ölgehalt. Extraktion und Reinigung wie oben. Reinausbeute: 1 g Physalien (aus 2 kg Beeren).

c) Aus 1 kg frischen *Lyciumbeeren* können 0,7—1 g Physalien isoliert werden (ZECHMEISTER und CHOLNOKY 12). Man legt die von Hand zerquetschte Frucht (5 kg) zwecks Entwässerung in Alkohol ein, den man 1 Tag später erneuert. Das ausgepreßte Material wird nun auf Sieben bei 35⁰ getrocknet und zu einem

bräunlichroten Pulver zermahlen, das nur 4—5% der frischen
Frucht wiegt. Durch Perkolieren mit 0,9 l Schwefelkohlenstoff
bringt man das Pigment restlos in Lösung (Dauer 2 Stunden),
dampft auf 100 cm³ ein und scheidet durch Zusatz von 400 cm³
absolutem Alkohol den wohlkrystallisierten Farbstoff, der nur
belanglose Mengen an Fremdsubstanzen enthält, fast quantitativ
ab (6,3 g). Zur Reinigung wird das Präparat aus heißem Benzol und
ebensoviel wasserfreiem Alkohol umgeschieden.

Partielle Synthese des Physaliens aus Zeaxanthin (KUHN, WINTER-
STEIN und KAUFMANN 2). 0,25 g Zeaxanthin wurden in 15 cm³
Pyridin (für ZEREWITINOFF-Bestimmungen) mit 2 g Palmityl-
chlorid tropfenweise versetzt, wobei unter Ausscheidung des
Säurechlorid-Pyridinadduktes die Temperatur auf 50⁰ anstieg.
Man verdünnte mit 10 cm³ alkoholfreiem Chloroform, erwärmte
noch einige Zeit auf 50⁰ und ließ die klare Lösung 2 Stunden
stehen. Nach dem Waschen mit Wasser, wodurch sich die Hauptmenge des Pyridins entfernen läßt, wurde die Chloroformschicht
mit 50 cm³ Äther vermengt und nacheinander mit verdünnter Soda-
lösung, verdünnter Essigsäure und Wasser ausgeschüttelt. Nach
dem Trocknen über Natriumsulfat engt man stark ein, nimmt
in niedrig siedendem Petroläther auf und fällt mit absolutem
Äthylalkohol. Dabei schied sich 0,3 g Physalien in feinen, geschwungenen Nädelchen aus, die in allen Eigenschaften mit dem
Naturstoff übereinstimmen (KUHN und GRUNDMANN 6).

Beschreibung (Literatur S. 193). Physalien krystallisiert aus
Benzol + Methanol oder Benzol + Äthylalkohol sowie aus Petroläther + Alkohol in langen, an den Enden abgeschrägten, flachen
Stäbchen oder in feinen, vielfach geschwungenen Nädelchen,
auch in wetzsteinähnlichen breiten Nadeln (Abb. 57, S. 292).
Fein ausgebildete Krystalle erscheinen oft büschelig oder tannen-
zweigähnlich vereinigt. Die Abscheidung aus Cyclohexan + Alkohol
liefert flache, tiefrote Prismen von mehreren mm Länge. Die Enden
sind schräg abgeschnitten; andere Krystalle sind an den Enden
verbogen und gegen Beginn der Krümmung verzahnt. Das Mikroskop zeigt matt orangegelbe Töne, dickere oder überlagerte
Krystalle erscheinen feurig orangerot. Makroskopisch sieht man
ein glänzendes Pulver, von der Konsistenz eines harten Wachses,
welches nicht an Glas haftet. Die Präparate sind feurigrot; gröber
krystallisierte sind in der Farbe satter und zeigen nur schwach

bläulichen Schimmer, während feinkrystalline heller sind, stärker glänzen und deutlich blau reflektieren.

Physalien löst sich in der Kälte spielend in Schwefelkohlenstoff, Benzol, Chloroform, Kohlenstofftetrachlorid, sehr gut in Äther, Dekalin, Tetralin, Petroläther, Hexan und Pyridin. Cyclohexan, Eisessig und Acetanhydrid lösen in der Hitze sehr gut, kalt mäßig, Äthylalkohol und Aceton nehmen selbst bei Siedetemperatur nur wenig auf; noch schlechter löst Methanol. Unlöslich ist das Physalien in Wasser, verdünnten Säuren und Alkalien. Konzentriertes methylalkoholisches Kali vermag der ätherischen Lösung keinen Farbstoff zu entziehen. Die Lösungen in Benzol und Petroläther sind orangerot und tingieren stark orangegelb, sehr verdünnte Lösungen sind rein gelb. Chloroform und Schwefelkohlenstoff nehmen Physalien mit roter Farbe auf. Keine Fluorescenz.

Physalien galt bis vor kurzem als linksdrehend, $[\alpha]_C$ wurde in Chloroform zwischen —30⁰ und —53⁰ gefunden, nach KUHN und GRUNDMANN (6) ist indessen der Hauptfarbstoff des Physalis optisch inaktiv.

Die molare *Farbstärke* des Physaliens stimmt mit derjenigen des Zeaxanthins überein. Im Colorimeter nach DUBOSQ entspricht bei 50 mm Schichtdicke das 0,2proz. Bichromat einer Lösung von etwa 72 mg Physalien in 1 l Petroläther.

Das *Spektrum* ist von dem des Zeaxanthins praktisch nicht zu unterscheiden. Optische Schwerpunkte:

a) In Schwefelkohlenstoff: I 514,5, II 481,4 und III 449,8 $\mu\mu$. I und II sind sehr stark und unsymmetrisch. Intensitätsverhältnis etwa: I : II : III = 8 : 10 : 1.

Ablesungen bei einer Konzentration von 10 mg Physalien in 1 l CS₂: I 523—505, II 490—471 und III 457—444 $\mu\mu$ (Schichtdicke 10 mm).

b) In Petroläther: 483,0, 451,5 und 423,0 $\mu\mu$ (die Bänder sind hier gegenüber dem Spektrum in CS₂ nach dem Kurzwelligen verschoben).

c) In Benzin (Siedep. 70—80⁰): 483, 451 $\mu\mu$ (KUHN und BROCKMANN 3).

Reines Physalien schmilzt bei 98,5—99,5⁰ (unkorr., im BERL-Block, abgekürztes Normalthermometer), ohne tiefgreifende Zersetzung. Läßt man die dunkelrote Schmelze erstarren und erhitzt wieder, so findet abermals bei 96—97⁰ Verflüssigung statt. An der Luft unterliegt der Farbstoff einer langsamen Autoxydation (vgl. auch KUHN und MEYER), wobei sich die Farbe weitgehend aufhellt, der Schmelzpunkt sinkt und die Löslichkeit in Alkohol stark zunimmt; gleichzeitig wird die Substanz weicher. Unter trockenem Sauerstoff nahm ein feinkrystallisiertes Präparat in

36 Stunden 3,9% O auf. Die Geschwindigkeit der Autoxydation wird von Katalysatoren beeinflußt, so oxydieren sich manche synthetische Präparate rascher als natürliche. — Bei Präparaten aus Lycium wurde beobachtet, daß der Schmelzpunkt sogar im Vakuumexsiccator zurückgeht, z. B. auf 94⁰ in wenigen Tagen. Man erhält dann etwas zu tiefe C-Werte bei der Analyse.

Farbenreaktionen. a) Die tiefblaue Lösung des Physaliens in konzentrierter Schwefelsäure tingiert stark. Sie wird beim Erwärmen violett, später braunviolett, wobei das Tinktionsvermögen verschwindet.

b) Eine Lösung in absolutem Äther bleibt auf Zusatz von Trichloressigsäure in der Farbe unverändert, schmelzende Trichloressigsäure löst aber den Farbstoff mit tiefblauer Farbe. Dichloressigsäure gibt bei gelindem Erwärmen eine olivbraune Lösung, die über Olivgrün schließlich blau (nicht mehr tingierend) wird.

c) Wasserfreie Ameisensäure löst auch in der Siedehitze nicht. Beim längeren Kochen wird sie schwach stahlblau angefärbt.

d) Phosphortrichlorid löst gut. Ein Farbumschlag ist auch beim Erhitzen nicht zu erkennen. Arsentrichlorid löst mit blutroter Farbe, die schon in der Kälte äußerst rasch in ein tiefes Blau übergeht. In schmelzendem Antimontrichlorid und warmem Zinntetrachlorid entsteht eine tiefblaue Lösung, die derjenigen in konzentrierter Schwefelsäure gleicht.

e) Bromdämpfe färben die Krystalle des Physaliens blaugrün an.

f) Eine Lösung von Physalien in absolutem Äther wird durch ätherische Ferrichloridlösung intensiv grün gefärbt. Beim Einengen oder auf Zusatz von Petroläther bildet sich ein schwarzgrüner Niederschlag, der sich in Chloroform mit tief smaragdgrüner Farbe löst (KUHN und WIEGAND). Die grüne Verbindung ist gegen Wasser empfindlich, die Farbe geht dabei in Orange über.

Chemische Umwandlungen des Physaliens. *Katalytische Hydrierung.* Physalien bindet, wie Zeaxanthin, 11 Mole Wasserstoff. Bei langsamer Hydrierung ist die Farbe schon nach dem Eintritt von 8 H_2 verschwunden. *Perhydro-physalien* (Perhydro-zeaxanthin-dipalmitinsäureester) $C_{15}H_{31}$—COO—$C_{40}H_{76}$—OOC—$C_{15}H_{31}$ bleibt beim Abdampfen als wasserklares Öl zurück, das zu einer wachsartigen, krystallinischen Substanz erstarrt. Löslich in Äther, schwer in Alkohol. $[\alpha]_D = $ z. B. — 16⁰ (in Cyclohexan). Bei einem Versuch mit ¹/₂—1 g Substanz und 10proz. methylalkoholischem Kali genügen 10 Minuten am Wasserbad zur vollständigen Spaltung in Perhydro-physalien und Palmitinsäure.

Mit *Benzopersäure* reagiert Physalien leicht und bindet 8 Atome Sauerstoff; in Chloroform werden 8 Mole *Brom* rein addiert. *Physalienjodid* bildet sich in Äther und ist schwarzgrün. Es gibt mit Thiosulfat den unveränderten Farbstoff zurück.

Bei der *Oxydation mit Permanganat* erhält man nebst Essigsäure Palmitinsäure, die auch von Salpetersäure erzeugt wird (KUHN, WINTERSTEIN und KAUFMANN 2). Unter der Einwirkung von Chromtrioxyd wird das Diketon *Physalienon* gebildet (KARRER, SOLMSSEN und WALKER): Nadeln, Schwerpunkte in SC_2: 538, 503 $\mu\mu$.

Spaltung des Physaliens zu Zeaxanthin und Palmitinsäure. Die Hydrolyse des Physaliens in seine alkoholische und saure Komponente gelingt glatt mit methyl- oder äthylalkoholischem Kali. Nach KUHN und BROCKMANN (3) ist die Reaktion bei Anwendung von etwa 20 mg Physalien in 50 cm^3 Benzin und 50 cm^3 96proz. Äthylalkohol, der 2,5 g Kaliumhydroxyd enthält, bei 40° in 3 Stunden zuverlässig beendet.

Dieselben Forscher stellen fest, daß der Tierkörper befähigt ist, das Farbwachs zu spalten, und zwar findet die Hydrolyse im Verdauungstrakt der Ratte statt, ferner im Organismus des Huhns, das bei der Fütterung mit Physalien Eier legt, deren Dotterfarbstoff ganz überwiegend aus freiem Zeaxanthin besteht. In vitro gelang der enzymatische Abbau des Physaliens bis jetzt nicht.

Ist die *Hydrolyse in präparativem Maßstab* auszuführen, so befolgt man z. B. die folgende Arbeitsweise: 1,14 g Substanz wurde in Ätherlösung, mit 30proz. methylalkoholischem Kali unterschichtet, bei 25° stehen gelassen. Nach 2 Tagen war viel krystallisiertes Salz abgeschieden und bei der Entmischungsprobe ging der Farbstoff in die Unterschicht. Man setzt zur Hauptmenge vorsichtig Wasser, bis das Palmitat gelöst wird und alles Zeaxanthin sich in dem Äther befindet. Nun trennt man die Schichten. Die ätherische wurde zwei- bis dreimal mit Wasser gewaschen und die mit der Waschflüssigkeit vereinigte wäßrige Hauptlösung auf Palmitinsäure, die Ätherschicht auf Zeaxanthin verarbeitet: a) Man säuert die wäßrige Lösung mit Salzsäure an, äthert sie aus, behandelt den Extrakt, wenn nötig mit Tierkohle und verdampft das getrocknete Filtrat. Es hinterbleibt krystallisierte Palmitinsäure (0,4—0,5 g), die einmal umkrystallisiert, rein ist. — b) Die Farbstofflösung wurde alkalifrei gewaschen, getrocknet und eingedampft. Es blieb rohes Zeaxanthin zurück: glänzende, rote Prismen (0,6—0,7 g), die zur Reinigung aus Chloroform + Petroläther umgefällt werden (ZECHMEISTER und CHOLNOKY 10).

Zur *Konstitutionsbestimmung* des Physaliens sei vermerkt, daß dieses Problem mit der Klärung der Zeaxanthinstruktur

(S. 192) gleichfalls gelöst worden ist. Dem Physalien kommt demnach die nebenstehende Formel zu.

7. Flavoxanthin.

(Bruttoformel $C_{40}H_{56}O_3$, Konstitutionsformel unbekannt.)

Dieses Carotinoid, das von allen bekannten am hellsten gelb gefärbt ist, wurde von KUHN und BROCKMANN (4) in den Blütenblättern des scharfen Hahnenfußes (Butterblume, *Ranunculus acer*) entdeckt. Nach qualitativen Versuchen kommt es auch im Frühlingskreuzkraut *(Senecio vernalis)* vor, scheint aber sonst wenig verbreitet zu sein. Selbst in dem Hahnenfußpigment ist als Hauptfarbstoff Lutein enthalten, das von Taraxanthin, Flavoxanthin, vielleicht auch von Violaxanthin, sowie einem ungeklärten Polyen (β-Xanthophyll von TSWETT?) begleitet wird. Etwa die Hälfte des Pigments bildet im Gewebe ein Farbwachs.

Aus 1 kg trockener Blüten ließen sich 110 mg rohes bzw. 40 mg reines Flavoxanthin isolieren.

Nachweis. Die auffallendste Eigenschaft des Flavoxanthins ist seine ungewöhnlich kurzwellige Lichtabsorption.

Optische Schwerpunkte (Gittermeßspektroskop, Kupferoxydammoniakfilter):

In Schwefelkohlenstoff . . . 478   447,5 420 $\mu\mu$
„ Benzol 458,5 430
„ Chloroform 458   429,5
„ Benzin (Siedep. 70—80°) 450   422
„ Hexan 449   422
„ Äthylalkohol 448   421
„ Methylalkohol 447   420

In konzentrierter Schwefelsäure oder in geschmolzener Trichloressigsäure gelöst, gibt Flavoxanthin eine rein blaue, tiefe Farbe;

Physalien.

in Antimontrichlorid (Chloroform): rein blau. Mit wasserfreier Ameisensäure: grasgrün, ebenso mit Pikrinsäure (in Äther, langsam). Die grünstichig gelbe Eisessiglösung nimmt auf Zusatz von ganz wenig konzentrierter Salzsäure eine tief-smaragdgrüne Farbe an; eine ätherische Flavoxanthinlösung mit 20proz. HCl unterschichtet, färbt die Säure schwach blau, 25proz. HCl stark blau, die Färbung

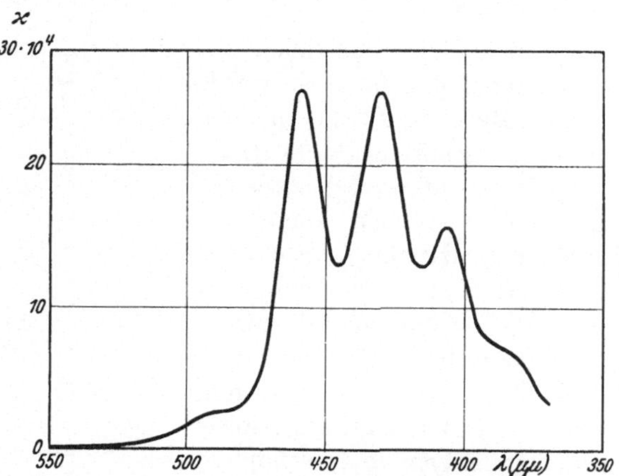

Abb. 31. Absorptionskurve des Flavoxanthins in Benzol, nach KUHN und BROCKMANN.

verblaßt jedoch (über Violett) schon nach kurzer Zeit (Unterschied von Violaxanthin).

Isolierung. Je 1 kg bei 40—45⁰ getrocknete Blüten (50000 Stück, ohne Stengeln) wurden in der Kugelmühle staubfein gemahlen und mit 3 l Methanol (frisch über KOH destilliert) über Nacht auf der Maschine geschüttelt. Man nutscht ab, wiederholt mit 2 l Holzgeist die Extraktion und entzieht dem gut abgepreßten Rückstand durch 4stündiges Schütteln mit 3—4 l Petroläther (Siedep. 40—50⁰) die Polyenester (verarbeitet auf Lutein und Taraxanthin).

Aus den vereinigten Methanolauszügen, die im Vakuum auf 1,5 l eingeengt wurden, hat man den Farbstoff, nach Zusatz von 4—5 Vol. Wasser, mit peroxydfreiem Äther extrahiert (vor dem 2. Durchschütteln reichlich Kochsalzzusatz), die gut gewaschenen Auszüge im CO_2-Strom auf 1,5 l eingeengt und mit 1 Vol. 5proz. äthylalkoholischem Kali (5% Wasser enthaltend) 12 Stunden bei 30⁰, unter Stickstoff verseift. Nun wurde durch Wasserzusatz entmischt, die tief-goldgelbe Ätherlösung mehrmals ausgewaschen und die Hydrolyse, wie beschrieben, über Nacht wiederholt. Nach neuerlichem Entmischen ließ sich der Trockenrückstand der vorher gut ausgewaschenen Ätherlösung in 200 cm^3 Benzol aufnehmen. Man verdünnt mit 2 l Benzin, entzieht (ohne zu filtrieren) die Hauptmenge des Farbstoffes durch 3—4maliges Schütteln mit 90proz. Methanol, versetzt diese Lösung mit Benzol und treibt den Farbstoff durch langsamen Wasserzusatz in die Oberschicht, welche 4—5mal gründlich mit Wasser durchgeschüttelt und mit 3 Vol. Benzin (Siedep. 70—80°) verdünnt wird.

Zur *Chromatographie* dienten 18 cm lange und 6 cm breite Röhren; die Höhe des sehr fest gestampften Calciumcarbonates betrug 12 cm. Man saugt die Farbstofflösung bis zur halben Höhe ein und wäscht so lange mit Benzin nach, bis die unterste, goldgelbe Zone das Ende der Säule erreicht hat. Von den drei Farbschichten wurde die mittlere (hellgelb: 450, 423 $\mu\mu$) mit Benzin, das 1% Methanol enthielt, eluiert, sodann der Holzgeist weggewaschen, die Adsorption wiederholt und der neue, mittlere Farbring mit reinstem Methanol ausgezogen. Aus dem, durch eine engporige Glassinternutsche filtrierten und stark konzentrierten Eluat fiel über Nacht rohes Flavoxanthin aus, das wiederholt aus Methylalkohol umkrystallisiert wurde. Zur Entaschung schüttelt man seine Lösung in Benzol (pro analysi, MERCK) 5mal mit Wasser, verdampft die, durch eine Glasnutsche gesaugte Flüssigkeit und löst den Rückstand in heißem Methylalkohol. Beim Erkalten scheiden sich goldgelbe, glitzernde Kryställchen ab, die selbst nach Trocknung bei 100°, im Hochvakuum (30 Minuten) etwas über 1% Methanol (Nachweis durch Methoxylbestimmung) enthielten, wofür eine Korrektur bei der Elementaranalyse vorgenommen wurde.

Beschreibung. Flavoxanthin krystallisiert beim raschen Abkühlen aus Methylalkohol in büschelig vereinigten, schmalen Prismen von goldgelber Farbe und bläulichem Oberflächenglanz; bei langsamer Krystallisation erscheinen derbe, tief-lachsrote Prismen, die reichlich Methanol enthalten (gef. bis zu 25% OCH$_3$). Schmelzp. 184° (korr., im Vakuum, BERL-Block; CH$_3$OH-frei). $[\alpha]_{Cd}^{20} = + 190°$ (in Benzol). Wie bezüglich seiner Formel, so steht das Flavoxanthin C$_{40}$H$_{56}$O$_3$ auch bei dem Adsorptionsversuch sowie bei der Entmischung zwischen Lutein C$_{40}$H$_{56}$O$_2$ und Violaxanthin C$_{40}$H$_{56}$O$_4$: 70proz. Methanol nimmt aus Benzin (Siedep. 70—80°) das Lutein gar nicht, Flavoxanthin ein wenig (1 : 9),

Violaxanthin stärker (1 : 6) auf. Spektrum und Farbreaktionen: S. 201.

Zur Konstitution. Flavoxanthin besitzt 11 Doppelbindungen (katalytische Hydrierung) und 3 aktive Wasserstoffe. Demgemäß liegen alle drei O-Atome in Hydroxylen vor und ferner sind 2 Kohlenstoffringe zugegen. Die kurzwellige Lage der optischen Schwerpunkte deutet darauf hin, daß in diesem Falle nicht sämtliche Doppelbindungen lückenlos konjugiert sind.

8. Violaxanthin.

(Bruttoformel $C_{40}H_{56}O_4$, Konstitutionsformel unbekannt.)

In den Blütenblättern des gelben Stiefmütterchens *(Viola tricolor)* ist nach KUHN und WINTERSTEIN (6) neben Quercitrin ein Farbwachs enthalten, dessen Verseifung Violaxanthin liefert. Violaxanthin kommt neben Xanthophyllen auch in anderen Blüten *(Tragopogon pratensis, Laburnum, Sinapis officinalis:* KARRER und NOTTHAFFT), vielleicht auch in *Ranunculus acer* (KUHN und BROCKMANN 4), sowie in grünen Blättern (*Aesculus hippocastanum:* KUHN, WINTERSTEIN und LEDERER), ferner in dem Fruchtfleisch der *Cucurbita maxima* (ZECHMEISTER und TUZSON 11) sowie in *Citrus poonensis, Carica papaya* vor (YAMAMOTO und TIN 2, 3). Es ist mit dem von TSWETT als β-Xanthophyll bezeichneten, aber nicht isolierten Farbstoff trotz ähnlicher Merkmale nicht identisch (KUHN und BROCKMANN 3, 4) und auch das Verhältnis zum „Phylloxanthin" von KYLIN (1, 2) ist unklar.

Nachweis. Das auffallendste Kennzeichen des Violaxanthins ist die schöne, *tiefblaue Farbenreaktion mit Salzsäure*, welche von Xanthophyllen $C_{40}H_{56}O_2$ nicht gegeben wird, wohl aber von Fucoxanthin, Capsanthin, Capsorubin und Azafrin, vorübergehend auch von Flavoxanthin [1].

Daß die Reaktion nicht allein durch die große Anzahl von Sauerstoffatomen bedingt ist, zeigt das negative Verhalten des isomeren Taraxanthins $C_{40}H_{56}O_4$ (S. 208).

Man führe die Probe mit verseiften Extrakten aus, da das Farbwachs des Violaxanthins die Reaktion nicht gibt und wende stets Äther als Lösungsmittel an. 18proz. Salzsäure nimmt aus Äther nichts auf, 19proz. läßt nach einiger Zeit eine schwache Blaufärbung an der Grenzschicht erkennen, 20,5proz. Säure bläut die Grenzschicht sofort, stärkere Salzsäuren färben sich momentan blau.

---

[1] Dieselbe Reaktion geben die Xanthophylle der Orangenschale (*Citrus aurantium;* VERMAST, vgl. ZECHMEISTER und TUZSON 7) sowie der Mandarine

Andere Farbenreaktionen: S. 206. Charakteristisch ist auch das Spektrum: der erste Schwerpunkt ist in Schwefelkohlenstoff gegen Zeaxanthin um 19 $\mu\mu$, gegen Lutein um 7,5 $\mu\mu$ nach dem Kurzwelligen verschoben (Tabelle 37, S. 207).

Mikrochemische Bestimmung und *Trennung* von anderen Carotinoiden nach KUHN und BROCKMANN (3): S. 102 und 89.

Isolierung (KUHN und WINTERSTEIN 6). Die Blüten, die fast keine „Augen" (Anthocyan) besaßen, von Stengeln und Kelchen befreit und getrocknet waren, wurden fein vermahlen; 8000 Blüten lieferten 400 g Trockenpulver. Man hat je 100 g davon mit 600 cm³ Petroläther (Siedep. 30—50⁰) bei Zimmertemperatur, unter CO_2 3 Tage lang aufbewahrt. Dann wurde abgesaugt, mit 200 cm³ Petroläther nachgewaschen und nochmals mit 400 cm³ Petroläther stehen gelassen. Das erschöpfte Pulver ist von Quercitrin gelb gefärbt, die Auszüge enthalten Ester des Violaxanthins, die man durch Einengen auf 10 cm³ und Fällen mit 40 cm³ Methanol als ein bald erstarrendes Öl abscheiden kann.

Die vereinigten Lösungen in Petroläther (aus 100 g Blütenmehl) versetzt man mit 10 cm³ 10proz. Natriumäthylat und 20 cm³ 99proz. Alkohol. Sollte dabei Entmischung stattfinden, so gibt man noch absoluten Alkohol zu, bis die Lösung homogen geworden ist. Unter Stickstoff läßt man über Nacht stehen und überzeugt sich durch Entmischen einer Probe mit einem Tropfen Wasser, daß die Verseifung vollständig ist. Man entmischt dann durch Zugabe von 20 cm³ 90proz. Methanol und vervollständigt die Scheidung, indem man noch dreimal mit je 10 cm³ 90proz. Methanol durchschüttelt. Die vereinigten alkoholischen Auszüge werden dreimal mit je 50 cm³ Petroläther extrahiert, wobei eine kleine Menge des Violaxanthins in den Kohlenwasserstoff übergeht. (Diese wird daraus durch zweimaliges Entmischen mit je 5 cm³ 90proz. Methanol gewonnen.)

Die gesammelten alkoholischen Lösungen (80—90 cm³) überschichtet man im Scheidetrichter mit 50 cm³ Petroläther (Siedep. 60—70⁰) und gibt unter Schütteln bis zur milchigen Trübung Wasser zu. Unter starkem Schütteln fährt man mit der Zugabe von Wasser nunmehr tropfenweise fort, bis sich die, in der Grenzschicht ausfallenden Krystalle nicht mehr vermehren oder

(Citrus madurensis; ZECHMEISTER und TUZSON 8) und viele andere Drogenextrakte (*Calendula officinalis,* ZECHMEISTER und CHOLNOKY 13), womit aber die Anwesenheit von Violaxanthin noch nicht eindeutig bewiesen ist.

anfangen harzig zu werden. Nach einigem Stehen wird abgesaugt und mit Petroläther (Siedep. 60—70⁰) nachgewaschen. Der Farbstoff wird noch feucht in etwa 5 cm³ Methanol und 20 cm³ Äther gelöst. Nach dem Filtrieren dampft man vorsichtig ein, bis in der Wärme die Krystallisation eben beginnt. Beim Erkalten scheiden sich etwa 50 mg Violaxanthin aus, die bei 194⁰ und nach Umkrystallisation aus Methanol oder Schwefelkohlenstoff bei 198—199⁰ (korr.) schmelzen. Aus der Mutterlauge gewinnt man noch weitere 20 mg. Ausbeute: 0,05—0,07% des trockenen Blütenpulvers.

Beschreibung. Aus Methanol: braungelbe, an beiden Seiten abgeschrägte Prismen von monoklinem Habitus, ohne Metallglanz, ohne Krystallmethylalkohol. Unter dem Mikroskop erscheinen die Kreuzungsstellen dunkler, nicht feurigrot, an den Enden fehlen schwalbenschwanzförmige Einkerbungen. Die Krystalle erinnern weit mehr an Zeaxanthin als an Lutein (Abb. 59, S. 293, farbige Wiedergabe bei KARRER und WEHRLI 2). Die Strichfarbe auf weißem Ton stimmt mit derjenigen der genannten Xanthophylle überein. Besonders schön, in $^1/_2$ cm langen, glänzenden, rötlichbraunen Spießen krystallisiert Violaxanthin langsam aus Schwefelkohlenstoff. Auch eine Mischung von wenig Äther und Methanol ist sehr geeignet. Schmelzp. 199—199,5⁰ (korr., unter Zersetzung)[1]. Violaxanthin ist rechtsdrehend, aber viel schwächer als Lutein: $[\alpha]_{Cd}^{20} = + 35^0$ (in Chloroform).

Farbenreaktionen. In konzentrierter Schwefelsäure löst sich Violaxanthin mit tief-indigoblauer, in konzentrierter Ameisensäure mit tiefblauer, in kaltem Eisessig langsam mit grasgrüner Farbe (Lutein bleibt auch in heißem Eisessig gelb). Die ätherische Lösung wird durch Pikrinsäure in Äther nach etwa 2 Minuten oliv, nach 5 Minuten beständig grasgrün (Lutein gibt in 24 Stunden keine Farbreaktion mit Pikrinsäure). Das Verhalten gegen Salzsäure wurde oben besprochen; weitere Farbenreaktionen siehe im Original.

In bezug auf die *Entmischung* zwischen wäßrigem Methylalkohol und Petroläther nimmt Violaxanthin eine Mittelstellung zwischen Lutein und Fucoxanthin ein: 10 cm³ gleich konzentrierte Lösungen in Äther + Petroläther (1:1) wurden viermal mit je 2 cm³ 70proz. Methanol ausgeschüttelt, wobei etwa doppelt soviel Violaxanthin als Lutein in die Unterschicht ging. Nun hat man die

---

[1] KARRER und MORF (4) geben einen um 8⁰ höheren Schmelzpunkt an.

beiden alkoholischen Lösungen mit 5 cm³ Äther + Petroläther extrahiert: Lutein ging quantitativ, Violaxanthin nur zum Teil in die Oberschicht.

Tabelle 36 zeigt, daß das Violaxanthin in manchen seiner Eigenschaften zwischen Lutein und Fucoxanthin steht.

Tabelle 36. Vergleich von Lutein, Violaxanthin und Fucoxanthin (KUHN und WINTERSTEIN 6).

	Lutein	Violaxanthin	Fucoxanthin
Formel	$C_{40}H_{56}O_2$	$C_{40}H_{56}O_4$	$C_{40}H_{56}O_6$
Löslichkeit in siedendem Methanol	1 : 700	1 : 400	1 : 60
Entmischung (70proz. Methanol und Petroläther)	alles oben	teils oben	fast alles unten
Pikrinsäure in Äther . . .	keine Reaktion	Salzbildung	Salzbildung
25proz. Salzsäure	keine Reaktion	Blaufärbung	Blaufärbung
30proz. alkoholisches Kali	unverändert	unverändert	stark verändert

Spektrum. In bezug auf die Absorptionsbänder geht das Verhältnis zu Zeaxanthin und Lutein (aus *Tagetes*) aus Tabelle 37 hervor; die Bänder des Violaxanthins sind besonders scharf.

Tabelle 37. Vergleich der Absorptionsspektren von Zeaxanthin, Lutein und Violaxanthin (optische Schwerpunkte in 1-mm-Cuvetten, unter Verwendung von Kupferoxydammoniak als Blaufilter bestimmt; KUHN und WINTERSTEIN 6).

	Zeaxanthin $\mu\mu$	Lutein $\mu\mu$	Violaxanthin $\mu\mu$
In Schwefelkohlenstoff. . .	*519,0* *482,0* *450,0*	*508,0* *475,0* *445,0*	*500,5* *469,0* *440,0*
In Äthylalkohol.	*483,0* *451,5* *423,5*	*476,0* *446,5* *420,0*	*471,5* *442,5* *417,5*

Absorptionsmaxima des Violaxanthins in Chloroform: 482, 451,5 $\mu\mu$, in Benzin: 472, 443 $\mu\mu$, in Methanol: 469, 440 $\mu\mu$.

Chemisches Verhalten und Konstitution. Die katalytische Hydrierung zeigt 11 Doppelbindungen an (der Perhydrokörper ist ein farbloses, zähes, linksdrehendes Öl). Die Sauerstoffatome müssen zumindest teilweise, wie im Xanthophyllmolekül, als OH-Gruppen vorliegen, um die Veresterung mit Fettsäuren erklären zu können. Nach dem Ergebnis einer ZEREWITINOFF-Bestimmung scheinen alle vier O-Atome Hydroxylen anzugehören (KUHN und WINTERSTEIN 6), in den Versuchen von KARRER und MORF (4) konnten jedoch auf diesem Wege nur drei aktive Wasserstoffatome nachgewiesen werden, und zwar sowohl im Farbstoff als im Perhydrokörper. Nach der Methode von CRIEGEE (1, 2, S. 59) behandelt, wurde Perhydro-violaxanthin von Bleitetraacetat nicht angegriffen, woraus folgt, daß cis-ständige benachbarte Hydroxyle fehlen (KARRER, ZUBRYS und MORF). Nach KARRER und MORF (4) liefert Violaxanthin beim *Abbau* mit Permanganat, wie Xanthophyll und Zeaxanthin $\alpha\alpha$-Dimethylbernsteinsäure und enthält wahrscheinlich, wie jene, ein Ringsystem nebenstehender Form.

$$CH_3—C—CH_3$$
$$CH_2\ C—CH=\ldots$$
$$HO—CH\ \ C—CH_3$$
$$—CH$$

9. Taraxanthin.

(Bruttoformel $C_{40}H_{56}O_4$, Konstitutionsformel unbekannt.)

Dieses Isomere des Violaxanthins wurde von KUHN und LEDERER (3) in den Löwenzahnblüten *(Taraxacum officinale)* entdeckt, die auch Xanthophyll von der Zusammensetzung $C_{40}H_{56}O_2$ führen (KARRER und SALOMON 4). PALMER (1, dort S. 70) hat in der Droge neben viel Carotin mindestens drei Xanthophyllkomponenten spektroskopisch nachgewiesen, wahrscheinlich liegt auch Violaxanthin vor. Alle diese Farbstoffe sind verestert und bilden ein Polyenwachs. Gleichfalls als Ester ist Taraxanthin in den Blüten des Huflattichs *(Tussilago farfara)* enthalten und wurde von KARRER und MORF (5) daraus isoliert. Denselben Farbstoff erhielten KUHN und LEDERER (6) aus den Blüten des *Leontodon autumnalis* und *Impatiens noli me tangere* (Springkraut, Balsamine). Das letztere Pigment besteht fast ausschließlich aus Taraxanthin, das nur einen Bruchteil des Sonnenblumenfarbstoffes *(Helianthus annuus)* ausmacht (ZECHMEISTER und TUZSON 9). Vgl. auch S. 76.

Mikrochemische Bestimmung und *Trennung* des Taraxanthins von anderen Carotinoiden nach KUHN und BROCKMANN (3): S. 89 und 102.

Isolierung. *a) Aus Löwenzahn* (KUHN und LEDERER 3). Bei der verwickelten Zusammensetzung des Gesamtxanthophylls gelingt es nicht, die einzelnen Komponenten durch Krystallisationsmethoden zu trennen. Es wurde daher ein krystallisiertes Xanthophyllgemisch (im weiteren Sinne) isoliert und mit Hilfe der chromatographischen Adsorptionsmethode zerlegt:

Die Droge (15 000 Blüten ohne Kelche, getrocknet und gemahlen) = 850 g wurde mit einem Gemisch von je 2 l Aceton und Petroläther (Siedep. 30—50°)

unter CO_2, bei Zimmertemperatur extrahiert (3 Tage), nachgewaschen und das Filtrat mit Wasser entmischt, wobei aller Farbstoff in die obere Schicht ging. Die letztere hat man von Aceton durch Auswaschen befreit und dann mit 90proz. Methanol durchgeschüttelt, schließlich mit 100 cm³ 5proz. alkoholischem Kali und 200 cm³ absolutem Alkohol versetzt und 4 Stunden geschüttelt. Bei der Entmischung durch Wasser ging ein Teil der Farbstoffe in die Unterschicht. Der Rest wurde durch Wiederholung der Hydrolyse (14 Stunden) in freies Xanthophyll verwandelt.

Die erste alkoholische Lösung hat man mit Benzin (Siedep. 70—80⁰) überschichtet und durch Zusatz von Wasser den Farbstoff zusammen mit viel Farblosem gefällt. Durch Krystallisation aus Methanol ließ sich ein Teil der Begleitstoffe entfernen. Der in der Mutterlauge enthaltene Farbstoff wurde, nach Überschichten mit Benzin, durch Wasser erneut in der Grenzschicht ausgefällt. Bei der Behandlung mit Aceton blieb die Hauptmenge der Begleitstoffe ungelöst. Die Acetonlösung wurde verdampft, der Farbstoff zwischen Methanol-Petroläther entmischt, ausgefällt und aus Äther + Methanol umkrystallisiert. Ausbeute: 10 mg. Glitzernde Prismen. Schmelzp. 179—180⁰ (korr.).

Die zweite alkoholische Lösung war viel ärmer an Begleitstoffen und lieferte nach Überschichten mit Benzin auf Zusatz von Wasser 250 mg Xanthophyll. Nach Umscheidung aus Methanol ergab die Mutterlauge 155 mg glänzende Prismen, die Analysenwerte zwischen $C_{40}H_{56}O_2$ und $C_{40}H_{56}O_4$ lieferten.

Je 40 mg Farbstoff wurden in 25 cm³ Benzol + 75 cm³ Benzin gelöst und durch eine *Säule von Calciumcarbonat* (Durchmesser 10 cm, Höhe 15 cm) gesaugt. Es wurde mit 2 l Lösungsmittelgemisch nachgewaschen und die 10 cm breite Farbschicht in 5 Zonen zerlegt, die nach dem Eluieren mit Methanol in der Reihenfolge von oben nach unten die folgenden Schwerpunkte (in CS_2) ergaben: I. 502, 472 $\mu\mu$; II. 502, 469 $\mu\mu$; III. 504, 471 $\mu\mu$; IV. 507, 474 $\mu\mu$; V. 508, 475 $\mu\mu$. Der Farbstoff der Zonen I und II wurde vereinigt und unter Benzin mit Wasser ausgefällt. Nach dem Trocknen hat man das Präparat in 25 cm³ Benzol + 75 cm³ Benzin gelöst und den Adsorptionsversuch wiederholt. Die nun erhaltenen Farbzonen II—V wurden mit Methanol eluiert, vereinigt, unter Benzin mit Wasser gefällt und aus Methanol umkrystallisiert. Ausbeute: 40 mg Taraxanthin, aus 200 mg krystallisiertem Xanthophyllgemisch.

b) Aus dem Springkraut (KUHN und LEDERER 6). Einfacher und ergiebiger gestaltet sich die *Isolierung des Taraxanthins* aus *Impatiens noli me tangere*: 500 Blüten wurden bei 40⁰ getrocknet (30 g), fein vermahlen, in 500 cm³ Petroläther (Siedep. 30—50⁰) über Nacht stehen gelassen, genutscht und mit Petroläther nachgewaschen. Die Verseifung des Farbwachses geschah in homogener Phase, mit Hilfe von alkoholischem Kali und Äthylalkohol über Nacht (vgl. KUHN, WINTERSTEIN und LEDERER). Dann wurde durch Wasserzusatz entmischt und die Oberschicht noch dreimal mit 90proz. Methanol ausgeschüttelt, wobei der Farbstoff bis auf

Spuren nach unten ging. Nun hat man das Taraxanthin aus den vereinigten holzgeistigen Auszügen, nach Überschichten mit Petroläther, durch vorsichtigen Zusatz von Wasser gefällt, das Rohprodukt nach einigen Stunden abgesaugt und farblose Begleiter durch dreimaliges Auskochen mit Benzin entfernt. Mit dem in Methanol gelösten Präparat wurde die beschriebene Fällung noch einmal vorgenommen. Zur völligen Reinigung dienten Umkrystallisationen aus Methylalkohol + etwas Äther, schließlich aus Methanol allein. Reinausbeute: 4 mg.

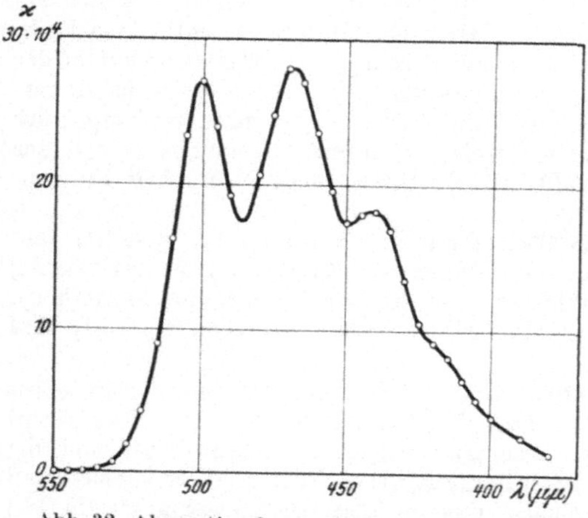

Beschreibung. Kupfrig glänzende, abgeschrägte, feine Prismen bzw. Tafeln, die unter dem Mikroskop braunstichig gelb erscheinen. Die Kreuzungsstellen sind dunkler, aber nicht rot (Abb. 58, S. 293, farbige Aufnahme bei KARRER und WEHRLI 2). Schmelzp. 184,5 bis 185,5⁰ (korr.). Stark rechtsdrehend: $[\alpha]_{Cd}^{24} = + 200^0$. Die Löslichkeit ist dem Violaxanthin sehr ähnlich, ebenso auch die Farbe, wesentliche Unterschiede bestehen jedoch im Schmelzpunkt, Drehvermögen und Basizität, während die Absorptionsspektren überraschend zusammenfallen (Tabelle 38):

Abb. 32. Absorptionskurve des Taraxanthins in CS₂, nach KUHN und LEDERER.

Tabelle 38. Vergleich von Taraxanthin und Violaxanthin.

	Schmelzp. (korr.)	$[\alpha]_{Cd}$ (in Essigester)	25proz. HCl + Farbstoff in Äther	Optische Schwerpunkte (in CS₂)
Taraxanthin	184—185⁰	+ 200⁰	keine Reaktion[1]	*501, 469,* 441 $\mu\mu$
Violaxanthin	199—199,5⁰	+ 35⁰	Blaufärbung	*500,5, 469,* 440 $\mu\mu$

Schwerpunkte in Benzin für beide Farbstoffe: 472, 443 $\mu\mu$ (KUHN und BROCKMANN 3).

---

[1] Für einen Augenblick kann Blaufärbung auftreten.

Zur Konstitution. In Übereinstimmung mit den gelben Blattfarbstoffen, ferner mit Violaxanthin, bindet das Taraxanthin 11 Mol. Wasserstoff bei der katalytischen Hydrierung. Es ergibt nach ZEREWITINOFF 3—4 aktive H-Atome; danach sind 3—4 Hydroxyle im Molekül anzunehmen, das im Hinblick auf die Zusammensetzung des Perhydrokörpers 2 Ringe enthalten muß.

Die Isomerie von Taraxanthin und Violaxanthin ist nach KUHN und LEDERER (3) von anderer Art als die von Lutein und Zeaxanthin. Die letzteren sind in ihren Absorptionsspektren deutlich verschieden, wonach das chromophore System konjugierter Doppelbindungen Unterschiede aufweisen muß. Die beiden Xanthophylle mit vier Sauerstoffatomen zeigen dagegen nahezu übereinstimmende Spektren, so daß sie sich vermutlich nur durch die Stellung der Hydroxylgruppen unterscheiden. Durch die ungleich gestellten Hydroxyle wären die Unterschiede im Drehvermögen und das abweichende Verhalten gegen Salzsäure erklärt.

10. Fucoxanthin.

(Bruttoformel $C_{40}H_{56}O_6$, Konstitutionsformel unbekannt.)

Polyene sind auch in *Algen* verbreitet, wie dies z. B. aus dem neuen Sammelbericht von BORESCH hervorgeht. Es liegen auf diesem Gebiete zahlreiche capillaranalytische Beobachtungen namentlich von KYLIN (3—8) vor, aber das in der Tabelle 39 zusammengefaßte Ergebnis harrt noch der präparativen Bestätigung. Mit Ausnahme des Carotins, Xanthophylls und Fucoxanthins ist sogar die Zusammensetzung der nachgewiesenen Pigmente unbekannt, wie überhaupt das chemisch-analytische Studium des Algenfarbstoffs mit den, bei höheren Pflanzen erreichten Resultaten nicht Schritt gehalten hat. Man darf dies teils auf

Tabelle 39. Ergebnisse der capillaranalytischen Untersuchung von Algencarotinoiden (nach KYLIN 7).

	Carotin	Kalorhodin	Phyllorhodin	Xanthophyll	Myxorhodin α	Myxorhodin β	Phylloxanthin	Fucoxanthin α	Peridinin	Fucoxanthin β
Grüne Algen . . .	+	—	+	+	—	—	+	—	—	—
Rhodophyceae . .	+	—	+	+	—	—	—	—	—	—
Cyanophyceae . .	+	+	—	—	+	+	—	—	—	—
Phäophyceae . . .	+	—	—	+	—	—	+	+	—	+
Diatomeae	+	—	—	+	—	—	+	+	—	+
Peridineae	+	—	—	—	—	—	+	—	+	—

14*

die Schwierigkeit der Materialbeschaffung zurückführen, um so mehr als die Isolierung des Pigments oft nur aus frischen Algen gelingt.

Pigmente unbekannter Zusammensetzung beiseite lassend, sei hier der *Braunalgenfarbstoff Fucoxanthin* $C_{40}H_{56}O_6$ besprochen, das seit der grundlegenden Arbeit von WILLSTÄTTER und PAGE das einzige spezielle Algencarotinoid geblieben ist, mit bekannter empirischer Formel[1] und mit wohldefinierten Merkmalen des krystallisierten Präparates. Da die Eigenschaften des Fucoxanthins harmonisch an die übrigen Polyene sich anschließen, wäre es von pflanzenphysiologischem Interesse, diese Beziehung mit Strukturformeln zu belegen. Vielleicht wäre dann ersichtlich, wo der Weg der natürlichen Polyensynthese unter den besonderen Lebensbedingungen der Braunalgen von demjenigen der höheren Landpflanzen abzweigt. Als ein erster Schritt in dieser Richtung darf die Einordnung des Fucoxanthins in die folgende Reihe gewertet werden:

Carotin $C_{40}H_{56}$ → Kryptoxanthin, Rubixanthin $C_{40}H_{56}O$ → Xanthophylle $C_{40}H_{56}O_2$ → Flavoxanthin $C_{40}H_{56}O_3$ → Taraxanthin, Violaxanthin $C_{40}H_{56}O_4$ → Fucoxanthin $C_{40}H_{56}O_6$.

Die nachfolgenden Angaben stammen, falls nichts anderes vermerkt ist, von WILLSTÄTTER *und* PAGE.

Vorkommen. Entgegen älteren Ansichten, enthalten die Phäophyceen (z. B. *Fucus vesiculosus, F. virsoides, Dictyota, Cystosira, Laminaria*, aus Skandinavien, England, Istrien) dasselbe Chlorophyll wie die Landpflanzen, welches — wie dort — von mehreren Polyenen begleitet wird. Während aber das Chlorophyll höherer Pflanzen im wesentlichen nur mit Carotin und Xanthophyll vergesellschaftet ist, kommt in den Braunalgen (und nach KYLIN 7 auch in Diatomeen) der ansonsten kaum beobachtete Spezialfarbstoff *Fucoxanthin* hinzu, dessen Menge die beiden anderen übertrifft. Außerdem zeigt das Braunalgenpigment noch zwei Besonderheiten: 1. besteht sein Chlorophyll fast ausschließlich aus der Komponente *a* und 2. enthalten die Chromatophoren ungewöhnlich wenig Chlorophyll, dafür aber viel mehr Carotinoid als das grüne Blatt. Das molekulare Verhältnis grüne/gelbe Farbstoffe beträgt hier nämlich rund 1, statt wie sonst 3 bis 5 (Tabelle 40 und 41, S. 213).

---

[1] WILLSTÄTTER und PAGE bevorzugten den Ausdruck $C_{40}H_{54}O_6$, der von KARRER, HELFENSTEIN, WEHRLI, PIEPER und MORF in $C_{40}H_{56}O_6$ abgeändert wurde.

Tabelle 40. Gehalt der Braunalgen an Chlorophyll und Carotinoiden
(WILLSTÄTTER und PAGE).

Gattung	g Farbstoff							
	in 1 kg frischer Algen				in 1 kg trockener Algen			
	Chlorophyll	Fucoxanthin	Carotin	Xanthophyll	Chlorophyll	Fucoxanthin	Carotin	Xanthophyll
Fucus	0,503[1]	0,169	0,089	0,087	1,765	0,593	0,312	0,305
Dictyota	0,640	0,250	0,057	0,063				
Laminaria . . .	0,185	0,081	0,006	0,038	1,202	0,528	0,038	0,247

Tabelle 41. Molekulares Verhältnis zwischen Chlorophyll und den
gelben Farbstoffen in Braunalgen (WILLSTÄTTER und PAGE).

Gattung	Chlorophyll : Carotinoide	Carotin : Xanthophyll : Fucoxanthin
Fucus . . .	0,95	1,08 : 1 : 1,75
Dictyota . .	1,20	0,77 : 1 : 3,60
Laminaria .	1,07	0,16 : 1 : 1,92

Es ist merkwürdig, daß von den beiden Chlorophyllen das
O-reichere fast fehlt, während das sauerstoffreichste Carotinoid in
großen Mengen vorhanden ist — ein Befund, dem eine noch unauf-
gedeckte pflanzenphysiologische Bedeutung zukommen kann.

Quantitative Bestimmung der vier Braunalgen-farbstoffe.

Die frischen Algen werden zwischen Filtrierpapier abgedrückt
und mit der Syenit-Walzenmühle fein vermahlen[2]. Nachdem ein
Teil zur Bestimmung der Trockensubstanz verwendet worden,
verreibt man 40 g mit 200 g (oder nötigenfalls mit mehr) Sand und
mit 50 cm³ 40proz., dann mit weiteren 50 cm³ 30proz. Aceton.
Nach dem Überführen in die Nutsche und Vorextrahieren mit
mehr 30proz. Aceton, wird der gesamte Farbstoff mit wasserfreiem Aceton ausgezogen, bis das Filtrat farblos abläuft. Aus dem

---

[1] Menge von Chlorophyll *a* allein, diese Zahl ist also um höchstens 5%
zu niedrig.

[2] Besonders zähe und schleimige Algen (z. B. *Laminaria*) lassen sich
so nicht verarbeiten. Sie werden in kleine Stücke zerschnitten; man entfernt
die Schleime durch wiederholte Vorextraktionen mit 30proz. Aceton. Hierauf
wird der mit der Fleischhackmaschine erhaltene Brei mit Sand vermengt
und von dem Farbstoff durch langdauernde Extraktion mit 95proz. Aceton
befreit; die letzten Pigmentspuren gehen beim Stehen mit wasserfreiem
Aceton heraus.

Extrakt läßt sich das Pigment mit 300 cm³ Äther und Verdünnen mit destilliertem Wasser in ätherische Lösung bringen, die durch vorsichtiges Waschen mit destilliertem Wasser vom Aceton befreit und dann mit 1 Vol. Petroläther (Siedep. 30—50⁰) vermengt wird.

Zur Abtrennung des Fucoxanthins schüttelt man viermal mit dem gleichen Raumteil petroläther-gesättigten, 70proz. Methanol und hält jedesmal durch Zusatz von Äther das Volumen der Oberschicht konstant. Zur Entfernung von mitgegangenem Xanthophyll werden die vereinigten Extrakte einmal mit Petroläther + Äther (5:1) gewaschen. Man engt den letzteren Auszug im Vakuum auf 250 cm³ ein, vermischt mit 250 cm³ Äther und extrahiert zweimal mit je 500 cm³ petrolätherhaltigem 70proz. Methanol. Die neuen holzgeistigen Auszüge werden zu den früheren gegeben und die äther-petrolätherische Restlösung zur Hauptlösung. Von der letzteren dient dann die eine Hälfte zur Bestimmung des *Chlorophylls*, die andere zur Trennung und Bestimmung von *Carotin* und *Xanthophyll*.

In der methylalkoholischen Lösung ist nur das *Fucoxanthin* enthalten. Man führt es durch Wasserzusatz in 250 cm³ Äther über, befreit den letzteren durch Waschen vom Methylalkohol und vergleicht mit einer wäßrigen Kaliumbichromatlösung (2g pro l) im Colorimeter: $5 \cdot 10^{-5}$ Mol. Fucoxanthin in 1 l Äther sind in einer 50 mm-Schicht mit 85 mm Bichromat farbgleich.

Isolierung des Fucoxanthins.

a) Nach WILLSTÄTTER *und* PAGE, *neben Chlorophyll.* Die frischen Braunalgen sind gewöhnlich in Portionen von 15—20 kg verarbeitet worden. Das Material wurde durch eine Walzenmühle mit Maschinenantrieb ganz grob gemahlen und sofort $1/_4$ bis höchstens $1/_2$ Stunde lang unter häufigem Umrühren in 40proz. Aceton eingelegt (2 l für je 1 kg Algen). Dann saugt man auf großen Nutschen ab und entfernt noch vollständiger die schleimige Flüssigkeit durch Abpressen unter 300 Atm. Die zwischen den Steinwalzen nun viel feiner gemahlenen Algen werden (um allzu große Verdünnungen zu vermeiden) in Portionen entsprechend 3 kg Ausgangsmaterial fünfmal in folgender Weise extrahiert[1]: Man füllt sie in Filtrierstutzen, rührt mit 3 l 85proz. Aceton an und saugt

---

[1] Alle Extrakte sind rasch und tunlichst unter Luftabschluß aufgearbeitet worden; man lasse sie nur im Dunkeln, in vollen, gut verschlossenen Gefäßen stehen.

ab. Das einmal ausgezogene Mehl kommt in den zweiten Filtrierstutzen, wird mit neuen 3 l Aceton angesetzt und wieder abgesaugt.
Das zweite Filtrat (nicht etwa schon das erste) dient zum ersten
Extrahieren der zweiten Portion. Die erste Algencharge wandert
in den dritten Stutzen, ihr dritter Extrakt dient zur zweiten Extraktion der zweiten Portion usw , bis jede 3 kg-Menge fünfmal ausgezogen ist. (Der fünfte Extrakt jeder Charge dient zum vierten
Extrahieren der folgenden, zum dritten der übernächsten usw.)

Aus den Extrakten fällt, wenn sie in frisches Mehl kommen
(infolge der Verdünnung durch den Wassergehalt) Chlorophyll aus,
das erst bei einer folgenden Extraktion wieder in Lösung geht.
Daher sind alle ersten Auszüge gelbbraun und werden nur auf
Fucoxanthin verarbeitet. Alle zweiten bis fünften Extrakte, welche
olivgrün, dann rein grün sind, vereinigt man (z. B. 25 l aus 20 kg
Algen) und fällt daraus, in 4 l-Portionen, durch Anrühren mit
Talk und vorsichtiges Verdünnen mit der eben erforderlichen
Menge Wasser, das Chlorophyll aus. Der zweckmäßige Grad der
Verdünnung ist jeweils so auszuprobieren, daß das Fucoxanthin
zum größten Teil in Lösung bleibe (z. B. 3—4 Vol. Wasser auf
10 Vol. Extrakt). Man nutscht ab, wäscht zuerst mit 65proz.
Aceton und dann einmal mit 60proz. Alkohol. Das *Chlorophyll*
bleibt im Talk zurück, während sämtliche Filtrate (40 l aus 20 kg
Algen) zusammen mit den ersten (nur Chlorophyllspuren enthalten-
den) Extrakten (s. oben) für die Isolierung von *Fucoxanthin* dienen.

Man trägt 4 l-Portionen in je 1 l eines Gemisches aus Petroläther (Siedep. 30—50°) und Äther (3:1) ein und schüttelt mit
1,5 l Wasser durch. Die wäßrig-acetonige Unterschicht ist nur
schwach gelblichgrün. Die tief orangegelben Oberschichten werden
durch sehr vorsichtiges Waschen (Emulsionen!) von Aceton
befreit und im Vakuum bei Raumtemperatur bis auf 500 cm³
Gesamtvolumen eingedampft. Dabei können schon Flocken von
Fucoxanthin ausfallen; man verdünnt wieder mit 0,5 l Äther.

Zur *Trennung von Xanthophyll* schüttelt man etwa viermal
vorsichtig mit je 1 l 70proz. Holzgeist (mit Petroläther gesättigt)
und noch zweimal mit je ¹/₂ l. Aus den vereinigten, dunkelbraunen
Unterschichten entfernt man mitgeführtes Xanthophyll durch
einmaliges Schütteln mit 1 Vol. Petroläther + Äther (5:1). Da
diese Waschflüssigkeit etwas Fucoxanthin mitnimmt, wird sie im
Vakuum auf einige Hundert cm³ eingeengt, mit 1 Vol. Äther verdünnt und zweimal mit 70proz. Holzgeist ausgezogen (diese letzten

Auszüge werden auch mit Petroläther + Äther, wie oben, gewaschen).

Aus allen holzgeistigen Lösungen wird das Fucoxanthin durch vorsichtigen Wasserzusatz, portionsweise in viel Äther übergeführt, worauf man die filtrierte Lösung bei niedriger Temperatur auf etwa 200 cm³ einengt (fast Sirupdicke). Auf Zusatz von höchstens 1 l niedrigsiedendem Petroläther fällt das Fucoxanthin (Reinheitsgrad 85%) in ziegelroten Flocken aus. Ausbeute 2 g (= Hälfte des colorimetrisch ermittelten Gehaltes). Beim Umkrystallisieren aus Methanol geht etwa $^1/_4$ davon verloren.

Es ist ungünstig, *getrocknete Braunalgen* auf Fucoxanthin zu verarbeiten und ist das Algenmehl mehr als einige Wochen alt, so gelingt die Isolierung meist nicht mehr. Immerhin geben WILLSTÄTTER und PAGE kurz das folgende Verfahren an: Man extrahiert das Mehl im Perkolator mit Sprit und entfernt das Chlorophyll nebst anderen Stoffen durch Entmischen von je 4 l Perkolat mit 0,75 l Petroläther. Das Pigment wird aus der Unterschicht in Benzol übergeführt, das letztere im Vakuum eingeengt und mit Petroläther verdünnt. Hieraus wurde das Fucoxanthin mit 65proz. Alkohol ausgezogen, der weingeistige Extrakt ausgeäthert, die Ätherlösung im Vakuum konzentriert und mit Petroläther gefällt. Die Ausbeute an Fucoxanthin ist schlecht und das Präparat unrein (noch xanthophyllhaltig).

b) Vereinfachte Isolierung von Fucoxanthin allein, aus Fucus vesiculosus (KARRER, HELFENSTEIN, WEHRLI, PIEPER und MORF). 15 kg in der Fleischhackmaschine zerkleinerte, lufttrockene Algen wurden mit 22 l 90proz. Alkohol nach mehrmaligem Umrühren über Nacht stehen gelassen und auf Koliertuch abgenutscht. Die Lösung hat man in zwei Portionen nacheinander in 3 l Petroläther gegossen, durchgeschüttelt und mit 1 l Wasser verdünnt. Nach vierstündigem Stehen befand sich der größte Teil des Chlorophylls im Petroläther, während die alkoholische Unterschicht rein braun gefärbt war. Zur vollständigen Abtrennung des Chlorophylls ist es zweckmäßig, nochmals mit 3 l Petroläther auszuschütteln.

Nun wurde die alkoholische Lösung mit 1,5 Vol. destilliertem Wasser gut vermischt, zum Abschluß der Luft mit wenig Petroläther überschichtet und 24 Stunden stehen gelassen. Der größte Teil des Fucoxanthins hat sich an der Oberfläche als brauner Niederschlag angesammelt und der kaum gefärbte, untenstehende Flüssigkeitsanteil konnte abgelassen werden. Jetzt hat man abgenutscht, das Rohfucoxanthin in warmem Methylalkohol gelöst und mit 1 Vol. Wasser gefällt. Es wurde in möglichst wenig siedendem Methylalkohol aufgenommen und die Lösung heiß filtriert. Nach dem Erkalten schied sich ein beträchtlicher Teil des prachtvoll krystallisierten Farbstoffes aus. Der Rest wurde durch Zusatz von wenig Wasser nach zwölfstündigem Aufbewahren im Eisschrank abgeschieden. (Der letztere Anteil bedarf weiterer Krystallisation aus absolutem Methanol.) Reinausbeute 2 g. Für die Analyse krystallisiert man aus Äther + Petroläther um. Es ist zweckmäßig, alkoholisch-wäßrige Lösungen zum Abschluß der Luft jeweils mit Petroläther zu überschichten.

Beschreibung. Aus Methylalkohol umkrystallisiert, bildet das Fucoxanthin lange, braunrote Prismen mit bläulichem Metallglanz. Unter dem Mikroskop ist die Farbe bernsteingelb, an Kreuzungsstellen braun. Das Pulver ist ziegelrot. Diese Krystalle enthalten 3 Mole CH_3OH, der im Vakuumexsiccator vollständig entweicht; dabei wird die Substanz hygroskopisch und gibt aufgenommenes Wasser auch im Vakuum erst bei erhöhter Temperatur ab. Stellt man alkoholische oder acetonige Fucoxanthinlösungen in Kohlendioxyd über Wasser auf, so erscheinen große, bläulich glänzende, dunkelrote, regelmäßig sechseckige Tafeln, die mikroskopisch betrachtet citronengelb bis rot erscheinen, je nach der Dicke; sie enthalten 2 Mol. Krystallwasser, das im Hochvakuum, bei 105^0 abgegeben wird (Abb. 60—61, S. 293, farbige Aufnahme bei KARRER und WEHRLI 2).

Die beiden Krystallformen lassen sich ineinander überführen: Fällt man Fucoxanthinlösungen (in Äthyl-, Methylalkohol oder Aceton) mit Wasser, so erscheinen Nädelchen, die innerhalb 5 Minuten in der Flüssigkeit in die Sechsecke übergehen. Werden die letzteren im Hochvakuum getrocknet und mit Methanol in Berührung gebracht, so verwandeln sie sich sofort in die Prismen der Verbindung mit Methylalkohol. Ohne Krystallflüssigkeit erscheint der Farbstoff in Form von derben Nadeln, wenn in die absolut-ätherische Lösung niedrigsiedender Petroläther eingeträufelt wird. Holzgeist ruft sofort die Prismenform (mit 3 CH_3OH) hervor.

Der Schmelzpunkt des Fucoxanthins ($159{,}5 — 160{,}5^0$, korr.) wird nur mit Krystallisationen aus Äther + Petroläther richtig gefunden, welche im Hochvakuum bei 105^0 getrocknet worden sind. Ähnlich behandelte methylalkoholhaltige Präparate schmelzen um etwa 10^0 niedriger und weniger scharf.

In seinen *Löslichkeitsverhältnissen* steht das Fucoxanthin naturgemäß dem Xanthophyll näher als dem Carotin. Es löst sich recht schwer in Äther, ziemlich leicht in Schwefelkohlenstoff, reichlich in Äthylalkohol. Kochendes Methanol löst das Fucoxanthin im Verhältnis 1:60, also viel reichlicher als Zeaxanthin (1:1550), Xanthophyll (1:700) oder Violaxanthin (1:400). Bei 0⁰ beträgt die Löslichkeit 1:250. Rohprodukte sind bedeutend leichter löslich. Die ätherische Lösung ist orangegelb, rein gelb tingierend, die alkoholische rotstichig (bräunlichgelbe Tinktion); in Schwefelkohlenstoff ist die Farbe viel röter. Fluorescenz wird nirgends beobachtet. Das Verhältnis der Farbstärken Carotin (in Petroläther) : Xanthophyll (in Äther) : Fucoxanthin (in Äther) beträgt abgerundet 1,25:1:2.

Das *Spektrum* ist demjenigen des Xanthophylls ähnlich, aber weniger scharf und weist am Ende des Sichtbaren eine viel weiter ins Indigblau reichende Adsorption auf, so daß schon bei mäßiger Konzentration (5 mg pro Liter Alkohol) eine verschwommene Absorption von $498\,\mu\mu$ bis zum Ende beobachtet wird. Bei einer Schichtdicke von 10 mm gibt die Lösung Bänder zwischen 492—476 bzw. 467—451 $\mu\mu$, die optischen Schwerpunkte dürften also ungefähr bei 484 und 459 $\mu\mu$ (in Alkohol) liegen, während dieselben Zahlen für Chloroform 492 und 457 $\mu\mu$ betragen (EULER, KARRER, KLUSSMANN und MORF).

Das Verhalten des Fucoxanthins bei der *Entmischung* ist charakteristisch und wird zur Scheidung vom Xanthophyll verwertet (Näheres Tabelle 42).

Tabelle 42. Verteilung von Xanthophyll und Fucoxanthin zwischen Äther + Petroläther (1 : 1) und Holzgeist (nach WILLSTÄTTER und PAGE).

Prozentgehalt des Methylalkohols	Xanthophyll		Fucoxanthin	
	Extrahiert	gewaschen mit Äther+Petroläther	Extrahiert	gewaschen mit Äther+Petroläther
65	beinahe nicht	—	in 5 Malen größtenteils	—
70	spurenweise	fast alles wird abgegeben	fast ganz in 3 Malen	ein wenig wird abgegeben
75	sehr deutlich	fast alles wird abgegeben	quantitativ in 3 Malen	ein wenig wird abgegeben

Fucoxanthin, Violaxanthin und Xanthophyll lassen sich rasch durch Verteilung zwischen Petroläther und 70proz. Methylalkohol unterscheiden; der Reihe nach befindet sich der Farbstoff nach dem Durchschütteln: unten, teils unten, oben.

Das Fucoxanthin ist nach KARRER, HELFENSTEIN, WEHRLI, PIEPER und MORF optisch aktiv und zwar, wie das Blattxanthophyll, rechtsdrehend, allerdings in bedeutend schwächerem Maße: $[\alpha]_C^{18} = + 72{,}5^0$ ($\pm$ 9^0, in Chloroform).

An der *Luft* zeichnet sich krystallisiertes Fucoxanthin durch große Beständigkeit aus.

Es bindet während mehrerer Wochen keinen Sauerstoff. Die beobachteten Gewichtsschwankungen sind nicht auf Autoxydation zurückzuführen, sondern auf das Vertauschen von Krystallmethanol mit Wasser, wobei verschiedene Hydrate erscheinen. Daß der Sauerstoff in der Tat nicht einwirkt, geht auch aus der Unversehrtheit der Farbe, ferner daraus hervor, daß schließlich bei 110^0 im Hochvakuum das ursprüngliche Gewicht wiederhergestellt werden kann.

Hingegen findet in Lösungen, namentlich in Benzol sowie in wasserhaltigem Alkohol Autoxydation statt, die mit dem Verlust der Farbe Hand in Hand geht und durch Belichtung beschleunigt wird. Krystallisierte Abbauprodukte sind auf diesem Wege nicht erhalten worden.

Fucoxanthin gibt die allgemeinen *Farbreaktionen* der Carotinoide.

Einige Umwandlungen des Fucoxanthins.

a) Verhalten gegen Salzsäure. Dieses auffallendste chemische Kennzeichen des Fucoxanthins wird von WILLSTÄTTER und PAGE wie folgt beschrieben: „Die verschiedenen Carotinoide geben die bekannte tiefblaue Farbreaktion nur mit konzentrierter Schwefelsäure. Das Fucoxanthin allein besitzt viel bedeutendere basische Eigenschaften, welche in der Bildung von Oxoniumsalzen zutage treten. Es reagiert so wie ein schwächeres Amin mit Mineralsäure, von 30proz. Salzsäure z. B. wird die ätherische Lösung sofort entfärbt und die saure Schicht wird prachtvoll blauviolett, in großer Verdünnung himmelblau[1]. Dabei entsteht ein beständiges Farbsalz ......". Diese Sonderstellung des Fucoxanthins besteht gegenwärtig nicht mehr, denn auch Azafrin (LIEBERMANN und SCHILLER), Violaxanthin (KUHN und WINTERSTEIN 6), Capsorubin und Capsanthin (ZECHMEISTER und CHOLNOKY 1, 7) geben ähnliche Farbreaktionen. Aber die strukturelle Ursache der Erscheinung ist auch heute noch unklar. Wenn auch alle fünf genannten Polyene mehr als 2 O-Atome enthalten, so genügt diese

---

[1] Ebenso verhalten sich 40proz. Schwefelsäure sowie ätherische Pikrinsäure.

Besonderheit zur Erzeugung der „Basizität" noch nicht, was aus dem fast negativen Verhalten des Taraxanthins $C_{40}H_{56}O_4$ gegenüber Salzsäure (KUHN und LEDERER 3, 6) hervorgeht. WILLSTÄTTER und PAGE erwägen die Anwesenheit von Pyronringen im Fucoxanthinmolekül, ihr Gedanke ist aber noch nicht experimentell nachgeprüft worden.

Die ätherischen Lösungen des Fucoxanthins werden übrigens schon mit 25proz. Salzsäure (wie das Violaxanthin) in die blaue Verbindung verwandelt, während schwächere Salzsäuren als 20proz. nicht mehr einwirken.

Das *Chlorhydrat* wird durch HCl in Äther in blauen Flocken mit prachtvollem, kupfrigem Glanz gefällt, welche in Chlorwasserstoff-Atmosphäre, über $CaCl_2$ getrocknet, die Zusammensetzung $C_{40}H_{56}O_4, 4\,HCl$ zeigen.

b) Verhalten gegen Alkalien. Obzwar der Braunalgenfarbstoff keine sauren Eigenschaften besitzt, verhält er sich gegen alkoholische Lauge (im Gegensatz zu den meisten Carotinoiden) nicht indifferent, wie dies schon von TSWETT bzw. KYLIN vermerkt wurde. Übergießt man die Krystalle mit konzentriertem methylalkoholischem Kali, so erfolgt viel reichlicher Auflösung als in CH_3OH allein und dabei wird der Farbstoff gebunden und verändert: es ist unmöglich, das Fucoxanthin durch Ausätherung zu regenerieren. Setzt man Wasser und Äther zu, so wird zwar die Alkaliverbindung zerlegt, der Farbstoff hat aber nun einen so stark basischen Charakter erlangt, daß er in konzentrierter Ätherlösung sogar mit 0,001proz. Salzsäure die blaue Farbe gibt. Auch ist das Spektrum des Regenerates weit gegen Violett verschoben (460—446 und 433—419 $\mu\mu$ in Alkohol). Dieses ganze Verhalten wird von Xanthophyll (ohne Anwendung von Lauge bereitet) nicht gezeigt (WILLSTÄTTER und PAGE).

c) Verhalten gegen Jod. Das Halogen wird in Schwefelkohlenstoff sofort, in Äther langsamer aufgenommen.

Aus CS_2 scheiden sich dunkle Öltropfen ab, aus Äther rasch krystallisierende Öltröpfchen oder klumpige Krystalle. Das *Jodid* des Fucoxanthins besitzt die Zusammensetzung $C_{40}H_{56}O_6J_4$ und krystallisiert in violettschwarzen, kurzen, zugespitzten Prismen mit kupfrigem Glanz. Schmelzp. 134—135⁰ (korr., nach kurzem Sintern). Sehr leicht löslich in Chloroform, mit tiefblauer Farbe, schwer in Äther.

Zur Konstitution des Fucoxanthins.

Neuerdings haben KARRER, HELFENSTEIN, WEHRLI, PIEPER und MORF das Studium des Fucoxanthins wieder aufgenommen

und mit Hilfe von Methoden, die zur Zeit der Untersuchung von
WILLSTÄTTER und PAGE noch unbenützt waren, wichtige Merkmale des Braunalgenfarbstoffes festgelegt. Bei der katalytischen
Hydrierung nimmt Fucoxanthin 10 Mol. Wasserstoff auf, es scheint
also um 1 Doppelbindung weniger zu enthalten als die beiden
anderen Carotinoide des Braunalgenpigments. Entscheidend für
die Struktur wäre die Ermittlung der *Funktion der O-Atome*. Die
Bestimmung nach ZEREWITINOFF zeigt 4—5 aktive H-Atome an,
woraus die Anwesenheit von mindestens 4 Hydroxylgruppen
folgt, während die Funktion von 1—2 Sauerstoffen noch unsicher
ist. Veresterungsversuche gaben bisher nur an 2 Hydroxylen ein
positives Resultat.

Der *Abbau des Fucoxanthins* zeigt eine strukturelle Verwandtschaft mit den Blattcarotinoiden. Schüttelt man nämlich eine
benzolische Lösung mit Permanganat und Soda, so läßt sich
Dimethylmalonsäure $HOOC—C(CH_3)_2—COOH$ isolieren, während
die übrigen, von Carotin (teils von Xanthophyll) erhältlichen Spaltprodukte (S. 138) fehlen. Nach KARRER und Mitarbeitern könnte
dies darauf zurückzuführen sein, daß die beiden Ringsysteme des
Fucoxanthins ungewöhnlich stark mit Hydroxylen beladen sind,
wodurch die oxydative Herauslösung von höheren Dicarbonsäuren
vereitelt wird. Bei der energischen Oxydation mit Permanganat
oder Chromsäure werden 4,5 bzw. 7 Mole Essigsäure gebildet,
wodurch die Methylseitenketten sich auch direkt verraten haben.

Wie ersichtlich, darf man mit einer baldigen Klärung der
Fucoxanthinstruktur rechnen.

Die Frage nach der Einheitlichkeit des Fucoxanthins. Möglicherweise
besteht auch dieses Carotinoid aus mehreren Komponenten, worauf das
verschwommene Spektrum hinzudeuten scheint. Auf capillaranalytischem
Wege fand KYLIN (7) in der Tat zwei Fucoxanthine, von denen die „α"-Form
gegenüber „β" überwiegt. Dieses Resultat harrt noch der präparativen
Kontrolle, die mit Hilfe der TSWETTschen Chromatographie gewiß durchführbar sein wird.

11. Rhodoxanthin.
(Bruttoformel $C_{40}H_{50}O_2$, und zwar $O=CC_{38}H_{50}C=O$,
Konstitutionsformel S. 225.)

Vorkommen. Dieses interessante Carotinoid, das in mancher
Beziehung eine Sonderstellung einnimmt und gelegentlich auch als
„rotes Xanthophyll" bezeichnet wurde, ist in Lösungen öfters
beobachtet worden, aber nur selten in krystallisierter Form und
war bis vor kurzem der Analyse nicht zugänglich.

MONTEVERDE fand es in den rötlichbraunen Blättern von *Potamogeton natans*, MONTEVERDE und LUBIMENKO (1, 2) in Blattauszügen von *Potamogeton, Delaginella, Taxus, Gnetum* usw. (vgl. PRÁT) und sie erhielten auch Krystalle. Schon früher hat TSWETT (5) chromatographisch denselben Farbstoff in einer Reihe von Pflanzen nachgewiesen *(Taxus baccata, Cupressus Naitnocki, Retinispora plumosa, Juniperus virginica)* und nannte ihn „Thujorhodin", nach dem Vorkommen in der *Thuja orientalis* (Lebensbaum), deren Blätter bei starkem Frost sich zuweilen röten. LIPMAA (1—4) erhielt aus mehreren Pflanzen in der Durchsicht „schwarz" erscheinende, glänzende, rotbraune Krystalle; eine Isomerie mit Xanthophyll lehnt LIPMAA ab und hält das Rhodoxanthin für ein sauerstoffreicheres Carotinoid, etwa von der Art des Fucoxanthins. KYLIN (1, 2) bespricht diese Angaben über das Rhodoxanthin, das er mit seinem, in grünen Blättern capillaranalytisch nachgewiesenem „Phyllorhodin" nicht für identisch ansieht.

Das Gebiet des Rhodoxanthins wurde durch eine neue Untersuchung von KUHN und BROCKMANN (9) geklärt. Aus 30 kg reifen Früchten der Eibe *(Taxus baccata)* isolierten diese Forscher 0,2 g reinen Farbstoff, der in den Samenhüllen (Arillus) enthalten ist und von etwas Lycopin, β-Carotin und Zeaxanthin begleitet wird. Die Autoren konnten mit dieser kleinen Menge außer der Zusammensetzung $C_{40}H_{50}O_2$ auch die Konstitution festlegen. Die untenstehenden Angaben stammen aus der zitierten Arbeit.

Isolierung. Die vom hochroten Arillus umgebenen reifen Samen wurden unter gesättigter Kochsalzlösung aufbewahrt und das gesammelte Material (63 000 Stück = 30 kg) in Chargen von 10 kg verarbeitet: Man befreit die Früchte auf einer Steinzeugnutsche durch Waschen mit Wasser von dem größten Teil der Salzlösung; dann werden sie zu einem Brei zerquetscht, mit dem gleichen Volumen Methanol (über KOH destilliert) verrührt und über Nacht in weithalsigen Stöpselflaschen aufbewahrt. Die überstehende Flüssigkeit wurde vorsichtig abgegossen und das Material auf der Nutsche weitgehend von Flüssigkeit befreit (noch unzerquetschte Früchte zerdrückt man durch Kneten des dünnflüssigen Breies mit der Hand). Darauf wurde der Brei in den Stöpselflaschen mit frischem Methanol gut bedeckt und unter gelegentlichem Schütteln 24 Stunden stehen gelassen. Man nutscht den hellroten Auszug ab und extrahiert die gut abgepreßten Früchte noch zweimal in der gleichen Weise mit derselben Menge Holzgeist. Beide Auszüge waren tiefrot. An diese Behandlung mit Methanol schloß sich eine in genau derselben Weise durchgeführte Extraktion mit Benzin (Siedep. 70—80⁰) an. Enthält der Rückstand noch immer erheblich Farbstoff, so wird eventuell noch einmal mit Methanol ausgezogen (das Material ist dann farblos).

Die vereinigten Methanolextrakte werden mit viel *Benzin* durchgeschüttelt, worauf man durch vorsichtigen Wasserzusatz den Farbstoff in die Benzinschicht treibt, was durch zweimaliges Durchschütteln mit Benzin fast quantitativ gelingt. Die Benzinlösungen wurden mit den Benzinextrakten der Früchte (s. oben) vereinigt, im Vakuum auf 7 l eingeengt und so lange mit 90proz. Methanol geschüttelt, bis dieses nur noch schwach rot gefärbt war. Die tiefrote, alkoholische Lösung schüttelt man zweimal mit wenig Benzin durch und gibt die abgehobenen Benzinschichten zur weiter unten erwähnten Benzinlösung.

Die Hauptmenge des Rhodoxanthins befindet sich in *Methylalkohol* und wird daraus durch vorsichtigen Wasserzusatz in reichlich viel Benzin übergeführt. Nachdem die untere Phase noch zweimal mit Benzin geschüttelt wurde, hat man die vereinigten Benzinlösungen im Vakuum fast zur Trockne verdampft, den Rückstand mit heißem Benzin behandelt und über Nacht im Eisschrank stehen gelassen. Das abgeschiedene, *rohe Rhodoxanthin* wurde genutscht und mehrmals, zuerst mit wenig Methanol, dann mit Benzin ausgekocht. Dunkelviolettes, mikrokrystallinisches Pulver: 65 mg, Schmelzp. 210⁰. Aus den Benzinschichten lassen sich weitere 5 mg gewinnen. Gesamtausbeute: 70 mg, aus 10 kg Beeren.

Beschreibung. Zur Reinigung wird der Farbstoff in wenig heißem Benzol gelöst und mit 4 Vol. Methanol versetzt. Beim langsamen Eindunsten im Vakuum (über $CaCl_2$ und Paraffin) erhält man dunkelblau-violette, zu Rosetten zusammengewachsene, lanzettförmige Kryställchen mit stahlblauem Oberflächenglanz Makroskopisch sieht man ein schwarzblaues, schön glänzendes, krystallinisches Pulver. Beim vorsichtigen Wasserzusatz zu einer Lösung in Weingeist oder Pyridin erscheinen fein verästelte, dünne Stäbchen, beim langsamen Eindunsten einer äthylalkoholischen Lösung gut ausgebildete, lanzettförmige Blättchen, die gerade Auslöschung zeigen. Einmal wurden beim langsamen Verdunsten einer Benzol-Methanollösung sehr lange, feine, dunkelrot-violette Nadeln erhalten. Schmelzp. 219⁰ (korr., BERL-Block, evakuiertes Röhrchen).

Rhodoxanthin ist in kaltem Benzin, Hexan oder Petroläther so wenig löslich, daß die Flüssigkeit nicht einmal angefärbt wird.

Auch in Äthylalkohol ist die Löslichkeit noch so gering, daß sich der Farbstoff zur Reinigung gut damit auskochen läßt. Besser löst sich das Rhodoxanthin in Benzol und Chloroform, am leichtesten in Pyridin. Bemerkenswert ist der Farbunterschied in Methanol (weinrot) und Benzin (gelbrot), welcher bei den Carotinen oder Xanthophyllen nicht beobachtet wird, wohl aber bei den Oxyketonen (Capsanthin und Capsorubin), den Carotinoid-Carbonsäuren und bei gewissen Kunstprodukten mit $>C = O$-Gruppen, z. B. Carotinon (vgl. S. 67).

Entmischt man zwischen Benzin (Siedep. 70—80⁰, MERCK) und 90 gew.-proz. Methylalkohol, so geht Rhodoxanthin in beide Schichten, und zwar im Verhältnis Benzin : Methanol $= 1 : 1,2$.

Das Spektrum des Rhodoxanthins ist aus der Tabelle 43 ersichtlich.

Adsorptionsverhalten. Der Farbstoff wird aus Benzin an Calciumcarbonat nicht adsorbiert, er bildet (TSWETT 5) im Chromatogramm eine Zone unterhalb der Xanthophylle, welche sich schnell auswaschen läßt. Dagegen wird Rhodoxanthin aus Benzin bzw. Benzin-Benzolgemischen stark an Aluminiumoxyd als tiefviolette Zone festgehalten, die man mit methanolhaltigem Benzin leicht eluieren kann.

An der *Luft* ist der Eibenfarbstoff wochenlang haltbar.

Farbreaktionen: Rhodoxanthin ist in konzentrierter Schwefelsäure löslich mit tiefblauer Farbe; mit Antimontrichlorid in Chloroform gibt es eine starke, blauviolette Färbung. Die ätherische Lösung färbt sich beim Durchschütteln mit 25proz. Salzsäure schwach rotviolett, mit der konzentrierten Säure etwas stärker.

Tabelle 43. Optische Schwerpunkte des Rhodoxanthins und seines Dioxims (Gitterspektroskop, Kupferoxydammoniak-Filter)[1].

Lösungsmittel	Lage der Absorptionsmaxima ($\mu\mu$)					
	Rhodoxanthin			Rhodoxanthin-dioxim		
Schwefelkohlenstoff	564	525	491	516	483	453
Chloroform . . .	546	510	482	527	490	457
Benzol	542	503,5	474	527	490	457
Äthylalkohol . .	538	496	(sehr unscharf)	516	483	454
Benzin	524	489	458	516	483	453
Hexan	524	489	458	513	479	451
Petroläther . . .	521	487	456	510	477	450

[1] Absorptionskurve des Rhodoxanthins und seines Dihydroderivates bringt die Abhandlung von KUHN und BROCKMANN (9).

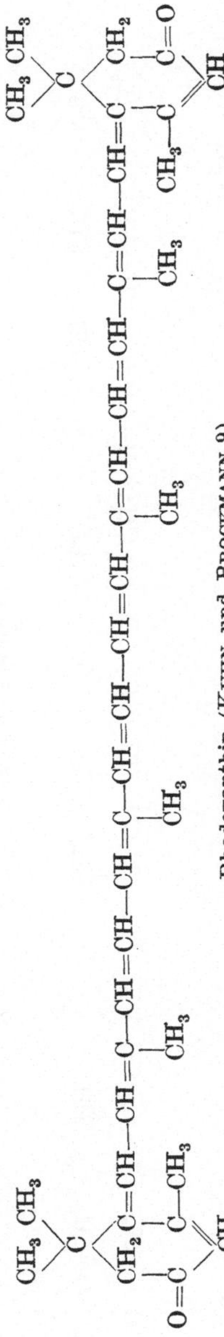

Chemische Umwandlungen und Konstitution.
Schon die wasserstoffarme Formel $C_{40}H_{50}O_2$ und
die auffallend langwellige Lichtabsorption zeigen
deutlich, daß das Rhodoxanthin einem besonderen Typus der Carotinoide angehört. Dies
kommt auch in der Funktion der Sauerstoffatome zum Ausdruck; wenn man auch nach
ZEREWITINOFF ein aktives Wasserstoffatom findet, so lassen sich andererseits keine Ester dar-
stellen. Saure Eigenschaften fehlen gleichfalls;
demgegenüber bildet der Eibenfarbstoff mit
freiem Hydroxylamin ein wohlkrystallisiertes
Dioxim von der Zusammensetzung $C_{40}H_{52}O_2N_2$.
Da Polyenaldehyde (Lycopinal) mit Hydroxylamin leicht reagieren, Rhodoxanthin aber
schwer, müssen Ketogruppen zugegen sein. *Das
Rhodoxanthin ist also der erste Vertreter der
natürlichen Polyenketone.* Seine beiden Carbonyle
müssen in Konjugation mit dem ungesättigten
Doppelbindungssystem stehen, da ein bedeutender spektroskopischer Unterschied zwischen
dem Farbstoff und seinem Dioxim sich feststellen läßt (vgl. S. 66—67).

Bei der katalytischen Hydrierung werden
sehr rasch 12 Mole Wasserstoff addiert, das
Rhodoxanthin besitzt also eine *paare* Anzahl
von konjugierten Doppelbindungen, was lediglich an gleichfalls spärlich verbreiteten Polyenen,
z. B. γ-Carotin und Rubixanthin beobachtet
wurde. Hydriert man das Rhodoxanthin weiter,
so werden viel langsamer noch $2\,H_2$ gebunden,
was der Umsetzung $2 >C = O \rightarrow 2 >CHOH$ entspricht. Rhodoxanthin ist also von allen derzeit
bekannten Carotinoiden am *stärksten ungesättigt*
und nimmt insgesamt $14\,H_2$ auf.

Aus den Ergebnissen der Analyse folgt schließlich, daß im Rhodoxanthinmolekül zwei Ringsysteme vorkommen. Diese und einige andere
Merkmale genügen zur Aufstellung der wahrscheinlichen Strukturformel (s. oben).

Zechmeister, Carotinoide.

Rhodoxanthin (KUHN und BROCKMANN 9).

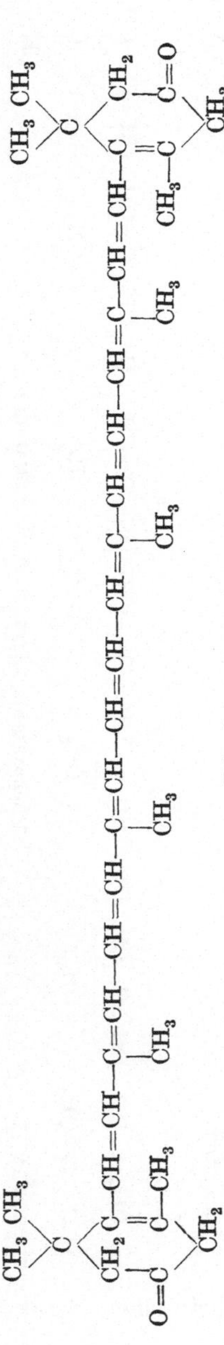

Dihydro-rhodoxanthin.

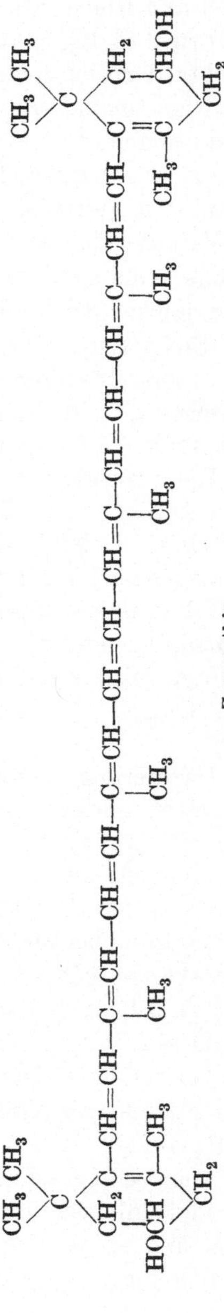

Zeaxanthin.

Die Richtigkeit dieses Ausdrucks wird u. a. dadurch bekräftigt, daß das Dihydro-rhodoxanthin optisch dem β-Carotin und Zeaxanthin zum Verwechseln ähnlich ist (Schwerpunkte in Benzin 483, 452, 425 $\mu\mu$), was auf die Identität der beiden konjugierten Doppelbindungssysteme hinweist.

Derivate des Rhodoxanthins.

Rhodoxanthin - dioxim $C_{40}H_{52}O_2N_2$. Zu einer Lösung von 45 mg Rhodoxanthin in wenig Pyridin fügt man 25 cm³ einer Lösung von Hydroxylamin (6 Mol.) in Äthylalkohol, der etwa 2% NaOH enthält und kocht 1 Stunde, unter Rückfluß im Stickstoffstrom. Nach dem Verdünnen mit 4 Vol. Benzol wurde durch reichlichen Wasserzusatz entmischt, wobei der Farbstoff quantitativ nach oben ging. Man wusch die Benzolschicht 15mal mit destilliertem Wasser, engte sie im Vakuum auf ein kleines Volumen ein und gab absoluten Äthylalkohol zu. Beim Stehen über Nacht schieden sich leuchtend rote Krystalle des Oxims aus, die aus Pyridin + Benzin umkrystallisiert, viereckige, glänzende Blättchen bilden. Ihre leuchtend rote Farbe erinnert makroskopisch an Crocetin. Schmelzp. 227—228⁰ (korr., BERL-Block, evakuiertes Röhrchen). Verteilungsverhältnis zwischen Benzin: Methanol (90 gew.-proz.) = 1: 4,5.

Im Gegensatz zu Rhodoxanthin wird sein Dioxim aus Benzinlösung an Calciumcarbonat adsorbiert und bildet im Chromatogramm eine gelbrote Zone, die sich mit Benzol + Benzin (1: 4) langsam auswaschen läßt. An Al_2O_3 wird das Oxim aus Benzol + Benzingemischen so stark festgehalten, daß man es nur schwierig quantitativ eluieren kann.

Spektrum: Tabelle 8, S. 67; die Differenz in der Lage der Bänder zwischen der Benzin- bzw. Alkohollösung besteht bei dem Oxim nicht.

Dihydro-rhodoxanthin $C_{40}H_{52}O_2$. 46 mg Rhodoxanthin wurden in 10 cm³ Pyridin (über das Perchlorat gereinigt) gelöst und nach KUHN und WINTER-STEIN (7, 12) mit 3 cm³ Eisessig versetzt; bei 50⁰ wird 0,5 g Zinkstaub zugefügt und sofort durch ein weites Filter abgesaugt. Das Filtrat schied auf Zugabe von 15 cm³ Benzin goldgelbe, glänzende, lanzettförmige Blättchen ab, die aus Benzol + Methanol umkrystallisiert wurden. Ausbeute 65%, Schmelzp. 219⁰ (korr.). Optisch inaktiv. Makroskopische Farbe wie Carotin; in der Löslichkeit dem Rhodoxanthin ähnlich; Verteilungsverhältnis in Benzin: Methanol (90 gew.-proz.) = 5: 1. Im Aluminiumoxyd-Chromatogramm läßt sich der Dihydrokörper als rotgelbe Zone unterhalb der rotvioletten des unreduzierten Farbstoffes abtrennen. Schüttelt man eine Lösung von Dihydro-rhodoxanthin in Piperidin mit Luft, so erfolgt in 3 Stunden eine teilweise Dehydrierung zu Rhodoxanthin, welche momentan und glatt eintritt, wenn man zur Pyridinlösung des Dihydrokörpers etwas alkoholisches Kali fügt: die gelbe Farbe schlägt augenblicklich in Dunkelviolett und dann sogleich in Hellrot um (vgl. KUHN, DRUMM, HOFFER und MÖLLER).

Dioxim des Dihydro-rhodoxanthins $C_{40}H_{54}O_2N_2$. 10 mg Dihydro-rhodoxanthin, in wenig Pyridin gelöst, werden mit dem dreifachen Überschuß an freiem Hydroxylamin und 20 cm³ absolutem Äthylalkohol 2 Stunden unter Rückfluß im N_2-Strom gekocht. Nach dem Verdünnen mit 4 Vol. Benzol wurde mit Wasser entmischt und die Oberschicht nach häufigem Waschen mit destilliertem Wasser auf ein kleines Volumen eingeengt. Nach Zusatz von Benzin fällt über Nacht das Oxim aus (3,6 mg). Gelbrotes, krystallinisches Pulver, das beim Eindunsten einer äthylalkoholischen Lösung derbe, kleine Nädelchen mit bläulichem Oberflächenglanz bildet. Zur Reinigung krystallisiert man aus Pyridin + Benzin um; Schmelzp. 226—227⁰ (korr.).

12. Capsanthin.

(Bruttoformel $C_{40}H_{58}O_3$, Konstitutionsformel unbekannt.)

(Literatur: wenn nichts anderes vermerkt, stammen die Angaben von ZECHMEISTER und CHOLNOKY 1—7.)

Dieser Farbstoff kommt in der reifen Fruchthaut des *Capsicum annuum* vor, in einer namentlich in Ungarn und Spanien in zahlreichen Varietäten gezüchteten, den Solanaceen angehörenden Pflanze, deren grüne Schoten bei der Reife (auch geerntet) ein kräftiges Rot entwickeln. Die Biosynthese verläuft unter Mitwirkung des Luftsauerstoffes. Die gemahlenen, roten Schoten,

„*Paprika*" genannt, dienen als Speisegewürz und kommen als „spanischer Pfeffer", „red pepper", „piment" usw. in den Handel. Die in der Konservenindustrie verwendeten, kurzen „Chillies" *(Capsicum frutescens japonicum)* enthalten, entgegen einer Angabe von BILGER, das gleiche Capsanthin.

Das Paprika wird von dem Organismus auch bei dauerndem Genuß sehr gut vertragen, nur bei äußerst stark gesteigertem Konsum, das selten vorkommt, zeigt sich ausnahmsweise eine Rotfärbung der Haut (TOKAY). Der Farbstoff wird von viel Provitamin A (Carotin) und nach SZENT-GYÖRGYI von reichlichen Mengen des C-Vitamins begleitet, ferner von dem Gewürz-stoff Capsaicin $(HO)(CH_3O)C_6H_3$—CH_2NH—$CO(CH_2)_4$—CH=CH—$CH(CH_3)_2$, dessen Molekülende von einem hydrierten Isoprenrest gebildet wird. Capsaicin ist der Träger des scharfen Geschmackes und der Hautreizwirkung (beschränkter Gebrauch als Tinctura capsici).

Es ist früher öfters, z. B. von KOHL angenommen worden, daß die leuchtend rote Farbe von Carotin herrühre. Andere Autoren (DUGGAR) identifizierten das Capsicumpigment mit dem Tomaten-farbstoff Lycopin; MONTEVERDE und LUBIMENKO faßten es als eine Lycopinabart auf. In der Tat besteht eine recht große, aber nur äußere Ähnlichkeit zwischen den beiden farbstarken Pigmenten.

Nach neueren Versuchen ist das sog. „Capsicumrot" nicht ein-heitlich, sondern es nimmt gerade wegen der großen Anzahl seiner Bestandteile einen besonderen Platz unter den Polyenpigmenten ein. Der Hauptfarbstoff *Capsanthin* wird von recht viel *β-Carotin* und *Zeaxanthin* begleitet, ferner von etwas krystallisierbarem *Xanthophyll (Lutein)* und *Kryptoxanthin*, endlich von mehreren, chromatographisch nachgewiesenen Nebenfarbstoffen, unter denen *Capsorubin*, ein Verwandter des Capsanthins vorkommt und kry-stallisierbar ist. Das Mengenverhältnis dieser Komponenten ist je nach der Droge schwankend, in 1 kg getrockneter Fruchthaut sind bis zu 2 g Capsanthin und 0,5 g Carotin enthalten, in der Handelsware nur ein Bruchteil davon. Die schöne, tiefrote Farbe von Extrakten rührt, was die Farbkraft anbetrifft, überwiegend von Capsanthin her.

Zustand im Gewebe. Capsanthin und seine Begleiter liegen nicht frei, sondern *verestert* im Gewebe vor (Abb. 68, S. 295). Bei der Entmischungsprobe zwischen Benzin und 95proz. Methanol geht der gesamte Farbstoff in die obere Phase, ist aber der Ex-trakt vorher alkalisch behandelt worden, so werden die O-haltigen Polyene in der Unterschicht vorgefunden. Die durch Verseifen von krystallisierten Esterpräparaten gewonnene saure Komponente

erwies sich als ein Gemisch von verschiedenen Säuren. *Der Polyenester der Capsicumfrucht ist also nicht im Sinne einer Einzelverbindung aufzufassen, sondern als ein Farbwachs, sozusagen im chemisch-
technischen Sinne.* An Spaltprodukten wurden bisher festgestellt:

Alkoholische Komponenten:	*Saure Komponenten:*
(alle mit paaren C-Atomen)	(alle mit paaren C-Atomen)
Capsanthin	Myristinsäure
Capsorubin	Palmitinsäure
Zeaxanthin	Stearinsäure
Xanthophyll (Lutein)	Carnaubasäure
Kryptoxanthin	Ölsäure

Zu ihnen gesellt sich β-Carotin, als unverestertes Lipochrom; nach
KARRER und SCHLIENTZ (1) liegen auch Spuren des α-Isomeren vor.

Die Zusammensetzung des reichlich anwesenden farblosen
Lipoids ist, was die Säuren betrifft, dem Farbwachs sehr ähnlich.

Nachweis. *1. Mikrochemisch.* Mit Hilfe der Kalimethode (S. 79)
können Farbstoffkrystalle nur unter besonderen Bedingungen
beobachtet werden. Der Befund VAN WISSELINGHs läßt die Uneinheitlichkeit des Pigments auch auf diesem Wege erkennen:
„In den Zellen der Fruchtwand von *Capsicum annuum* findet man
nach einer Einwirkung des MOLISCHschen Reagenses (S. 79) während zweier Monate bei der gewöhnlichen Temperatur viele orangefarbige Kugeln, aber von einer krystallinischen Ausscheidung
kann man nur wenig bemerken. Wenn die Einwirkung einige Tage
durch Erwärmung unterstützt wird, sind die orangefarbigen Kugeln
verschwunden, und man beobachtet in den Zellen Krystallaggregate
und einzelne Krystalle verschiedener Form und Farbe; man sieht
rote, orangerote und orangefarbige Krystalle." Die blasseren
Krystallisationen dürften vorzugsweise von Carotin, Zeaxanthin
(nebst anderen Xanthophyllen), die farbstärkeren von Capsanthin,
vielleicht auch von Capsorubin herrühren.

2. Makrochemischer Nachweis. Capsicumrot wird von Äther,
Petroläther, Schwefelkohlenstoff herausgelöst, schwieriger von
Alkoholen und Aceton. Zum Nachweis können drei Proben dienen:
a) man unterschichtet den, mit methylalkoholischem Kali einige
Stunden vorbehandelten Ätherauszug vorsichtig mit rauchender
Salzsäure, wobei eine grünlich-dunkelblaue Zone auftritt; b) ein
petrolätherischer Extrakt wird im verkorkten Reagensglas 1 Tag
lang, mit 30proz. methylalkoholischem Kali unterschichtet, ruhig
stehen gelassen; es erscheinen dunkelrote, meist gebogene Nadeln

(Abb. 62, S. 294); c) der ätherische Auszug wird wie unter b) verseift, der alkalifrei gewaschene Auszug verdampft und der Rückstand zwischen Benzin und 90proz. Methanol entmischt. Man versetzt die abgelassene alkoholische Phase mit CS_2 und viel Wasser und untersucht den Schwefelkohlenstoff im Spektroskop: starke, verschwommene Beschattung, die bereits bei etwa 545 bis 550 $\mu\mu$ beginnt (Unterschied von den Blattcarotinoiden).

Zur Colorimetrie: S. 234.

Zusammensetzung des Capsanthins. Die bis vor kurzem gültige Formel $C_{35}H_{50}O_3$ wurde in $C_{40}H_{58}O_3$ ($\pm H_2$) abgeändert, nämlich auf Grund der Beobachtung, daß aus den auf alkalischem Wege gewonnenen und chromatographisch einheitlich scheinenden Präparaten noch kleine Mengen Fremdfarbstoffe sich entfernen lassen, wenn das Capsanthin verestert und neuerlich der Adsorptionsanalyse unterworfen wird. Dadurch steigt der C-Gehalt um etwa 1%. Verseift man einen analysenreinen Ester, so wird das Capsanthin wieder etwas uneinheitlich, was auf eine gewisse, wenn auch mäßige Alkaliempfindlichkeit zurückzuführen ist.

Isolierung von krystallisiertem Paprika - Farbwachspräparat. *a)* 4 kg Fruchthautmehl wurden dreimal in je 8 l 60proz. Aceton eingelegt und jedesmal 4 Tage stehen gelassen. Die dunkelbraunen Extrakte waren frei von Farbstoff. Nun hat man die Droge 2 Tage unter 8 l absolutem Methylalkohol aufbewahrt und das bei 35° getrocknete Material (2 kg) mit 6 l Petroläther perkoliert. Sodann wurde das Lösungsmittel im Vakuum möglichst verdampft, der ölige Rückstand in 1 l Benzol aufgenommen und mit 5 Vol. absolutem Alkohol gefällt. Der mit Weingeist gewaschene Niederschlag ließ sich aus Benzol + Holzgeist umscheiden (5—12 g): in Warzen gruppierte rote Nadeln (Abb. 68, S. 295) oder verfilzte Nädelchen. Bei der Entmischung mit Petroläther + Äther und 90proz. Methanol geht nichts in die Unterschicht; die Löslichkeit steht derjenigen von farblosen Fetten sehr nahe.

Zieht man den in der Droge noch verbliebenen Farbstoffrest mit Benzol aus, so liefert die eingeengte Lösung beim Versetzen mit Holzgeist eine dunkelrote, mikrokrystallinische Fällung, in dem *Zeaxanthinester* weitgehend angereichert sind.

b) Das frische, fleischige Ausgangsmaterial wurde in CO_2-Atmosphäre, unter Alkohol mehrere Tage lang entwässert, bei 40° getrocknet, vermahlen und das Pulver (20 g) mit 500 cm³

Benzin (Siedep. 70—80⁰) bei 50⁰ erschöpft. Der Rohextrakt konnte, auf drei Rohre verteilt, ohne weiteres auf Calciumcarbonat ($^1/_4$ fein) verarbeitet werden. Nachdem man reichlich mit Benzin nachwusch, sah man im Chromatogramm 14 Farbringe. Die Hauptzonen wurden einzeln mit alkoholhaltigem Petroläther eluiert und der letztere (nach Wegwaschen des Sprits) verdampft. Aus der breitesten Scheibe ließ sich ein krystallisiertes *Capsanthinestergemisch* erhalten.

Die Zusammensetzung solcher Farbwachspräparate ist je nach Herkunft und Qualität der Droge schwankend. Löst man sie in Benzin und filtriert durch eine Säule von Calciumcarbonat, so werden verschiedene Schichten erhalten, eine zufriedenstellende Scheidung der Pigmentkomponenten gelingt aber nicht immer, da die mit ungesättigten Säuren gebildeten Ester stören können. Zur Kontrolle werden daher die einzelnen Farbzonen eluiert, in Äther verseift und nach Überführung in CS_2 erneut der chromatographischen Behandlung auf $CaCO_3$ unterworfen.

c) Man kann auch verseifte Rohpräparate mit einer einheitlichen Säure verestern, zwecks Vornahme der Adsorptionsanalyse.

Direkte Abscheidung von freiem Capsanthin aus der Droge. Das Verfahren beruht darauf, daß reines Capsanthin fast unlöslich in Petroläther ist und nur durch Esterbildung, sowie durch reichliche Anwesenheit von farblosen Lipoiden in den Auszug gelangt. Sobald das Polyenwachs zerlegt worden ist, kommt die Unlöslichkeit des Farbstoffes zur Geltung.

Man befreit die Schoten von Gehäuse und Samen und trocknet sie bei 35—40⁰. Das Mahlgut ist braunstichiger als Handelspaprika. 1 kg wird mit $^3/_4$ l Petroläther (Siedep. bis 60⁰) in $^3/_4$ Stunden perkoliert und der tiefrote, mit Äther dreifach verdünnte Auszug in einer breiten 5l-Flasche über 100 cm³ 30proz. absolut methylalkoholischem Kali unter Stickstoff ruhig stehen gelassen. Die Hydrolyse erfordert je nach der Raumtemperatur 1—2 Tage. Ihr vollständiger Verlauf muß kontrolliert werden: 25—50 cm³ der oberen Schicht werden am Wasserbade auf 5 cm³ eingeengt, mit ebensoviel Petroläther vermischt, sodann das Abdampfen wiederholt und 5—6 Vol. Petroläther zugefügt. Spätestens beim Abkühlen auf Zimmertemperatur muß reichlich rohes Capsanthin auskrystallisieren, das meist in der Mutterlauge schwimmt. Fällt die Kontrolle zufriedenstellend aus, so wird die Flüssigkeit, nachdem die Lauge abgelassen worden, durch wiederholtes, vorsichtiges

Waschen von der alkalischen Reaktion befreit[1] und der im Laufe dieser Operationen verloren gegangene Äther zeitweise ersetzt.

Nun trocknet man die Lösung mit Natriumsulfat, dampft sie bis 0,3—0,4 l ab (Vakuum, CO_2), wiederholt das Einengen nach Zusatz von 0,5 l Petroläther, konzentriert erneut bis zu 0,3 l und versetzt mit 1 l Petroläther. Auf diese Weise wird Capsanthin (noch vermengt mit anderen Farbstoffen) in ein petrolätherreiches Medium übergeführt, in dem es schwerlöslich ist. Bei guten Versuchen erfüllt eine Suspension von sandig-körnigem, oft bereits glänzendem Farbstoff die Flüssigkeit, was bei der Verarbeitung einer minderwertigen Droge nicht der Fall ist. Nach eintägigem Stehen im Eisschrank saugt man ab und wäscht mit Petroläther nach. Rohausbeute 1,2—2,0 g; zweimal aus CS_2 umkrystallisiert: 0,8—1,5 g.

Ein so erhaltenes Präparat enthält außer dem Hauptfarbstoff viel Zeaxanthin, nebst kleinen Mengen von anderen Polyenen. Zur Scheidung führt die fraktionierte Krystallisation nicht zum Ziel, im Gegenteil kann sie die Anreicherung des Zeaxanthins veranlassen, das von allen Pigmentkomponenten des Capsicumrots am schwersten löslich ist. Man nimmt daher am besten eine *chromatographische Trennung auf Calciumcarbonat* in Schwefelkohlenstoff vor, und zwar mit je 50 mg Substanz in 100 cm³ und wäscht mit etwa $1/_2$ l CS_2 nach (Maße der Säule 16 × 5,5 cm). Die in den einzelnen Schichten befindlichen Farbstoffe werden mit Methanol eluiert, dann mit Äther und viel Wasser versetzt. Nach dem Wegwaschen des Alkohols und Trocknen der Ätherlösung dampft man ab und krystallisiert den Rückstand um. Aus der Hauptschicht des Chromatogrammes gewinnt man auf diesem Wege das Capsanthin, wiederholt, wenn nötig die fraktionierte Adsorption bis zur Homogenität, und krystallisiert einmal aus Schwefelkohlenstoff bzw. CS_2 + Petroläther oder Benzin um.

Ist die zuverlässige Ausschaltung der letzten Spuren von Asche wichtig (Analyse), so wird eine Benzollösung wiederholt mit doppelt

---

[1] Zu Beginn des Auswaschens darf nur milde geschwenkt und nicht geschüttelt werden, da sonst lästige Emulsionen entstehen. Nicht selten trübt sich dabei die Oberschicht und scheidet Capsanthin ab. Man versuche nicht, dasselbe mit Hilfe von übermäßig viel Äther in Lösung zu bringen, sondern lasse das Wasser ab und warte $1/_4$ Stunde. Der in der Spitze des Scheidetrichters angesammelte Krystallbrei wird dann abgezapft, in Äther gelöst und zur Hauptlösung gefügt. Erfolgt eine Ansammlung nicht, so filtriert man die feine Suspension und behandelt Niederschlag samt Filter mit Äther.

Tabelle 44. Beispiel für die Chromatographie von krystallisierten Rohcapsanthin-Präparaten in CS_2, auf $CaCO_3$. (Farbzonen von oben nach unten.)

Nr.	Dicke des Ringes (mm)	Farbe	Schwerpunkte in CS_2 ($\mu\mu$)	Diagnose
1	7	rötlichbraun	verschwommen	Autoxydationsprodukte
2	3	rot	(539), (501)	wahrscheinlich Autoxydationsprodukte
3	2	dunkelviolett	541, 502, 469	Capsorubin [1]
4	3	kanariengelb	508, 475	unbekannt
5	28	rötlichviolett	544, 504	Capsanthin
6	1	gelb		unbekannt
7	1	violett		unbekannt
8	1	dunkelviolett		unbekannt
9	4	citronengelb	505, 472	unbekannt
10	5	dunkelorange	(517), (483)	Zeaxanthin + Lutein [2]
11	3	hellrosa		unbekannt

destilliertem Wasser gewaschen, schließlich abgedampft und der Rest aus Benzin umkrystallisiert.

Beschreibung. Capsanthin bildet glänzende Krystalle von dunkelcarminroter bis leuchtend ziegelroter Farbe, je nach der Verteilung; 1—2 mm lange Krystalle verleihen dem Präparat einen blauschwarzen Glanz. Das mikroskopische Bild ist sehr formenreich (Abb. 62—67, S. 294, farbige Wiedergabe bei KARRER und WEHRLI 2). Das aus Petroläther ausgeschiedene Rohprodukt (stark mit Zeaxanthin verunreinigt) besteht aus gebogenen, verfilzten, oft sternförmig gruppierten Nadeln, aus Schwefelkohlenstoff (oder CS_2-Petroläther) erhält man Spieße mit meist abgebogenen Enden, teils fächerartig angeordnet. Langsames Auskrystallisieren aus Schwefelkohlenstoff führt zu tannenzweigähnlichen, zerklüfteten bzw. verzwillingten Gebilden. Auch die Krystallform aus Methylalkohol ist typisch, dem Blattxanthophyll aber nur sehr selten ähnlich. Unter dem Mikroskop erscheint Capsanthin carminrot bis orangerot, in sehr dünner Schicht orange, nie grünlich. Der Schmelzpunkt (175—176°, korr.) ist gegen Verunreinigungen empfindlich.

---

[1] Aus Zone Nr. 3 ließ sich der neue Farbstoff durch Elution mit Methanol, Überführung in Äther, Verdampfen und Umscheiden aus CS_2 oder Benzin in schönen Krystallen gewinnen (Beschreibung: S. 238). Ebenso werden die anderen Zonen verarbeitet.

[2] Aus Nr. 10 konnten chromatographisch reines *Zeaxanthin* sowie *Lutein* gewonnen werden, das letztere in kleiner Ausbeute.

Bei Zimmertemperatur ist Capsanthin leicht löslich in Aceton, recht leicht in Chloroform, Bromoform, Veratrol, Alkohol, Holzgeist, weniger gut in Benzol, Äther, schwer in Schwefelkohlenstoff, fast gar nicht in Benzin, viel reichlicher in der Siedehitze. Capsanthin läßt sich unschwer von Carotin unterscheiden, das viel leichter von Schwefelkohlenstoff, sehr viel leichter von Petroläther, aber nur dürftig von Alkohol aufgenommen wird und dabei etwa zwölfmal farbschwächer ist. Bei der *Entmischung* wandert Capsanthin, wie Xanthophyll, in die Unterschicht. Schüttelt man eine äther-petrolätherische Lösung (1 : 1) mit wäßrigem Holzgeist, so wird ein dem Fucoxanthin ähnliches Verhalten beobachtet (vgl. S. 92, 218).

Die ätherische Lösung ist braunstichig gelb, in der Nähe der Sättigung erscheint sie in der Durchsicht weinrot und tingiert bräunlich orangefarbig. Niedere Alkohole nehmen Capsanthin mit weinroter, in stärkerer Verdünnung mit bräunlichgelber Farbe auf; starke Lösungen sind im durchfallenden Lichte rotweinähnlich, die entsprechende Benzinlösung sieht daneben strohgelb aus. Die Tinktion in Chloroform ist rotbraun (Unterschied von Bixin, das bräunlichgelb tingiert). Schwefelkohlenstoff löst Capsanthin mit bläulich-rosenroter Farbe; bei höheren Konzentrationen tingiert die Flüssigkeit violettstichig rot. Die Lösungen fluorescieren nicht. Auf Filtrierpapier hinterlassen verdünnte ätherische und CS_2-Lösungen einen rosenroten Fleck (Unterschied von Carotin, Xanthophyll und Lycopin), der jedoch braunstichiger ist als derjenige des Capsorubins.

Für Lösungen in Äther bzw. Petroläther (etwa $5 \cdot 10^{-5}$ molar) gilt angenähert das colorimetrische Verhältnis: Carotin : Xanthophyll : Fucoxanthin : Capsanthin = etwa 1 : 0,7 : 1,6 : 12.

Capsanthin ist rechtsdrehend, $[\alpha]_{Cd} = + 36^0$ (in Chloroform).

Adsorptionsverhalten. In der $CaCO_3$-Säule wird Capsanthin aus CS_2 oder Benzin leicht festgehalten und nimmt in bezug auf seine Adsorptionsaffinität einen Platz oberhalb des Violaxanthins ein (s. auch S. 95). Für die präparative Trennung arbeitet man am vorteilhaftesten in Schwefelkohlenstoff, aus dem ein violetter Farbring erhalten wird, während die entsprechende Zone aus Benzin rötlichbraun ist. Zur Elution dienen Methyl- oder Äthylalkohol bzw. methanolhaltiger Petroläther.

Spektrum. Das sichtbare Spektrum enthält Bänder in Grün bzw. in Blau, deren Abstand mit der Breite des ersten Bandes vergleichbar ist. Beim Capsanthin liegt das beschattete Gebiet dem Rot bedeutend näher als bei den Blattcarotinoiden. Optische Schwerpunkte:

In Schwefelkohlenstoff. 543   503,5 $\mu\mu$
„ Benzin 505   475 $\mu\mu$
„ Benzol 519   486 $\mu\mu$
„ Alkohol . . . . . sehr verschwommen (515—459 $\mu\mu$).

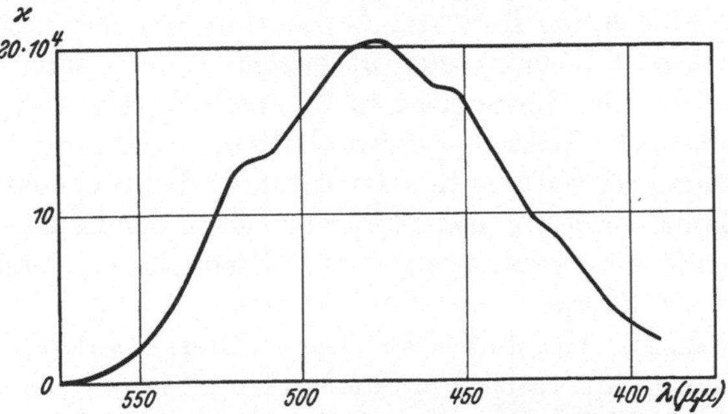

Abb. 33. Absorptionskurve des Capsanthins in Benzol (KUHN, unveröff.).

Tabelle 45. Farbenreaktionen des Capsanthins.

2 mg Farbstoff in 1—2 cm³ Chloroform gelöst, mit 1 cm³ konzentrierter Schwefelsäure unterschichtet	beim Unterschichten $CHCl_3$ rot, H_2SO_4 himmelblau; umgeschwenkt: $CHCl_3$ farblos, Säure tief-ultramarinblau (beständig)
2 mg in 1—2 cm³ Chloroform, mit einigen Tropfen Acetanhydrid versetzt und mit konzentrierter Schwefelsäure unterschichtet	Chloroform violett (abschwächend), Säure schön dunkelblau
1—2 mg in 1—2 cm³ Chloroform + 1 Tropfen rauchender Salpetersäure	blau, dann sehr rasch grün und fast farblos. Bei fünffacher Verdünnung der $CHCl_3$-Lösung: ohne blaue Phase
1—2 mg Krystalle in 2 cm³ 95proz. Ameisensäure	kalt: etwas löslich (braunstichig rosafarbige Tinktion); erwärmt: wenig Änderung, dann farbschwach und schmutzig-bräunlich
Geschmolzene Chloressigsäure	löst kirschrot, dann bräunlich und viel farbärmer
Dichloressigsäure	löst kirschrot (kalt beständig); erwärmt: bräunlich, schließlich blau
Geschmolzene Trichloressigsäure	löst sofort mit dunkelblauer Farbe
Trichloressigsäure (0,3 g), gelöst in 1—2 cm³ Chloroform, dazu 1—2 mg Substanz	kalt: bläulichrot, tingiert wie der Saft roter Rüben; warm: zunächst wenig verändert, dann violettstichig und ohne Tinktion
Konzentrierte methylalkoholische Salzsäure	kein Farbumschlag
Phosphortrichlorid	gelöst grün, dann graublau, später tiefer dunkelblau

Tabelle 45 (Fortsetzung).

Arsentrichlorid	kalt mit prachtvoll purpurroter Farbe löslich, die in Blauviolett übergeht
Antimontrichlorid (geschmolzen)	löst dunkelblau; in starker Verdünnung himmelblau
Antimontrichlorid in Chloroform + Capsanthin (in $CHCl_3$ gelöst)	sofort dunkelblau; bei großer Verdünnung im ersten Moment violett
Stannichlorid (geschmolzen)	dunkelblau

Umwandlungen und Derivate. Capsanthin besitzt keinen sauren Charakter: schüttelt man seine ätherische Lösung mit wäßriger Lauge, so wird die Oberschicht nicht entfärbt (Unterschied von Bixin). Schwach basische Eigenschaften, höchstens von der Größenordnung der Fucoxanthin-Basizität werden beobachtet, denn nicht nur konzentrierte Schwefelsäure, sondern bereits 25—30proz. Salzsäure ruft eine grünstichig blaue Farbe hervor (vgl. unter „Nachweis", S. 229).

Autoxydation. Krystallisiertes Capsanthin oxydiert sich allmählich an der Luft, rascher in Sauerstoff und ist meist in einigen Tagen ausgebleicht. Die Gewichtszunahme erreichte z. B. in 1 Monat ihren Endwert (29%, entsprechend etwa 10 O-Atomen); die Unlöslichkeit in Petroläther geht dabei nicht verloren. Viel beständiger ist das Farbwachs des Capsanthins an der Luft.

Die *Sauerstoffaddition mit Benzopersäure* in Chloroform (nach PUMMERER und REBMANN 1) zeigt den Verbrauch von 8 O-Atomen an. — Versetzt man die Farbstofflösung (in Chloroform) mit *Brom*, schüttelt mit Thiosulfat und titriert zurück, so läßt sich die Addition von 16 Br-Atomen feststellen (Unterschied von Bixin). — Durch Einwirkung von *Jod* in Schwefelkohlenstoff wird krystallisiertes *Capsanthindijodid* $C_{40}H_{58}O_3J_2$ abgeschieden. Mattschwarze Spieße und Nadeln, Schmelzp. unscharf zwischen 170—180°. — Die *Hydrierung* mit Platin in Eisessig zeigt die Anwesenheit von 10 C-Doppelbindungen an; *Perhydro-capsanthin* ist ein dickes, visköses Öl, viel leichter löslich als der Farbstoff. — *Thermische Zersetzung.* Erhitzt man Capsanthin auf 200° und steigert die Temperatur allmählich bis 300°, so entweicht in einigen Stunden m-Xylol; dasselbe Resultat hat VAN HASSELT schon früher mit Bixin erhalten.

Synthetische Ester des Capsanthins. Die Ester stehen in ihren Eigenschaften dem natürlichen Farbwachs nahe. Die Schmelzpunkte fallen in der Fettsäurereihe mit zunehmender Länge der Kohlenstoffkette. Der Ölsäureester ist weich und niedrig schmelzend, ansonsten sieht man sichel- oder garbenartig gruppierte, teils verwachsene, zuweilen zigarrenförmige, rote Krystalle. Bei raschem Umfällen erscheinen in Warzen gruppierte Nädelchen, ähnlich dem Farbwachs. Zur *Darstellung der Ester* wird Capsanthin in Pyridin mit dem Säurechlorid versetzt, stehen gelassen, der Ester durch Zusatz von absolutem Methylalkohol abgeschieden und aus Schwefelkohlenstoff + Äthylalkohol bzw. Holzgeist umkrystallisiert. Die Ester lassen sich auf $CaCO_3$ aus Benzin chromatographisch reinigen. Dargestellt wurden: Diacetat, Dipropionat, Dicaprinat, Dimyristat, Dipalmitat, Distearat und Dioleat. Monoester sind noch nicht bekannt. Die Ester drehen sehr schwach; von Salzsäure werden sie nicht gefärbt. Spektrum wie S. 235. *Capsanthindiacetat* $C_{44}H_{62}O_5$, aus absolutem Methanol glänzende Täfelchen, Schmelzp. 146,5⁰ (korr.). *Capsanthin-dicaprinat* $C_{60}H_{94}O_5$ aus Benzol + Methanol große, flache Tafeln mit typischen Einwölbungen, Schmelzp. 109⁰ (korr.). *Capsanthin-dipalmitat* $C_{72}H_{118}O_5$ bildet aus Benzol + Methanol derbe, zusammengewachsene Tafeln, die bei 92⁰ schmelzen (korr.).

Zur Konstitution. Die Struktur des Capsanthinmoleküls ist in einzelnen Zügen geklärt.

Die Anzahl der Kohlenstoffdoppelbindungen beträgt 10, ferner sind 5 als Essigsäure faßbare Methylseitenketten zugegen (KUHN und L'ORSA 1). Das Ergebnis der thermischen Zersetzung beweist die Anwesenheit der Gruppierung:

$$\ldots =C-CH=CH-CH=C-CH= \ldots$$
$$\quad\quad\;\; | \quad\quad\quad\quad\quad\quad\; |$$
$$\quad\quad CH_3 \quad\quad\quad\quad\quad CH_3$$

Eine wichtige Frage betrifft die Funktion des Sauerstoffes. Von den drei O-Atomen liegen zwei in *Hydroxylgruppen* vor, nur diese lassen sich verestern oder nach ZEREWITINOFF nachweisen; hingegen ist die Funktion des dritten ganz andersartig. Direkte Versuche zum Nachweis eines Carbonyles führten nicht zum Ziel, auch unter den besonderen Bedingungen, die bei dem Rhodoxanthin beschrieben sind. Allerdings kann eine Kondensation mit Hydroxylamin auch in Anwesenheit von $>C=O$ ausbleiben; so gibt das Diketon Semi-β-carotinon von KUHN und BROCKMANN (11), das dem Capsanthin spektroskopisch sehr ähnlich ist, nur ein Monoxim. Schließlich wurde die *Ketongruppe* durch Veresterung des durchreduzierten Farbstoffes nachgewiesen, der nicht wie sonst zwei, sondern drei Acetyle aufnimmt. Das Capsanthin ist also ein *Dioxy-keton,* das in Gegenwart von stark wirkenden Katalysatoren nach KUHN und MÖLLER hydriert, 11 H_2 bindet. Mit Rücksicht auf die große Farbkraft und auf die Verschiedenheit der Farbe in Alkohol bzw. in Benzin (S. 67) muß das Carbonyl an die 10 C-Doppelbindungen des Capsanthins unmittelbar angeschlossen sein.

Die biologische Unwirksamkeit des Paprikahauptfarbstoffes macht es unwahrscheinlich, daß er unsubstituierte β-Jononringe enthält. Vermutlich nehmen die Hydroxyle ähnliche Stellungen ein wie in Zeaxanthin, das gemeinsam mit Capsanthin in der Fruchthaut vorkommt.

Bei dem Abbau des Capsanthins mit Permanganat erhielten KARRER, HELFENSTEIN, WEHRLI, PIEPER und MORF $\alpha\alpha$-Dimethylbernsteinsäure und Dimethylmalonsäure.

13. Capsorubin.

(Bruttoformel $C_{40}H_{58}O_4 \pm H_2$, Konstitutionsformel unbekannt.)

Dieses rotviolette Carotinoid kommt als Begleiter des Capsanthins in den reifen Paprikaschoten vor (*Capsicum annuum*; ZECHMEISTER und CHOLNOKY 7) und ist mit dem Hauptfarbstoff nahe verwandt.

Zur *Isolierung* wird das frische, mit 90proz. Alkohol vorbehandelte Drogenpulver bei 50⁰ mit Benzin (Siedep. 70—80⁰) extrahiert und dann eine Chromatographie auf $CaCO_3$ vorgenommen. Oberhalb der breiten Capsanthinzone sieht man einen schmäleren, violetten Ring, dessen Farbstoffinhalt mit Methanol eluiert, in Äther übergeführt, verseift, durch Verdampfen gewonnen und aus Benzol + Benzin umkrystallisiert wird (Abb. 69—70, S. 296).

Beschreibung. Aus heißem Benzol + Benzin (1 : 5): verzweigte, violettrote Nadeln; aus Schwefelkohlenstoff: rhombische Tafeln; aus Benzin: sichelartige Gebilde. Schmelzp. 198⁰ (korr.). Die Farbe der alkoholischen Lösung ist weinrot, der benzinischen gelb. Unterschichtet man die Lösung in Äther mit rauchender Salzsäure, so tritt in der unteren Phase eine blaue Farbe auf, die später in Rosa umschlägt. Charakteristisch ist das Spektrum in Schwefelkohlenstoff: die beiden ersten Schwerpunkte 543, 503,5 $\mu\mu$ stehen denjenigen des Capsanthins sehr nahe, es tritt hier aber noch ein drittes Absorptionsmaximum auf, nämlich bei 470 $\mu\mu$. Das Spektrum ist schön und scharf begrenzt. In Benzin: 507, 474, 444 $\mu\mu$. Bei der Verteilung zwischen Äther + Petroläther und 90proz. Methanol verhält sich das Capsorubin rein hypophasisch; mit 80proz. wird es nur teilweise in die Unterschicht geführt.

Capsorubin ist wahrscheinlich ein *Dioxy-diketon*, dessen Carbonyle das chromophore System beiderseitig einschließen.

Das *Acetat* des Capsorubins krystallisiert in Würfeln (aus Methylalkohol). Schmelzp. 169⁰ (korr.). HCl-Reaktion negativ, während eine ätherische

Lösung des freien Capsorubins von konzentrierter Salzsäure entfärbt wird, unter Blaufärbung der unteren Schicht. Das Spektrum ist mit den obigen Angaben identisch. Bei der Entmischungsprobe verteilt sich das Acetat ungefähr gleichmäßig zwischen Äther + Petroläther bzw. 90proz. Holzgeist.

———

Sechstes Kapitel.

Carotinoide mit weniger als 40 Kohlenstoffatomen.

Polyen-carbonsäuren: Bixin, Crocetin und Azafrin.

1. Bixin.

(Bruttoformel $C_{25}H_{30}O_4$, und zwar $CH_3OOCC_{22}H_{26}COOH$, Konstitutionsformel S. 247.)

Die Epidermis der Samenschale eines in den Tropen verbreiteten Strauches, des sog. Rocoubaumes (*Bixa orellana*, Bixaceae) enthält den altbekannten roten Farbstoff Bixin, das meist in Form einer Droge („Orlean", „Annatto") in den Handel kommt. Sie dient zur Färbung von Nahrungsmitteln sowie von Wachs und spielt in der Seiden- und Baumwollfärberei eine beschränkte Rolle. Der „Orlean" enthält nur einige Prozente Bixin, nebst zersetztem Farbstoff. Zur technischen Gewinnung der Droge werden Mark und Samen mit Wasser geknetet und sich selbst überlassen, wobei Gärung und Sedimentierung stattfindet. Das abgesetzte Material wird getrocknet und vermahlen. Andere Betriebe arbeiten statt Schlämmen mit Eindampfen (vgl. bei KUHN und EHMANN).

Die histochemischen Kenntnisse hat MOLISCH (1, dort S. 273) zusammengefaßt. Die frischen Samen sind von einer rotorangen, breiigen Masse umgeben, welche die Hauptmenge des Farbstoffes enthält und eingetrocknet, die Samen mit einer braunroten Kruste umgibt (Abb. 71, S. 296). Das gleiche Pigment kommt auch in vegetativen Organen, und zwar scharf lokalisiert vor, so in den Sekretzellen der Laubblätter, die an der Unterseite zahlreiche braune Pünktchen besitzen.

Nachweis und Bestimmung. Der mikrochemische Nachweis gelingt am zuverlässigsten, wenn man den Farbstoff mit Chloroform aus der Samenschale herauslöst, das Bixin durch Verdunsten am Deckglasrande in recht reiner Form abscheidet und dann z. B. Schwefelsäure zusetzt: Dunkelblaufärbung (MOLISCH 1). Weitere Farbenreaktionen des krystallisierten Farbstoffes: S. 243.

Zwecks einer orientierenden Schätzung des Farbstoffgehaltes erschöpft man die Droge mit siedendem Chloroform, fügt zu einem aliquoten Teile des Auszuges 1 Vol. Essigester, verdünnt mit einem Chloroform-Essigestergemisch (1:1) bis zur ungefähren Farbstärke des 0,2proz. Kaliumbichromats und vergleicht im Colorimeter. Die Gleichwertigkeit zeigt rund 10 mg im Liter an. Die Zahl besitzt nur einen relativen Wert, da auch andere farbige Stoffe im Orlean vorkommen.

Genauere *Mikrobestimmung* und *Trennung* von Carotinoiden ohne Säurecharakter (KUHN und BROCKMANN 3); S. 90 und 102.

Isolierung. *a) Aus käuflichem Orlean.* Mehrere Vorschriften (die von KUHN und EHMANN kritisch besprochen werden) gehen von der Handelsdroge aus und liefern, namentlich aus harzarmem Material, recht gute Ergebnisse. Nach ZWICK sowie MARCHLEWSKI und MATEJKO, HEIDUSCHKA und PANZER (1) usw. läßt sich Bixin durch Ausziehen mit Chloroform gewinnen. Zweckmäßiger ist die Vorschrift von HASSELT (2), die eine Vorextraktion mit Aceton empfiehlt und (etwas abgeändert) auch bei HERZIG und FALTIS (1) nachgelesen werden kann. Die Methode führt sicher zum Ziel, allerdings mit großen Verlusten an Farbstoff. Der Orlean wird zusammen mit ziemlich viel Aceton in einer Kugelmühle vermahlen, oder man mahlt trocken und schüttelt mit Aceton an der Maschine aus. Der dunkelrote Extrakt wird nach mehrtägigem Stehen abgegossen, die gereinigte Droge koliert und an der Luft getrocknet. Nun zieht man tagelang im Soxhlet mit Chloroform aus. Bald erscheinen die ersten dunkelvioletten Krystalle. Zur Reinigung dient Umkrystallisieren aus Chloroform, Essigester oder Eisessig.

b) Das günstigste Ausgangsmaterial für die Isolierung von Bixin ist „*pâte de rocou*", die in luftdichten Blechbüchsen in den Handel kommt. Man rührt den roten Teig nach KUHN und WINTERSTEIN (8) mit Methanol an und bringt das Bixin durch Zusatz der eben erforderlichen Menge an konzentriertem Ammoniak als NH_4-Salz in Lösung. Aus dem Filtrat fällt das Rohprodukt auf Zusatz von Eisessig als rotes Pulver, das genutscht und mit Methylalkohol gewaschen wird. Zur Reinigung zieht man es in einem Extraktionsapparat mit einem Gemisch von Chloroform + Alkohol (1:1) aus. Reinertrag: 500 g Bixin aus 25 kg „pâte de rocou".

c) Isolierung von Bixin aus den Bixasamen (grains de rocou) nach KUHN und EHMANN bzw. nach FORBÁT. Man verarbeitet Bixasamen, die in der Regel 1,0—2,5% Farbstoff enthalten; in einer Probe aus Zentralafrika sind sogar 13% gefunden worden. *Prinzip:* es läßt sich eine gereinigte Droge durch Schlämmen und

Zentrifugieren bereiten; Ammoniak entzieht dem Zentrifugat den Farbstoff, der dann aus seinem Ammoniumsalz freigelegt wird.

Ausführung: In einem 20 l-Emailtopf läßt man 5 kg Samen mit 5 l Wasser 3 Stunden lang stehen und wirbelt dann mit einem breiten Propellerrührer kräftig. Nach 1 Stunde wird durch ein Sieb gegossen (Maschenweite 1 mm), durchgeschaufelt und mit 1 l Wasser nachgewaschen. Die nun braunschwarzen, glänzenden Körner enthalten fast keinen Farbstoff mehr. Das Schlämmwasser, in dem das Bixin suspendiert ist, gießt man in große Perkolatoren, wo sich über Nacht zwei Schichten bilden: oben eine blaßrote, milchig getrübte Flüssigkeit, unten ein dicker, dunkelroter Schlamm. Die obere Schicht wird abgehebert, die untere bei 3000 Touren in der Minute $^1/_2$ Stunde zentrifugiert. Das zerbröckelte Zentrifugat wird an der Luft, dann im Vakuum über Calciumchlorid getrocknet, aber nur so weit, daß die Masse beim Schlagen mit dem Hammer gerade noch gequetscht wird und nicht schon spröde splittert. Man mahlt jetzt in einer Kugelmühle zu einem braunroten Pulver. Ausbeute: 4,8—6 kg gereinigte Droge aus 100 kg Samen (Guadaloupe, 1927). Bixingehalt: 15—30%.

In Anteilen von 200 g wird sofort mit 2 l 96proz. Alkohol übergossen und auf dem Dampfbad, unter Umrühren auf 60—65° erhitzt. Aus einer Bombe leitet man langsam Ammoniakgas ein, bis der Farbumschlag beendet und Ammoniakgeruch deutlich wahrnehmbar ist. Dann läßt man 20 Minuten stehen und filtriert noch warm, möglichst rasch durch eine große Nutsche. Den Rückstand rührt man nochmals mit 1 l des Alkohols an, leitet in der Wärme Ammoniak ein und filtriert nach 1 Stunde. Die vereinigten Filtrate, die beim Erkalten oft schon Ammoniumbixinat abscheiden, werden in großen Filtrierstutzen stark turbiniert, wobei am Rührer und an der Glaswand dunkelrote, harzige Produkte erscheinen. Auf je 1 l Flüssigkeit gibt man 1 cm³ Eisessig zu und vervollständigt die Harzabscheidung durch Stehenlassen über Nacht. Nach dem Abgießen wird unter stetem Rühren durch Zutropfen von Eisessig das Bixin gefällt, nach 3 Stunden auf Hartfiltern abgesaugt und im Vakuum über NaOH und CaCl$_2$ getrocknet.

Die Ausbeute an rohem Bixin (Farbstoffgehalt 70—85%) beträgt 180—200 g aus 1 kg Zentrifugat (100 kg Samen). Das Bixin wird aus 18 Teilen siedendem Eisessig umkrystallisiert, auf der Nutsche mit wenig kaltem Eisessig abgedeckt, mit Äthylacetat gewaschen und über NaOH und CaCl$_2$ getrocknet. Reinausbeute: 65—80 % des Rohproduktes, Schmelzp. 198 ° (korr., BERL-Block, wenn das Röhrchen bei 185° eingebracht wird).

Zusammensetzung. Selten ist in der organischen Chemie eine so lang dauernde, auf ein halbes Jahrhundert ausgedehnte Diskussion über die empirische Formel einer krystallisierten Verbindung geführt worden, wie auf dem Gebiete des Bixins. Als Ursache zieht man gewöhnlich die schwere Verbrennbarkeit heran, doch müssen außerdem den verschiedenen Autoren Präparate von ungleichem Reinheitsgrad vorgelegen haben, die zu abweichenden

Analysenzahlen führten (zusammengestellt bei KARRER, HELFEN-
STEIN, WIDMER und VAN ITALLIE). Bei Anwendung der mikro-
analytischen Arbeitsweise von PREGL treten keinerlei Schwierigkeiten auf (KUHN und EHMANN). Nachdem ältere Ausdrücke
aufgegeben wurden, kamen nur mehr zwei Formeln in Betracht:
$C_{25}H_{30}O_4$ (aufgestellt von HEIDUSCHKA und PANZER 1; vgl. auch
KUHN und WINTERSTEIN 2), ferner $C_{26}H_{30}O_4$ (HERZIG und FALTIS 1).
Obzwar FALTIS und VIEBÖCK an dem kohlenstoffreicheren Symbol
festhielten, kann die Formel $C_{25}H_{30}O_4$ nach Untersuchungen von
KARRER, HELFENSTEIN, WIDMER und VAN ITALLIE sowie von
KUHN und EHMANN als sichergestellt gelten.

Beschreibung. Bixin ist ein schwach metallisch glänzender,
violettroter Farbstoff und bildet pleochroitische Krystalle, teils
des triklinen Systems. Neben Carotin und Xanthophyll erscheinen
Bixinpräparate satter und violetter. Aus Chloroform erhält man
Nadeln, teils zu Büscheln gruppiert, aus Eisessig tief violette, oft
verzwillingte Prismen mit stahlblau-granatrotem Dichroismus, aus
Äthylacetat charakteristische, große, rotviolette, flache Rhomben
(Abb. 72—75, S. 297; farbig bei KARRER und WEHRLI 2). Schmelzp.
198^0 (korr., vgl. KUHN, WINTERSTEIN und WIEGAND). Die Kry-
stalle neigen nicht zur Autoxydation (Unterschied von den meisten
Carotinoiden), wohl aber gewisse Lösungen (KUHN und MEYER).

Bixin zeichnet sich durch seine Schwerlöslichkeit aus, besonders
in der Kälte. In heißem Eisessig, Essigester und Chloroform ist
die Löslichkeit beträchtlich (4 g in 1 l siedendem Äthylacetat,
HERZIG und FALTIS 1). Bei der Entmischung zwischen Äther +
Petroläther und verdünntem Methanol geht der Farbstoff größtenteils in die Unterschicht und kann durch Erneuerung des Methyl-
alkohols vollends in diesen übergeführt werden. Sehr verdünnte
Lösungen in Essigester sind gelb, stärkere orangefarbig und tingieren
grünlich-braungelb. Ähnlich sieht die heiß bereitete Lösung in
Chloroform oder Eisessig aus (Tinktion braunstichiger). In Schwefel-
kohlenstoff ist die Löslichkeit so begrenzt, daß die violettstichige
Tinktion nur wenig zur Geltung kommt.

Spektrum. Schon MARCHLEWSKI und MATEJKO ist es auf-
gefallen, daß das Bixinspektrum an Carotinoide erinnert (Ab-
bildungen im Original). Neuere Messungen enthält Tabelle 46,
S. 249. Absorptionsmaxima in Chloroform: 502, 470 und 439 $\mu\mu$
(EULER, KARRER, KLUSSMANN und MORF) bzw. 503, 469,5 $\mu\mu$
(KUHN und WINTERSTEIN 7).

Farbenreaktionen. Vergleich mit anderen Pigmenten. Die Säurenatur des Bixins geht schon aus folgendem Reagensglasversuch hervor: schüttelt man die ätherische Lösung mit wäßriger Lauge, so wird die Oberschicht rasch und vollkommen entfärbt und das Bixin wandert nach unten; an der Grenzfläche beginnt bald das orangefarbige Alkalisalz auszukrystallisieren. Der Versuch mißlingt mit Capsanthin, Carotin oder Xanthophyll usw. Mit den gelben Blattfarbstoffen ist übrigens eine Verwechslung gar nicht möglich, im Hinblick auf die außerordentliche Farbkraft des Orleanpigments, selbst in großer Verdünnung. Leicht ist auch die Unterscheidung von Azafrin (Näheres Tabelle 50, S. 266), dessen prachtvolle Reaktionen mit Ameisensäure oder Chloroform + Chlorwasserstoff beim Bixin versagen (vgl. S. 264). Die *Farbenreaktionen des Bixins* haben KUHN, WINTERSTEIN und WIEGAND beschrieben und mit denjenigen des Crocetins verglichen:

a) Konzentrierte *Schwefelsäure* (je 1 mg Substanz in 2 cm³):

Bixin: blau, weniger rotstichig und viel beständiger als Crocetin.

Crocetin: blau, nach kurzer Zeit über Violett nach Braunrot umschlagend.

b) Konzentrierte *Schwefelsäure + Chloroform* (1 cm³ gesättigte Chloroformlösung + 0,3 cm³ Schwefelsäure):

Bixin: Chloroformlösung farblos, Schwefelsäure blau, weniger rotstichig und viel beständiger als Crocetin.

Crocetin: Chloroformlösung farblos, Schwefelsäure blau → violett → weinrot → braunrot.

c) Konzentrierte Schwefelsäure + Chloroform + *Essigsäureanhydrid* (2 cm³ gesättigte Chloroformlösung + 3 Tropfen Anhydrid + 10 Tropfen Schwefelsäure):

Bixin: Chloroform farblos, Schwefelsäure tiefblau, sehr beständig.

Crocetin: Chloroform farblos, Grenzschicht blauviolett, Schwefelsäure nach Umschütteln blauviolett → schmutzig braunviolett.

d) Rauchende *Salpetersäure* + Chloroform (je 1 cm³ gesättigte Chloroformlösung + 1 Tropfen Salpetersäure, d = 1,52):

Bixin: blau → grün → rot → farblos (sehr rasch).

Crocetin: blau → rot → farblos (sehr rasch).

e) *Ameisensäure* (je 3 mg Substanz mit 2 cm³ 99proz. Säure):

Bixin: nach kurzem Erwärmen tiefgrün, sehr beständig.

Crocetin: in der Kälte keine Reaktion, nach 5 Minuten langem Kochen und einigem Stehen gelbstichig grüne Lösung (sehr beständig).

f) *Trichloressigsäure* + Chloroform (je 2 mg Substanz + 0,3 g Säure + 0,5 cm³ Chloroform):

Bixin: braunrot (sehr stark tingierend) → nahezu farblos → tiefblau (stark tingierend).

Crocetin: braunorange → olivbraun → olivgrün → dunkelgrün → blau → violett → schmutzigbraun.

g) Dichloressigsäure (je 2 mg Substanz mit 0,5 cm³ Säure erwärmt):
Bixin: grün (beständig).

Crocetin: orange → braunoliv → olivgrün → rein grün (beständig).

(Diese Erscheinungen sind charakteristisch. Man erhitze anfangs gelinde,
unterbreche aber das Erwärmen, um keine Phase zu übersehen.)

Salze. Die Alkalisalze des Bixins sind u. a. bei VAN HASSELT (2)
beschrieben. Zur Darstellung des charakteristischen *Bixinkaliums*
$CH_3OOC-C_{22}H_{26}-COOK$ erhitzt man eine Lösung von 1 g Farbstoff in 50 cm³ Methylalkohol, unter Zusatz von 1 cm³ 20proz.
Kalilauge bis zum Sieden und erhält beim Erkalten schöne, dunkelviolette Nadeln des Bixinats (0,8 g).

Chemisches Verhalten des Bixins. Das Bixin ist luftbeständig,
seine ungesättigte Natur verrät sich jedoch durch das Verhalten
gegen angeregten Wasserstoff. Schon LIEBERMANN und MÜHLE
haben qualitativ bewiesen, daß man das Bixin zu einem farblosen
Körper *katalytisch hydrieren* kann; HERZIG und FALTIS (3) ermitteln dann die Anwesenheit von 9 Doppelbindungen auf diesem
Wege (vgl. auch bei KUHN, WINTERSTEIN und WIEGAND; KUHN,
WINTERSTEIN und KARLOVITZ; FALTIS und VIEBÖCK; KARRER,
HELFENSTEIN, WIDMER und VAN ITALLIE; KUHN und EHMANN).
Das *Perhydro-bixin* $C_{25}H_{48}O_4$ ist ein farbloses, im Hochvakuum
destillierbares, optisch inaktives Öl. Durch Hydrolyse geht es
in Methylalkohol und Perhydro-norbixin $C_{24}H_{46}O_4$ über, das von
KARRER, BENZ, MORF, RAUDNITZ, STOLL und TAKAHASHI auch
auf synthetischem Wege bereitet wurde (S. 246).

Partielle Hydrierung: Schon bei der Aufnahme von 1 Molekül
Wasserstoff hellt sich die Farbe des Bixins stark auf und die
Substanz wird luftempfindlich.

Literatur über das *Dihydrobixin:* VAN HASSELT (2, 3), KUHN und WINTER-
STEIN (7); KARRER, HELFENSTEIN, WIDMER und VAN ITALLIE erhielten
mit Hilfe von $TiCl_3$ vorzüglich krystallisierte Präparate.

Alle 9 Doppelbindungen des Bixins werden nur von Wasser-
stoff erfaßt, während Chlorjod oder Benzopersäure nur auf 6,
Dirhodan nur auf 3 solche Bindungen ansprechen (PUMMERER
und REBMANN 1; PUMMERER, REBMANN und REINDEL 1). Der
Bromverbrauch beträgt in Chloroform gegen 5 Mole (VAN HASSELT 2).
Die Oxydation mit Chromsäure zeigt 4 C-Methyle an. Thermische
Zersetzung: S. 64. Oxydation mit Manganiacetat und Abbau
des Perhydrokörpers mit Bleitetraacetat: VIEBÖCK.

Die Funktion und Stellung der Sauerstoffatome ist der Gegen-
stand mehrerer Untersuchungen gewesen. Schon VAN HASSELT (2)

weist in einer frühzeitigen, inhaltsreichen Arbeit nach, daß eine HO- und eine CH_3O-Gruppe im Molekül enthalten sind, und zwar ungleichwertig gestellt; daß aber diese Radikale Carboxylen angehören, ist erst von HERZIG und FALTIS (3) erkannt worden. Der Naturfarbstoff Bixin ist also der *Monomethylester einer Dicarbonsäure*, welcher mit seinen nächsten Abkömmlingen, Norbixin und Methylbixin (auf Grund der heute gültigen empirischen Formeln) in dem folgenden Verhältnis steht:

$$HOOC-C_{22}H_{26}-COOH \xrightleftharpoons[\text{Hydrolyse}]{\text{Methylierung}} CH_3OOC-C_{22}H_{26}-COOH \xrightleftharpoons[\text{Hydrolyse}]{\text{Methylierung}}$$

Norbixin, Bixin (Norbixin-methylester)

$$CH_3OOC-C_{22}H_{26}-COOCH_3$$

Methyl-bixin
(Norbixin-dimethylester).

Konstitution. Das altbekannte Bixin nahm lange Zeit hindurch eine Sonderstellung in der Systematik ein; erst KUHN und WINTERSTEIN (2, vgl. auch dieselben mit WIEGAND bzw. mit KARLOVITZ) erkennen die Verwandtschaft des Bixafarbstoffs mit den Carotinoiden und sprechen das Bixin als einen, von *dehydrierten Isoprenresten aufgebauten, rein aliphatischen* Körper an, dessen Doppelbindungen durchgehend konjugiert sind. Die von ihnen zunächst aufgestellte Strukturformel, welche eine Reihe früherer Befunde erklärt[1] (VAN HASSELT 1—3, RINKES und VAN HASSELT 1—3, RINKES 1—4), besitzt eine unsymmetrische Gestalt und trägt der an sich richtigen Angabe der älteren Literatur Rechnung, daß die beiden Carboxyle nicht gleichwertig gestellt sind (S. 247).

Nachdem man aber neuerdings erkannt hat, daß die Ursache der Ungleichwertigkeit der beiden Molekülenden eine stereochemische ist (KARRER, HELFENSTEIN, WIDMER und VAN ITALLIE, vgl. auch KUHN und EHMANN, Näheres S. 246), konnte das erwähnte Argument für die Unsymmetrie des Kohlenstoffskelettes entfallen. Die auf S. 247 stehende, symmetrische Strukturformel für das Bixin ist von KUHN und WINTERSTEIN (7) als naheliegend bezeichnet worden, der Beweis für ihre Richtigkeit wurde aber erst

---

[1] Besonders wichtig ist das Auftreten von β-Acetyl-acrylsäure-methylester (nach VAN HASSELT) bei dem Ozonabbau, offenbar einem Molekülende entstammend:

$$CH_3OOC-CH=CH-C=O$$
$$|$$
$$CH_3$$

β-Acetyl-acrylsäure-methylester.

von KARRER, BENZ, MORF, RAUDNITZ, STOLL und TAKAHASHI (1, 2)
erbracht, nämlich durch die *Synthese des Perhydro-norbixins*, das
mit dem Reduktionsprodukt des verseiften Naturfarbstoffes sich als
identisch erwies.

Der Aufbau nahm den folgenden Verlauf: Das Glykol der $\alpha\alpha$-Dimethyl-
pimelinsäure wurde in das Dibromid

$$BrCH_2-CH-CH_2-CH_2-CH_2-CH-CH_2Br$$
$$\;\;\;\;\;\;\;\;\;|\;|$$
$$\;\;\;\;\;\;\;\;CH_3\;\;\;\;\;\;\;\;\;\;\;\;\;\;\;\;\;CH_3$$

verwandelt, das letztere mit 2 Mol. Malonester kondensiert, die erhaltene
Tetracarbonsäure in den Ester der 4,8-Dimethyl-undecan-disäure-(1,11)
umgesetzt:

$$C_2H_5OOC-CH_2-CH_2-CH-CH_2-CH_2-CH_2-CH-CH_2-CH_2-COOC_2H_5$$
$$\;|\;|$$
$$\;CH_3\;\;\;\;\;\;\;\;\;\;\;\;\;\;\;\;\;\;CH_3$$

und der Halbester desselben als Na-Salz elektrolysiert. Das Endprodukt
erwies sich mit durchreduziertem Norbixin-diäthylester als identisch (Formel:
S. 247).

Ferner ist es gelungen, das Perhydronorbixin aus Perhydro-
crocetin künstlich aufzubauen, wodurch das Kohlenstoffgerüst des
Safranfarbstoffes in dasjenige des Bixafarbstoffes übergeführt
wurde (KARRER und BENZ 1).

Die S. 247 verzeichnete, symmetrische Formulierung des Bixins
verrät einen nahen *Zusammenhang mit dem Tomatenfarbstoff:* das
Bixin ist das Mittelstück der von KARRER, HELFENSTEIN, WEHRLI
und WETTSTEIN aufgestellten Lycopinformel (S. 162) und in der
Tat gelang es KUHN und GRUNDMANN (2), das Lycopin über
Lycopinal zum Bixin-dialdehyd $O=CH-C_{22}H_{26}-CH=O$ abzubauen,
der schließlich durch die Zwischenstufen des Oxims und des
Nitrils das stabile *Norbixin* ergab (Nähere Angaben auf S. 160).
Hierdurch ist die weitgehende Verwandtschaft des Tomaten- und
Bixafarbstoffes experimentell festgelegt.

Stereochemische Verhältnisse (s. auch S. 12). Über Modifika-
tionen von Bixin und Bixinderivaten liegen zahlreiche, einander
teils widersprechende Angaben vor, die nicht alle erwähnt werden
können. Es genügt, wenn auf jene hingewiesen wird, welche zur
Klärung der Zusammenhänge wesentlich beigetragen haben.
HERZIG und FALTIS (3) erhielten bei der Verarbeitung von Orlean
einmal zufällig nicht das gewöhnliche Bixin, sondern ein Isomeres,
mit deutlich verschiedenen Eigenschaften („β-Bixin"). In welchem
Verhältnis das Präparat zu dem nativen Pigment steht, war damals

unklar, erst Karrer, Helfenstein, Widmer und van Itallie nehmen an, daß *geometrische Isomerie* vorliegt. Bei der Darstellung des Kunstproduktes konnten sie den Zufall ausschließen und nehmen die Verwandlung des gewöhnlichen Bixins mit Hilfe von *Jod* vor, das bekanntlich den Übergang von der Malein- in die Fumarsäurereihe vermittelt. Nach Kuhn und Winterstein (7) genügt auch im besprochenen Falle eine kleine Menge des katalytisch wirksamen Halogens.

Demgemäß muß das native Bixinmolekül mindestens eine *cis-Bindung* dort besitzen, wo in dem sog. β-Bixin trans-Konfiguration besteht. Die Anzahl und Lage dieser räumlich differierenden Stellen ist allerdings noch unbekannt, es kann aber auf Grund der zitierten Literatur, sowie der Ausführungen von Kuhn und Ehmann, Karrer und Takahashi (1) u. a. als sichergestellt gelten, daß es *zwei Verbindungsreihen* mit den folgenden Stammsubstanzen gibt:

a) Das gewöhnliche Bixin = *labile*, niedriger schmelzende Form (korr. Schmelzp. 198⁰) = cis-Bixin = Bixin II.

b) Das daraus durch Umlagerung erhältliche, *stabile*, höher schmelzende Bixin (Schmelzp. 220⁰) = trans-Bixin = Bixin I. Dieses Präparat ist identisch mit dem „β-Bixin“ von Herzig und Faltis (3)

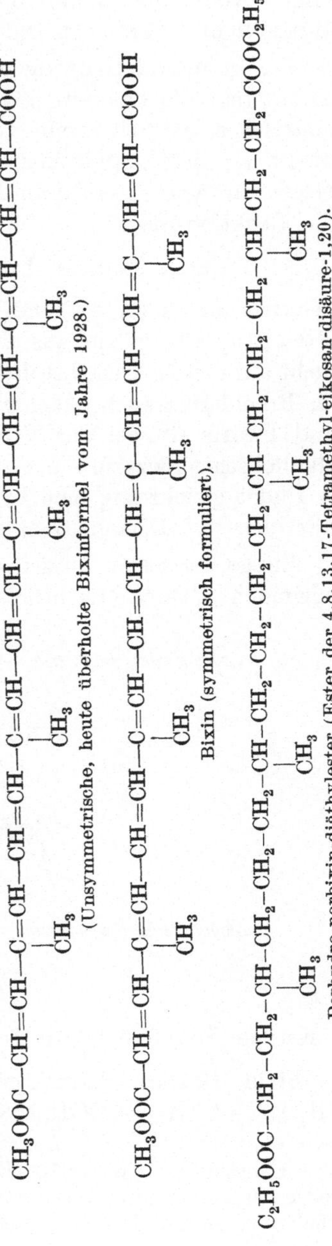

und wurde auch „Isobixin"[1] genannt (KARRER, HELFENSTEIN, WIDMER und VAN ITALLIE).

Lagert man 2 H-Atome an irgendeines der beiden Bixine an, so entsteht die *nämliche Dihydroverbindung*, was auf Grund geometrischer Betrachtungen verständlich ist (KUHN und WINTERSTEIN 7); der Dihydrokörper läßt sich durch Luftsauerstoff in Gegenwart von Piperidin in das stabile Bixin verwandeln, wodurch die Reaktionsfolge

labile Form → Dihydrokörper → stabile Form

verwirklicht ist (KUHN und DRUMM, Dieselben mit HOFFER und MÖLLER). Übergänge aus der labilen in die stabile Reihe sind nicht auf den Naturfarbstoff beschränkt, sondern sie sind mehrfach an Bixinderivaten beobachtet worden. So entsteht nach HERZIG und FALTIS (3) bei der Veresterung des Norbixins mit methylalkoholischer Salzsäure nicht das gewöhnliche Methylbixin, sondern es findet gleichzeitig eine Umlagerung in die stabile Reihe statt, was aber mit Diazomethan oder Dimethylsulfat ausbleibt.

Einige der bisher aufgedeckten Übergänge sind aus dem nachfolgenden Schema ersichtlich:

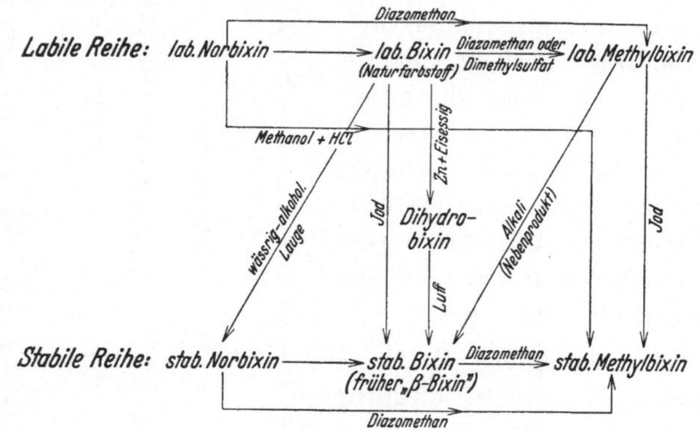

Kurze Beschreibung der wichtigsten Bixinderivate.

Bixin (labiles Bixin, gewöhnliches Bixin oder Bixin II) $CH_3OOC—C_{22}H_{26}—COOH$ s. S. 242.

---

[1] Ein weiteres, von VAN HASSELT (1, 2) beschriebenes „*Isobixin*" konnte weder von KUHN und WINTERSTEIN (8), noch von KARRER und TAKAHASHI (1) erhalten werden und ist wohl aus der Literatur zu streichen.

Stabiles Bixin $CH_3OOC-C_{22}H_{26}-COOH$ (= „β-Bixin“ von Herzig und Faltis 3 = „Isobixin“ von Karrer, Helfenstein, Widmer und van Itallie, nicht identisch mit einem „Isobixin“-Präparat van Hasselts 1, 2). Es ist noch fraglich, ob diese trans-Form in der Natur vorkommt.

Zur *Darstellung* wird das aus dem Orlean isolierte Bixin (1 g) in 250 cm³ Chloroform gelöst und nach dem Zufügen von Jod (0,65 g) über Nacht stehen gelassen. Man fällt die filtrierte Lösung mit Petroläther (1 l) und krystallisiert aus Aceton um (Karrer, Helfenstein, Widmer und van Itallie). Die folgende Arbeitsweise von Kuhn und Winterstein (7) beweist die katalytische Rolle des Halogens: Eine Aufschlämmung von 5 g feinstpulverisiertem Bixin in 75 cm³ Äthylacetat wird mit 0,1 g Jod versetzt und 1 Stunde gekocht (oder 5 Tage in der Kälte geschüttelt); man nutscht ab und wäscht mit Essigester nach. Ausbeute 4 g.

Das stabile Bixin bildet gelbe, rhombische Täfelchen; es schmilzt höher (215—220°, korr.) als der natürliche Farbstoff (198°) und zeigt in den meisten Lösungsmitteln eine bedeutend spärlichere Löslichkeit. Das Pyridinsalz ist im Gegensatz zu dem der labilen Form recht schwer löslich und krystallisiert in dunkelbraunen, glänzenden Blättchen. Die Unterschiede in der Lichtabsorption zwischen den wichtigsten Vertretern der beiden sterischen Reihen sind aus Tabelle 46 ersichtlich.

Tabelle 46. Optische Schwerpunkte in der labilen und stabilen Bixinreihe (Gitterspektroskop, Kupferoxydammoniak-Filter) (Kuhn und Winterstein 7).

Präparat	In Schwefelkohlenstoff $\mu\mu$			In Chloroform $\mu\mu$		
Labiles Norbixin . .	527	491	458	503	469,5	440
„ Bixin . . .	523,5	489	457	503	469,5	439
„ Methylbixin	519,5	485,5	454	503	470	441
Stabiles Norbixin . .	527,5	492	457,5	509	474,5	442
„ Bixin . . .	526,5	491	457	509,5	475	443
„ Methylbixin.	525,5	490	456,5	509,5	475,5	444

Die Norbixine $HOOC-C_{22}H_{26}-COOH$. Sowohl Bixin als auch das Methylbixin lassen sich zur freien Dicarbonsäure verseifen; ob dabei das labile Norbixin erhalten wird, oder ein gleichzeitiger Übergang in die trans-Reihe erfolgt, hängt von den Versuchs-bedingungen ab (Karrer, Helfenstein, Widmer und van Itallie, dort auch ältere Literatur). Wird die Hydrolyse durch 1-tägiges Schütteln von 3 g Bixin mit 210 cm³ 10proz. methyl-alkoholischem Kali vorgenommen, die Flüssigkeit mit 1 Vol. Wasser versetzt, die Hauptmenge des Alkohols im Vakuum abgesaugt und der Rest angesäuert, so krystallisiert ein Rohprodukt aus, das im wesentlichen aus dem *labilen* (gewöhnlichen) Norbixin besteht. Zur Reinigung extrahiert man zunächst mit zu wenig kochendem Eisessig, der Begleitstoffe mitnimmt und krystallisiert den Rückstand aus Eisessig um; Ausbeute 1,5 g. Breite, schöne Nadeln, Schmelzp. 250—255°. Leicht löslich in wäßrigem Alkali, beträchtlich in heißem Äthyl- und Methylalkohol, schwer in Essigester, Chloroform, besonders in Äther. Spektrum: S. 249.

Die Umlagerung in das *stabile Norbixin* (höher schmelzend, über 300°) scheint noch nicht direkt ausgeführt zu sein. Man erhält diese trans-Form durch Verseifen des Bixins mit kochender, alkoholisch-wäßriger Kalilauge oder durch Hydrolyse des stabilen Bixins. Prachtvoll glänzende Blättchen, die viel spärlicher löslich sind als das gewöhnliche Norbixin. Besonders kennzeichnend ist die Schwerlöslichkeit der Alkalibixinate: das Natriumsalz ist in Wasser unlöslich, so daß die Flüssigkeit nicht einmal angefärbt wird.

Literatur über *Perhydronorbixin* bzw. partiell hydrierte Norbixinpräparate: VAN HASSELT (2, 3), HERZIG und FALTIS (3), KARRER, HELFENSTEIN, WIDMER und VAN ITALLIE, KUHN und EHMANN usw. Das Perhydronorbixin läßt sich zum entsprechenden Diamin abbauen (NÄGELI und LENDORFF).

Die Methylbixine $H_3COOC—C_{22}H_{26}—COOCH_3$ (Norbixin-dimethylester) sind, wie die Norbixine, in der Natur bis jetzt nicht aufgefunden worden.

Aus Bixin entsteht bei der Methylierung das gewöhnliche *(labile)* Methylbixin (Schmelzp. 163—164°), während die Methylierung des Norbixins nur mit Diazomethan oder Dimethylsulfat so verläuft; methylalkoholische Salzsäure führt nach HERZIG und FALTIS (3) zum *stabilen* Methylbixin (Schmelzp. 205—206°, korr.). Sehr leicht gelingt die Umlagerung labiles → stabiles Methylbixin in Essigester, mit Hilfe von Jod (KARRER, HELFENSTEIN, WIDMER und VAN ITALLIE), dabei genügen schon kleine Mengen des Halogens (vgl. KUHN und WINTERSTEIN 7).

Eigenschaften. Labiles Methylbixin: Prachtvolle, rhombische Tafeln aus Chloroform + Alkohol, Schmelzp. 163—164° (unkorr.). Stabiles Methylbixin: Violette Nädelchen (aus Essigester), Schmelzp. 205—206° (korr.); schwerer löslich als die labile Form. Unterschiede im Spektrum: Tabelle 46, S. 249.

Krystallographische und röntgenometrische Untersuchung: WALDMANN und BRANDENBERGER.

In der oben angezogenen Literatur findet man mehrfach Angaben über vollständig oder teilweise *hydrierte Methylbixine.*

Der *Grundkohlenwasserstoff des Bixins*, das *Bixan* $C_{24}H_{50}$ (KUHN und EHMANN) ist eine farblose Flüssigkeit, die nach der heutigen Bixinformel die folgende Struktur besitzen muß (vgl. KARRER, BENZ, MORF, RAUDNITZ, STOLL und TAKAHASHI 2) und dem Crocetan $C_{20}H_{42}$ (S. 262) nahesteht:

$$CH_3—CH_2—CH_2—CH—CH_2—CH_2—CH_2—CH—CH_2—CH_2— \ldots$$
$$\qquad\qquad\quad | \qquad\qquad\qquad\qquad | $$
$$\qquad\qquad CH_3 \qquad\qquad\qquad\quad CH_3$$

¹/₂ Bixan (4,8,13,17-Tetramethyl-eikosan).

2. Crocetin und Crocin.

(Bruttoformel für Crocetin $C_{20}H_{24}O_4$, und zwar $HOOC—C_{18}H_{22}—COOH$, für Crocin $C_{44}H_{64}O_{24}$; die beiden Konstitutionsformeln S. 252.)

Vorkommen und Bestandteile des Safranpigments. Crocetin (früher: „α-Crocetin") und Crocin sind *Safranfarbstoffe.* Bekanntlich ist der Safran eine in der Medizin und im Haushalte (zum Färben von Nahrungsmitteln) gebräuchliche Droge (würzig riechendes, rotgelbes Pulver), welche aus den getrockneten Narben des *Crocus sativus* (Iridaceae) bereitet wird, namentlich in Österreich, Spanien, Frankreich, Kleinasien usw. 1 kg Safran entspricht z. B. 75000 Blüten. Die Narben bilden 2—3 cm lange Röhren, die getrocknet braunrot erscheinen und ein Gemisch von glucosidischem und etwas zuckerfreiem Farbstoff enthalten (vgl. MOLISCH 1, dort S. 274). Ein Teil des Pigments ist im Zellsaft der frischen Narben gelöst und läßt sich aus der Droge mit Wasser extrahieren; außerdem enthalten aber die Chromatophoren einen mit Wasser nicht ausziehbaren Farbstoff (TSCHIRCH 2, 3). Die Colorimetrie kann zur Wertbestimmung der Droge dienen (KAILA). Es sei bemerkt, daß in geringen Mengen β- und γ-*Carotin, Lycopin, Zeaxanthin* darin vorkommen, ferner das *Pikrocrocin*, ein farbloses Glucosid (Safranbitter; WINTERSTEIN und TELECZKY). Das letztere steht mit dem Hauptfarbstoff in naher Beziehung: primär dürfte ein Carotinoid im engeren Sinne (mit C_{40}) in den Narben auftreten, welches dann Oxydation erleidet und in 1 Mol. Crocetin (C_{20})-glucosid und 2 Mol. Safranal ($C_{10}H_{14}O$, Aglykon des Pikrocrocins) zerfällt (KUHN und WINTERSTEIN 11, 13; Näheres S. 21).

Die von EMDE angenommene Zwischenstufe der Biosynthese (Lävulinsäure) ist weniger wahrscheinlich.

Über die *chemische Zusammensetzung* des eigentlichen Safranfarbstoffes liegen zahlreiche ältere und neuere Angaben vor (DECKER), aber erst KARRER und SALOMON (1—3, 5) haben die Natur des Pigments grundlegend geklärt: es besteht aus dem Crocetin-glucosid *Crocin*, daneben kommt auch ein wenig freies *Crocetin* vor. Die angeführte Bruttoformel wurde von KUHN und

L'Orsa (1) empfohlen, bis vor kurzem galt der um CH_2 ärmere Ausdruck ($C_{19}H_{22}O_4$) als richtig (vgl. bei Kuhn, Winterstein und Wiegand; Karrer und Salomon 3, sowie Karrer und Helfenstein 3).

Crocetin $C_{20}H_{24}O_4$ ist eine schön krystallisierte, siebenfach ungesättigte, aliphatische Dicarbonsäure. Sie bildet den wasserunlöslichen, geringeren Anteil des Farbstoffes (Karrer und Salomon 1—3). Karrer, Benz, Morf, Raudnitz, Stoll und Takahashi stellten auf Grund von Abbaureaktionen die folgende *Konstitutionsformel* auf, welche, wie diejenige von Bixin, Lycopin und β-Carotin eine *symmetrische* Struktur besitzt:

$$HOOC-C=CH-CH=CH-C=CH-CH=CH-CH=C-CH=CH-CH=C-COOH$$
$$\underset{CH_3}{|} \qquad \underset{CH_3}{|} \qquad \underset{CH_3}{|} \qquad \underset{CH_3}{|}$$

Crocetin.

Crocin $C_{44}H_{64}O_{24}$, gleichfalls krystallinisch, ist der Hauptbestandteil des Safranpigments. Es ist der wasserlösliche Digentiobiose-ester des Crocetins (Karrer und Miki; Karrer und Salomon 4, 5):

$$HCOOC-C=CH-CH=CH-C=CH-CH=CH-CH=C-CH=CH-CH=C-COOCH$$
$$O\;(CHOH)_3\;CH_3 \qquad CH_3 \qquad\qquad CH_3 \qquad CH_3\;(CHOH)_3\;O$$
$$CH \qquad\qquad O \qquad\qquad\qquad\qquad\qquad O \qquad\qquad CH$$
$$CH_2O-CH-(CHOH)_3-CH-CH_2OH \qquad HOCH_2-CH-(CHOH)_3-CH-OCH_2$$

Crocin.

Die Zuckerreste des Crocins werden durch Alkali außerordentlich rasch abgespalten. Arbeitet man in wäßrigem Medium, so entsteht quantitativ Crocetin, ist aber Methylalkohol zugegen, so findet eine überraschend glatte, momentane Umesterung statt, indem CH_3- an Stelle des Zuckerrestes tritt. Neben Crocetin erhält man dann auch dessen Monomethylester, das frühere „β-Crocetin" $CH_3OOC-C_{18}H_{22}-COOH$ und den entsprechenden Dimethylester $CH_3OOC-C_{18}H_{22}-COOCH_3$ („γ-Crocetin"). Bevor diese Erscheinung bekannt war, wurde die Anwesenheit aller drei zuckerfreien Farbstoffe im Safran angenommen. Nach Karrer und Helfenstein (3) sind jedoch „β"- und „γ"-Crocetin Kunstprodukte. Die griechischen Buchstaben sind also entbehrlich (im Hinblick auf die nun folgenden Überlegungen auch irreführend) und es genügen die Bezeichnungen: Crocetin bzw. Crocetin-methylester (Methylcrocetin) und Crocetin-dimethylester (Dimethyl-crocetin).

Weiteres Vorkommen des Crocetins. Nach KUHN, WINTERSTEIN und WIEGAND ist das Vorkommen von Crocetin nicht auf den „Safran" beschränkt; es ist nicht nur in Narben, sondern auch in Blütenblättern von Iridaceen, z. B. von *Crocus sativus* enthalten und konnte auch in den Narben des violetten Crocus *(Crocus neapolitanus)* nachgewiesen werden. Ferner ist das Pigment der „Wongsky"-Früchte (chinesische Gelbschote, *Gardenia grandiflora*, Rubiaceae), welches als „Gardenidin" bekannt war, mit Crocetin identisch und liegt gleichfalls als Glucosid im Gewebe vor (vgl. auch MUNESADA). Weiters ist auch der Farbstoff des indischen Mahagonibaumes (*Cedrela toona* ROXB., Meliaceae), der schon von PERKIN isoliert und mit dem Nyctanthin von HILL und SIKKAR (Blütenpigment aus *Nyctanthes arbor tristis*, Oleaceae) identifiziert wurde, nichts anderes als Crocetin (KUHN und WINTERSTEIN 3). Aus dem in den Königskerzenblüten *(Flores verbasci)* enthaltenen Glucosid haben SCHMID und KOTTER Crocetin abgeschieden.

Stereoisomere Crocetine (s. auch S. 14). Bei der Verarbeitung des Safrans haben KUHN und WINTERSTEIN (10, 13) neben dem bishin bekannten Crocetin-dimethylester (Schmelzp. 222⁰) noch ein zweites, niedriger schmelzendes Isomere (Schmelzp. 141⁰) aufgefunden, welches die merkwürdige Eigenschaft besitzt, leicht, schon bei der Belichtung sich in den stabilen, höher schmelzenden Dimethylester umzulagern. Es liegt hier offenbar ein Fall von *cis-trans-Isomerie* vor, wobei der höher schmelzende Ester die trans-Form sein muß. Die Anzahl und die Lage der cis-Bindungen sind unbekannt. Mengenmäßig tritt das labile, empfindliche Crocetin in dem Safran nach den bisherigen Beobachtungen stark zurück; vielleicht enthalten aber die Narben bedeutend mehr davon als derzeit angenommen wird, denn es könnte, während sich die Blüten öffnen, eine photochemische Umlagerung des Pigmentglucosides eintreten.

Nach der von KUHN und WINTERSTEIN (10) im Einverständnis mit KARRER vorgeschlagenen *Nomenklatur* werden die früher gebräuchlichen griechischen Buchstaben fallen gelassen. Man unterscheidet zwei raumisomere Reihen:

a) Stabiles Crocetin, das gewöhnliche Crocetin (früher: „α-Crocetin"), *trans*-Form, höher schmelzend (285⁰, korr.) (= Crocetin I). Sein Ester ist das altbekannte Dimethyl-crocetin (früher: „γ-Crocetin", höher schmelzend, bei 222⁰).

b) Labiles Crocetin (derzeit frei unbekannt), *cis*-Form, niedriger schmelzend (= Crocetin II). Sein Ester ist der neuentdeckte, lichtempfindliche Stoff, nämlich das labile Dimethyl-crocetin (niedriger schmelzend, bei 141⁰).

Der nachfolgende Text bezieht sich zunächst, falls nichts anderes vermerkt wird, auf die stabile Reihe.

Nachweis im Safran. *a) Mikrochemisch.* Nach MOLISCH (1, dort S. 275) läßt man die zerbröckelte Narbe (Handelsware) in einem Wassertröpfchen 5—10 Minuten liegen, bis eine stark gelbe Lösung gebildet ist und fügt rasch einen großen Tropfen konzentrierter Schwefelsäure zu. Sofort tritt die blau- bis blauviolette Färbung auf. Nach TUNMANN eignet sich am besten die Überführung in *Anilin-crocetin* zum Nachweis: Safranpulver wird unter dem Deckglas in Anilin bis zur Blasenbildung 2—3 Minuten erwärmt; in 10—12 Stunden entstehen zahlreiche dunkelrote, in Rotbraun polarisierende, bis $70\,\mu$ lange Sphärite, die sich in Alkohol oder Glycerin langsam auflösen. Auch die Darstellung von *Coniin-crocetin* kann diagnostisch brauchbar sein: man streut das Safranpulver auf einen Tropfen Wasser, setzt eine 0,1proz. wäßrige Coniinlösung zu und erwärmt. Schon während des Eintrocknens erscheinen tiefgelbe, einzeln liegende, bis $70\,\mu$ lange, prismatische Nadeln von gerader Auslöschung. Endlich läßt sich der Nachweis durch Benzoylieren oder durch Umwandlung in das Kaliumsalz führen (TUNMANN).

Mikromethode zur Abtrennung und Bestimmung von Crocetin nach KUHN und BROCKMANN (3): S. 102.

b) Spektroskopischer Nachweis (TSCHIRCH 3). Man bereitet hierzu einen Extrakt in Alkohol oder auch in Benzin (Spektrum vgl. S. 259). — Die mit konzentrierter Schwefelsäure erhaltene Lösung zeigt ein Band gegen 493—518 $\mu\mu$ und bei der Erhöhung der Schichtdicke ein schwaches Band zwischen 600—625 $\mu\mu$.

Crocin (KARRER und SALOMON 2). *Isolierung.* 260 g bei 90⁰ getrockneter und zuerst mit Äther erschöpfter Safran werden einmal mit 2 l 70proz. Alkohol extrahiert, ebensoviel 95proz. Alkohol zugefügt und 24 Stunden stehen gelassen. Die klare Lösung wird dann von dem an den Gefäßwandungen anhaftenden Öl abgegossen, hierauf mit 700 cm³ Äther versetzt und 24 Stunden stehen gelassen. Es hat sich wiederum etwas Öl abgeschieden, von dem dekantiert werden kann. (Diese beiden ersten Fällungen bestehen fast ausschließlich aus harzigen Nebenprodukten.)

Die alkoholisch-ätherische Lösung wird jetzt mit 1 Vol. Äther versetzt, wobei eine starke Trübung entsteht. Man überläßt die Flüssigkeit während einer Woche sich selbst. Die Lösung ist dann wieder klar geworden; am Boden des Gefäßes hat sich eine reichliche

Menge schwarzbraunen Öles abgeschieden und auch an den Wandungen haftet etwas, schon mit festen Anteilen durchsetztes Öl. Die Lösung wird abgegossen; aus ihr scheidet sich nach wochenlangem Stehen noch eine kleine Menge mikrokrystallines, fest an den Wandungen haftendes *Crocin* ab, das nach einmaligem Umkrystallisieren aus 80proz. Alkohol rein ist. Die Hauptmenge aber findet sich in der öligen Abscheidung, die mit 100 cm³ siedendem 80proz. Alkohol ausgekocht wird. Sie geht größtenteils in Lösung; vom Ungelösten gießt man heiß ab. Die Lösung scheidet beim Abkühlen wieder ein Öl aus (harzige Nebenprodukte), von welchem man die Mutterlauge abtrennt.

Die alkoholische Lösung gibt beim längeren Stehen (Zimmertemperatur) manchmal noch eine geringe Menge Öl, aber gewöhnlich beobachtet man, daß sich bald feste Substanz abzuscheiden beginnt. Die Flüssigkeit wird dann nochmals abgegossen, eventuell mit Crocin geimpft und 1 Woche bei Raumtemperatur aufbewahrt. Die Krystallisation des Crocins, selbst reiner Präparate, verläuft sehr langsam. Nach Ablauf der ersten Woche trennt man die Mutterlauge erneut von den Krystalldrusen und bewahrt sie eine weitere Woche bei 0⁰ auf, wodurch man ein zweites Krystallisat gewinnt. Dasselbe wird noch zweimal aus 80proz. Alkohol umkrystallisiert und ist dann rein. (Die erste Fraktion enthält einen schwerer löslichen Begleitstoff.)

Zur *Gewinnung des Crocins* siehe auch bei KUHN und WINTERSTEIN (13).

Eigenschaften des Crocins. Schmelzp. 186⁰. In kaltem Wasser langsam, mit rotgelber Farbe löslich, leicht in heißem Wasser, fast gar nicht in absolutem Alkohol und Äther. Es enthält Krystallwasser, das erst beim anhaltenden Trocknen im Vakuum, bei 100⁰ langsam abgegeben wird (KARRER und SALOMON 5). Die saure Hydrolyse ergibt Glucose, die vorsichtige Spaltung mit alkoholischem Ammoniak Gentiobiose (KARRER und MIKI).

Isolierung von Crocetin und Dimethyl-crocetin. *a)* Einfacher als Crocin, kann *Crocetin aus Safran isoliert* werden, auf Grund der Beobachtung, daß sich der Zucker in wenigen Sekunden mit 1proz. Kaliumhydroxyd abspalten läßt (KARRER und SALOMON, KARRER und HELFENSTEIN 3).

Extraktion. 500 g Safran wurden bei 80—90⁰ 4—5 Stunden getrocknet, pulverisiert und im Soxhlet mit 1 l Äther etwa 24 Stunden lang ausgezogen. Dabei gehen Fette, ätherische Öle und

Pikrocrocin in Lösung. Der Rückstand wird an der Luft getrocknet, in einem Glasstutzen mit 3,5 l 70proz. Alkohol übergossen und unter häufigem Umrühren stehen gelassen. Die dunkelrotbraune Flüssigkeit läßt sich gut abnutschen. Man konzentriert das Filtrat im Vakuum bei 60⁰ auf etwa 1,5 l und filtriert es noch heiß. Der abdestillierte Alkohol wird wieder auf 70 Vol.-% gebracht und zur nochmaligen Extraktion des auf der Nutsche verbliebenen Rückstandes verwendet. Der zweite Auszug ist bereits heller; eine dritte Extraktion erübrigt sich, wenn man die Safranrückstände auf der Nutsche mit 70proz. Alkohol wäscht und gut abpreßt.

Hydrolyse. Die vereinigten, konzentrierten Auszüge verdünnt man mit Wasser auf 2,5 l und versetzt die Flüssigkeit unter Umrühren mit einer Lösung von 30 g KOH in 500 cm³ Wasser. Die klare, tiefrotbraune Lösung trübt sich bei der Zugabe des Alkalis und in wenigen Minuten ist die Flüssigkeit mit gelben, glitzernden Teilchen durchsetzt, die langsam zu Boden sinken und hauptsächlich aus Äthylestern des Crocetins bestehen. Man läßt, vor Licht und Luft geschützt, über Nacht stehen und säuert die alkalische Flüssigkeit mit Salzsäure an. Hierauf nutscht man den dicken, gelbroten Niederschlag, wäscht ihn mit Wasser gut aus, trocknet auf Ton und kocht ihn mit 200 cm³ 10proz. alkoholischem Kali 1 Stunde. Dadurch werden die Crocetinester verseift; das in Alkohol unlösliche Kaliumsalz des Crocetins bleibt als gelbrotes, körniges Pulver ungelöst. Es wird nach dem Erkalten genutscht und mit 200 cm³ Eisessig aufgekocht, wobei das Kaliumsalz zerlegt wird. Nach dem Erkalten saugt man das rohe Crocetin ab und krystallisiert es aus Pyridin um.

b) Isolierung von Crocetin aus den Blütenblättern von Crocus luteus (KUHN, WINTERSTEIN und WIEGAND). 50 g getrocknete, gemahlene Blütenblätter wurden mit 100 cm³ 70proz. Aceton 24 Stunden geschüttelt, abgesaugt und mit derselben Menge des gleichen Lösungsmittels nachgewaschen. Das Aceton wurde im Vakuum abdestilliert und die 40⁰ warme Lösung mit Lauge alkalisch gemacht (1% freies NaOH). Nach ¹/₂ Stunde säuert man mit Eisessig schwach an. Beim Durchschütteln mit 10 cm³ Äther erscheinen feine Flocken des Farbstoffs in der Grenzschicht der beiden Lösungsmittel. Die wäßrige Phase wird abgelassen und das Crocetin auf einem Nagel abgesaugt. Nach raschem Umkrystallisieren aus Essigsäureanhydrid lagen 35 mg (0,07%) reines Crocetin vor.

c) Direkte Verarbeitung des Safrans auf Crocetin-dimethylester
(KARRER und HELFENSTEIN 3). 220 g mit Äther entfettetes, getrocknetes Safranpulver wird 3 Stunden mit 1,5 l 70proz. Methanol
kalt ausgezogen. Man nutscht ab und versetzt den Extrakt mit
so viel konzentriertem KOH, daß die Lösung 1% Lauge enthalte.
Der rasch erscheinende, gelbe Niederschlag (Hauptmenge: Dimethylester) wird am nächsten Tage abgesaugt und noch feucht
mit 0,5 l Chloroform extrahiert, wobei der größte Teil in Lösung
geht. Im filtrierten, getrockneten und auf 100 cm³ eingeengten
warmen Auszug erscheinen nach Zusatz von 120 cm³ warmem
Methanol die flimmernden Blättchen des reinen Crocetin-dimethylesters, die innerhalb 3—5 Minuten (noch warm) genutscht werden
sollen.

Beschreibung des Crocetins und seiner Methylester. *Crocetin*
(veraltete Bezeichnung: α-Crocetin; KARRER und SALOMON 1—3),
HOOC—C$_{18}$H$_{22}$—COOH (Abb. 76—77, S. 298, farbige Aufnahme
bei KARRER und WEHRLI 2). Die bei 100⁰ im Vakuum getrocknete
Substanz schmilzt bei 275—276⁰ (unkorr.) bzw. 285⁰ (korr.). Erhitzt man rasch, so kann der Schmelzpunkt höher liegen. In Wasser
und in den meisten organischen Solventien ist Crocetin unlöslich, mit Ausnahme von Pyridin, aus dem es sich in prachtvoll
scharlachrot glänzenden Blättern krystallisieren läßt und dann
Krystallpyridin enthält. Das letztere entweicht bei 100⁰ im
Vakuum, wobei die Krystalle undurchsichtig, weniger glänzend
und blaustichig rot werden. Die Farbe des Crocetins ist von der
des Diphenyl-tetradeca-heptaens kaum abweichend (KUHN und
WINTERSTEIN 4).

Von verdünnter Natronlauge wird der Farbstoff leicht aufgenommen, auch Soda löst etwas. Die *Salze* sind rein gelb gefärbt.
Leitet man in die klare Lösung des Alkalisalzes Kohlendioxyd,
so tritt bald Trübung und Abscheidung von freiem Crocetin ein.
Zusatz von Ammoncarbonat zur alkalischen Lösung bewirkt
ebenfalls momentane Ausfällung des Crocetins (nicht des Am-
moniumsalzes).

Crocetin-monomethylester CH$_3$OOC—C$_{18}$H$_{22}$—COOH (früher: „β-
Crocetin") schmilzt, aus Crocetin gewonnen, bei 218⁰. Er krystallisiert aus Chloroform in länglichen, rechteckigen Blättchen und ist
in der Farbe dem Dimethylester ähnlich (KARRER und HELFEN-
STEIN 3).

Crocetin-dimethylester (stabiler Dimethylester, früher: „γ-Crocetin" genannt) $CH_3OOC—C_{18}H_{22}—COOCH_3$ kann entweder direkt aus dem Safran gewonnen werden (s. oben) oder man behandelt eine Chloroform-Suspension des Crocetins mit ätherischem Diazomethan, wobei die Substanz allmählich in Lösung geht. Die filtrierte und konzentrierte Lösung wird langsam mit Alkohol versetzt: der Dimethylester krystallisiert aus. Ein so dargestelltes Präparat bildet rhomboedrisch erscheinende, in Wahrheit sechsseitige Platten; aus warmem Chloroform + Holzgeist erhält man nahezu reguläre Sechsecke (Abb. 79—80, S. 299). Die Krystalle sind rotgelb bis ziegelrot, je nach der Größe, die Lösungen rein rotgelb. Der Dimethylester ist in Aceton, Benzol, Essigester, besonders in Chloroform beträchtlich löslich, sehr schwer in Holzgeist (KARRER uns SALOMON 2, 3; KARRER und HELFENSTEIN 3).

Die optischen *Schwerpunkte* sind auf S. 259 wiedergegeben, das Ultraviolettspektrum wurde von KAWAKAMI (1) gemessen. Vergleich der *Farbreaktionen* mit Bixin S. 266, mit Azafrin S. 243. — Die *Verseifung* zum Crocetin-Alkalisalz erfolgt leicht (KARRER und SALOMON 2). — Bei der *thermischen Zersetzung* wurden 2,6-Dimethylnaphtalin bzw. Toluol, m-Xylol und 1,4,8-Trimethyl-octatetraen-1,8-dicarbonsäure-dimethylester gefaßt (KUHN und WINTERSTEIN 8, 9, 12; Näheres S. 65).

Labiler Crocetin-dimethylester (KUHN und WINTERSTEIN 10, 13). 50 g fein gemahlener Safran wurde mit warmem 80proz. Methanol (etwa 125 cm³) ausgezogen, der Extrakt mit n-Natronlauge (10 cm³) vermengt und über Nacht stehen gelassen. Nun hat man mit Wasser verdünnt und die Lösung dreimal mit je 100 cm³ Äther ausgeschüttelt. Der gesamte labile Farbstoff befand sich in der orangegelben ätherischen Lösung, die konzentriert, über Nacht mit Na_2SO_4 getrocknet, nahezu vollständig abgedampft, mit viel Petroläther (Siedep. 30—50⁰) versetzt und von etwas Niederschlag abfiltriert wurde. Nach einigem Stehen krystallisierte (neben etwas stabilem Crocetin-dimethylester) der labile Ester aus (20 mg), der durch wiederholtes Umkrystallisieren aus Benzin (Siedep. 70—80⁰) sowie aus Methylalkohol gereinigt werden kann. Eigenschaften: Tabelle 47 (S. 259).

Nach KUHN und WINTERSTEIN (13) beträgt die Ausbeute an cis-Crocetin-dimethylester etwa 1 g pro kg trockenem Safran.

Die *Umwandlung des labilen Dimethylesters* in die stabile trans-Form kann z. B. durch längeres Erhitzen auf den Schmelzpunkt,

Tabelle 47. Vergleich von stabilem und labilem Crocetin-dimethylester (KUHN und WINTERSTEIN 10).

	Stabiler Crocetin-dimethylester (trans)	Labiler Crocetin-dimethylester (cis)
Formel	$C_{22}H_{28}O_4$	$C_{22}H_{28}O_4$
Krystallform	sechseckige Blättchen	rechteckige, lang-gestreckte Täfelchen
Krystallfarbe (mikroskopisch)	orangerot	rein gelb
Schmelzpunkt (korr.) . . .	222^0	141^0
In Äther.	schwerer löslich	leichter löslich
Löslichkeit in Methanol (20^0)	1 : 100000	1 : 5900
Optische Schwerpunkte:		
in Benzin (Siedep. 70—80°)	450,5 424,5 $\mu\mu$	445 422 $\mu\mu$
in Chloroform	463 434,5 $\mu\mu$[1]	458 432,5 $\mu\mu$
Gegen Licht	wenig empfindlich	sehr empfindlich, wird umgelagert

oder durch Versetzen der Benzinlösung mit einer Spur Jod (wie
in der Bixinreihe) bewirkt werden, am auffälligsten aber durch
Belichtung des gelösten Farbstoffes. Unter den, im Original angeführten Bedingungen beträgt die Halbwertszeit der Lichtreaktion
6 ($\pm$ 2) Minuten und ist von dem Lösungsmittel kaum abhängig.
Wirksam ist vor allem blaues und violettes Licht; der Anteil von
ultraviolettem Licht ist nicht maßgebend. Der Übergang cis $\rightarrow$
trans kann auch durch Vermittlung des *Dihydrokörpers* verwirklicht werden (KUHN und WINTERSTEIN 10):

Kocht man den *labilen* Crocetin-dimethylester mit Zinkstaub und Pyridin,
unter Zusatz von etwas Eisessig, so entsteht die schwefelgelbe Dihydroverbindung, die früher auf anderem Wege bereits erhalten wurde (KARRER
und HELFENSTEIN 3). Fügt man etwas Natronlauge zu, so nimmt die Flüssigkeit eine tiefgrünblaue Farbe an (Enolisierung nach KUHN, DRUMM, HOFFER
und MÖLLER), beim Schütteln an der Luft schlägt die Farbe sofort in Orange
um und nun kann aus dem Reaktionsgemisch *stabiler* Crocetin-dimethylester
(Schmelzp. 222°) isoliert werden.

Daß beide Raumformen die gleiche Dihydroverbindung liefern,
ist auf Grund geometrischer Überlegungen verständlich (KUHN
und WINTERSTEIN 7).

**Einige Umwandlungen des Crocetins (bzw. Crocetin-dimethyl-
esters).** Der Safranfarbstoff ist, wie Bixin, auffallend luftbeständig,
was auf der schützenden Wirkung der endständigen Carboxyle
beruht. Viel leichter tritt Autoxydation ein, wenn das Pigment
in Natronlauge gelöst ist. Der Vorgang wird von Hämin katalysiert (KUHN und MEYER).

---

[1] Nach EULER, KARRER, KLUSSMANN und MORF: 464, 437 $\mu\mu$.

Thermische Zersetzung: S. 65.

Katalytische Hydrierung. Nach KARRER und SALOMON (2, 3) verläuft die Anlagerung glatt bei Anwendung von 2 g Crocetin-dimethylester in 400 cm³ Eisessig (warm gelöst) und 1 g Platin. Die rotgelbe Farbe der Lösung war selbst nach Aufnahme von $^9/_{10}$ des Wasserstoffes noch nicht merklich abgeblaßt und ging erst am Schlusse der Reduktion verloren. Gesamtverbrauch: 14 H, entsprechend 7 Doppelbindungen. Durch Verdünnen mit Wasser und Ausäthern wurde der *Perhydro-crocetindimethylester* $C_{22}H_{42}O_4$ in Form eines farb- und geruchlosen, optisch inaktiven Öles isoliert (Siedep. im Hochvakuum 198—200⁰). *Dihydrocrocetin-dimethylester* S. 259.

Dihydro-crocetin $C_{20}H_{26}O_4$. KARRER, HELFENSTEIN und WIDMER ist es gelungen, die partielle Reduktion des Safranfarbstoffes mit Titanchlorid durchzuführen. Das erste Wasserstoffmolekül wird leicht aufgenommen, und zwar sehr wahrscheinlich an den Enden des konjugierten Systems. Der Dihydrokörper (Schmelzp. 192 bis 193⁰) ist krystallisiert; er besitzt nur mehr eine hell-schwefelgelbe Farbe (zwischen Diphenyl-hexatrien und -octatetraen liegend, KUHN und WINTERSTEIN 4, 10) und ist außerordentlich leicht autoxydabel, da nun das Doppelbindungssystem nicht mehr mit den Carboxylen benachbart ist:

$$HOOC—\underset{\underset{CH_3}{|}}{CH}—CH=CH—CH=\underset{\underset{CH_3}{|}}{C}—CH=CH— \ldots$$

½ Dihydro-crocetin.

Tabelle 48 zeigt, wie sich die *Farbreaktionen* bei der stufenweisen Wasserstoffanlagerung ändern (KARRER, HELFENSTEIN und WIDMER).

Tabelle 48. Einige Farbenreaktionen des Crocetins und seiner Hydrierungsprodukte.

	Crocetin	Dihydro-crocetin	Hexahydro-crocetin (uneinheitlich)
Konzentrierte H_2SO_4 Konzentrierte HNO_3.	violettblau blutrot, verblassend	blaustichig weinrot orange, verblassend	braunrot braunrot, verblassend
SnCl₄ (zur Lösung in wenig Eisessig) . .	tiefviolett	über Violett nach Rotorange umschlagend	über Violett nach Braun umschlagend
Ameisensäure (95proz., kalt)	—	hellgrün	

Brom in Chloroform sättigt 3—4 Doppelbindungen des Crocetins.

Abbau und Konstitution des Crocetins.

Die Polyennatur des Safranpigments ist, wie erwähnt, von KARRER und SALOMON (2) im Wege der katalytischen Hydrierung erkannt worden. Sie sprachen den Perhydrokörper als eine gesättigte, rein aliphatische Dicarbonsäure an. Ferner haben sie auf Grund der starken Lichtabsorption im Ultraviolett, sowie der reichlichen Glyoxalbildung bei dem Ozonabbau auf die Konjugation der Doppelbindungen des Naturfarbstoffs geschlossen. Da auch Methylseitenketten postuliert wurden, waren die wesentlichsten Züge der Konstitution schon damals festgelegt. Immerhin haben die Ansichten über die Zusammensetzung und Struktur dieses einfachst gebauten Carotinoides mehrere Wandlungen erfahren. Nachdem Formeln wie $C_{10}H_{14}O_2$ und $C_{24}H_{28}O_5$ verlassen wurden, galt bis vor kurzem der Ausdruck $C_{19}H_{22}O_4$ als richtig (KUHN, WINTERSTEIN und WIEGAND; KARRER und SALOMON 3, KARRER und HELFENSTEIN 3). Die heute sichergestellte, um 1 Methylen reichere Formel $C_{20}H_{24}O_4$ stammt von KUHN und L'ORSA (1) und konnte in bezug auf die Molekülgröße auch auf röntgenographischem Wege gestützt werden (HENGSTENBERG, s. KUHN und L'ORSA 1). Der Abbau mit Chromsäure zeigt 4 Methylseitenketten an, die in Form von Essigsäure erscheinen, wodurch die Rolle von 4 C-Atomen (Nebenketten) festgelegt ist; zwei weitere müssen nach dem Ergebnis der Titration Carboxylen angehören und die übrigen 14 sind zur Ausbildung der 7 konjugierten Doppelbindungen erforderlich. Die von KUHN und L'ORSA (1) zunächst als wahrscheinlich angenommene, unsymmetrisch gebaute Strukturformel des Crocetins wurde von KARRER, BENZ, MORF, RAUDNITZ, STOLL und TAKAHASHI (1, 2) in das nachstehende, symmetrische Symbol abgeändert, womit das Problem endgültig gelöst sein dürfte:

$$HOOC-C=CH-CH=CH-C=CH-CH=CH-CH=C-CH=CH-CH=C-COOH$$
$$\quad\ \ |\ \qquad\qquad\qquad\ |\ \qquad\qquad\qquad\ |\ \qquad\qquad\ |$$
$$\quad CH_3\qquad\qquad\quad CH_3\qquad\qquad\quad CH_3\qquad\qquad CH_3$$

Crocetin (nach KARRER, BENZ, MORF, RAUDNITZ, STOLL und TAKAHASHI).

Diese Formulierung stützt sich u. a. auf die folgenden Tatsachen:

a) Das Perhydro-crocetin wurde durch $\alpha\alpha$-Bromierung, Ersatz der Halogene mit OH und Abreagieren mit GRIGNARDscher Lösung in ein Diglykol übergeführt, das mit Bleitetraacetat, nach der Methode von CRIEGEE (1, 2, S. 59) ein Diketon liefert (Aldehydreaktionen fielen negativ aus). Nach dem Gange dieser Reaktionsfolge müssen im Perhydro-crocetin (also auch in dem nativen

Farbstoff) beiderseitig Methylgruppen in α-Stellung zu den Carboxylen stehen, wodurch eine andere Formulierung für das Crocetin entfällt:

$$HOOC-CH-CH_2-CH_2-CH_2-CH-CH_2-CH_2-CH_2-CH_2-CH-CH_2-CH_2-CH_2-CH-COOH$$

mit CH_3 an den vier CH-Stellen.

Perhydro-crocetin.

$$O=C-CH_2-CH_2-CH_2-CH-CH_2-CH_2-CH_2-CH_2-CH-CH_2-CH_2-CH_2-C=O$$

mit CH_3 an den vier CH-Stellen.

Diketon (aus Perhydro-crocetin).

b) Vollends sichergestellt ist die Crocetinformel durch die von KARRER, BENZ und STOLL ausgeführte *Synthese des Perhydrocrocetins*, welche ausgehend von 2,6-Dimethyl-heptandiol-(1,7),

$$HOH_2C-CH-CH_2-CH_2-CH_2-CH-CH_2OH$$

mit CH_3 an den beiden CH-Stellen.

2,6-Dimethyl-heptandiol-(1,7).

über 7 Zwischenstufen ein Präparat geliefert hat, das mit dem Reduktionsprodukt des Safranfarbstoffes in jeder Hinsicht identisch ist. Es sei noch bemerkt, daß aus dem Perhydro-crocetin nach KARRER und BENZ (1) Perhydro-norbixin synthetisiert werden kann, dessen Abbau zum Perhydro-crocetin zurückgeführt hat (RAUDNITZ und PESCHEL).

Auf Grund dieser Arbeiten ist der von KARRER und GOLDE dargestellte *Grundkohlenwasserstoff des Crocetins*, das *Crocetan* (Bruttoformel $C_{20}H_{42}$; vgl. KUHN und L'ORSA 1) folgend konstituiert:

$$CH_3-CH-CH_2-CH_2-CH_2-CH-CH_2-CH_2-\ \ldots$$

mit CH_3 an den beiden CH-Stellen.

½ Crocetan (2,6,11,15-Tetramethyl-hexadecan;
vgl. KARRER, BENZ, MORF, RAUDNITZ, STOLL und TAKAHASHI 2).

3. Azafrin.

(Bruttoformel $C_{27}H_{38}O_4$, Konstitutionsformel S. 268.)

Diese, dem Bixin und Crocetin nahestehende Polyencarbonsäure ist von LIEBERMANN entdeckt und gemeinsam mit SCHILLER sowie mit MÜHLE untersucht worden. Ihrer unvollendet gebliebenen Arbeit schließen sich neue Untersuchungen von KUHN, WINTERSTEIN und ROTH, ferner von KUHN und WINTERSTEIN (8) an, welche in der Abhandlung von Kuhn und Deutsch (2) zur Aufstellung der Strukturformel führten. Man kann sagen, daß das vor kurzem noch ungeklärte Azafrin heute zu den bestuntersuchten Carotinoiden gehört.

Vorkommen. Azafrin bildet einen Bestandteil der Wurzel von *Escobedia scabrifolia* und *E. linearis* Schl. (Scrophulariaceen). Die Pflanze wächst im tropischen Amerika und wird in Paraguay als „Azafran" oder „Azafranillo" zum Färben von Fetten gebraucht. Die Wurzeln zeigen fleckenweise lebhaft orangefarbige Ausblühungen, dasselbe Pigment ist in geringeren Mengen auch in dem Holze der Wurzel und des Stengels enthalten; eine gute Droge lieferte z. B. 1% Azafrin, die Ausblühungen enthalten 3—15%.

Nach der Hypothese von Kuhn und Winterstein (7) wird im Gewebe der *Escobedia* erst ein Polyen der C_{40}-Reihe gebildet, welches unter oxydativem Verlust von 13 C-Atomen in Azafrin übergeht.

Mikrobestimmung und Trennung von anderen Carotinoiden nach Kuhn und Brockmann (3): S. 102.

Isolierung. a) Man extrahiert das zerklopfte oder pulverisierte Material im Soxhlet mit Benzol und erhält durch Abdampfen ein gutes Rohprodukt. Oder es wird in Portionen zu 50 g mit Chloroform extrahiert. Die Auszüge von 10 Chargen (insgesamt 1,5 l) wurden auf 100 cm³ eingeengt; bei 24stündigem Stehen im Eisschrank schied sich der größte Teil des Azafrins (vermengt mit etwas Harz) in kugeligen Aggregaten ab. Zur Reinigung wird der Farbstoff in 0,1 n-alkoholischem Kali gelöst, von einer grauen Masse filtriert, mit Essigsäure gefällt und aus Toluol umkrystallisiert. Reinausbeute z. B. 7,5 g aus 3 kg Droge (Kuhn, Winterstein und Roth).

b) Die lufttrockenen Wurzeln wurden grob gemahlen und die harten Wurzelstöcke in einer Kugelmühle gut pulverisiert. Man vermengt das feine Pulver mit den grobgemahlenen Wurzeln und erschöpft die Droge in 2 kg-Portionen mit 3 l Aceton in einem Extraktionsapparat, innerhalb 8 Stunden. Die über Nacht gestandene Flüssigkeit wird von einer braunen, gallertartigen Masse filtriert und das Aceton bis auf etwa 100 cm³ verdampft, wobei alles zu einem Krystallbrei erstarrt. Man saugt nach Zusatz von 200 cm³ Toluol ab und wäscht mit Toluol. Rohausbeute: 250 g 90proz. Farbstoff aus 15 kg Droge. Zur Reinigung wird aus

Aceton + Toluol umkrystallisiert, zur Analyse noch zweimal aus Toluol (KUHN und WINTERSTEIN 8).

Man kann die aus Aceton + Toluol gewonnenen Präparate auch chromatographisch reinigen, wobei farblose, neutrale Begleitstoffe (die sich übrigens von der alkalischen Azafrinlösung mit Benzin extrahieren lassen) in das Filtrat gelangen. Als Adsorbens ist Calciumcarbonat geeignet, das den Farbstoff aus Benzin + Benzol in breiter Schicht festhält, die beim Nachwaschen mit Benzol langsam tiefer vordringt. Zur Elution verwendet man Gemische von Methanol mit Benzol oder Pyridin.

Beschreibung. Der Azafranillofarbstoff bildet feine, langgestreckte, orangerote Prismen, die viel weniger tiefrot als Crocetin oder gar Bixin erscheinen (Abb. 81, S. 299; farbige Aufnahmen: KARRER und WEHRLI 2). Schöne Krystallisationen werden z. B. aus Aceton + Toluol erhalten. Schmelzp. 212° (korr.). Azafrin ist gut löslich in Benzol, Alkohol, Eisessig, Chloroform, auch in geschmolzenem Cocosnußfett, wenig in Äther, nicht in Wasser. Da es eine Carbonsäure ist, wird es (unter Aufhellung, mit gelber Farbe) auch von Alkalien aufgenommen und bei dem Ansäuern unverändert abgeschieden. Azafrin ist linksdrehend: $[\alpha]_{Cd}^{20} = -75°$ (in absolutem Alkohol). Durch Zusatz von Borsäure ändert sich sein Drehvermögen praktisch nicht. Das *Spektrum* des Azafranillofarbstoffes zeigt eine große Ähnlichkeit zu Crocetin (Tabelle 49).

Tabelle 49. Spektroskopischer Vergleich von Azafrin und Crocetin
(KUHN, WINTERSTEIN und ROTH).

	Azafrin $\mu\mu$	Crocetin $\mu\mu$
Schwerpunkte in Chloroform	458,0	463,0
	428,0	435,5
,, ,, Pyridin	458,0	464,0
	428,0	436,0
,, ,, Natriumhydroxyd. .	447,0	450,0
	422,0	423,5

Farbreaktionen. Azafrin zeichnet sich durch eine Reihe schöner Farbreaktionen aus und übertrifft diesbezüglich alle anderen Carotinoide. Außer der Blaufärbung mit Schwefelsäure reagiert es mit fast allen starken Mineralsäuren, sowie mit Ameisen-, Oxalund Trichloressigsäure. a) Die Schwefelsäureprobe gelingt schon, wenn man die konzentrierte, orangegelbe Eisessiglösung mit einigen Tropfen 15proz. Schwefelsäure versetzt und kurze Zeit kocht

(Violettfärbung). b) Bei der gleichen Arbeitsweise mit Salzsäure: Violettfärbung. Diese Reaktionen treten nach mehreren Stunden auch in der Kälte ein. c) Leitet man Chlorwasserstoff in die kalt gesättigte Chloroformlösung, so entsteht eine kornblumenähnliche Färbung. d) Eine prachtvolle Violettfärbung zeigt sich beim Aufkochen mit wasserfreier Ameisensäure. Durch Verdünnen mit Wasser wird eine permanganatrote Farbe hervorgerufen. e) Mit Antimontrichlorid entsteht eine smaragdgrüne Lösung, die später rein blau wird. f) Azafrin bildet ein sehr schön krystallisiertes Perchlorat.

Die Farbreaktionen des Azafrins deuten eine beträchtliche „Basizität" an, von der Art des Violaxanthins, Fucoxanthins und Capsanthins (Beziehungen zum Braunalgenfarbstoff Fucoxanthin sind bereits von LIEBERMANN und MÜHLE vermutet worden). „Es ist offenbar, daß die an das Polyensystem unmittelbar angrenzende tertiäre Hydroxylgruppe (S. 267) derjenigen des Triphenylcarbinols vergleichbar, diese Eigenschaften mitbestimmt. Das Azafrinon (S. 268), in dem diese Hydroxylgruppe fehlt, läßt eine Anzahl charakteristischer Farbreaktionen nicht mehr erkennen. So löst 100proz. Ameisensäure Methylazafrin in der Kälte olivbraun, in der Wärme blauviolett, während Methylazafrinon auch in der Hitze, wie von einem indifferenten Lösungsmittel, orange aufgenommen wird. Schüttelt man eine Lösung von Methylazafrin in Äther mit 25proz. Salzsäure, so geht es als violettrotes Farbsalz in die untere Schicht, im Gegensatz zu Methylazafrinon, von dem nur sehr wenig mit gelber Farbe aufgenommen wird" (KUHN und DEUTSCH 2).

Die Farbreaktionen der Methylester von Azafrin, Crocetin und Isonorbixin werden in Tabelle 50 (S. 266) verglichen.

Chemisches Verhalten und Konstitution. Das Azafrin zeigt bei der katalytischen Hydrierung (Platin oder Platinoxyd in Eisessig), wie Crocetin, 7 Doppelbindungen an; *Perhydro-azafrin* $C_{27}H_{52}O_4$ ist ein zähes, farb- und geruchloses Öl, das im Hochvakuum unverändert übergeht. Mit Brom in Chloroform werden nur 4 Doppelbindungen des Azafranillofarbstoffes gesättigt. Mit Jod in Benzol entsteht ein grünlichschwarzes, krystallisiertes Jodid, das sich in Chloroform mit königsblauer Farbe löst.

Thermische Zersetzung des Azafrins: S. 64; Abbau zu Geronsäure: S. 268.

Tabelle 50. Farbreaktionen der Methylester von Azafrin, Crocetin und Norbixin (nach KUHN, WINTERSTEIN und ROTH).

Reagens	Azafrin	Crocetin	Norbixin
0,5 cm³ $CHCl_3$ + 4 Tropfen Acetanhydrid + 3 Tropfen H_2SO_4	blau	smaragd → rubin	blau
Eisessig + 70proz. $HClO_4$. .	kalt: olivgrün warm: violett (568 $\mu\mu$)	kalt: blau → violett warm: rot (495 $\mu\mu$)	kalt: blau (541 $\mu\mu$) warm: violett (645, 541 $\mu\mu$)
10proz. alkoholisches HCl . .	kalt: hellbraun warm: rubinrot	kalt: gelb; auch bei längerem Erwärmen keine Veränderung	kalt: braun; auch bei längerem Erwärmen keine Veränderung
Ätherische } + 20proz. HCl . Lösung } + 25proz. HCl .	keine Reaktion gelb → violettrot	keine Reaktion keine Reaktion	keine Reaktion keine Reaktion
Ameisensäure, 100proz. . . .	kalt: oliv → braun warm: weinrot → violett, stark tingierend	beim Kochen langsam oliv	beim Kochen langsam oliv
Monochlor-essigsäure, geschmolzen	Durchsicht: rubin, Aufsicht: blau, stark tingierend	olivbraun → olivgrün	beim Kochen schmutzigbraun, nicht tingierend
Dichlor-essigsäure	kalt: braun → oliv warm: blau; stark tingierend	kalt: hellbraun warm: smaragdgrün	kalt: rotbraun warm: schwach violett
Trichlor-essigsäure, geschmolzen	blau	kalt: gelb warm: oliv → smaragd	kalt: braun warm: blau
Arsentrichlorid, aufgekocht .	tiefblau schon in der Kälte	tief olivgrün erst in der Hitze	tief grünblau erst in der Hitze
Antimontrichlorid in Chloroform	smaragdgrün → blau	braun → oliv → blau	braunrot → blau

Die *Funktion der vier Sauerstoffatome* ist von KUHN und Mitarbeitern ermittelt worden. Nachdem sich der Farbstoff mit Thymolblau (in Alkohol) als einbasische Säure titrieren ließ, müssen 2 O-Atome in einem *Carboxyl* vorliegen, was durch die Titrierbarkeit des Perhydro-azafrins auf Phenolphtalein noch bestätigt wird. Auf Grund der ZEREWITINOFF-Bestimmung, die 3 aktive H-Atome anzeigt, liegen außerdem *zwei Hydroxyle* vor, die sich bisher nicht verestern ließen. Die Art und relative Lage dieser alkoholischen Gruppen ist von KUHN und DEUTSCH (2) geklärt worden: Tetradecahydro-azafrin verbraucht nach dem Verfahren von CRIEGEE (1, 2, S. 59) 1 Mol. Bleitetraacetat und das entstandene Produkt (Perhydro-azafrinon) zeigt keinerlei Aldehydreaktionen. Demgemäß ist das Azafrin ein *ditertiäres α-Glykol*, d. h. zwei tertiäre Hydroxyle werden von benachbarten C-Atomen getragen.

Interessante Resultate ergab auch die vorsichtige *Oxydation mit Chromsäure*. Hierbei werden die erwähnten OH-Gruppen unter Ringsprengung in Carbonyle verwandelt und es entsteht eine krystallisierte Diketo-carbonsäure, das *Azafrinon* $C_{27}H_{36}O_4$. Da es optisch inaktiv ist, muß das Drehvermögen des natürlichen Farbstoffes ausschließlich von den alkoholischen Hydroxylen bedingt sein und nachdem das Diketon langwelliger absorbiert als Azafrin selbst, muß sich ein —OH an das konjugierte C-Doppelbindungssystem anschließen, so daß ein $\rangle C{=}O$ des Azafrinons optisch in das Polyensystem einbezogen wird.

Das Azafrinon läßt sich nach KUHN und BROCKMANN (12) in *Dehydro-azafrinonamid* $C_{27}H_{35}O_2N$ überführen, das auch durch stufenweisen Abbau des *β*-Carotins erhalten werden kann und wahrscheinlich ein Cyclopentenderivat ist. Der *analoge Bau von β-Carotin und Azafrin* wurde hierdurch bewiesen.

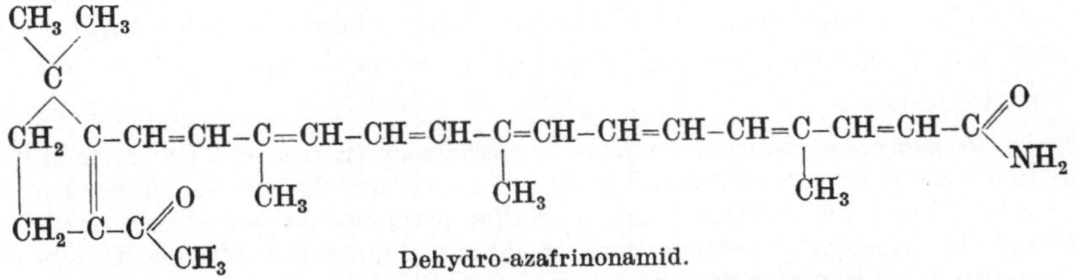

$$\begin{array}{c} CH_3\ \ CH_3 \\ \diagdown\diagup \\ C \\ \diagup\diagdown \\ CH_2\quad C-CH{=}CH-C{=}CH-CH{=}CH-C{=}CH-CH{=}CH-CH{=}C-CH{=}CH-C{\diagup}^{O}_{\diagdown NH_2} \end{array}$$

Dehydro-azafrinonamid.

Durch diese Gedankengänge ist das nachstehende Symbol erwiesen worden. „Das Azafrin steht dieser Formel gemäß zwischen den Xanthophyllen, in denen die Polyenkette durch zwei hydroxylhaltige, hydroaromatische Ringsysteme abgegrenzt wird und den Farbstoffen der Bixinreihe, bei denen die Kette konjugierter Doppelbindungen beiderseits durch eine Carboxylgruppe abgeschlossen wird." Die Formel wird auch dem Abbau zu *Geronsäure* (nebst αα-Dimethylglutarsäure) sowie dem Auftreten von 3,5 Mol. Essigsäure bei der durchgreifenden Oxydation gerecht (KUHN und DEUTSCH 2) und steht mit dem Verhalten bei dem thermischen Zerfall in Einklang (S. 64; KUHN und WINTERSTEIN 8).

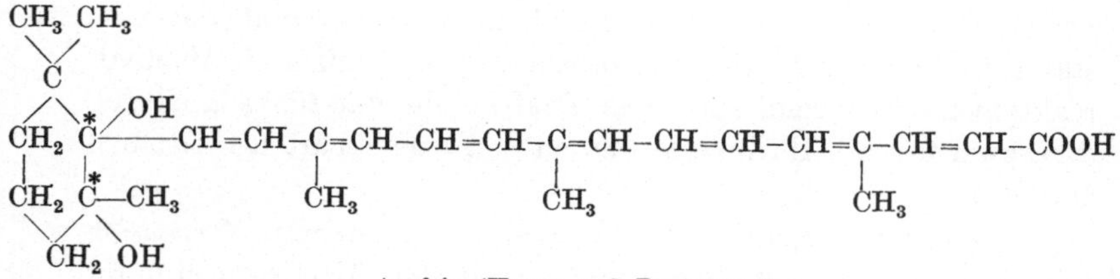

$$
\begin{array}{c}
CH_3\ CH_3 \\
\diagdown\ \diagup \\
C \\
\end{array}
$$

CH₃ CH₃
  \ /
   C
  / \   OH
CH₂ C*——CH=CH–C=CH–CH=CH–C=CH–CH=CH–CH=C–CH=CH–COOH
  | |* | | |
CH₂ C–CH₃   CH₃   CH₃   CH₃
  \ /
  CH₂ OH

Azafrin (KUHN und DEUTSCH 2).

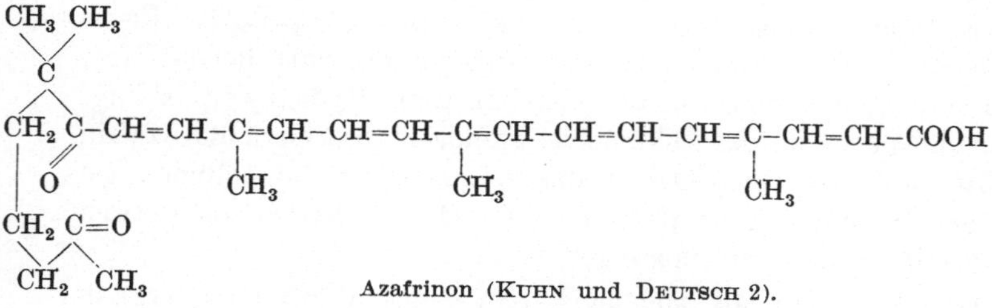

CH₃ CH₃
  \ /
   C
  / \
CH₂ C–CH=CH–C=CH–CH=CH–C=CH–CH=CH–CH=C–CH=CH–COOH
  | ‖ | | |
  | O   CH₃   CH₃   CH₃
CH₂ C=O
  \ /
CH₂ CH₃

Azafrinon (KUHN und DEUTSCH 2).

Was die *sterische Anordnung des Azafrins* betrifft, so ist zu erwähnen: a) alle Doppelbindungen dürften *trans*-konfiguriert sein, denn man gewinnt den Methylester aus seinem Jodadditionsprodukt unverändert zurück (KUHN und WINTERSTEIN 10; vgl. S. 247); b) sind auch die Hydroxyle wahrscheinlich *trans*-ständig, da das Drehvermögen von Borsäure nicht beeinflußt wird (KUHN und DEUTSCH 2).

Permanganatabbau des Azafrins zu Geronsäure (KUHN und DEUTSCH 2). In die Lösung von 5 g Farbstoff in 20 cm³ n-Soda und 20 cm³ Wasser wurden unter Eiskühlung 1200 cm³ 4proz. Kaliumpermanganatlösung eingetropft und die Flüssigkeit anfangs unter Kühlung, dann unter öfterem Durchschütteln bei Raumtemperatur, insgesamt 58 Stunden stehen gelassen. Nach Zusatz von 3 g feinpulverigem Permanganat hat man weitere 10 Stunden geschüttelt, dann mit Phosphorsäure (d = 1,7) kongosauer gemacht, den

Braunstein durch Perhydrol zerstört und mit 5 × 100 cm³ Äther extrahiert. Man schüttelt den Auszug mit 5 × 10 cm³ Bicarbonatlösung, säuert an (Phosphorsäure, Kongo) und schüttelt wieder mit Äther (4 × 25 cm³). Der Äther hinterläßt beim Verdampfen ein gelbliches Öl, das in 20 cm³ Wasser gelöst und mit 2 g Kupferacetat (in 30 cm³ Wasser) versetzt wird. Man nutscht das ausgeschiedene Cu-Salz nach halbstündigem Kochen unter Rückfluß ab, zerlegt mit n-Schwefelsäure, äthert aus und gewinnt 183 mg rohe *αα-Dimethylglutarsäure*. Aus dem Filtrat der Kupfersalze wurde die *Geronsäure* durch Ausäthern als Öl enthalten, das man in 5 cm³ Wasser löst und durch Zusatz von 1 g Semicarbazid-chlorhydrat + 2 g Natriumacetat (in 6 cm³ Wasser) in das krystallisierte *Semicarbazon* überführt. Aus Wasser und dann aus Essigester umkrystallisiert: 30 mg, Schmelzp. 163⁰ (korr.).

Azafrinderivate.

Azafrin-methylester $(HO)_2C_{26}H_{35}$—$COOCH_3$, kurz *Methylazafrin* genannt. Zur *Kennzeichnung* des Escobediafarbstoffes ist vor allem der vorzüglich krystallisierende Methylester geeignet, mit dem Azafrin in demselben Verhältnis steht wie Crocetin zu Methylcrocetin oder wie Bixin zu Methylbixin. Zwecks Darstellung löst man Azafrin in 0,1 n-Natron, versetzt abwechselnd mit Dimethylsulfat und n-Lauge, so daß die Reaktion dauernd schwach alkalisch bleibt. Sobald sich der feinkrystallinische Niederschlag nicht mehr vermehrt (nach etwa 3—4 Stunden) wird abgenutscht und aus Methylalkohol umkrystallisiert. Größere Mengen löst man in Methanol + Äther und verjagt den letzteren.

Der Methylester bildet glänzende Blättchen (aus Methanol, Schmelzp. 193⁰, korr.) oder wetzsteinförmige Krystalle (aus Eisessig). Unlöslich in Alkali, löslich in den meisten Solventien, mit Ausnahme von Ligroin, sehr leicht in Chloroform. Bei der Entmischung zwischen Äther + Petroläther (1 : 1) und 80proz. Methanol

Tabelle 51. Optische Schwerpunkte $(\mu\mu)$ der Methylester von Polyen-carbonsäuren (KUHN, WINTERSTEIN und ROTH).

Lösungsmittel	Azafrin-methylester	Crocetin-dimethylester	Bixin-dimethylester
Benzin (Siedep. 70—80⁰)	447	450,5	490
	422,5	424	458
			429,5
Chloroform	458	464	509,5
	428	436	476
		411	444,5
Schwefelkohlenstoff . .	476	478,5	526
	445,5	448	490,5
	419	421	457
			429

geht der Methylester zum großen Teil in die Unterschicht. Die optischen Schwerpunkte liegen, wie erwartet kurzwelliger, als bei dem Crocetin- oder Bixinderivat (Tabelle 51, S. 269).

Azafrinmethylester ist linksdrehend: $[\alpha]_{Cd}^{22} = -32^0$ (in Chloroform) bzw. -73^0 (in absolutem Alkohol), -210^0 (in Pyridin). Adsorptionsverhalten: Der Ester wird an $CaCO_3$ nur schwach

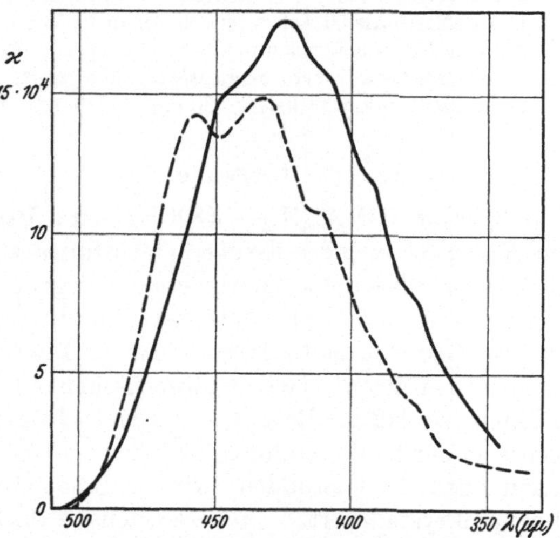

Abb. 34. Absorptionskurven von Methylazafrin (ausgezogen) und Methylazafrinon (gestrichelt), nach KUHN und DEUTSCH.

adsorbiert, dagegen gut an Al_2O_3; er läßt sich mit Benzol „entwickeln" und schließlich ganz auswaschen. Zur Elution dient Benzol + Methanol.

Methylazafrin gibt schöne *Farbenreaktionen*. Charakteristisch ist das Verhalten gegen Salzsäure in ätherischer Lösung: mit 20proz. Säure keine Reaktion, mit 25proz. gelb, dann violettrot. Dieses Verhalten erinnert an Fucoxanthin und Violaxanthin, nicht an Dimethylcrocetin oder Methylbixin. Weitere Farbenreaktionen s. bei KUHN, WINTERSTEIN und ROTH, sowie in Tabelle 50, S. 266.

Die chemischen Verwandlungen des Methylazafrins sind die erwarteten: Bei der Perhydrierung liefert es den entsprechenden Tetradecahydrokörper, $C_{28}H_{54}O_4$; zähes, farbloses, im Hochvakuum destillierbares Öl, das sich zu Perhydro-azafrin $C_{27}H_{52}O_4$ verseifen läßt. Durch Oxydation von Methylazafrin mit Chromsäure in Eisessig kann das Diketon Methyl-azafrinon $C_{28}H_{38}O_4$ gewonnen werden, bei dessen alkalischer Hydrolyse Azafrinon entsteht (s. unten).

Azafrin-äthylester $(HO)_2C_{26}H_{35}$—$COOC_2H_5$ krystallisiert aus Alkohol in kurzen, roten Prismen, Schmelzp. 182° (korr.).

Azafrinon $C_{27}H_{36}O_4$ (Strukturformel S. 268, Näheres bei KUHN und DEUTSCH 2).

Zur *Darstellung* geht man entweder von dem entsprechenden Methylester aus (s. unten), oder man oxydiert den Azafranillofarbstoff (100 mg) in 70 cm³ Eisessig + 70 cm³ Benzol gelöst, unter starkem Rühren mit etwa 4,6 cm³ 0,1 n-Chromsäure, wobei die orangerote Flüssigkeit viel tiefer rot wird. Durch wiederholtes Auswaschen mit Wasser läßt sich die Benzollösung entsäuern. Nach kurzem Trocknen (Na_2SO_4) wird auf 40 cm³ eingeengt, mit 60 cm³ Benzin (Siedep. 70—80°) verdünnt, chromatographisch gereinigt und aus Aceton oder Benzol umkrystallisiert. Ausbeute 20%.

Azafrinon bildet orangerote, regelmäßige Täfelchen, aus verdünnter Lösung sternförmig gruppierte Nadeln. Schmelzp. 191° (korr.). Optisch inaktiv. Das Spektrum stimmt mit dem des Methylesters überein (s. unten), im Adsorptionsverhalten ist Azafrinon dem Azafrin sehr ähnlich. Mit Hydroxylamin reagiert nur eine Ketogruppe; das *Monoxim* bildet Blättchen und schmilzt bei 194° (korr.).

Azafrinon-methylester (Methyl-azafrinon) $C_{28}H_{38}O_4$ wird durch Abbau des Methylazafrins oder durch Einwirkung von Diazomethan in Äther auf Azafrinon erhalten. Er krystallisiert aus Benzin in roten Nadeln, die oft zu Rosetten vereinigt sind. Schmelzp. 110° (korr.). Im Adsorptionsverhalten dem Methylazafrin ähnlich. Optische Schwerpunkte: in Schwefelkohlenstoff: 483, 452, in Chloroform: 472, 440, in Benzin: 454, 429 $\mu\mu$ (Gitter-Meß-spektroskop, Kupferoxydammoniak-Filter). Die Pyridinlösung wird durch Zinkstaub unter Zusatz von etwas Eisessig leicht zum hellgelben *Dihydro-azafrinon-methylester* reduziert, der mit alkoholischem Kali eine purpurrote, äußerst sauerstoff-empfindliche Lösung gibt. Bei Luftzutritt beobachtet man eine momentane Farbaufhellung (Rückbildung von Azafrinon-methyl-ester).

Der *Aldehyd des Azafrinons* $C_{27}H_{36}O_3$ entsteht bei dem Chromsäure-abbau des β-Oxycarotins (S. 144, KUHN und BROCKMANN, unveröffentlicht).

B. Tiercarotinoide.

Siebentes Kapitel.

Fortschritte auf dem Gebiete der tierischen Polyenfarbstoffe.

Einleitung. Wie andere lebenswichtige Stoffe, sind auch die Carotinoide sowohl in der Pflanzen- als auch in der Tierwelt verbreitet, und zwar erstreckt sich ihr Vorkommen von den höchstdifferenziierten bis zu den einfachsten Organismen. Die restlose chemische Klärung der tierischen Pigmentierungen wäre von bedeutendem zoologischen und entwicklungsgeschichtlichem Interesse und wohl deshalb setzte hier die Forschung frühzeitig ein. In der 1922 erschienenen, mit einem Literaturverzeichnis ausgestatteten Monographie von PALMER (1) sind 74 Seiten dem animalischen Lipochrom gewidmet, dessen Vorliegen in Säugetieren, Vögeln, Fischen, Amphibien, Reptilien, Insekten erörtert wird. Aber dieses wertvolle Referat fällt in einen Zeitabschnitt, in dem der chemische Bau auch der leichter zugänglichen Pflanzenpolyene noch völlig verschleiert war.

Das vorliegende Kapitel bezweckt nicht, die Zusammenstellung von PALMER lückenlos fortzusetzen, sondern es sollen einige neuere Gesichtspunkte und Tatsachen in Zusammenhang besprochen werden. Nimmt dies verhältnismäßig wenig Raum in Anspruch, so wird dadurch nicht etwa die Unwichtigkeit des Gebietes wiederspiegelt, sondern der heutige Stand unserer Kenntnisse. Die meisten Angaben über tierische Carotinoide beziehen sich auf das außerordentlich häufige, man kann sagen, allgemeine Vorkommen von Verbindungen der C_{40}-Reihe, welche von der Pflanzenchemie her bekannt sind, während die mit modernen Hilfsmitteln und unter Verwertung der neuen strukturchemischen Erfahrungen durchzuführende Erforschung der speziellen Tierpolyene erst eben begonnen hat. Es stehen hier dem Experimentator noch zahlreiche Wege offen und ebenso dem Biochemiker, der sich mit dem Schicksal der Pflanzenfarbstoffe im Tierkörper beschäftigen will.

Vorkommen. Tierische Organe zeigen häufig eine gelbe bis rote Pigmentierung und enthalten Polyen, das extrahiert und spektroskopisch oder mit Hilfe der CARR-PRICE-Reaktion (SbCl$_3$, S. 82) bzw. der Schwefelsäureprobe nachgewiesen wird. Sind gleichzeitig mehrere Carotinoide zugegen, was meist der Fall ist, so führen (eventuell nach vorangegangener Hydrolyse) Entmischungsmethoden und namentlich chromatographische Adsorptionsversuche zum Ziel (TSWETT, vgl. S. 94).

Es kommen aber tierische Polyene sehr oft auch dort vor, wo dies von der Farbe zunächst nicht verraten wird. So wie das Blattgelb von dem Blattgrün, werden auch manche Carotinoide des Tierkörpers von fremden Pigmenten überdeckt. Ohne Zweifel besteht das sog. „*Tiergrün*" in vielen Fällen nicht aus Chlorophyll; PRZIBRAM und LEDERER finden z. B., daß die grüne Farbe mancher Heuschrecken *(Phyllium pulchrifolium, Dixippus morosus, Sphodromantis bioculata)* von der Anwesenheit eines gelben Carotinoides und eines blauen, wasserlöslichen Pigments herrührt. Wahrscheinlich liegen die Verhältnisse bei gewissen Raupen und Fröschen ähnlich. Haut, Leber, Ovarien der *Rana temporaria* enthalten Carotin (DIETEL; vgl. auch die Arbeiten von LÖNNBERG).

Von medizinischem Interesse ist das Vorkommen von Polyenen in den *Leberölen*, namentlich von Fischen. Während die meisten Lebertrane kaum gefärbt sind, wurden in den letzten Jahren einige kräftig pigmentierte Trane beschrieben, deren Farbstoff sich krystallisieren läßt und von dem verwandten A-Vitamin begleitet wird (s. z. B. bei SCHMIDT-NIELSEN, SÖRENSEN und TRUMPY 1, 2). Auch in dem *Rogen* verschiedener Fische haben EULER, GARD und HELLSTRÖM Carotin nachgewiesen *(Solea vulgaris, Gadus calarias, Hippoglossus hippoglossus, Lota vulgaris, Esox lucius)*; in *Gadus* wurde daneben ein alkohollöslicher gelbroter Farbstoff festgestellt, in anderen Fällen Xanthophyll *(Lota* und *Esox)* bzw. Xanthophyll und Zeaxanthin *(Hippoglossus)*. Auch die Spermatozoen des *Esox lucius* führen Carotinoide (vgl. LÖNNBERG 1—10).

Betreffend carotinoide Farbstoffe im *Gefieder* der Vögel sei auf das Referat von PALMER (1) hingewiesen; eine neue, während der Drucklegung erschienene Arbeit stammt von BROCKMANN und VÖLKER.

Im Körper der *Säugetiere* und des *Menschen* sind so häufig Carotinoide der C$_{40}$-Reihe nachgewiesen worden, daß eine Literaturzusammenstellung nicht möglich ist. Carotin selbst ist ein normaler

Bestandteil des menschlichen Blutserums und kann auf colorimetrischem Wege darin bestimmt werden, z. B. nach EULER und VIRGIN oder nach CONNOR (2); vgl. auch die ausführliche Arbeit von v. D. BERGH, MULLER und BROEKMEYER.

Aus dem *Corpus luteum* der Kuh gelang es ESCHER (2) schon frühzeitig, schön krystallisiertes Carotin zu gewinnen; dieses Präparat besteht, wie auch dasjenige aus dem *Corpus rubrum*, fast ausschließlich aus β-Carotin. Die *Corpora rubra* gehören zu den polyenreichsten Säugetierorganen, sie enthalten nämlich 0,12% Farbstoff, also etwa 20mal soviel wie die Gelbkörper (KUHN und LEDERER 4, KUHN und BROCKMANN 3).

Demgegenüber überwiegen in der menschlichen *Placenta* die Xanthophylle; der Quotient Carotin/Xanthophyll scheint in den von KUHN und BROCKMANN (3) untersuchten Fällen mit fortschreitender Entwicklung des Foetus abzunehmen. Die von EULER, ZONDEK und KLUSSMANN geprüften Placenten enthielten je nach der Nahrungszufuhr Carotin und Xanthophyll, in der Leber menschlicher *Foeten* (2—7 Monate alt) wurde hingegen kein Carotin, aber reichlich A-Vitamin nachgewiesen (s. auch EULER und KLUSSMANN 4).

Aus 1 kg frischen Nebennieren haben BAILLY und NETTER 0,3 g krystallisiertes Carotin isoliert, das sowohl in der Rinde als auch im Mark vorkommt (vgl. EULER, GARD und HELLSTRÖM).

NETTER beschäftigt sich mit den *endokrinen Drüsen* von Boviden und erhielt aus Hodenextrakten Carotinkrystallisate. Derselbe Farbstoff wurde in der Hypophyse nachgewiesen (vgl. auch EULER, ZONDEK und KLUSSMANN), während er in der Schilddrüse und im Thymus fehlte. Im Kalbsthymus finden aber EULER, GARD und HELLSTRÖM Carotin, in der Rindermilz nur ganz wenig.

Die *Retina* enthält nach EULER und HELLSTRÖM (3) etwas Carotin.

Die Isolierung von krystallisiertem Lipochrom aus dem Fettgewebe höherer Tiere ist neuerdings, unter Zuhilfenahme der Chromatographie, in den folgenden Fällen ausgeführt worden, in welchen der Quotient Lipochrom/Lipoid in der Größenordnung 1/100000 bis 1/300000 liegt:

a) Aus 2 kg *Hühnerfett*, das in 1 kg 5 mg (größtenteils veresterte) Xanthophylle enthielt und so gut wie frei von Carotin war: isoliert 4 mg analysenreines Xanthophyll (Lutein).

b) Aus 2 kg *Pferdefett*, in welchem 6 mg Polyen-kohlenwasserstoffe pro kg colorimetrisch bestimmt wurden: 3 mg reines Carotin (hauptsächlich β, daneben α).

c) Aus 1 kg *Kuhfett* (11 mg Carotin enthaltend; wie das Pferdefett, frei von Polyen-alkoholen): 2,2 mg Carotin (vorwiegend β).

d) Auch aus *menschlichem Fett*, in dem das Verhältnis Carotine/ Xanthophylle großen individuellen Schwankungen unterworfen ist, ließ sich ein krystallisiertes Polyen abscheiden.

Beispiel für die Arbeitsweise:

Isolierung von Carotin aus Pferdefett. 2 kg wurden in eine Lösung von 500 g KOH in 3 l 96proz. Alkohol eingelegt und 15 Minuten auf 50° erwärmt. Man versetzt die entstandene, klare, noch warme Lösung mit 8 l Äther und dann anteilsweise vorsichtig mit Wasser, gerade bis sich die Schichten trennen. Die abgelassene untere Phase wird behutsam mit Äther extrahiert und der Auszug zur ätherischen Hauptlösung gefügt, worauf man dieselbe 1 Tag über 30proz. methylalkoholischem Kali stehen läßt. Nun wurde das Pigment mit Hilfe von Wasser wieder in Äther getrieben, der letztere alkalifrei gewaschen, getrocknet und verdampft. Man verteilt den Rückstand zwischen Petroläther (Siedep. 30—60°) und ebensoviel 90proz. Methylalkohol, wobei die Hauptmenge die obere Phase aufsucht. Die gewaschene und getrocknete Lösung wurde nun auf Calciumhydroxyd chromatographiert. In dem oberen Teil der Säule häufen sich farblose Begleiter an; der Farbstoff drängt bei dem Nachwaschen mit Benzin nach unten vor und beginnt, nachdem die Mitte der Säule passiert war, in eine breitere und eine schmälere Zone zu zerfallen (β- bzw. α-Carotin). Man eluiert die Hauptmenge mit methanolhaltigem Äther, dampft ein und krystallisiert den Rückstand aus 0,3 cm³ Benzol und einigen cm³ Methanol um. Glänzende Täfelchen, Ausbeute 3 mg = 25% der colorimetrisch bestimmten Menge. Analysenrein (ZECHMEISTER und TUZSON 10, 12).

Es bestätigt sich also auch auf präparativem Wege die schon früher, namentlich von PALMER und Mitarbeitern gemachte Beobachtung, daß gewisse höhere Tierarten ein *ausgeprägt selektives* Speicherungsvermögen gegenüber den einzelnen Lipochromtypen besitzen: von Pferd und Kuh werden die Kohlenwasserstoffe, von dem Geflügel die Polyenalkohole sowie deren Ester bevorzugt.

Biologische Beziehungen zwischen pflanzlichen und tierischen Carotinoiden.

Schon die allgemeine Verbreitung der gleichen Polyene (mit C_{40}) im Pflanzen- und Tierreich weist auf einen wichtigen biologischen Zusammenhang hin.

Während man die natürliche Synthese von Pflanzencarotinoiden aus ihrer farblosen Vorstufe nicht selten von Tag zu Tag mit dem Auge verfolgen kann (z. B. während der Reife von Früchten), liegen die Verhältnisse in der Tierwelt grundsätzlich anders. Die verschiedensten Tierarten führen ihrem Körper regelmäßig pflanzliche Nahrung zu, die carotinoide Farbstoffe enthält und sogar den Raubtieren kommen jene Polyene zugute, die von ihren Opfern aus vegetabilischer Quelle bezogen wurden. Fischen und anderen Seetieren steht auch das lipochromhaltige Crustaceen- bzw. Phytoplankton zur Verfügung.

Nach unseren derzeitigen Kenntnissen *ist der animalische Polyenvorrat direkt oder indirekt pflanzlichen Ursprungs* und es konnte bisher kein Fall der Zoosynthese aus farblosen Materialien in völlig überzeugender Weise bewiesen werden. Allerdings dürfte dies in der Zukunft noch geschehen, und zwar — aus entwicklungsgeschichtlichen Gründen — eher in bezug auf niedere Tiere. In der Tat deuten die Versuche von ABELOOS und FISCHER, ferner von VERNE und von LWOFF auf eine endogene Bildung gewisser Tierpolyene hin. Dadurch wird aber die allgemeine Erkenntnis nicht berührt, daß die jährlich in der Natur in riesigen Mengen entstehenden Carotinoide der Hauptsache nach im Pflanzengewebe aufgebaut und von der Tierwelt teils übernommen werden.

Hieraus folgt, daß man die animalischen Polyene durch eine entsprechende Variation der *Diät* in hohem Maße *beeinflussen* und ihre Zusammensetzung abändern kann, wogegen die Pflanzenfarbstoffe in weiten Grenzen von dem Erdboden unabhängig sind. Man denke nur an die annähernde Konstanz des Quotienten Chlorophyll a/Chlorophyll b/Carotin/Xanthophyll im grünen Laub.

Die leicht erfolgende Einflußnahme auf das Pigment zeigt sich z. B. an den Schwankungen des Polyen- und A-Vitamingehaltes der Milch und der Butter, in Abhängigkeit von der Sommer- und Winternahrung (BAUMANN und STEENBOCK 1; BOOTH, KON, DANN und MOORE; SHREWSBURY und KRAYBILL; EULER und VIRGIN; WATSON, DRUMMOND, HEILBRON und MORTON; vgl. auch PALMER 1—4, PALMER und ECKLES 1, 2).

Noch eindrucksvoller lassen sich diese Verhältnisse an *Vogeleiern* demonstrieren, die, zufolge ihrer räumlichen Abgeschlossenheit, ein beliebtes Versuchsobjekt bilden. Auch das *gelbe Dotterpigment* ist kein typisch animalisches Stoffwechselprodukt, sondern ein Farbstoff pflanzlichen Ursprungs. Nach PALMER und KEMPSTER

sowie PALMER (1, 2) legt die Henne (fast) farblose, entwicklungs-
fähige Eier, wenn sie dauernd mit polyenfreier Nahrung gefüttert
wird. Ist aber einmal das normale Eigelb gebildet, so verändert
sich sein Bestand während der Brutzeit fast gar nicht (EULER und
HELLSTRÖM 2).

Wie auf S. 178 erwähnt, haben WILLSTÄTTER und ESCHER (2)
ein schön krystallisiertes Xanthophyllpräparat aus Hühnereiern
gewonnen, welches sich nach KUHN, WINTERSTEIN und LEDERER
auf chromatographischem Wege in etwa $^2/_3$ Lutein (Hauptbestand-
teil des Blattxanthophylls $C_{40}H_{56}O_2$) und in $^1/_3$ Zeaxanthin $C_{40}H_{56}O_2$
(Maisfarbstoff von KARRER, SALOMON und WEHRLI) zerlegen läßt.
Das angegebene Mengenverhältnis der Isomeren ist aber ein rein
zufälliges, denn durch eine entsprechende Wahl des Futters lassen
sich Dotter erzeugen, die fast ausschließlich Zeaxanthin oder vorwiegend Lutein enthalten. In einigen Gegenden Ungarns reicht
man der Henne Paprika, um stark colorierte Eier zu erzeugen, hier
gelangt also das besonders farbkräftige Capsanthin in das Eigelb[1].

Aus dem Obigen darf indessen nicht gefolgert werden, daß
die Henne ein jedes Polyen unverändert an das Ei weitergibt,
denn merkwürdigerweise erreicht kaum etwas Carotin das Dotter
(PALMER 2; EULER und KLUSSMANN 7)[2] und ähnlich steht die Sache
mit den Farbwachsen. Nach der Verfütterung von natürlichem
Zeaxanthin-dipalmitat (Physalien) haben KUHN und BROCK-
MANN (3) freies Zeaxanthin im Ei vorgefunden. Hier hat also der
Tierkörper eine enzymatische Spaltung verwirklicht, die in vitro
bisher nicht gelungen ist.

Schicksal der Pflanzencarotinoide im Säugetier. Sieht man von
Polyenvorräten ab, die sich gerade in Zirkulation befinden (Blut),
so stehen für ein, mit der Nahrung aufgenommenes Carotinoid
drei Möglichkeiten offen:

a) es wird wieder ausgeschieden, oder

b) es wird gespeichert, oder schließlich

c) chemisch verändert, nämlich in andere lebenswichtige Stoffe
übergeführt bzw. ganz oder teilweise verbrannt.

a) Der *Wiederausscheidungsvorgang* erfaßt in der Regel den
größten Teil des Farbstoffes, wobei ein noch völlig unbekannter

---

[1] Auch Federpigmente, z. B. von Kanarienvögeln, lassen sich, wie alt-
bekannt, auf diesem Wege verschönern (Referat: PALMER 1, s. die während
der Drucklegung erschienene Arbeit von BROCKMANN u. VÖLKER).

[2] Die gegenteilige Angabe von DRIGALSKI trifft nicht zu.

Reguliermechanismus mitzuwirken scheint, der zu Notzeiten eine bessere Ausnützung des verfügbaren Pigments veranlaßt.

Das Abstoßen von großen Polyenmengen unter normalen physiologischen Bedingungen hängt wohl auch mit der schweren Resorbierbarkeit zusammen, auf Grund der folgenden Versuche: Nach EULER und KLUSSMANN (7) werden die Carotinoide von gallensauren Salzen langsam in echte Lösungen gebracht, was durch die Anwesenheit von Aminosäuren und anderen Substanzen gefördert wird. Der Farbstoff diffundiert dann durch Schweinedarm in schwach alkalische Medien hinein, sobald aber $p_H = 7—7,5$ unterschritten oder das Cholat von anderen Stoffen verdrängt wird, macht sich das Carotinoid wieder frei. Es ist klar, daß ein derartiger Vorgang, auch wenn er sich in vivo etwas anders abspielen sollte, immerhin Zeit erfordert, während der die Hauptmenge des Materials zusammen mit den Faeces den Körper verlassen kann.

Polyenfarbstoffe werden vom Säugetier auffallend schwer oxydiert, was in einem merkwürdigem Gegensatz zur Autoxydation an der Luft steht. Offenbar wird dieses Verhalten auch von den Methylseitenketten beeinflußt (Modellversuche von KUHN und LIVADA).

Immerhin ist es, auch wenn man die dargelegten Verhältnisse erwägt, überraschend, daß hochungesättigte Verbindungen die Wege eines komplizierten Organismus passieren können, ohne eine tiefergehende Änderung zu erleiden, ja ohne Einbuße an Krystallisationskraft. Aus Schaf- und Kuhkot[1] sind wohlkrystallisierte Carotin- und Xanthophyllpräparate gewonnen worden (H. FISCHER; KARRER und HELFENSTEIN 2) und analoge Beobachtungen liegen auch bei niederen Tieren vor. So hat OKU (1—3) aus der Rohseidenfaser von japanischen Cocons krystallisierte Carotinoide isoliert, die biologisch den Maulbeerblättern entstammen (vgl. auch BARBERA).

b) Für die Speicherung von Carotinoiden kommt, zufolge der Lipoidlöslichkeit, vor allem das *Fett*gewebe in Betracht, was in zahllosen Fällen in der Kolorierung von festen oder flüssigen Tierfetten zum Ausdruck kommt. Inwiefern ein solches Depot in den Lipoidstoffwechsel noch eingreift, ist nicht mit Sicherheit entschieden.

Auch die Farbe der tierischen Fette wird von der Art der Ernährung beeinflußt und da Polyene in Fett große Farbintensitäten

---

[1] Auch Pferdemist enthält viel krystallisierbares Polyen u.w. Carotin und Xanthophyll (unveröffentlicht).

zeigen, genügen schon kleine Carotinoid-Konzentrationen zur Erzeugung einer lebhaften Nuance (vgl. S. 274). Allgemein neigen ältere, abgehärmte Boviden zur Farbstoffstapelung im Fett, was in Schlachthäusern regelmäßig beobachtet wird. Aber auch die Art des Tieres ist hierauf von großem Einfluß: Geflügelfette sind in vielen Fällen gelblich, während das Schwein unter normalen Bedingungen nicht dazu neigt, einen gefärbten Speck zu erzeugen.

Pathologische Ablagerungen von Polyen treten im Säugetier öfters auf, hierher gehören Rindergallensteine, aus welchen Fischer und Röse krystallisiertes Carotin isolierten. Eine völlig andere Art von anormalen Depots sammelt sich im Fettgewebe der menschlichen Haut an, nämlich nach dauernd übermäßigem Karotten- oder Kürbisgenuß. Die Haut zeigt dann eine gelbe Farbe, in einem Falle waren die Extremitäten der Patientin sogar rot, nachdem sie außerordentlich große Quantitäten von Paprika verzehrte (Tokay; Suginome und Ueno; Sammelreferate: Rothman und Schaaf; Hernando).

c) Von den biochemischen Umwandlungen des Carotins ist der auf S. 30—38 besprochene *Übergang in das A-Vitamin* hervorzuheben. Die dort erörterte Karrersche Formel für den fettlöslichen Wachstumsfaktor

$$
\begin{array}{c}
\text{CH}_3\ \text{CH}_3\\
\diagdown\ \diagup\\
\text{C}\\
\diagup\ \diagdown\\
\text{CH}_2\ \text{C—CH}=\text{CH—C}=\text{CH—CH}=\text{CH—C}=\text{CH—CH}_2\text{OH}\\
\mid\quad \|\qquad\qquad \mid\qquad\qquad\qquad \mid\\
\text{CH}_2\ \text{C—CH}_3\qquad \text{CH}_3\qquad\qquad\quad \text{CH}_3\\
\diagdown\ \diagup\\
\text{CH}_2
\end{array}
$$

Vitamin A (Karrer, Morf und Schöpp)

zeigt deutlich, daß es sich um eine einfache hydrolytische Zweiteilung des Carotins handelt, was allem Anscheine nach in der Leber, und zwar auf enzymatischem Wege erfolgt. Verabreicht man der Ratte β-Carotin, so wird nur ein kleiner Teil, z. B. 8% in A-Vitamin umgesetzt (Brockmann und Tecklenburg), bei manchen anderen Tieren ist der Nutzeffekt noch viel niedriger (vgl. z. B. Ahmad und Malik).

In bezug auf die bereits sehr ausgedehnte Literatur sei auf das Literaturverzeichnis, ferner auf die zusammenfassenden Referate verwiesen (Karrer und Wehrli 2; Winterstein und Funk; Karrer 5; Zechmeister 3).

Während die Provitaminrolle des Carotins bereits gesichert ist, erscheint die *Funktion des Xanthophylls* noch nicht als endgültig geklärt, es muß aber angenommen werden, daß auch den sauerstoffhaltigen Carotinoiden, die in der Leber namentlich von Vögeln und Süßwasserfischen sich nachweisen ließen (EULER und VIRGIN), eine Bedeutung zukommt. Es ist merkwürdig, daß sich das Xanthophyll, welches von dem Geflügel bevorzugt und selektiv gespeichert wird, als A-Provitamin nicht nur an der Ratte, sondern auch im Vogelorganismus *wirkungslos* ist (KARRER, EULER und RYDBOM; EULER, KARRER und RYDBOM; KUHN, BROCKMANN, SCHEUNERT und SCHIEBLICH). Andererseits ist die Leber der Küchlein in den ersten Lebenstagen frei von Carotin, aber xanthophyllhaltig (EULER und KLUSSMANN 5; vgl. VIRGIN und KLUSSMANN). Es ist zu hoffen, daß der Sachverhalt sich bald besser klären wird. Vielleicht ergeben sich Beziehungen zum weiblichen Sexualhormon (PALMER 2; VIRGIN und KLUSSMANN; EULER und KLUSSMANN 4, 5).

Spezielle animalische Carotinoide. Unter diese Bezeichnung fallen jene Polyene, die ausschließlich oder vorwiegend im Tierkörper vorgefunden werden und die aus dem Materialbestand der Pflanze ganz oder fast ganz fehlen. Auch für diese Pigmente kommen in der Regel vegetabilische Carotinoide als Bezugsquellen in Betracht, nur wird der Farbstoff im Organismus des Tieres in einer Weise verändert bzw. abgebaut, wie dies im Pflanzengewebe meist nicht erfolgen kann.

Nachstehend sei als Beispiel eines chemisch definierten Vertreters dieser Farbstoffklasse das *mit Eiweiß gepaarte Astacin* beschrieben; einige weniger gut studierte, verwandte Polyene schließen sich an.

Astacin.

(Bruttoformel s. S. 284—285, Konstitutionsformel unbekannt.)

Die Literatur über die *Pigmente der Crustaceen* reicht ein halbes Jahrhundert zurück und das grundlegend Neue gegenüber den Carotinoiden höherer Pflanzen, nämlich die *chemische Paarung des Polyens mit Eiweiß* zu einem wasserlöslichen, tiefgefärbten, grün- bis schwarzblauen Chromoproteid, ist wiederholt beobachtet worden (VERNE; CHATTON, LWOFF und PARAT u. a.). Nach VERNE liegt in dem bläulichschwarzen, nativen Farbstoff des Hummerpanzers (aus Frankreich) das Proteid einer wohlkrystallisierten Carotinart $C_{40}H_{56}$ vor. Die meisten Forscher (neuestens auch WILLSTAEDT) hatten lediglich Lösungen in Händen, nur von POUCHET ist das Astacin (oder ein nahes Derivat) bereits 1876 zur Krystallisation gebracht worden. Die Vertreter dieser Klasse erhielten in der Folgezeit verschiedene Namen wie Crustaceorubin, Vitellorubin, Tetronerythrin, Zoonerythrin, Astroviridin usw., worüber PALMER (1) ausführlich referiert. Neuere Angaben stammen von LÖNNBERG und HELLSTRÖM.

Vor kurzem haben KUHN und LEDERER (7), in deren Arbeit die ältere Literatur gleichfalls besprochen wird, eine chemische Untersuchung über die Farbstoffe des Hummers (*Astacus gammarus* L.) veröffentlicht und für das zugrunde liegende Polyen die Bezeichnung „*Astacin*" eingeführt. Das gleiche Astacin kann aus den Eiern der Seespinne *(Maja squinado)* isoliert werden (KUHN, LEDERER und DEUTSCH), ferner aus der Languste *(Palinurus vulgaris)*, aus *Leander serratus, Portunus puber, Cancer pagurus, Nephrops* und aus dem Flußkrebs *(Potamobius astacus)*, es kommt also auch in Süßwassertieren vor (FABRE und LEDERER 1, 2; MACWALTER und DRUMMOND). KARRER und BENZ (2) haben aus dem Seestern *Ophidiaster ophidianus* Astacin gewonnen.

Daß die Grenzlinie zwischen dem Materialvorrat von Pflanze und Tier auch auf diesem Gebiete keine scharfe ist, wird durch das gelegentliche Vorkommen eines astacin-ähnlichen Farbstoffs in einer roten Hefe *(Torula rubra)* illustriert (LEDERER 3) und andererseits durch das Auftreten von Carotin neben Astacin in mehreren Tieren.

Zustand im Tierkörper. Sowohl der Panzer und die Hypodermis als auch die Eier des Hummers sind stark pigmentiert. Der Panzer enthält ein blauschwarzes, das Ei ein grünes Chromolipoid, die beide wasserlöslich sind, nur wird die Extraktion aus dem Panzer durch Inkrusten erschwert. Unter der Einwirkung von heißem Wasser oder von verdünnter Salzsäure bzw. Aceton und Alkohol zerfallen die Eiweißverbindungen, wobei das Protein gerinnt und die Farbe nach rot umschlägt. Das Pigment der Hypodermis ist frei von Eiweiß und demgemäß unlöslich in Wasser, löslich in Aceton.

Auch nachdem man das Protein abgespalten hat, liegt der eigentliche Farbstoff Astacin nicht frei, sondern in Form von *Estern* vor. Die aus den Eiern erhältlichen sog. „Ovoester" wandern bei der Entmischung zwischen Benzin und 90proz. Methylalkohol nach unten (hypophasisches Verhalten), während Präparate aus dem Panzer oder der Hypodermis epiphasisch sind und die entgegengesetzte Erscheinung zeigen. Alkalisch hydrolysiert, gehen alle diese Ester in das nämliche Astacin über, es bestehen also die in der Tabelle 52 verzeichneten Beziehungen.

Tabelle 52. Farbstoffe des Hummers (aus Norwegen) nach KUHN und LEDERER (7).

(Die Ausbeuten beziehen sich auf je ein Tier von 500 g Gewicht.)

Panzer	Hypodermis	Eier
Braunschwarzes Chromoproteid	*Rotes Lipochrom* (unlöslich in Wasser)	*Grünes Chromoproteid* (löslich in Wasser)
HCl | + Aceton ↓	Extrahiert mit Aceton:	Aceton ↓
Roter Astacin-ester (epiphasisch)	Roter Astacin-ester (epiphasisch)	Roter Astacin-ovoester (hypophasisch)
NaOH ↓	NaOH ↓	NaOH ↓
Astacin (3—4 mg)	Astacin (7—8 mg)	Astacin (2—3 mg)

Die roten Eier der *Maja squinado* (Seespinne) enthalten nach MALY zwei Farbstoffe: Vitellorubin und Vitellolutein. Das letztere ist nach KUHN, LEDERER und DEUTSCH identisch mit β-Carotin, während das jüngst auch krystallinisch erhaltene Vitellorubin zu den hypophasischen Ovoestern zählt und bei der Hydrolyse Astacin liefert.

In den von FABRE und LEDERER (1, 2) untersuchten Fällen (S. 281) liegen gleichfalls mit Eiweiß gepaarte Astacinester vor.

Darstellung von krystallisiertem Ovoester aus Astacus gammarus (KUHN und LEDERER 7). Ein mit Eiern gefülltes Ovarium (nach Extraktion und Trocknen 5 g) wurde mit 50 cm³ Aceton zerrieben, wobei die grüne Farbe nach rot umschlug und das Pigment in Lösung ging. Nach einer Stunde wurde abgegossen und der Farbstoff durch noch zweimalige Extraktion mit je 50 cm³ Aceton vollkommen in Lösung gebracht. Nach Zusatz von 20 cm³ Benzin und Wasser hat man die Oberschicht, die allen Farbstoff enthielt, gewaschen und mit 20 cm³ 90proz. Methanol ausgezogen (es bleibt etwas Carotin im Benzin), sodann die dunkelrote, untere

Phase mit frischem Benzin überschichtet und die Ovoester durch vorsichtigen Zusatz von Wasser in der Grenzschicht quantitativ gefällt. Das violett-metallisch glänzende Rohprodukt wird nach kurzem Stehen genutscht, mit etwas heißem Methanol gewaschen und durch Auflösen in Pyridin und Zusatz von wenig Wasser umgeschieden. Ausbeute 2,5 mg.

Rhomboeder, die oft schwalbenschwanz-förmige Zwillinge bilden, Schmelzp. 245—248°. Gut löslich in Pyridin, Dioxan, Chloroform, sehr schwer in anderen organischen Lösungsmitteln. Bei der Entmischung verhält sich das Präparat hypophasisch, durch Verdünnen mit wäßrigem Alkali läßt es sich in Benzin übertreiben (Unterschied von Astacin, in das die Ovoester bei der Verseifung übergehen).

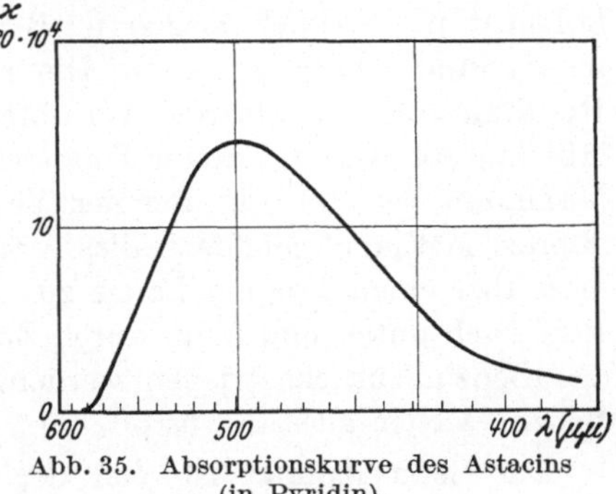
Abb. 35. Absorptionskurve des Astacins (in Pyridin).

Darstellung von Astacin aus dem Panzer des Hummers (die Isolierung aus der Hypodermis verläuft im Prinzip ähnlich). Der Panzer eines frisch getöteten Tieres und die übrigen verkalkten Teile (Scheren, Beine usw.) wurden in 0,2 n-Salzsäure gelegt, wodurch sie nach einiger Zeit rote Farbe erlangten (Trockengewicht 75 g), dann mit Wasser abgespült und von anhaftenden Teilen der Hypodermis befreit. Zur Extraktion des Farbstoffes läßt man dreimal unter Aceton je 1—2 Stunden stehen und schüttelt die vereinigten und mit Wasser verdünnten Extrakte mit Benzin aus. Die Benzinlösung wurde mit Wasser gewaschen und dreimal mit 90proz. Methanol durchgeschüttelt (etwas nach unten gewanderter Farbstoff läßt sich mit Benzin aufnehmen und zur Hauptmenge fügen).

Man versetzt die tiefrote Benzinlösung (50 cm³) mit 3 cm³ 2 n-NaOH und mit soviel absolutem Äthylalkohol als nötig ist, um eine homogene Lösung zu erhalten. Nach 5stündigem Stehen im Dunkeln wird durch Wasserzusatz entmischt (Oberschicht schwach gefärbt, Unterschicht tiefrot), die alkalische Astacinlösung mit wenig frischem Benzin überschichtet, der Farbstoff durch vorsichtiges Eingießen von Essigsäure gefällt, abgesaugt, mit heißem Wasser gewaschen, in 4 cm³ reinstem Pyridin kalt gelöst und durch Zusatz einiger Tropfen Wasser zur Krystallisation gebracht.

Aus 29 Tieren (lebend 12,8 kg) konnten 0,265 g reines, dreimal umkrystallisiertes Astacin gewonnen werden.

Beschreibung des Astacins (Abb. 35, S. 283). Aus Pyridin und Wasser (s. oben): metallisch glänzende, violette Nädelchen, die zwischen gekreuzten Nicols gerade Auslöschung zeigen, oder feine, sichelförmige Gebilde. Die Farbe ist mit Bixin vergleichbar. Astacin ist unlöslich in Wasser oder verdünnter Natronlauge, nahezu unlöslich in Äther, Petroläther, Methanol und Schwefelkohlenstoff, merklich löslich in Benzol, Essigester, Eisessig, gut in Pyridin, Chloroform und Dioxan. Die Farbe einer starken Pyridinlösung ist blutrot, verdünnt orangerot. Das Spektrum läßt nur *ein* Band erkennen (Unterschied von Pflanzencarotinoiden; Maximum bei $500\,\mu\mu$). Bei der Verteilung zwischen Benzin und 90proz. Methanol geht fast alles Astacin in die obere Schicht, fügt man aber einen Tropfen Lauge zu, so wandert der gesamte Farbstoff nach unten und kann durch Zusatz von viel Wasser nicht in das Benzin zurückgetrieben werden. Beim Ansäuern nimmt das Benzin wieder allen Farbstoff auf.

Der Schmelzpunkt ist von der Art des Erhitzens abhängig: 240—243⁰ (im BERL-Block, Vakuum, kurzes Thermometer) bzw. 265—267⁰ (am Objektträger nach KLEIN).

Zur Konstitution des Astacins (KUHN, LEDERER 7, Dieselben mit DEUTSCH; KARRER und BENZ 2, KARRER und LOEWE).

Das Resultat der Analyse $(C_{27}H_{32}O_3)$ [1] sowie der Verbrauch von 11 Molekülen Wasserstoff bei der Hydrierung deuten auf eine, im wesentlichen aliphatische Struktur, während der Chromsäureabbau 5 Methylseitenketten anzeigt. Von den Sauerstoffatomen des Astacins liegt eine in einer Hydroxylgruppe: man erhält ein wohlkrystallinisches Acetat und ferner, nach ZEREWITINOFF gegen 1 Mol. Methan.

Das bereits beschriebene Verhalten würde eigentlich auf einen sauren Charakter hinweisen, demgegenüber werden wichtige Unterschiede von den natürlichen Polyencarbonsäuren beobachtet: 1. Astacin reagiert nicht mit Diazomethan und kann nur unter

---

[1] KARRER und BENZ (2) finden um 1% höhere C-Werte; vgl. S. 285.

der Einwirkung von Dimethylsulfat und Alkali verestert werden,
2. läßt es sich bei der Verteilungsprobe durch 0,1 n-Soda nicht
(wie durch sehr verdünnte Natronlauge) in der Unterschicht halten
und 3. wird es von Calciumcarbonat kaum fixiert und zeigt allgemein das Adsorptionsverhalten seiner Ester.

Nach der Meinung von KUHN, LEDERER und DEUTSCH sind die
Alkalisalze Salze einer Carbonsäure, das Astacin selbst ist aber als
ein *Lacton*, und zwar Oxylacton aufzufassen. Demgegenüber finden
KARRER und BENZ (2), daß die Säureeigenschaften des Astacins
durch Perhydrierung aufgehoben werden und diskutieren die
Möglichkeit, daß die Salzbildung durch die *Enol*natur eines Hydroxyls im Astacin bedingt ist und nicht durch Öffnung einer Lactongruppe. Der Permangatabbau ergibt Dimethylmalonsäure.

Nach neuen Versuchen von KARRER und LOEWE besitzt
Astacin 13 leicht hydrierbare Doppelbindungen und die Zusammensetzung $C_{40}H_{48}O_4$. Von den 4 O-Atomen zeigen zwei Carbonyl-
und zwei Enolfunktion. Diese 4 Carbonyle sind paarweise benachbart (Di-phenazinderivat mit o-Phenylendiamin).

Das *Acetyl-astacin* wird durch Behandlung mit Essigsäureanhydrid und
Pyridin bei Raumtemperatur in 16 Stunden erhalten und bildet, dreimal
aus Pyridin + Wasser umkrystallisiert, schwarzviolette Nadeln. Schmelzp.
235⁰ (unkorr., Zersetzung). Das Acetat zeigt die Eigenschaften der natürlichen
„Ovoester" und geht auch in Gegenwart von etwas Lauge aus Methanol
in Benzin über, wenn mit Wasser verdünnt wird. Adsorptionsverhalten
und Spektrum wie Astacin. Nach ZEREWITINOFF ist kein aktives H-Atom
nachweisbar. — *Astacin-dioxim* $C_{40}H_{50}O_4N_2$: KARRER und LOEWE.

Weitere, dem Astacin zum Teil nahestehende Pigmente, deren Zusammensetzung meist noch fraglich ist:

a) *Salmensäure.* Aus dem intensiv roten Muskelfleisch des Lachses
(*Salmo salar*) isolierten EULER, HELLSTRÖM und MALMBERG zur Frühjahrszeit eine hochrote Substanz, die in Eisessig löslich, mit Lauge fällbar ist
und in schwarzvioletten Krystallen erhalten werden kann. In Pyridin
zeigt sich ein breites, unsymmetrisches Band, mit einem Maximum bei
485 $\mu\mu$ und die Andeutung eines Schwerpunktes gegen 525 $\mu\mu$. Von diesen
Zahlen wird das Extinktionsmaximum des Astacins gerade eingeschlossen,
eine Identität der beiden Farbstoffe besteht aber nicht.

Die Salmensäure wird in dem Muskel von Xanthophyll und etwas Carotin
begleitet und kommt — neben Carotin — auch im Rogen des Lachses vor.

b) *Krystallisierte Lipochrome* von SCHMIDT-NIELSEN, SÖRENSEN und
TRUMPY (1, 2). Diese Forscher haben aus den nachfolgenden Ausgangsmaterialien zwei Carotinoidpräparate gewonnen, die offenbar mit keinem
Pflanzenpolyen identisch sind, in Bipyramiden krystallisieren und, wie
Astacin, nur *ein* Maximum besitzen, nämlich bei 505 ($\pm$ 5) $\mu\mu$ (in Schwefelkohlenstoff): *Regalecus glesné* (Heringskönig, Leber), *Balaenoptera musculus*

(Blauwal aus den Sandwich-Inseln, Speck und Knochen rot), *Cyclopterus lumpus* (der rotgefärbte Tran aus der im Frühling roten Leber). Möglicherweise liegt hier Identität mit Salmensäure vor, jedenfalls eine nahe Verwandtschaft.

c) Lönnberg (1—10, auch mit Hellström) hat in mühevollen Untersuchungen eine Reihe von Tieren (meist Fische und marine Evertebrate) auf Lipochrome geprüft und konnte fast überall spektroskopisch und nach Carr-Price Carotinoide nachweisen. Das Pigment ist in vielen Fällen mit Wasser extrahierbar, also wahrscheinlich mit Eiweiß gepaart.

d) Das *Glycymerin* wurde von Lederer (1) in Form von braunvioletten Krystallen aus der Muschel *Pectunculus glycymeris* isoliert. Der Farbstoff besitzt denselben optischen Schwerpunkt wie Astacin (500 $\mu\mu$), zeigt aber gegenüber Petroläther $+$ NaOH ein abweichendes Verhalten und keine sauren Eigenschaften. Er wurde auch im *Mytilus edulis* spektroskopisch nachgewiesen (vgl. auch Fabre und Lederer 2).

e) Die von Lederer (2) in der *Actinia equina* aufgefundenen Polyenester „Actinioerythrin" müssen auf Grund ihres dreibändigen Spektrums (574, 533, 495 $\mu\mu$, CS_2) wohl in eine andere Farbstoffklasse verwiesen werden. Feine Nadelrosetten; die zugrunde liegende, farbkräftige Säure ist unbeständig (Fabre und Lederer 2).

f) Der Farbstoff der Geschlechtsdrüsen der Muschel *Pecten maximus,* „*Pectenoxanthin*", steht den Xanthophyllen nahe. Absorptionsbänder fast wie Zeaxanthin (518, 488, 454 $\mu\mu$ in CS_2), Schmelzp. 185⁰ (korr.). Langgestreckte, braunrote Prismen aus Pyridin $+$ Wasser. Wahrscheinlichste Formel $C_{40}H_{52}O_3$ (Lederer 4).

g) In der Leber des *Lophius piscatorus* kommt nach Lovern und Morton ein rötliches Pigment vor; vgl. auch Sörensen.

h) *Asterinsäure* (Euler und Hellström 5). In der Rückenhaut des Seesternes *Asterias rubens* kommt ein wasserlöslicher, blauer Farbstoff vor, der nach dem Mahlen mit Wasser extrahierbar ist. Durch Aussalzen und Zentrifugieren gewinnt man eine blaue Substanz, die schon unter der Einwirkung von Weingeist in eine hochmolekulare Komponente und in ein Carotinoid zerlegt wird. Das letztere („Asterinsäure") läßt sich in Äther überführen, worauf man den Trockenrückstand in Petroläther aufnimmt, durch Schütteln mit 90proz. Methanol reinigt und das Polyen aus dem letzteren auf einem ähnlichen Wege isoliert. Ausbeute: 5 mg aus 200 Exemplaren, Schmelzp. 185⁰. Violettschwarzes Pulver, Zusammensetzung ungefähr $C_{28}H_{40}O_4$.

i) Roter Fettfarbstoff des Meerschwammes *Microciona prolifera:* Bergmann und Johnson.

Mikrophotographien.
Polyen-kohlenwasserstoffe.

(36, 37 nach WILLSTÄTTER und STOLL; 38, 39 nach KUHN und LEDERER; 40, 44 nach ZECHMEISTER und CHOLNOKY; 41 nach KUHN; 42, 43 nach WILLSTÄTTER und ESCHER.)

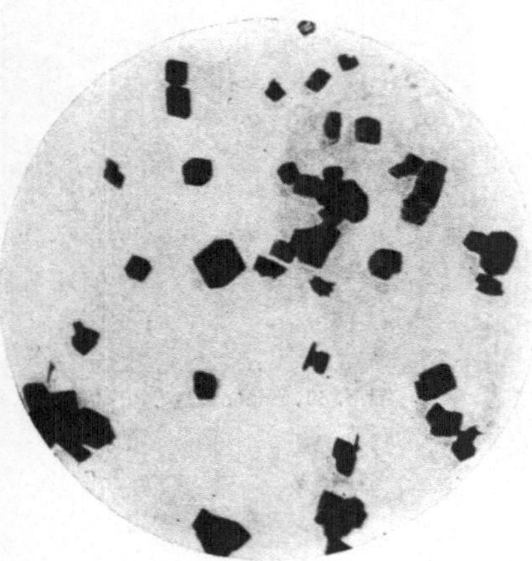

Abb. 36.
Carotin aus Schwefelkohlenstoff-Alkohol.

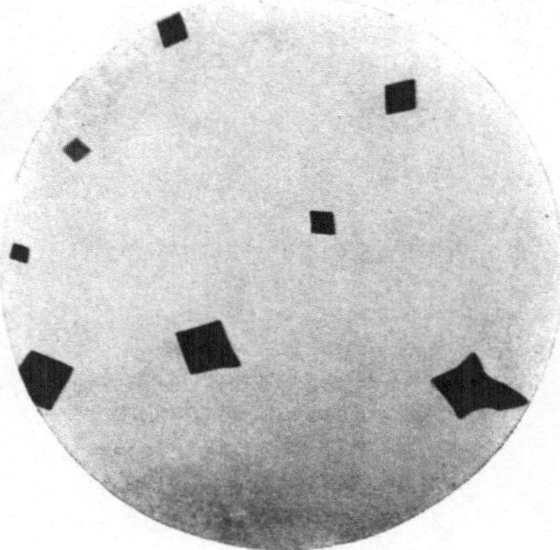

Abb. 37.
Carotin aus Petroläther.

Abb. 38. α-Carotin (aus Benzol-Methanol, 225fach, zwischen gekreuzten Nicols).

Abb. 39. β-Carotin (aus Benzol-Methanol, 225fach, zwischen gekreuzten Nicols).

Abb. 40. β-Carotin aus Capsicum annuum
(aus Petroläther-Alkohol).

Abb. 41. Isocarotin.

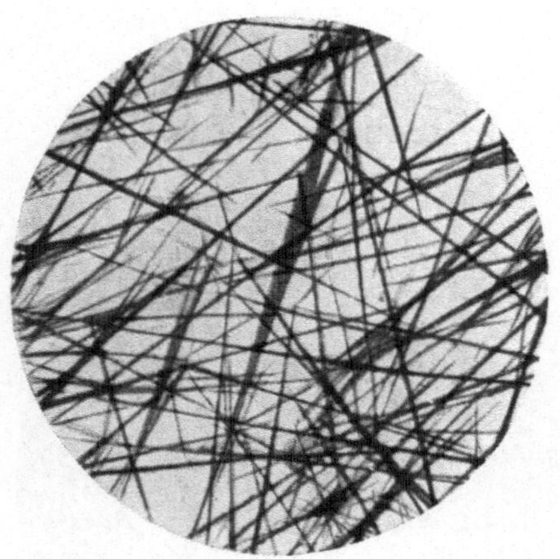

Abb. 42. Lycopin aus der Tomate
(aus Schwefelkohlenstoff - Alkohol).

Abb. 43. Lycopin aus der Tomate
(aus Gasolin).

Abb. 44. Lycopin aus Tamus communis (aus Schwefelkohlenstoff-Petroläther-Alkohol).

Polyen-alkohole der C$_{40}$-Reihe und ihre Ester.

(45—48 nach KUHN und GRUNDMANN; 49, 50, 60, 61 nach WILLSTÄTTER und STOLL; 51 nach KUHN; 52, 53 nach KARRER, WEHRLI und HELFEN-STEIN; 54, 55 nach ZECHMEISTER und CHOLNOKY; 56 nach KARRER und SCHLIENTZ; 57 nach KUHN und WIEGAND; 58 nach ZECHMEISTER und TUZSON; 59 nach KARRER und WEHRLI.)

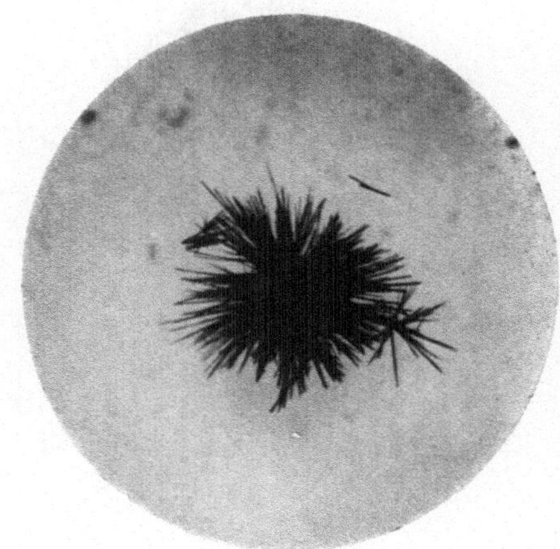

Abb. 45. Rubixanthin (aus Benzol-Methanol).   Abb. 46. Rubixanthin (aus Benzol-Methanol).

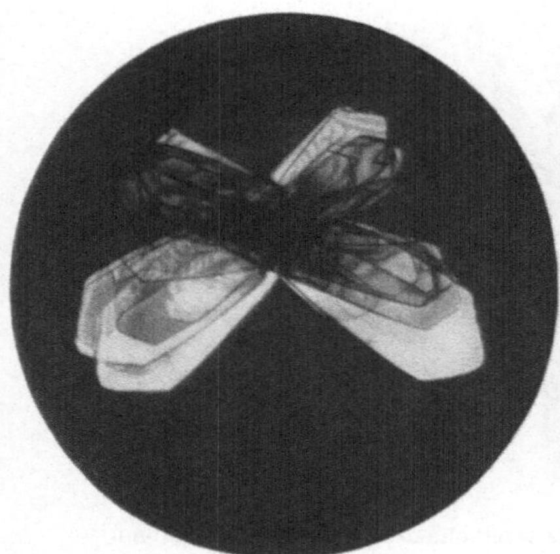

Abb. 47. Kryptoxanthin (aus Benzol-Methanol,
225fach, zwischen gekreuzten Nicols).

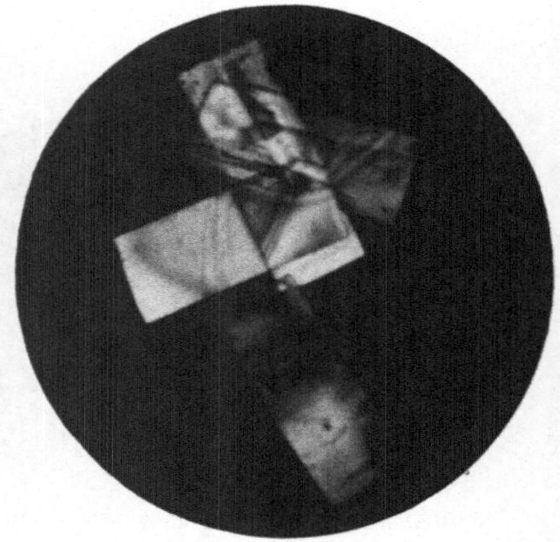

Abb. 48. Kryptoxanthin (aus Benzol-Methanol,
225fach, zwischen gekreuzten Nicols).

Abb. 49. Xanthophyll aus Äthylalkohol.

Abb. 50. Xanthophyll aus Methylalkohol.

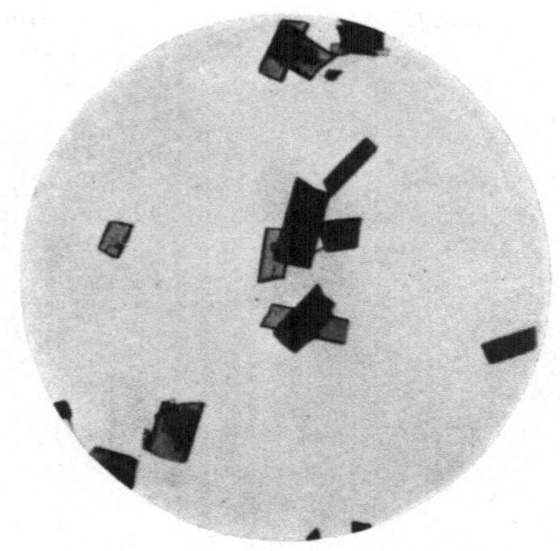

Abb. 51. Lutein aus Tagetes (aus Methanol-Äther).

Abb. 52.
Zeaxanthin aus Mais (langsam).

Abb. 53.
Zeaxanthin aus Mais (rasch auskrystallisiert).

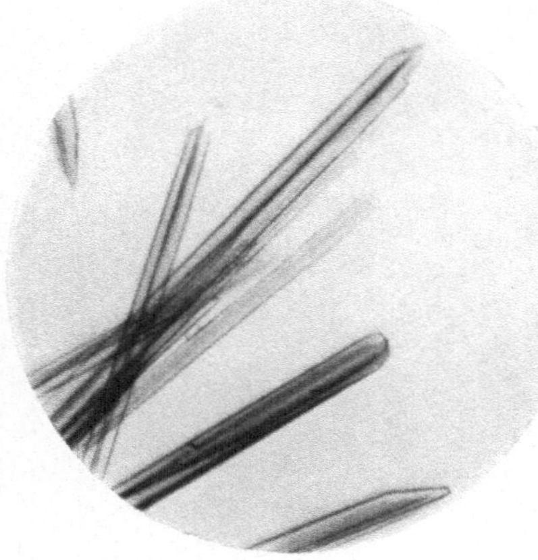

Abb. 54. Zeaxanthin aus Lycium halimifolium (aus Methylalkohol).

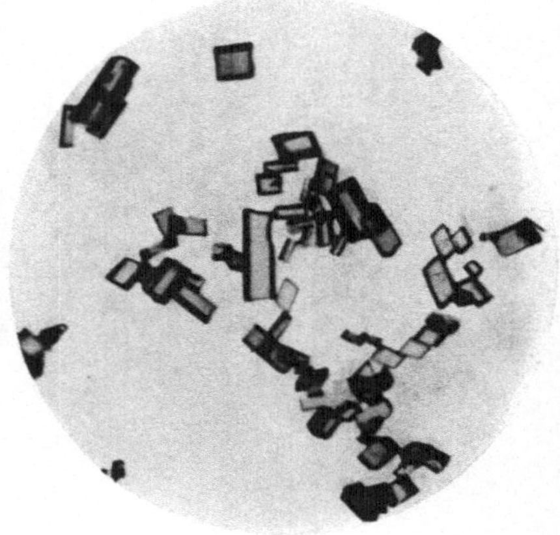

Abb. 55. Zeaxanthin aus Lycium halimifolium (aus Äthylalkohol).

Abb. 56. Zeaxanthin-monopalmitat (synthetisch).

Abb. 57. Physalien aus Physalis Alkekengi (aus Petroläther-Alkohol).

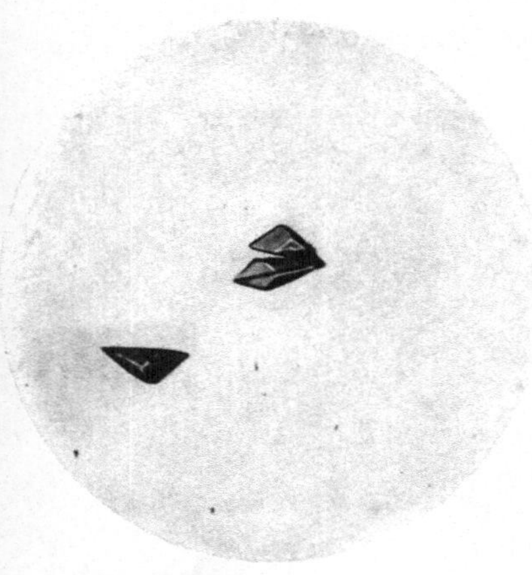

Abb. 58. Taraxanthin aus Helianthus annuus (aus Methanol).

Abb. 59. Violaxanthin aus Methylalkohol und wenig Äther.

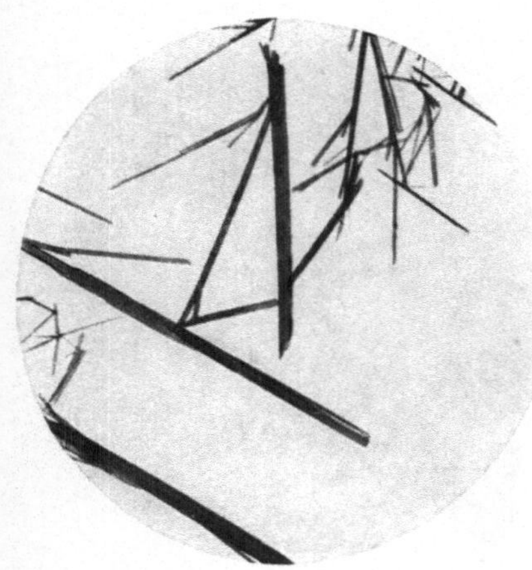

Abb. 60. Fucoxanthin aus Methylalkohol.

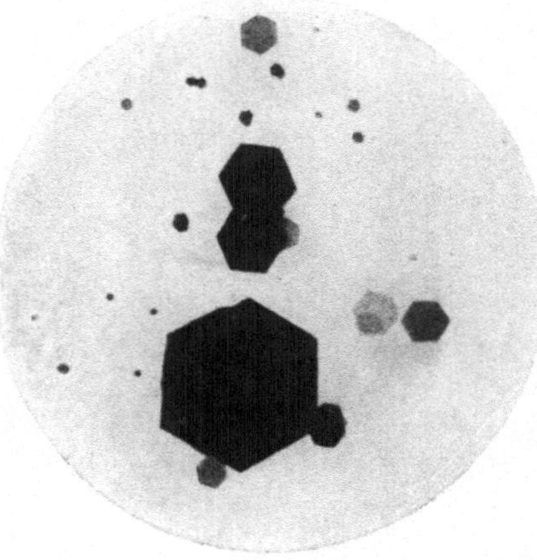

Abb. 61. Fucoxanthin aus verdünntem Alkohol.

Polyen-ketone (Oxyketone).

(62—70 nach ZECHMEISTER und CHOLNOKY.)

Abb. 62.
Capsanthin (Rohprodukt, aus Petroläther).

Abb. 63.
Capsanthin (aus Schwefelkohlenstoff, langsam).

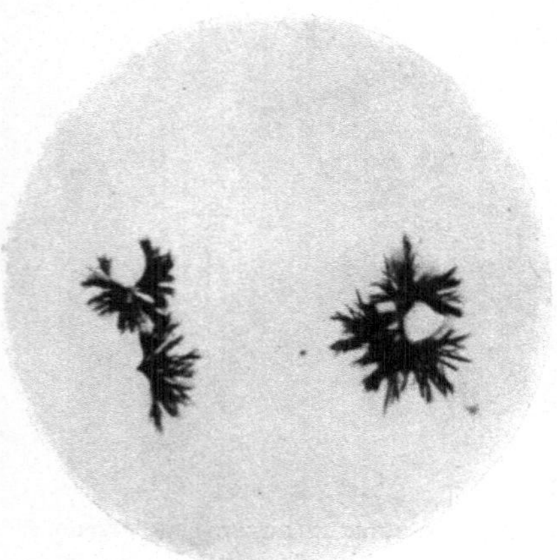

Abb. 64.
Capsanthin (aus CS$_2$-Petroläther, rasch).

Abb. 65.
Capsanthin (aus Methylalkohol).

Abb. 66. Capsanthin (aus CS₂).

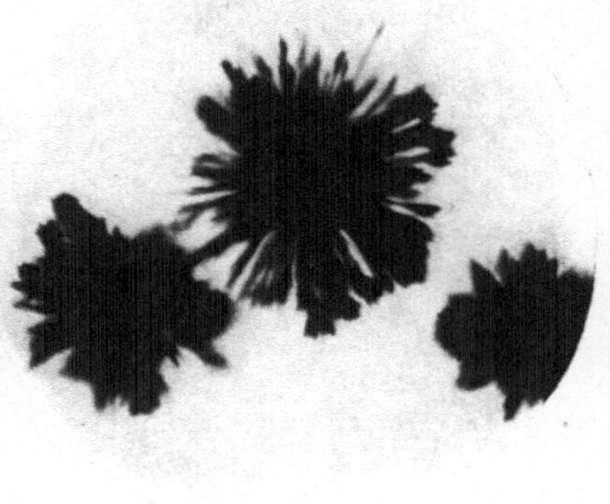

Abb. 67. Capsanthin (aus Benzin).

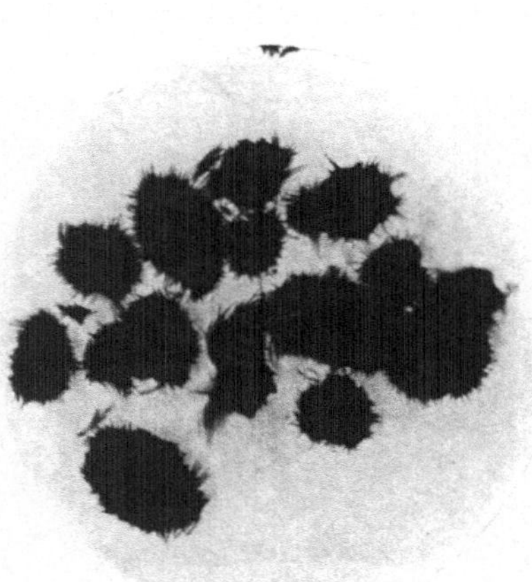

Abb. 68. Natürliches Gemisch von Capsanthin-estern (Farbwachs aus Capsicum annuum).

Abb. 69.
Capsorubin (aus Benzol-Benzin, rasch).

Abb. 70.
Capsorubin (aus Benzol-Benzin, langsam).

Carotinoide mit weniger als 40 C-Atomen.

(71—75 nach KUHN und WALDMANN; 76 nach KUHN, WINTERSTEIN und WIEGAND; 77, 79, 80 nach KARRER und SALOMON; 78 nach KUHN und WINTERSTEIN; 81 nach KARRER und WEHRLI.)

Abb. 71. Samenkorn von Bixa orellana (die Warzen enthalten den Farbstoff).

Abb. 73. Bixin (aus Eisessig; aufgenommen mit Polarisator. Charakteristisch sind die handförmigen Zwillinge).

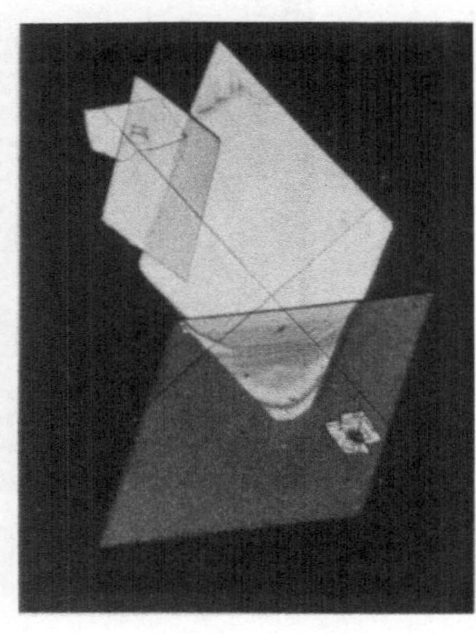

Abb. 75. Methylbixin (aus Essigester; Aufnahme mit Polarisator und Analysator. Man beachte die Interferenzstreifen).

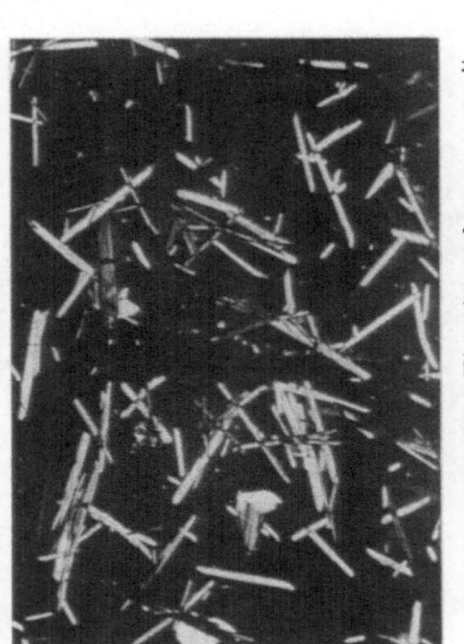

Abb. 72. Bixin (aus Eisessig; aufgenommen mit Polarisator und Analysator).

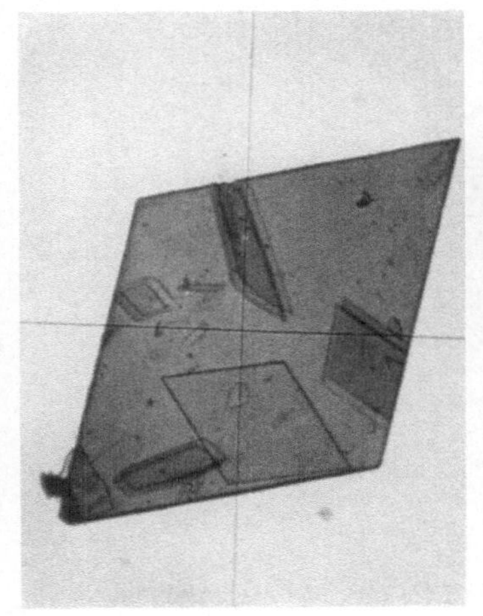

Abb. 74. Methylbixin (aus Essigester; pseudo-rhombisch. Man beachte die starke Doppelbrechung).

Abb. 76. Crocetin, aus Gardenia grandiflora. Aus Essigsäure-anhydrid; aufgenommen mit Polarisator und Analysator. (Typisch sind die wetzsteinförmigen Zwillinge.)

Abb. 77. Crocetin (aus Safran).   Abb. 78. cis-Crocetin-dimethylester (aus Safran).

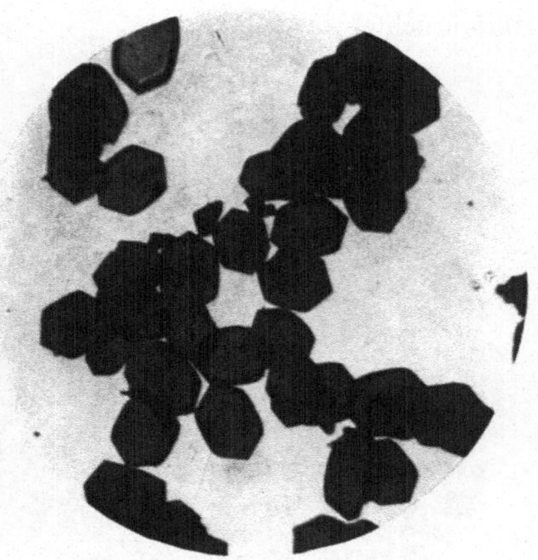

Abb 79. trans-Crocetin-dimethylester.

Abb. 80. trans-Crocetin-dimethylester.

Abb. 81. Azafrin-methylester (oben) und Azafrin aus Toluol (unten).

Typische farblose Begleiter.

(82—85 unveröffentlicht.)

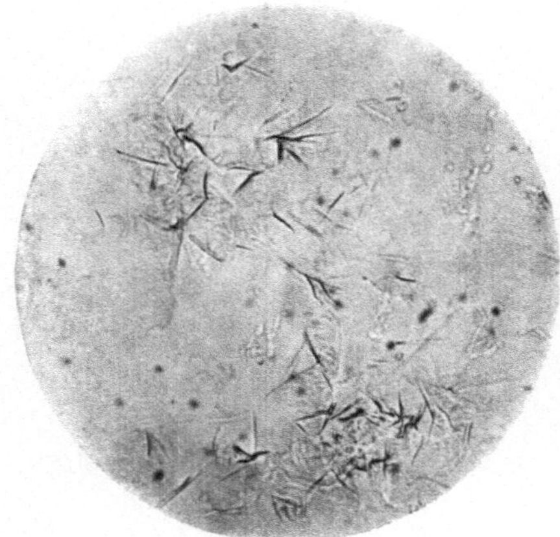

Abb. 82. Hentriakontan aus Helianthus annuus
(aus Methanol).

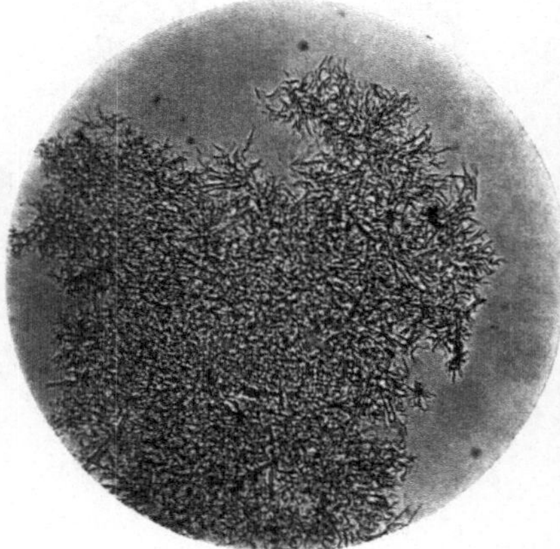

Abb. 83. Sterin-glucosid aus der Mohrrübe
(aus absolutem Alkohol).

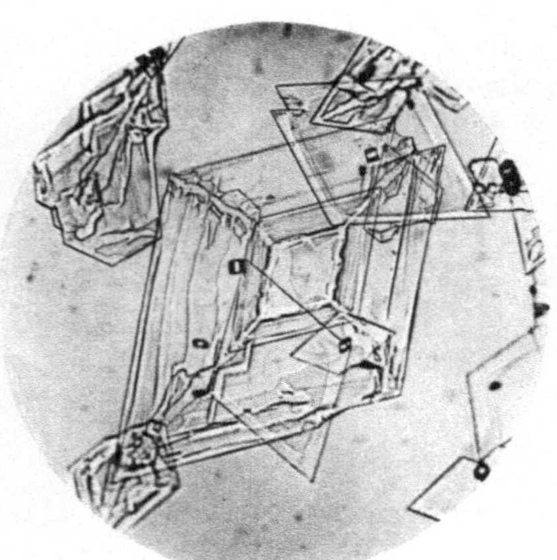

Abb. 84. Disterin aus Helianthus annuus
(aus verdünntem Alkohol).

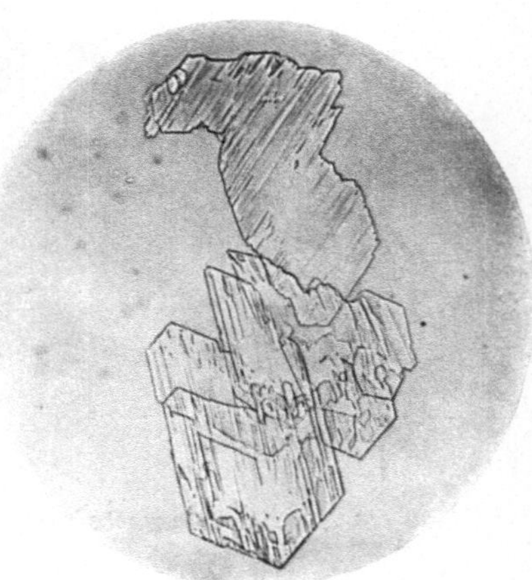

Abb. 85. Sitosterin aus Brennesseln
(aus verdünntem Alkohol).

Literaturverzeichnis.

Die Zusammenstellung reicht bis gegen Mitte 1934; sie erhebt keinen
Anspruch auf Vollständigkeit. Ältere Arbeiten sind nur zitiert, wenn sie
Aktualität besitzen. Ein ausführlicheres Verzeichnis älterer Literaturstellen
bringen KOHL sowie PALMER (1). Einige, während der Drucklegung erschienene Arbeiten konnten im Text nicht mehr ausführlich referiert werden.

ABDERHALDEN, E.: Einige Gedanken zum Problem der Hormon- und Vitaminwirkungen und der Beziehungen beider zueinander. Med. Klin. 29,
523 (1933).

ABELIN, I.: Über die Beziehungen zwischen Carotin (Vitamin A) und Thyroxin. Z. physiol. Chem. 217, 109 (1933).

ABELOOS, M.: Über die Farbstoffe des Integuments der Seesterne. C. r. Soc.
Biol. Paris 94, 19 (1926).

ABELOOS, M. u. E. FISCHER: Die carotinoiden Pigmente bei Crustaceen:
Über den Ursprung der Pigmente des Rückenschildes. C. r. Soc. Biol.
Paris 96, 374 (1927); vgl. 95, 383 (1926).

ADAMS, R. u. R. L. SHRINER: Platinoxyd als Katalysator bei der Reduktion
organischer Verbindungen III. ... J. amer. chem. Soc. 45, 2171 (1923).

AHMAD, B.: (1) Weitere Beobachtungen über die Beziehung von Carotin zu
Vitamin A. J. Soc. chem. Ind. 50, 12 (1931).

— (2) Über das Schicksal des Carotins nach der Aufnahme in den tierischen
Organismus. Biochemic. J. 25, 1195 (1931).

AHMAD, B. u. K. S. MALIK: Carotinstoffwechsel bei verschiedenen Tieren.
Indian J. med. Res. 20, 1033 (1933).

BACHARACH, A. L. u. E. L. SMITH: Quart. J. Pharmacol. 1, 539 (1928).

BAILLY, O. u. R. NETTER: Über die Isolierung von Carotin aus Nebennieren.
C. r. Acad. Sci. Paris 193, 961 (1931).

BALY, E. C. C.: Photosynthese und die Funktionen der Pigmente in der
lebenden Pflanze. J. Soc. Dyers Colour. 38, 4 (1922).

BALY, E. C. C. u. J. B. DAVIES: Die Photosynthese von natürlich vorkommenden Verbindungen III. Photosynthese in vivo und in vitro. Proc. roy.
Soc. A 116, 219 (1927).

BARBERA, G.: Über die Pigmente der natürlichen Seiden. Ann. chim. applic.
23, 501 (1933).

BAUMANN, C. A. u. H. STEENBOCK: (1) Der Carotin- und Vitamin-A-Gehalt
von Butter. J. of biol. Chem. 101, 547 (1933).

— (2) Die Stabilität von Carotinlösungen. J. of biol. Chem. 101, 561 (1933).

BENEDEK, L.: Capsanthinbestimmung in Paprika-Mahlprodukten. Z. Unters.
Lebensmitt. 66, 600 (1933).

BERGH, HYMANS VAN DEN, P. MULLER u. J. BROEKMEYER: Das lipochrome
Pigment in Blutserum und Organen, Xanthosis, Hyperlipochromämie.
Biochem. Z. 108, 279 (1920).

BERGMANN, W. u. T. B. JOHNSON: Beiträge zur Chemie der Meerestiere.
I. Untersuchungen an dem Schwamm Microciona prolifera. Z. physiol.
Chem. 222, 220 (1933).

302   Literaturverzeichnis.

BERTRAND, G. u. G. POIRAULT: Über den Farbstoff der Pollen. C. r. Acad. Sci. Paris **115**, 828 (1892).

BEZSSONOFF, N.: Vitamin A und Carotin. C. r. Acad. Sci. Paris **190**, 529 (1930).

BILGER, L. N.: Zusammensetzung und Eigenschaften von gewissen roten und gelben Pflanzenfarbstoffen. Bull. basic Sci. Res. (IV) **3**, 37 (1931).

BILLS, CH. E. u. F. G. McDONALD: Der Carotingehalt von zehn Mohrrüben-varietäten. Science (N.Y.) **76**, 108 (1932).

BINET, L. u. M. V. STRUMZA: Blutbildungsvermögen des Carotins. C. r. Acad. Sci. Paris **192**, 1758 (1931).

BODENDORF, K.: Anomalien bei Benzopersäureoxydationen. Arch. Pharmaz. **268**, 491 (1930).

BOGERT, M. T.: Neue Ergebnisse der Isoprenchemie, Phytol, Carotinoide, Lipochrome und Vitamin A. Chem. Rev. **10**, 265 (1932).

BOOTH, R. G., S. K. KON, W. J. DANN u. TH. MOORE: Eine Untersuchung von jahreszeitlicher Verschiedenheiten von Butterfett. I. Jahreszeitliche Verschiedenheiten im Carotin- und Vitamin-A-Gehalt und in dem Ausfall der Antimontrichloridreaktion. Biochemic. J. **27**, 1189 (1933).

BORESCH, K.: Algenfarbstoffe. G. KLEINS Handbuch der Pflanzenanalyse, Bd. 3, S. 1382—1410. Wien: Julius Springer 1932.

BOWDEN, F. P., S. D. D. MORRIS u. C. P. SNOW: Das Absorptionsspektrum von Vitamin A bei tiefen Temperaturen. Nature (Lond.) **131**, 582 (1933).

BRANDRUP, W.: Chemische und biologische Prüfung des Lebertrans auf Vitamin A. Pharmaz. Ztg **78**, 433 (1933).

BROCKMANN, H.: Die Carotinoide der Aprikose (Prunus armeniaca). Z. physiol. Chem. **216**, 45 (1933).

BROCKMANN, H. u. M.-L. TECKLENBURG: Der A-Vitamingehalt der Rattenleber nach Fütterung mit α-, β- und γ-Carotin und die Antimontrichloridreaktion von A-Vitaminpräparaten. Z. physiol. Chem. **221**, 117 (1933).

BROCKMANN, H. u. O. VÖLKER: Der gelbe Federfarbstoff des Kanarienvogels [Serinus canaria canaria (L.)] und das Vorkommen von Carotinoiden bei Vögeln. Z. physiol. Chem. **224**, 193 (1934).

BRUINS, H. R., J. OVERHOFF u. L. K. WOLFF: Das Molekulargewicht des A-Vitamins. Biochemic. J. **25**, 430 (1931).

BÜRGI, E.: Die Pflanzenfarbstoffe und das Wachstumsvitamin A. Z. Vitaminkde **1930**, 219; Dtsch. med. Wschr. **56**, 1650 (1930).

CAPPER, N. S.: Vitamin A und Carotin. Nature (Lond.) **126**, 685 (1930).

CAPPER, N. S., I. M. W. McKIBBIN u. J. H. PRENTICE: Die Umwandlung von Carotin in Vitamin A durch Hühner. Biochemic. J. **25**, 265 (1931).

CARR, F. H. u. W. JEWELL: Charakterisierung von hochaktivem Vitamin A. Nature (Lond.) **131**, 92 (1933).

CARR, F. H. u. E. A. PRICE: Über dem Vitamin A eigene Farbreaktionen. Biochemic. J. **20**, 497 (1926).

CHARGAFF, E.: Über die Carotinoide der Bakterien. C. r. Acad. Sci. Paris **197**, 946 (1933).

CHARGAFF, E. u. J. DIERYCK: Die Pigmente der Sarcina lutea. Naturwiss. **20**, 872 (1932).

CHATTON, E., A. LWOFF u. M. PARAT: ... Anwesenheit von Carotinalbumin bei der Häutung der Decapoden unter den Crustaceen. C. r. Soc. Biol. Paris **94**, 567 (1926).

CHIBNALL, A. C. u. H. J. CHANNON: Die ätherlöslichen Substanzen des Zellplasmas der Kohlblätter. Biochemic. J. **23**, 176 (1929).

CHOLNOKY, L. v.: Untersuchung des Capsicum annuum-Pigments mit Hilfe von Adsorptionsmethoden. Ber. ung. pharmaz. Ges. **9**, 400 (1933) (ungar.).

CLAUSEN, S. W.: Über die Grenzen der Antiinfektionswirkung des Provitamins A (Carotin). J. amer. med. Assoc. **101**, 1384 (1933).

COLLISON, D. L., E. M. HUME, J. SMEDLEY-MACLEAN u. H. H. SMITH: Über die Natur des in grünen Blättern enthaltenen Vitamins A. Biochemic. J. **23**, 634 (1929).

CONNEL, S. J. B.: Die colorimetrische Bestimmung von Lycopin. Biochemic. J. **18**, 1127 (1924).

CONNOR, CH. L.: (1) Lipochromstudien. Amer. J. Path. **4**, 227, 235, 293 (1928).

— (2) Die quantitative Bestimmung von Carotin im Blut und Geweben. J. of biol. Chem. **77**, 619 (1928).

CORBET, R. E., H. H. GEISINGER u. H. N. HOLMES: Über Substanzen, die die Antimontrichloridprüfung auf Vitamin A stören. J. of biol. Chem. **100**, 657 (1933).

COURCHET: Untersuchungen über Chromoleuciten. Ann. des Sci. natur [7] **7**, 263 (1888).

COWARD, K. H.: (1) Die Lipochrome ätiolierter Weizenkeimlinge. Biochemic. J. **18**, 1123 (1924).

— (2) Einige Beobachtungen über die Extraktion und Schätzung der Lipochrome aus tierischem und pflanzlichem Gewebe. Biochemic. J. **18**, 1114 (1924).

CRIEGEE, R.: Eine oxydative Spaltung von Glykolen. II. Mitt. Über Oxydationen mit Blei (IV)-Salzen. Ber. dtsch. chem. Ges. **64**, 260 (1931).

CRIEGEE, R., L. KRAFT u. B. RANK: Die Glykolspaltung, ihr Mechanismus und ihre Anwendung auf chemische Probleme. Liebigs Ann. **507**, 159 (1933).

DECKER, F.: Beiträge zur Kenntnis des Crocetins. Arch. Pharmaz. **252**, 139 (1915).

DELEANO, N. T. u. J. DICK: Beiträge zur Kenntnis des Carotins I. Neue Methoden zur Darstellung, Nachweis und Bestimmung. Biochem. Z. **259**, 110 (1933).

DHÉRÉ, CH. u. L. RYNCKI: Über die Absorption der sichtbaren und ultravioletten Strahlen durch die carotinoiden Pigmente. C. r. Acad. Sci. Paris **157**, 501 (1913).

DIELS, O.: Die „Dien-Synthesen", ein ideales Aufbauprinzip organischer Stoffe. Z. angew. Chem. **42**, 911 (1929); sowie zahlreiche Abhandlungen in Liebigs Ann. seit Bd. **460**.

DIETEL, F. G.: Über das Vorkommen von Carotin im Frosch. Klin. Wschr. **12**, 601 (1933).

DRIGALSKI, W. v.: Über Carotin-Vitamin A im menschlichen Körper. Z. Vitaminforsch. **3**, 37 (1934).

DRUMMOND, J. C., B. AHMAD u. R. A. MORTON: Weitere Beobachtungen über die Beziehung zwischen Carotin und Vitamin A. J. Soc. chem. Ind. **49**, 291 (1930).

DRUMMOND, J. C. u. R. MACWALTER: Über die biologische Beziehung zwischen Carotin und Vitamin A. Biochemic. J. **27**, 1342 (1933).

DUGGAR, B. M.: Lycopersicin, das rote Pigment der Tomate und der Einfluß der Begleitumstände auf ihre Entwicklung. Washington Univ. Stud. **1**, 22 (1913).

DULIERE, W., R. A. MORTON u. J. C. DRUMMOND: Die behauptete Beziehung zwischen Carotin und Vitamin A. J. Soc. chem. Ind. **48**, 316 (1929).

EBEL, F.: Ungesättigte Verbindungen. FREUDENBERGs Stereochemie, S. 641—661. Leipzig u. Wien: Franz Deuticke 1933.

EDER, J. M.: Sensibilisierungsspektren von Pflanzenfarbstoffen auf Bromsilberkollodium. Sitzgsber. Akad. Wiss. Wien, Math.-naturwiss. Kl. IIa **124** (1915).

EEKELEN, M. VAN: Demonstration von Vitamin A im Blutserum. Acta brevia need. **1**, 3 (1931).

EEKELEN, M. VAN u. A. EMMERIE: Ein Carotinderivat, das mit Antimontrichlorid ein Absorptionsband bei 610—630 $\mu\mu$ liefert. Nature (Lond.) **131**, 275 (1933).

ELLINGER, PH. u. W. KOSCHARA: Über eine neue Gruppe tierischer Farbstoffe (Lyochrome). Ber. dtsch. chem. Ges. **66**, 315, 808 (1933).

EMDE, H.: Mitteilungen zur Biosynthese. Helvet. chim. Acta **14**, 881 (1931).

ESCHER, H. H.: (1) Zur Kenntnis des Carotins und des Lycopins. Diss. Zürich 1909.

— (2) Über den Farbstoff des Corpus luteum. Z. physiol. Chem. **83**, 198 (1913).

— (3) Krystallisierte Carotinoide aus Blüten des Wiesenranunkels und aus Hagebutten. Helvet. chim. Acta **11**, 752 (1928).

— (4) Nachweis von Kohlendioxyd bei der Autoxydation von Carotinoiden. Helvet. chim. Acta **15**, 1421 (1932).

EULER, B. v.: Zur Kenntnis des A-Vitamins in Serum und Leber. Sv. kem. Tidskr. **42**, 302 (1930).

EULER, B. v. u. H. v. EULER: (1) Neue Ergebnisse über A-Vitamine. Klin. Wschr. **9**, 916 (1930).

— (2) Zur Kenntnis der Leberöle von Fischen und Vögeln. Sv. kem. Tidskr. **43**, 174 (1931).

EULER, B. v., H. v. EULER u. H. HELLSTRÖM (1) Beziehung zwischen der Antimontrichloridreaktion des A-Vitamins und einiger Carotinoide. Sv. kem. Tidskr. **40**, 256 (1928).

— (2) A-Vitaminwirkungen der Lipochrome. Biochem. Z. **203**, 370 (1928).

EULER, B. v., H. v. EULER u. P. KARRER: (1) Zur Biochemie der Carotinoide. Helvet. chim. Acta **12**, 278 (1929).

— (2) Beobachtungen an Epiphysen und an Leberextrakten von Ratten nach Carotinoidfütterung. Biochem. Z. **209**, 240 (1929).

EULER, H. v.: (1) Wachstumstoffe und biochemische Aktivatoren. Z. angew. Chem. **45**, 220 (1932).

— (2) Die biochemischen und physiologischen Wirkungen von Carotin und Vitamin A. Erg. Physiol. **34**, 360 (1932).

EULER, H. v.: (3) Wirkungen des Carotins und des Vitamins A. Umsch. **36,** 761 (1932).
— (4) Carotin und Vitamin A. Bull. Soc. Chim. biol. Paris **14,** 838 (1932).
— (5) Beobachtungen über die Vitamine A und C. Ark. Kemi B **11,** Nr 18 (1933).
EULER, H. v. u. E. ADLER: Beobachtungen über den Sehpurpur. Ark. Kemi B **11,** Nr 20 (1933); vgl. auch Nr 21.
EULER, H. v., V. DEMOLE, P. KARRER u. O. WALKER: Über die Beziehung des Carotingehaltes zur Vitamin-A-Wirkung in verschiedenen pflanzlichen Materialien. Helvet. chim. Acta **13,** 1078 (1930).
EULER, H. v., V. DEMOLE, A. WEINHAGEN u. P. KARRER: Weitere Beobachtungen über die Beziehungen des Wachstumsfaktors zum Carotin. Helvet. chim. Acta **14,** 831 (1931).
EULER, H. v. u. M. GARD: Adsorptionsversuche an Carotinoiden. Ark. Kemi B **10,** Nr 19 (1931).
EULER, H. v., U. GARD u. H. HELLSTRÖM: Carotinoide und Vitamin A in tierischen und pflanzlichen Organen. Sv. kem. Tidskr. **44,** 191 (1932).
EULER, H. v. u. H. HELLSTRÖM: (1) Über die Bildung von Xanthophyll, Carotin und Chlorophyll in belichteten und unbelichteten Gerstenkeimlingen. Z. physiol. Chem. **183,** 177 (1929).
— (2) Über die Veränderung der Menge der Carotinoide bei der Entwicklung des Hühnereies. Biochem. Z. **211,** 252 (1929).
— (3) Über Carotin in der Retina und die vermutliche Beziehung zwischen Carotinoidmangel und Nachtblindheit. Sv. kem. Tidskr. **45,** 203 (1933).
— (4) Ramanspektren von Carotinoiden. Z. physik. Chem. B **15,** 342 (1932).
— (5) Über Asterinsäure, eine Carotinoidsäure aus Seesternen. Z. physiol. Chem. **223,** 89 (1934).
EULER, H. v., H. HELLSTRÖM u. D. BURSTRÖM: Über den Chlorophyllgehalt der Laubblätter von Gerstenmutanten. Z. physiol. Chem. **218,** 241 (1933).
EULER, H. v., H. HELLSTRÖM u. E. KLUSSMANN: Physikalisch-chemische Beobachtungen und Messungen an Carotinoiden. Ark. Kemi B **10,** Nr 18 (1931).
EULER, H. v., H. HELLSTRÖM u. M. MALMBERG: Salmensäure, ein Carotinoid des Lachses. Sv. kem. Tidskr. **45,** 151 (1933).
EULER, H. v., H. HELLSTRÖM u. M. RYDBOM: Bestimmung kleiner Mengen von Carotinoiden. Mikrochemie, PREGL-Festschrift 1929, S. 69.
EULER, H. v. u. B. JANSSON: Beziehungen zwischen Ergosterin und Carotin. Ark. Kemi B **10,** Nr 17 (1931).
EULER, H. v. u. P. KARRER: (1) Zur Kenntnis des A-Vitamins des Lebertrans. Naturwiss. **19,** 676 (1931).
— (2) Zur Kenntnis hochkonzentrierter Vitamin-A-Präparate. Helvet. chim. Acta **14,** 1040 (1931).
— (3) Zur Kenntnis der CARR-PRICE-Reaktion an Carotinoiden. Helvet. chim. Acta **15,** 496 (1932).
EULER, H. v., P. KARRER, H. HELLSTRÖM u. M. RYDBOM: Die Zuwachswirkung der isomeren Carotine und ihrer ersten Hydrierungsprodukte. Helvet. chim. Acta **14,** 839 (1931).
EULER, H. v., P. KARRER, E. KLUSSMANN u. R. MORF: Spektrometrische Messungen an Carotinoiden. Helvet. chim. Acta **15,** 502 (1932).

EULER, H. v., P. KARRER, E. v. KRAUSS u. O. WALKER: Zur Biochemie der Tomatenfarbstoffe. Helvet. chim. Acta **14**, 154 (1931).

EULER, H. v., P. KARRER u. M. RYDBOM: (1) Über die Beziehungen zwischen A-Vitaminen und Carotinoiden. Ber. dtsch. chem. Ges. **62**, 2445 (1929).

— (2) Neue Versuche über den Einfluß des Blattxanthophylls auf das Wachstum von Ratten. Helvet. chim. Acta **14**, 1428 (1931).

EULER, H. v., P. KARRER u. O. WALKER: Über ein Oxyd des Carotins. Helvet. chim. Acta **15**, 1507 (1932).

EULER, H. v., P. KARRER u. A. ZUBRYS: Wachstumsversuche mit Carotinoiden. Helvet. chim. Acta **17**, 24 (1934).

EULER, H. v. u. E. KLUSSMANN: (1) Vitamin A und Wachstumswirkung von Vogeleidotter. Z. physiol. Chem. **208**, 50 (1932).

— (2) Studien an Wachstumswirkungen und Carotinoiden. Ark. Kemi B **10**, Nr 20 (1932).

— (3) Zur Kenntnis der Carotinoidsynthesen in Pflanzen. Sv. kem. Tidskr. **44**, 198 (1932).

— (4) Carotinoide und Hormone im Sexualsystem. I. Biochem. Z. **250**, 1 (1932).

— (5) Zur Kenntnis der Rolle der Carotinoide im Tierkörper. Biochem. Z. **256**, 11 (1932).

— (6) Carotin (Vitamin A) und Thyroxin. Z. physiol. Chem. **213**, 21 (1932).

— (7) Zur Biochemie der Carotinoide und des Vitamins C (Ascorbinsäure). Z. physiol. Chem. **219**, 215 (1933).

— (8) Beobachtungen über Carotin und Ascorbinsäure. Ark. Kemi B **11**, Nr 17 (1933).

EULER, H. v. u. E. NORDENSON: Zur Kenntnis des Möhrencarotens und seiner Begleitsubstanzen. Z. physiol. Chem. **56**, 223 (1908).

EULER, H. v. u. M. RYDBOM: (1) Beobachtungen über A-Vitamine, Polyene und Ergosterylphosphorsäuren. Sv. kem. Tidskr. **41**, 223 (1929).

— (2) Zur Kenntnis der Vitaminwirkungen von Carotin. Ark. Kemi B **10**, Nr 10 (1930).

EULER, H. v., M. RYDBOM u. H. HELLSTRÖM: Wachstumsfaktoren in Pflanzen. Sv. kem. Tidskr. **42**, 277 (1931).

EULER, H. v. u. G. SCHMIDT: Einfluß des Carotins (Vitamins A) auf den Puringehalt wachsender normaler und pathologischer Gewebe. Z. physiol. Chem. **223**, 215 (1934).

EULER, H. v. u. E. VIRGIN: Carotinoide und Vitamin A im Blutserum und in Organen höherer Tiere. Biochem. Z. **245**, 252 (1932).

EULER, H. v. u. H. WILLSTAEDT: Zur Kenntnis der Verbindungen zwischen Metallchloriden und Polyenen. Ark. Kemi B **10**, Nr 9 (1929).

EULER, H. v., B. ZONDEK u. E. KLUSSMANN: Carotinoide, Vitamin E und Sexualhormone. Ark. Kemi B **11**, Nr 2 (1932).

EWART, A. J.: Über die Funktion des Chlorophylls. Proc. roy. Soc. B **89**, 1 (1915).

FABRE, R. u. E. LEDERER: (1) Notiz über die Anwesenheit von Astacin in den Crustaceen. C. r. Soc. Biol. Paris **113**, 344 (1933).

— (2) Beitrag zum Studium der tierischen Lipochrome. Bull. Soc. Chim. biol. Paris **16**, 105 (1934).

FALTIS, F.: Bemerkungen zur Veröffentlichung von K. FUNKE: Die Carotinoide und ihre Beziehung zum Wachstumsvitamin A. Pharmaz. Mh. 14, 153 (1933).

FALTIS, F. u. F. VIEBÖCK: Über Bixin. Ber. dtsch. chem. Ges. 62, 701 (1929).

FASOLD, H. u. E. R. HEIDEMANN: Über die Gelbfärbung der Milch thyreopriver Ziegen. Z. exper. Med. 92, 53 (1933).

FASOLD, H. u. H. PETERS: Über den Antagonismus zwischen Thyroxin und Vitamin A. Z. exper. Med. 92, 57 (1933).

FINK, H. u. E. ZENGER: Über die Farbstoffe einer roten Hefe. Wschr. Brauerei 51, 89 (1934).

FISCHER, F. G.: Die Konstitution des Phytols. Liebigs Ann. 464, 69 (1928).

FISCHER, H.: Zur Kenntnis des Phylloerythrins (Bilipurpurins). Z. physiol. Chem. 96, 294 (1915/16).

FISCHER, H. u. H. RÖSE: Isolierung von Carotin aus Rindergallensteinen. Z. physiol. Chem. 88, 331 (1913).

FLASCHENTRÄGER, B.: Mikrobestimmung von Hydroxylgruppen mit Methylmagnesiumjodid nach TSCHUGAEFF und ZEREWITINOFF. Z. physiol. Chem. 146, 219 (1925).

FODOR, A. u. R. SCHOENFELD: Darstellung und Eigenschaften wäßriger Carotinlösungen. Biochem. Z. 233, 243 (1931).

FORBÁT, E.: Untersuchungen über Bixin, den Farbstoff von Bixa orellana L. Diss. Zürich 1930.

FRANKE, W.: Zur Autoxydation der ungesättigten Fettsäuren II. Die Wirkung der Carotinoide. Z. physiol. Chem. 212, 234 (1932).

FRÄNKEL, M.: Katalytisch-organische Arbeitsmethoden. ABDERHALDENS Handbuch der biologischen Arbeitsmethoden, Abt. I, Teil 12, H. 1.

FUNKE, K.: Die Carotinoide und ihre Beziehung zum Wachstumsvitamin A. Pharmaz. Mh. 14, 100 (1933).

GALESESCO, P. u. S. BRATIANO: Fettfärbung durch den alkoholischen Extrakt von Daucus carota. C. r. Soc. Biol. Paris 99, 1460 (1928).

GERMANN, A. F. O.: Über die Rolle des Carotins für die Gesundheit des Menschen. J. chem. educ. 11, 13 (1934).

GILL, A. H.: Das Vorkommen von Carotin in Ölen und Vegetabilien. J. ind. engin. Chem. 10, 612 (1918).

GILLAM, A. E., I. M. HEILBRON, R. A. MORTON, G. BISHOP u. J. C. DRUMMOND: Über Variationen in der Qualität von Butter, besonders in bezug auf den Gehalt an Vitamin A, Carotin und Xanthophyll... Biochemic. J. 27, 878 (1933).

GILLAM, A. E., I. M. HEILBRON, R. A. MORTON u. J. C. DRUMMOND: Die Isomerisation von Carotin durch Antimontrichlorid. Biochemic. J. 26, 1174 (1932).

GLANZMANN, E.: Carotin und Vitamin A. Jb. Kinderheilk. 83, 129 (1931).

GODNEW, T. N. u. S. K. KORSCHENEWSKY: Über die gelben Begleitstoffe des Protochlorophylls. Planta (Berl.) 10, 811 (1930).

GOERRIG, E.: Vergleichende Untersuchungen über den Carotin- und Xanthophyllgehalt grüner und herbstlich gelber Blätter. Beih. Bot. Zbl. 35, 342 (1917).

GRUNDMANN, CH.: Die Konstitution des Lycopins. Diss. Berlin 1933.

20*

GUILLIERMOND, A.: Untersuchung über den Ursprung der Chromoplasten und die Bildungsweise der Pigmente aus der Gruppe der Xanthophylle und Carotine. C. r. Acad. Sci. Paris **164**, 232 (1917).

GULLAND, J. M.: Die chemische Konstitution der Carotinoide und die Beziehung des Carotins zum Vitamin A. Ein Überblick. J. Soc. chem. ind. **49**, 839 (1930).

GYÖRGY, P. u. R. KUHN: Über einen Farbstoff im Liquor cerebrospinalis eines Kindes mit Meningitis tuberculosa. Naturwiss. **21**, 405 (1933).

GYÖRGY, P., R. KUHN u. TH. WAGNER-JAUREGG: Über das Vitamin B_2. Naturwiss. **21**, 560 (1933). Klin. Wschr. **12**, 1241 (1933).

HARRIES, C. u. F. EWERS: Beiträge zur Bestimmung der Molekulargröße des Kautschukkohlenwasserstoffes auf chemischem Wege. Wiss. Veröff. Siemens-Konz. **1**, 87 (1921).

HARTWICH, C.: Über den Orlean. Arch. Pharmaz. **208**, 415 (1886).

HASSELT, J. F. B. VAN: (1) Einige Bemerkungen über die Konstitution des Bixins. Chem. Weekbl. **6**, 480 (1909).

— (2) Studien über die Konstitution des Bixins. Rec. Trav. chim. Pays-Bas et Belg. (Amsterd.) **30**, 1 (1911); **33**, 192 (1914).

— (3) Die Reduktion von Bixin. Chem. Weekbl. **13**, 429 (1916).

HEIDUSCHKA, A. u. A. PANZER: (1) Zur Kenntnis des Bixins. Ber. dtsch. chem. Ges. **50**, 546 (1917).

— (2) Zur Kenntnis des Bixins. Ber. dtsch. chem. Ges. **50**, 1525 (1917).

HEIDUSCHKA, A. u. H. RIFFART: Über Bixin. Arch. Pharmaz. **249**, 43 (1911).

HEILBRON, I. M., R. N. HESLOP, R. A. MORTON, E. T. WEBSTER, J. R. REA u. J. C. DRUMMOND: Charakterisierung hochaktiver Vitamin-A-Präparate. Biochemic. J. **26**, 1178 (1932).

HEILBRON, I. M., R. A. MORTON, B. AHMAD u. J. C. DRUMMOND: Charakterisierung von Vitamin A. J. Soc. chem. ind. **50**, 183 (1931).

HEILBRON, I. M., R. A. MORTON u. E. T. WEBSTER: Die Struktur des A-Vitamins. Biochemic. J. **26**, 1194 (1932).

HEILBRON, I. M., W. M. OWENS u. I. A. SIMPSON: Die unverseifbaren Stoffe des Öles aus Fischen der Unterklasse Elasmobranchii. V. Die Konstitution des Squalens, abgeleitet aus seinen Abbauprodukten. J. chem. Soc. (Lond.) **1929**, 873.

HEILBRON, I. M. u. A. THOMPSON: Die unverseifbaren Stoffe des Öles aus Fischen der Unterklasse Elasmobranchii. VI. Die Konstitution des Squalens, abgeleitet aus der Untersuchung der Dekahydrosqualene. J. chem. Soc. (Lond.) **1929**, 883.

HENGSTENBERG, J. u. R. KUHN: (1) Die Krystallstruktur der Diphenylpolyene. Z. Krystallogr. **75**, 301 (1930).

— (2) Notiz über eine röntgenographische Molekulargewichtsbestimmung des Methylbixins. Z. Krystallogr. **76**, 174 (1930).

HERNANDO, T.: Carotinämie mit Carotinodermie. Madrid: Sanches de Ocana 1928.

HERZIG, J. u. F. FALTIS: (1) Zur Kenntnis des Bixins. Mh. Chem. **35**, 997 (1914). (Experimenteller Teil von E. MIZZAN).

— (2) Zur Kenntnis des Bixins. Ber. dtsch. chem. Ges. **50**, 927 (1917).

— (3) Zur Kenntnis des Bixins. Liebigs Ann. **431**, 40 (1923).

HILL, E. G. u. A. P. SIKKAR: Ein neuer Farbstoff aus Nyctanthes arbor tristis. J. chem. Soc. (Lond.) **91**, 1501 (1907).

HOLMES, H. N., R. CORBET, H. CASSIDY, C. R. MEYER u. S. I. JACOBS: Über die biologische Wirksamkeit einiger Carotinpräparate. J. Nutrit. **7**, 321 (1934).

HOLMES, H. N., V. G. L. E. DELFS u. H. G. CASSIDY: Vergleichende Untersuchungen über das Adsorptionsverhalten von rohem Vitamin A, Carotin und Cholesterin. J. of biol. Chem. **99**, 417 (1933).

HOLMES, H. N. u. H. M. LEICESTER: Die Isolierung von Carotin. J. amer. chem. Soc. **54**, 716 (1932).

HUME, E. M. u. H. H. SMITH: Der Wert der Nahrungsmittel als Vitamin-A-Quelle. Lancet **219**, 1362 (1930).

HUSZÁK, ST.: Über den Ascorbinsäuregehalt der Corpora lutea. Z. physiol. Chem. **219**, 275 (1933).

ISSEKUTZ, B. v. u. L. ZECHMEISTER: Notiz über die physiologische Indifferenz des Capsanthins. Biochem. Z. **185**, 1 (1927).

JAVILLIER: Carotin und das Wachstum der Tiere. Bull. Soc. chim. [4] **47**, 489 (1930).

JAVILLIER, M., P. BAUDE et S. LEVY-LAJEUNNESSE: Bull. Soc. Chim. biol. Paris **7**, 39 (1925).

JAVILLIER, M. u. L. EMERIQUE: (1) Über die Vitaminwirkung des Carotins. C. r. Acad. Sci. Paris **190**, 655 (1930).

— (2) Neue Feststellungen über die Vitaminwirksamkeit des Carotins. Bull. Soc. Chim. biol. Paris **12**, 1355 (1930).

— (3) Über eine Reinigungsmethode für Carotin und über die Vitaminwirksamkeit eines gereinigten Carotins. C. r. Acad. Sci. Paris **191**, 226 (1930).

JÖRGENSEN, H.: Über die Verwendung von Chromatlösungen als Vergleichslösungen bei colorimetrischen Messungen. Biochem. Z. **186**, 485 (1927).

JÖRGENSEN, J. u. W. STILES: Kohlenstoffassimilation... New Phytologist **1917**, Nr 10, 1.

KAILA, K.: Prüfung und Wertbestimmung verschiedener Safranproben. Pharmacia **1932**, Nr 10.

KARRER, P.: (1) Über die Kaliumpermanganatoxydation von Carotinoiden. Helvet. chim. Acta **12**, 558 (1929).

— (2) Über Carotinoidfarbstoffe. Z. angew. Chem. **42**, 918 (1929).

— (3) Carotinoide. Erg. Physiol. **34**, 812 (1932).

— (4) Über Carotinoide und Vitamin A. Arch. di Sci. biol. **18**, 30 (1933), sowie 14. Congr. internat. Fisiol. (1932).

— (5) Carotinoide. Vitamin A in OPPENHEIMs Handbuch der Biochemie der Menschen und der Tiere, 2. Aufl. Ergänzungswerk 1, S. 63, 79. Jena: Gustav Fischer 1933.

— (6) Die Chemie der Vitamine A und C. Chem. Rev. **14**, 17 (1934).

KARRER, P. u. W. E. BACHMANN: Zur Kenntnis des Lycopins. Helvet. chim. Acta **12**, 285 (1929).

KARRER, P. u. F. BENZ: (1) Überführung von Perhydro-crocetin in Perhydronorbixin. Helvet. chim. Acta **16**, 337 (1933).

— (2) Über ein neues Vorkommen des Astacins. Ein Beitrag zu dessen Konstitution. Helvet. chim. Acta **17**, 412 (1934).

KARRER, P., P. BENZ, R. MORF, H. RAUDNITZ, M. STOLL u. T. TAKAHASHI:
(1) Konstitution des Safranfarbstoffs Crocetin, Synthese des Perhydro-
bixin-äthylesters und Perhydro-norbixins. Helvet. chim. Acta 15, 1218
(1932).
— (2) Konstitution des Crocetins und Bixins. Synthese des Perhydro-
norbixins. Helvet. chim. Acta 15, 1399 (1932).
KARRER, P., F. BENZ u. M. STOLL: Synthese des Perhydro-crocetins. Helvet.
chim. Acta 16, 297 (1933).
KARRER, P., B. v. EULER u. H. v. EULER: Zur Kenntnis der zur A-Vitamin-
Prüfung vorgeschlagenen Antimontrichloridreaktion. Ark. Kemi B 10
Nr 2 (1929).
KARRER, P., B. v. EULER, H. v. EULER, H. HELLSTRÖM u. M. RYDBOM:
Beobachtungen und Messungen über A-Vitamine. Ark. Kemi B 10,
Nr 12 (1930).
KARRER, P., H. v. EULER u. H. HELLSTRÖM: Über isomere Carotine. Ark.
Kemi. B 10, Nr 15 (1931).
KARRER, P., H. v. EULER, H. HELLSTRÖM u. E. KLUSSMANN: Zur Kenntnis
der Oxydation des β-Carotins. Ark. Kemi B 11, Nr 3 (1932).
KARRER, P., H. v. EULER, H. HELLSTRÖM u. M. RYDBOM: Isomere Carotine
und Derivate derselben. Sv. kem. Tidskr. 43, 105 (1931).
KARRER, P., H. v. EULER u. M. RYDBOM: Neue Versuche über die physio-
logische Wirkung des Xanthophylls. Helvet. chim. Acta 13, 1059 (1930).
KARRER, P., H. v. EULER u. K. SCHÖPP: Über Lovibondwerte der Leberöle
verschiedener Tiere und über Zuwachswirkung verschiedener Vitamin-
präparate. Helvet. chim. Acta 15, 493 (1932).
KARRER, P. u. TH. GOLDE: Überführung von Crocetin in Crocetan. Helvet.
chim. Acta 13, 707 (1930).
KARRER, P. u. A. HELFENSTEIN: (1) Über Carotin I. Helvet. chim. Acta 12,
1142 (1929).
— (2) Über die Natur der Carotinoide im Schaf- und Kuhkot. Helvet. chim.
Acta 13, 86 (1930).
— (3) Über die Safranfarbstoffe VI. Helvet. chim. Acta 13, 392 (1930).
— (4) Synthese des Squalens. Helvet. chim. Acta 14, 78 (1931).
KARRER, P., A. HELFENSTEIN, B. PIEPER u. A. WETTSTEIN: Die symmetri-
sche Lycopinformel. Perhydro-lycopin. Helvet. chim. Acta 14, 435 (1931).
KARRER, P., A. HELFENSTEIN u. H. WEHRLI: Weiterer Beitrag zur Konstitution der Carotinoide. Helvet. chim. Acta 13, 87 (1930).
KARRER, P., A. HELFENSTEIN, H. WEHRLI, B. PIEPER u. R. MORF: Beiträge
zur Kenntnis des Carotins, der Xanthophylle, des Fucoxanthins und
Capsanthins. Helvet. chim. Acta 14, 614 (1931).
KARRER, P., A. HELFENSTEIN, H. WEHRLI u. A. WETTSTEIN: Über die
Konstitution des Lycopins und Carotins. Helvet. chim. Acta 13, 1084
(1930).
KARRER, P., A. HELFENSTEIN u. R. WIDMER: Zur Kenntnis des Crocetins
und Lycopins. Helvet. chim. Acta 11, 1201 (1928).
KARRER, P., A. HELFENSTEIN, R. WIDMER u. TH. B. VAN ITALLIE: Über
Bixin. Helvet. chim. Acta 12, 741 (1929).
KARRER, P. u. R. HIROHATA: Zur Oxydation von 1,2-Glykolen mit Blei-
tetraacetat und Perjodsäure. Helvet. chim. Acta 16, 959 (1933).

KARRER, P. u. S. ISHIKAWA: (1) Ester des Xanthophylls. Helvet. chim. Acta
13, 709 (1930).
— (2) Über weitere Ester des Xanthophylls. Helvet. chim. Acta 13, 1099
(1930).
KARRER, P. u. B. JIRGENSONS: Über die Methylierung des Xanthophylls.
Helvet. chim. Acta 13, 1102 (1930).
KARRER, P., E. KLUSSMANN u. H. v. EULER: Über das A-Vitamin in der
Leber von Hippoglossus hippoglossus L. Ark. Kemi B 10, Nr 16 (1931).
KARRER, P. u. L. LOEWE: Über Astacin II. Helvet. chim. Acta 17, 745 (1934).
KARRER, P. u. K. MIKI: Der Zucker des α-Crocins. Helvet. chim. Acta 12,
985 (1929).
KARRER, P. u. R. MORF: (1) Dihydrolycopin. Helvet. chim. Acta 14, 845
(1931).
— (2) Zur Konstitution der zweiten Carotinform (α-Carotin). Helvet. chim.
Acta 14, 833 (1931).
— (3) Zur Konstitution des β-Carotins und β-Dihydrocarotins. Helvet.
chim. Acta 14, 1033 (1931).
— (4) Beitrag zur Kenntnis des Violaxanthins. Helvet. chim. Acta 14, 1044
(1931).
— (5) Taraxanthin aus Tussilago farfara (Huflattich). Helvet. chim. Acta
15, 863 (1932).
— (6) Synthese des Perhydro-vitamins A. Reinigung der Vitamin-A-
Präparate. Helvet. chim. Acta 16, 625 (1933).
— (7) Mehrfach ungesättigte, den β-Ionon-Kohlenstoffring enthaltende
Verbindungen II. Helvet. chim. Acta 17, 3 (1934).
KARRER, P., R. MORF, E. v. KRAUSS u. A. ZUBRYS: Vermischte Beobachtungen
über Carotinoide (α-Carotin, Zeaxanthin, Carotinoide aus Kakifrüchten).
Helvet. chim. Acta 15, 490 (1932).
KARRER, P., R. MORF u. K. SCHÖPP: (1) Zur Kenntnis des Vitamins A aus
Fischtranen. Helvet. chim. Acta 14, 1036 (1931).
— (2) Zur Kenntnis des Vitamins A aus Fischtranen II. Helvet. chim.
Acta 14, 1431 (1931).
— (3) Synthese des Perhydrovitamins A. Helvet. chim. Acta 16, 557 (1933).
KARRER, P., R. MORF u. O. WALKER: Konstitution des α-Carotins. Helvet.
chim. Acta 16, 975 (1933); Nature (Lond.) 132, 171 (1933).
KARRER, P. u. A. NOTTHAFFT: Zur Kenntnis der Carotinoide der Blüten.
Helvet. chim. Acta 15, 1195 (1932).
KARRER, P. u. B. PIEPER: Notiz über die Zusammensetzung des Physaliens.
Helvet. chim. Acta 14, 838 (1931).
KARRER, P. u. H. SALOMON: (1) Zur Kenntnis der Safranfarbstoffe I. Helvet.
chim. Acta 10, 397 (1927).
— (2) Über die Safranfarbstoffe II. Helvet. chim. Acta 11, 513 (1928).
— (3) Zur Kenntnis der Safranfarbstoffe III. Helvet. chim. Acta 11, 711
(1928).
— (4) Xanthophyll aus Löwenzahnblüten. Helvet. chim. Acta 13, 1063 (1930).
— (5) Die Bruttoformel des Crocins. Helvet. chim. Acta 16, 643 (1933).
KARRER, P., H. SALOMON, R. MORF u. O. WALKER: Über mehrfach ungesättigte, den β- oder α-Jononkohlenstoffring enthaltende Verbindungen.
Helvet. chim. Acta 15, 878 (1932).

KARRER, P., H. SALOMON u. K. SCHÖPP: Isolierung des Hepaflavins. Helvet. chim. Acta **17**, 419 (1934).

KARRER, P., H. SALOMON u. H. WEHRLI: Über einen Carotinoidfarbstoff aus Mais: Zeaxanthin. Helvet. chim. Acta **12**, 790 (1929).

KARRER, P. u. W. SCHLIENTZ: (1) Zum Vorkommen von α- und β-Carotin in verschiedenen Naturprodukten. Helvet. chim. Acta **17**, 7 (1934).

— (2) Caricaxanthin, Kryptoxanthin, Zeaxanthinmonopalmitat. Helvet. chim. Acta **17**, 55 (1934).

KARRER, P. u. K. SCHÖPP: Trennung von Vitamin A, Carotin und Xanthophyllen. Helvet. chim. Acta **15**, 745 (1932).

KARRER, P., K. SCHÖPP u. R. MORF: Zur Kenntnis der isomeren Carotine und ihre Beziehungen zum Wachstumsvitamin A. Helvet. chim. Acta **15**, 1158 (1932).

KARRER, P., U. SOLMSSEN u. O. WALKER: Vorläufige Mitteilung über neue Oxydationsprodukte aus α-Carotin und Physalien. α-Carotin-dijodid. Helvet. chim. Acta **17**, 417 (1934).

KARRER, P., M. STOLL u. PH. STEVENS: Hochmolekulare Kohlenwasserstoffe mit zahlreichen Methylseitenketten. Helvet. chim. Acta **14**, 1194 (1931).

KARRER, P. u. T. TAKAHASHI: (1) Über die Isomerieverhältnisse beim Bixin. Bemerkungen zu den Theorien über die Bildung von Carotinoidpigmenten in der Pflanze. Helvet. chim. Acta **16**, 287 (1933).

— (2) Methylierungsprodukte des Zeaxanthins. Helvet. chim. Acta **16**, 1163 (1933).

KARRER, P. u. O. WALKER: (1) Reines α-Carotin. Helvet. chim. Acta **16**, 641 (1933).

— (2) Untersuchungen über die herbstlichen Färbungen der Blätter. Helvet. chim. Acta **17**, 43 (1934).

KARRER, P., O. WALKER, K. SCHÖPP u. R. MORF: Isomere Formen von Carotin und die weitere Reinigung von Vitamin A. Nature (Lond.) **132**, 26 (1933).

KARRER, P. u. H. WEHRLI: (1) Über den Farbstoff der Sanddornbeere (Hippophaes rhamnoides). Helvet. chim. Acta **13**, 1104 (1930).

— (2) 25 Jahre Vitamin-A-Forschung. Nova Acta Leopoldina (Halle a. S.), N. F. **1**, 175—275 (1933).

KARRER, P., H. WEHRLI u. A. HELFENSTEIN: Über Zeaxanthin und Xanthophyll. Helvet. chim. Acta **13**, 268 (1930).

KARRER, P. u. R. WIDMER: Über Lycopin. Helvet. chim. Acta **11**, 751 (1928).

KARRER, P., A. ZUBRYS u. R. MORF: Beitrag zur Kenntnis des Xanthophylls und Violaxanthins. Helvet. chim. Acta **16**, 977 (1933).

KAUFMANN, W.: Beitrag zur Kenntnis der Carotinoide. Über das Physalien. Diss. Zürich 1930.

KAWAKAMI, K.: (1) Untersuchungen über Vitamin A. Über das ultraviolette Absorptionsspektrum von Carotinoiden. Sci. Pap. Inst. physic. chem. Res. Tokyo **17**, Nr 339 (1931).

— (2) Die chemischen und physiologischen Eigenschaften von Hydrocarotin. Sci. Pap. Inst. physic. chem. Res. Tokyo **17**, Nr 339 (1931).

— (3) Das Fehlen von Hydrocarotin im Biosterin und die Eigenschaften von Hydroxanthophyll. Sci. Pap. Inst. physic. chem. Res. Tokyo **17**, Nr 339 (1931).

KAWAKAMI, K. u. R. KIMM: Über die physiologische Bedeutung von Carotin und verwandten Substanzen. Sci. Pap. Inst. physic. chem. Res. Tokyo **13**, 231 (1930).

KLEIN, G.: (1) Handbuch der Pflanzenanalyse (unter Mitwirkung von vielen Autoren). Wien: Julius Springer 1931—1933.

— (2) Studien über das Anthochlor. Sitzgsber. Akad. Wiss. Wien, Math.-naturwiss. Kl. I **129**, 1, 341 (1920).

KLINE, O. L., M. O. SCHULTZE u. E. B. HART: Carotin und Xanthophyll als Vitamin-A-Quellen für das wachsende Huhn. J. of biol. Chem. **97**, 83 (1932).

KOBAYASHI, K., K. YAMAMOTO u. J. ABE: (1) Die Farbreaktion des japanischen sauren Tones mit Carotin. J. Soc. chem. Ind. jap. Suppl. **32**, 182 B (1929).

— (2) Über Carotin im Palmöl. J. Soc. chem. Ind. jap. Suppl. **34**, 434 B (1931); **35**, 35 B (1932).

KÖGL, F.: Pilz- und Bakterienfarbstoffe, in G. KLEINS Handbuch der Pflanzenanalyse Bd. 3, S. 1410—1445. Wien: Julius Springer 1932.

KOHL, F. G.: Untersuchungen über das Carotin und seine physiologische Bedeutung in der Pflanze. Leipzig: Gebr. Borntraeger 1902.

KÖPPEN, R.: Die Hydrier- und Dehydrierwirkung an Platinkontakten in Abhängigkeit von der Trägersubstanz. Z. Elektrochem. **38**, 938 (1932).

KUHN, R.: (1) Darstellung von isomeren Carotinen und ihre biologischen Wirkungen. Chemistry centenary meeting. Brit. Assoc. Cambridge **1931**, 108.

— (2) Cis-trans-Umlagerungen der Äthylenkörper. FREUDENBERGs Stereochemie, S. 913—920. Leipzig-Wien: Franz Deuticke 1933.

— (3) Carotine und Carotinoide. Forschgn u. Fortschr. **9**, 426 (1933).

— (4) Über die mit Vitaminen verwandten natürlichen Farbstoffe: Carotine und Flavine. J. Soc. chem. Ind. **52**, 981 (1933).

— (5) Verfahren zur Gewinnung des optisch inaktiven Anteils des Carotins. Schweiz. Pat. Nr. 160939. Chem. Zbl. **1933** II, 3728; vgl. **1934** I, 3623.

KUHN, R. u. H. BROCKMANN: (1) Prüfung von α- und β-Carotin an der Ratte. Ber. dtsch. chem. Ges. **64**, 1859 (1931).

— (2) α-Carotin aus Palmöl. Z. physiol. Chem. **200**, 255 (1931).

— (3) Bestimmung von Carotinoiden. Z. physiol. Chem. **206**, 41 (1932).

— (4) Flavoxanthin. Z. physiol. Chem. **213**, 192 (1932).

— (5) Über die ersten Oxydationsprodukte des β-Carotins. Ber. dtsch. chem. Ges. **65**, 894 (1932).

— (6) Hydrierungs- und Oxydationsprodukte der Carotine als Vorstufen des A-Vitamins. Z. physiol. Chem. **213**, 1 (1932).

— (7) Über ein neues Carotin. Naturwiss. **21**, 44 (1933).

— (8) γ-Carotin. Ber. dtsch. chem. Ges. **66**, 407 (1933).

— (9) Über Rhodo-xanthin, den Arillusfarbstoff der Eibe (Taxus baccata). Ber. dtsch. chem. Ges. **66**, 828 (1933).

— (10) Einfluß der Carotine auf Wachstum, Xerophthalmie, Kolpokeratose und Brunstcyclus. Klin. Wschr. **12**, 972 (1933).

— (11) Semi-β-carotinon; ein Verfahren zur Ausführung chemischer Reaktionen. Ber. dtsch. chem. Ges. **66**, 1319 (1933).

— (12) Die Konstitution des β-Carotins (vorläufige Mitteilung). Ber. dtsch. chem. Ges. **67**, 885 (1934).

KUHN, R., H. BROCKMANN, A. SCHEUNERT u. M. SCHIEBLICH: Über die Wachstumswirkung der Carotine und Xanthophylle. Z. physiol. Chem. **221**, 129 (1933).

KUHN, R. u. A. DEUTSCH: (1) Bildung aromatischer Kohlenwasserstoffe aus Dien-carbonsäuren. Ber. dtsch. chem. Ges. **65**, 43 (1932).

— (2) Die Konstitution des Azafrins. Ber. dtsch. chem. Ges. **66**, 883 (1933).

KUHN, R. u. P. J. DRUMM: Umkehrbare Hydrierung und Dehydrierung bei Polyenen. Ber. dtsch. chem. Ges. **65**, 1458 (1932).

KUHN, R., P. J. DRUMM, M. HOFFER u. E. F. MÖLLER: Farbreaktionen und Autoxydation von Hydropolyen-carbonsäureestern. Ber. dtsch. chem. Ges. **65**, 1785 (1932).

KUHN, R. u. L. EHMANN: Über das Bixin und seinen Abbau zum Bixan. Helvet. chim. Acta **12**, 904 (1929).

KUHN, R. u. CH. GRUNDMANN: (1) Die ersten Oxydationsprodukte des Lycopins. Ber. dtsch. chem. Ges. **65**, 898 (1932).

— (2) Die Konstitution des Lycopins. Ber. dtsch. chem. Ges. **65**, 1880 (1932).

— (3) Über Krypto-xanthin, ein Xanthophyll der Formel $C_{40}H_{56}O$. Ber. dtsch. chem. Ges. **66**, 1746 (1933).

— (4) Über Rubixanthin, ein neues Xanthophyll der Formel $C_{40}H_{56}O$. Ber. dtsch. chem. Ges. **67**, 339 (1934).

— (5) Krypto-xanthin aus gelbem Mais. Ber. dtsch. chem. Ges. **67**, 593 (1934).

— (6) Über die sterischen Reihen der Xanthophylle. Ber. dtsch. chem. Ges. **67**, 596 (1934).

— (7) Über die Farbstoffe der Hagebutten (Berichtigung). Ber. dtsch. chem. Ges. **67**, 1133 (1934).

KUHN, R., P. GYÖRGY u. TH. WAGNER-JAUREGG: (1) Über eine neue Klasse von Naturfarbstoffen. Ber. dtsch. chem. Ges. **66**, 317 (1933).

— (2) Über Ovoflavin, den Farbstoff des Eiklars. Ber. dtsch. chem. Ges. **66**, 576 (1933).

— (3) Über Lactoflavin, den Farbstoff der Molke. Ber. dtsch. chem. Ges. **66**, 1034 (1933).

KUHN, R. u. M. HOFFER: (1) Synthese ungesättigter farbiger Fettsäuren. Ber. dtsch. chem. Ges. **63**, 2164 (1930).

— (2) Hexadienal und Octatrienal. Ber. dtsch. chem. Ges. **64**, 1977 (1931).

— (3) Zur erweiterten THIELEschen Regel. Ber. dtsch. chem. Ges. **65**, 170 (1932).

— (4) Synthese von cis-trans-isomeren methylierten Polyencarbonsäuren; Synthese und Konfiguration der Dehydro-geraniumsäure. Ber. dtsch. chem. Ges. **65**, 651 (1932).

KUHN, R. u. S. ISHIKAWA: Zur Kenntnis der PERKINschen Synthese. Ber. dtsch. chem. Ges. **64**, 2347 (1931).

KUHN, R. u. E. LEDERER: (1) Fraktionierung und Isomerisierung des Carotins. Naturwiss. **19**, 306 (1931).

— (2) Zerlegung des Carotins in seine Komponenten. Ber. dtsch. chem. Ges. **64**, 1349 (1931).

— (3) Taraxanthin, ein neues Xanthophyll mit vier Sauerstoffatomen. Z. physiol. Chem. **200**, 108 (1931).

KUHN, R. u. E. LEDERER: (4) Über α- und β-Carotin. Z. physiol. Chem. **200**, 246 (1931).

— (5) Iso-carotin (Über das Vitamin des Wachstums, III. Mitt.). Ber. dtsch. chem. Ges. **65**, 637 (1932).

— (6) Über Taraxanthin. Z. physiol. Chem. **213**, 188 (1932).

— (7) Über die Farbstoffe des Hummers (Astacus gammarus L.) und ihre Stammsubstanz, das Astacin. Ber. dtsch. chem. Ges. **66**, 488 (1933).

KUHN, R., E. LEDERER u. A. DEUTSCH: Astacin aus den Eiern der Seespinne (Maja squinado). Z. physiol. Chem. **220**, 229 (1933).

KUHN, R. u. K. LIVADA: Über den Einfluß von Seitenketten auf die Oxydationsvorgänge im Tierkörper. Modellversuche zum biologischen Abbau der Carotinfarbstoffe. Z. physiol. Chem. **220**, 235 (1933).

KUHN, R. u. F. L'ORSA: (1) Zur Konstitution des Safranfarbstoffes. Ber. dtsch. chem. Ges. **64**, 1732 (1931).

— (2) Analyse organischer Verbindungen durch Oxydation mit Chromsäure. Z. angew. Chem. **44**, 847 (1931).

KUHN, R. u. K. MEYER: Über katalytische Oxydationen mit Hämin. Z. physiol. Chem. **185**, 193 (1929).

KUHN, R. u. E. F. MÖLLER: Katalytische Mikrohydrierung organischer Verbindungen. Z. angew. Chem. **47**, 145 (1934).

KUHN, R. u. H. ROTH: (1) Mikrobestimmung von Isopropylidengruppen. Über die Konstitution der Dehydro-geraniumsäuren. Ber. dtsch. chem. Ges. **65**, 1285 (1932).

— (2) Mikrobestimmung von Acetyl-, Benzoyl- und C-Methylgruppen. Ber. dtsch. chem. Ges. **66**, 1274 (1933).

KUHN, R., H. RUDY u. TH. WAGNER-JAUREGG: Über Lacto-flavin (Vitamin B_2). Ber. dtsch. chem. Ges. **66**, 1950 (1933).

KUHN, R. u. A. SMAKULA: Spektrophotometrische Analyse des Eidotterfarbstoffes. Z. physiol. Chem. **197**, 161 (1931).

KUHN, R. u. TH. WAGNER-JAUREGG: (1) Molekelverbindungen und Farbreaktionen der Polyene II. Helvet. chim. Acta **13**, 9 (1930).

— (2) Addition von Maleinsäure-anhydrid an Polyene. Ber. dtsch. chem. Ges. **63**, 2662 (1930).

— (3) Über die aus Eiklar und Milch isolierten Flavine. Ber. dtsch. chem. Ges. **66**, 1577 (1933).

KUHN, R. u. W. WIEGAND: Der Farbstoff der Judenkirschen (Physalis Alkekengi und Physalis Franchetti). Helvet. chim. Acta **12**, 499 (1929).

KUHN, R. u. A. WINTERSTEIN: (1) Über konjugierte Doppelbindungen I—IV. Helvet. chim. Acta **11**, 87, 116, 123, 144 (1928).

— (2) Bemerkungen zur Konstitution des Carotins und des Bixins. Helvet. chim. Acta **11**, 427 (1928).

— (3) Über konjugierte Doppelbindungen VIII. Helvet. chim. Acta **12**, 493 (1929).

— (4) Zur Kenntnis der Äthylengruppe als Chromophor. Helvet. chim. Acta **12**, 899 (1929).

— (5) Über die Verbreitung des Luteins im Pflanzenreich. Naturwiss. **18**, 754 (1930).

— (6) Viola-xanthin, das Xanthophyll des gelben Stiefmütterchens (Viola tricolor). Ber. dtsch. chem. Ges. **64**, 326 (1931).

KUHN, R. u. A. WINTERSTEIN: (7) Die Dihydroverbindung der isomeren Bixine und die Elektronenkonfiguration der Polyene. Ber. dtsch. chem. Ges. **65**, 646 (1932).

— (8) Thermischer Abbau der Carotinfarbstoffe. Ber. dtsch. chem. Ges. **65**, 1873 (1932).

— (9) Über die Konstitution des β-Carotins; 2.6-Dimethylnaphthalin aus der Polyenkette. Ber. dtsch. chem. Ges. **66**, 429 (1933).

— (10) Über einen lichtempfindlichen Carotinfarbstoff aus Safran. Ber. dtsch. chem. Ges. **66**, 209 (1933).

— (11) Pikrocrocin, das Terpenglucosid des Safrans und die Biogenese der Carotinoidcarbonsäuren. Naturwiss. **21**, 527 (1933).

— (12) Kettenverkürzung und Cyclisierung beim thermischen Abbau natürlicher Polyenfarbstoffe. Ber. dtsch. chem. Ges. **66**, 1733 (1933).

— (13) Über die Konstitution des Pikrocrocins und seine Beziehung zu den Carotinfarbstoffen des Safrans. Ber. dtsch. chem. Ges. **67**, 344 (1934).

KUHN, R., A. WINTERSTEIN u. L. KARLOVITZ: Bestimmung der Seitenketten in Bixin und Crocetin. Helvet. chim. Acta **12**, 64 (1929).

KUHN, R., A. WINTERSTEIN u. W. KAUFMANN: (1) Über ein krystallisiertes Farbwachs. Naturwiss. **18**, 418 (1930).

— (2) Zur Kenntnis des Physalisfarbstoffes. Ber. dtsch. chem. Ges. **63**, 1489 (1930).

KUHN, R., A. WINTERSTEIN u. E. LEDERER: Zur Kenntnis der Xanthophylle. Z. physiol. Chem. **197**, 141 (1931).

KUHN, R., A. WINTERSTEIN u. H. ROTH: Über den Polyenfarbstoff der Azafranillowurzeln. Ber. dtsch. chem. Ges. **64**, 333 (1931).

KUHN, R., A. WINTERSTEIN u. W. WIEGAND: Der Farbstoff der chinesischen Gelbschoten. Über das Vorkommen von Polyenfarbstoffen im Pflanzenreiche. Helvet. chim. Acta **11**, 716 (1928).

KYLIN, H.: (1) Über die gelben Chromatophorenfarbstoffe der höheren Pflanzen. Z. physiol. Chem. **157**, 148 (1926).

— (2) Über die carotinoiden Farbstoffe höherer Pflanzen. Z. physiol. Chem. **163**, 229 (1927).

— (3) Über Phycoerythrin und Phycocyan bei Ceramium rubrum. Z. physiol. Chem. **69**, 169 (1910).

— (4) Über die grünen und gelben Farbstoffe der Florideen. Z. physiol. Chem. **74**, 105 (1911).

— (5) Über die roten und blauen Farbstoffe der Algen. Z. physiol. Chem. **76**, 397 (1912).

— (6) Zur Biochemie der Meeresalgen. Z. physiol. Chem. **83**, 171 (1913).

— (7) Über die carotinoiden Farbstoffe der Algen. Z. physiol. Chem. **166**, 39 (1927).

— (8) Einige Bemerkungen über Phykoerythrin und Phykocyan. Z. physiol. Chem. **197**, 1 (1931).

LACHAT, L. L.: Carotin und Vitamin A. J. chem. educ. 8, 875 (1931).

LANGKAMMERER, C. M.: Die Arbeiten von RICHARD KUHN über die Polyene. J. chem. educ. **10**, 343 (1933).

LEDERER, E.: (1) Notiz über ein neues im Pectunculus gefundenes Carotinoid (Pectunculus glycymeris L.). C. r. Soc. Biol. Paris **113**, 1015 (1933).

LEDERER, E.: (2) Notiz über die Lypochrome der Actinia equina L. C. r. Soc. Biol. Paris **113**, 1391 (1933).

— (3) Über die Carotinoide einer roten Hefe. C. r. Acad. Sci. Paris **197**, 1694 (1933).

— (4) Über ein neues, in der Jakobsmuschel aufgefundenes Carotinoid. C. r. Soc. Biol. Paris **116**, 150 (1934).

— (5) Die Carotinoide der Pflanzen. (Les caroténoïdes des plantes.) Paris: Hermann et Cie. 1934.

LIEBERMANN, C.: Über den Wurzelfarbstoff des Azafrans. Ber. dtsch. chem. Ges. **44**, 850 (1911).

LIEBERMANN, C. u. G. MÜHLE: Über Azafrin III. Ber. dtsch. chem. Ges. **48**, 1653 (1915).

LIEBERMANN, C. u. W. SCHILLER: Über Azafrin II. Ber. dtsch. chem. Ges. **46**, 1973 (1913).

LIPMAA, TH.: (1) Das Rhodoxanthin, seine Eigenschaften, Bildungsbedingungen und seine Funktion in der Pflanze. Schr. Naturwiss. Ges. Dorpat **24**, 83 (1925).

— (2) Über die Hämatocarotinoide und Xanthocarotinoide. C. r. Acad. Sci. Paris **182**, 1350 (1926).

— (3) Über den vermuteten Rhodoxanthingehalt der Chloroplasten. Ber. dtsch. bot. Ges. **44**, 643 (1926).

— (4) Über die physikalischen und chemischen Eigenschaften des Rhodoxanthins. C. r. Acad. Sci. Paris **182**, 867, 1040 (1926).

LOESECKE, H. v.: Quantitative Veränderungen in Chloroplastenpigmenten der Bananenschale während der Reife. J. amer. chem. Soc. **51**, 2439 (1929).

LÖNNBERG, E.: (1) Zur Kenntnis des gelben Farbstoffes in der Haut einiger Batrachier und einer Eidechse. Ark. Zool. (schwed.) B **21**, Nr 3 (1929).

— (2) Einige Studien über die Lipochrome der Fische. Ark. Zool. (schwed.) A **21**, Nr 10 (1929).

— (3) Zur Kenntnis der „Lipochrome" der Vögel. Ark. Zool. (schwed.) A **21**, Nr 11 (1930).

— (4) Einige Beobachtungen über die carotinoiden Farbstoffe von Fischen. Ark. Zool. (schwed.) A **23**, Nr 16 (1931).

— (5) Untersuchungen über das Vorkommen carotinoider Stoffe bei marinen Evertebraten. Ark. Zool. (schwed.) A **22**, Nr 14 (1931).

— (6) Zur Kenntnis der Carotinoide bei marinen Evertebraten. Ark. Zool. (schwed.) A **23**, Nr 15 (1931).

— (7) Zur Kenntnis der Carotinoide bei marinen Evertebraten II. Ark. Zool. (schwed.) A **25**, Nr 1 (1932).

— (8) Einige Beobachtungen über die carotinoiden Farbstoffe von Fischen. Ark. Zool. (schwed.) **23**, Nr 4 (1932).

— (9) Notiz über die Carotinoide des Hagfisches, Myxine glutinosa. Ark. Zool. (schwed.) A **26**, Nr 3 (1933).

— (10) Weitere Beiträge zur Kenntnis der Carotinoide der marinen Evertebraten. Ark. Zool. (schwed.) A **26**, Nr 7 (1933).

LÖNNBERG, E. u. H. HELLSTRÖM: Zur Kenntnis der Carotinoide bei marinen Evertebraten. Ark. Zool. (schwed.) **23**, Nr 4 (1932).

LOVERN, J. A. u. R. A. MORTON: Pigmentierung der Leber des Seeteufels. Biochemic. J. **25**, 1336 (1931).

318 Literaturverzeichnis.

Lubimenko, V. N.: Über die Veränderungen der Plastidpigmente im lebendigen Pflanzengewebe (russ.). Mém. Acad. Sci. Pétrograd, VIII. s. **33**, Nr 12 (1916).

Lubimenko, V. N. u. V. A. Brilliant: Färbung der Pflanzen (russ.). Leningrad 1924.

Lwoff, A.: Bull. biol. France et Belg. **61**, 193 (1927).

Mackinney, G.: Über die Krystallstruktur von Carotinoiden. J. amer. chem. Soc. **56**, 488 (1934).

Mackinney, G. u. H. W. Milner: Karottenblatt-Carotin. J. amer. chem. Soc. **55**, 4728 (1933).

MacWalter, R. J. u. J. C. Drummond: Über die Beziehung zwischen den Lipochromen und Vitamin A bei der Ernährung des jungen Fisches. Biochemic. J. **27**, 1415 (1933).

Maly, R.: Über die Dotterpigmente. Sitzgsber. Wien. Akad. Wiss. **83**, 1126 (1881); vgl. Mh. Chem. **2**, 351 (1881).

Marchlewski, L. u. L. Matejko: Studien über das Bixin. Anz. Akad. Wiss. Krakau **1905**, 745.

Mark, H.: Ergebnisse der interferometrischen Untersuchung der Molekülgestalt. Freudenbergs Stereochemie, S. 83—132. Leipzig-Wien: Franz Deuticke 1933.

Matlack, M. B.: Einige vorläufige Beobachtungen über den Farbstoff von Citrussäften. Amer. J. Pharmacol. **100**, 243 (1928).

Matlack, M. B. u. Ch. E. Sando: Ein Beitrag zur Chemie des Tomatenpigments. J. of biol. Chem. **104**, 407 (1934).

McNicholas, H. J.: Das Absorptionsspektrum von Carotin und Xanthophyll im Sichtbaren und im Ultraviolett und die Veränderung durch Oxydation. Bur. Stand. J. Res. **7**, 171 (1931).

Mayer, F.: (1) Carotinoide. V. Meyer u. P. Jacobsons Lehrbuch der organischen Chemie, Bd. 2, V, 1, S. 164—181. Berlin-Leipzig: W. de Gruyter 1929.

— (2) Natürliche Farbstoffe. Handbuch der Lebensmittelchemie I, S. 569 bis 636 u. 1143—1144. Berlin: Julius Springer 1933.

Molisch, H.: (1) Mikrochemie der Pflanze. Jena: Gustav Fischer 1923.

— (2) Eine neue mikrochemische Reaktion auf Chlorophyll. Die Krystallisation und der Nachweis des Xanthophylls (Carotins) im Blatte. Ber. dtsch. bot. Ges. **14**, 16, 27 (1896).

— (3) Krystallisiertes Carotin in der Nebenkrone von Narcissus poeticus. Ber. dtsch. bot. Ges. **36**, 281 (1918).

— (4) Pflanzenchemie und Pflanzenverwandtschaft. Jena: Gustav Fischer 1933.

Monaghan, B. R. u. F. O. Schmitt: Die Wirkung von Carotin und Vitamin A auf die Oxydation von Linolensäure. J. of biol. Chem. **96**, 387 (1932).

Montanari, C.: Der rote Farbstoff der Tomate. Staz. sperim. agrar. ital. **37**, 909 (1904).

Monteverde, N. A.: Das Absorptionsspektrum des Chlorophylls. Acta Horti Petropol. **13**, 121 (1893).

Monteverde, N. A. u. V. N. Lubimenko: (1) Über die gelben Pigmente, die das Chlorophyll in den Chloroleuciten begleiten. Bull. Acad. Sci. Pétersbourg, VI. s. **6**, 609 (1912).

MONTEVERDE, N. A. u. V. N. LUBIMENKO: (2) Über Rhodoxanthin und Lycopin. Bull. Acad. Sci. Pétersbourg, VII. s. 7, 1105 (1913).

MOORE, TH.: (1) Die Beziehung von Carotin zu Vitamin A. Lancet 217, 380 (1929).

— (2) Vitamin A und Carotin. Biochemic. J. 23, 803, 1267 (1929); 24, 692 (1930); 25, 275, 2131 (1931).

— (3) Vitamin A und Carotin. IX. Biochemic. J. 26, 1 (1932).

— (4) Die relativen Minimaldosen von Vitamin A und Carotin. Biochemic. J. 27, 898 (1933).

MORGAN, A. F. u. E. O. MADSEN: Über einen Vergleich von Aprikosen und ihrem Carotingehalt als Quellen für Vitamin A. J. Nutrit. 6, 83 (1933).

MORGAN, A. F. u. L. L. W. SMITH: Entwicklung des Vitamins A während der Reifung der Tomaten. Proc. soc. exper. Biol. a. Med. 26, 44 (1928).

MUNESADA, T.: Über den Farbstoff der Frucht von Gardenia florida L. J. pharmac. Soc. Jap. 1922, Nr 486.

MUSSACK, A.: Beeinflussung der Blütenfarbe bei Primula auricula durch Blutdüngung. Ber. dtsch. bot. Ges. 50, 391 (1932).

NAEGELI, C. u. P. LENDORFF: Ein modifizierter CURTIUSscher Abbau IV. Der Abbau des Perhydronorbixins. Helvet. chim. Acta 12, 894 (1929).

NAKAMIYA, Z.: Über die physikalischen und chemischen Eigenschaften von Biosterin und seine physiologische Bildung VII. Bull. Inst. physic. chem. Res. 13, 5. Jan. 1933.

NETTER, R.: Untersuchungen über das Carotin der endokrinen Drüsen bei den Boviden. Bull. Soc. Chim. biol. Paris 14, 1555 (1932).

NILSSON, R. u. P. KARRER: Zur Konstitution der Xanthophylle. Helvet. chim. Acta 14, 843 (1931).

NOACK, K.: (1) Photochemische Wirkung des Chlorophylls und ihre Bedeutung für die Kohlensäureassimilation. Z. Bot. 17, 481 (1925).

— (2) Der Zustand des Chlorophylls in der lebenden Pflanze. Biochem. Z. 183, 135 (1927).

NOACK, K. u. W. KIESSLING: Zur Entstehung des Chlorophylls und seiner Beziehung zum Blutfarbstoff. Z. physiol. Chem. 182, 13 (1929).

OKU, M.: (1) Über die natürlichen Farbstoffe der Rohseidenfaser aus inländischem Cocon. I. Xanthophyll aus dem gelben Cocon. Bull. agricult. chem. Soc. Jap. 5, 81 (1929).

— (2) Über die natürlichen Farbstoffe der Rohseidenfaser aus inländischem Cocon. IV. Carotin und Xanthophyllester. Bull. agricult. chem. Soc. Jap. 8, 89 (1932).

— (3) Nachweis von Violaxanthin in dem gelben Cocon. Bull. agricult. chem. Soc. Jap. 9, 91 (1933).

OLCOTT, H. S. u. D. C. McCANN: (1) Die Überführung von Carotin in Vitamin A in vitro. Science (N. Y.) 74, 414 (1931).

— (2) Carotinase. Die Umwandlung von Carotin in Vitamin A in vitro. J. of biol. Chem. 94, 185 (1931).

OLCOVICH, H. S. u. H. A. MATTILL: Carotin aus Hefe und seine Beziehung zu Vitamin A. Proc. Soc. exper. Biol. a. Med. 28, 240 (1930).

ORLOV, N. I.: Die Farbenreaktionen der Vitamin A enthaltenden Stoffe. Z. Unters. Lebensm. 60, 254 (1930).

Osborne, Th. B. u. L. B. Mendel: Die Vitamine in Grünfutter. J. of biol. Chem. **37**, 187 (1919).

Palmer, L. S.: (1) Carotinoide und verwandte Pigmente (Carotinoids and related pigments). Amer. chem. soc. Monograph series. New York (1922).

— (2) Xanthophyll, der wichtigste natürliche gelbe Farbstoff des Eigelbes, Körperfettes und Blutserums der Henne. Die physiologische Beziehung des Farbstoffes zum Xanthophyll der Pflanzen. J. of biol. Chem. **23**, 261 (1915).

— (3) Carotin, der natürliche, gelbe Hauptfarbstoff des Milchfettes. Diss. Univ. Missouri 1913.

— (4) Die Beziehung von Hautfarbe und Fettproduktion in Milchkühen. J. Dairy Sci. **6**, 83 (1923).

— (5) Die behauptete Anwesenheit von Carotin in der Schweinsleber. Amer. J. Physiol. **87**, 553 (1929).

Palmer, L. S. u. C. H. Eckles: (1) Chemische und physiologische Beziehungen der Milchfettpigmente zum Carotin und Xanthophyll der grünen Pflanzen. J. of biol. Chem. **17**, 191, 211, 223, 237, 245 (1914).

— (2) Carotin, der natürliche, gelbe Hauptfarbstoff des Milchfettes. Missouri Agr. exper. Stat. **9**, 313; **10**, 339; **11**, 391; **12**, 415 (1914).

Palmer, L. S. u. H. L. Kempster: Beziehungen der Pflanzencarotinoide zum Wachstum, Fruchtbarkeit und Vermehrung des Geflügels. J. of biol. Chem. **39**, 299, 313, 331 (1919); **46**, 559 (1921).

Palmer, L. S. u. H. H. Knight: Carotin, die Hauptursache der roten und gelben Färbungen in Perillus bioculatus (Fab.) und ihr biologischer Ursprung aus der Lymphe der Leptinotarsa decemlineata (Say.). J. of biol. Chem. **59**, 443 (1924).

Palmer, L. S. u. W. E. Thrun: Über den Nachweis von natürlichen und künstlichen Pigmenten im Oleomargarin und in der Butter. J. Ind. and Engin. Chem. **8**, 614 (1916).

Pariente, A. C. u. E. P. Ralli: Vorkommen von Carotinase in der Leber des Hundes. Proc. Soc. exper. Biol. a. Med. **29**, 1209 (1932).

Perkin, A. G.: Die Blütenfarbstoffe der Cedrela toona. J. chem. Soc. Lond. **101**, 1538 (1912).

Perkin, A. G. u. A. E. Everest: Die natürlichen organischen Farbstoffe. (The natural organic colouring matters.) London: Longmans, Green & Co. 1918.

Petter, H. F. M.: (1) Über rote und andere Bakterien von gesalzenem Fisch (holl.). Santpoort 1932.

— (2) Über die Bakterien von gesalzenem Fisch. Amsterd. Akad. Wiss. **34**, Nr 10 (1931).

Postowski, I. J. u. B. P. Lugowkin: Zur Chemie der Polyenpigmente. Über das Produkt der Kondensation von Benzylidenaceton. Ž. obschtschei Chim. (russ.) **1** (63), 1006 (1933).

Pouchet, G.: Veränderungen der Färbungen unter dem Einfluß der Nerven. J. Anat. u. Physiol. **12**, 1, 113 (1876); vgl. C. r. Acad. Sci. Paris **74**, 757 (1872).

Prát, S.: Die Farbstoffe der Potamogetonblätter. Biochem. Z. **152**, 495 (1925).

PRZIBRAM, H. u. E. LEDERER: Das Tiergrün der Heuschrecken als Mischung aus Farbstoffen. Akad. Wiss. Wien, Math.-naturwiss. Kl. Akad. Anz. **1933**, Nr 17.

PUMMERER, R. u. L. REBMANN: (1) Über Carotin. Ber. dtsch. chem. Ges. **61**, 1099 (1928).

— (2) Über den Ozon-Abbau des Carotins und β-Jonons. Ber. dtsch. chem. Ges. **66**, 798 (1933).

PUMMERER, R., L. REBMANN u. W. REINDEL: (1) Über die Bestimmung des Sättigungszustandes von Polyenen mittels Chlorjods und Benzopersäure. Ber. dtsch. chem. Ges. **62**, 1411 (1929).

— (2) Über den Ozonabbau des Carotins. Ber. dtsch. chem. Ges. **64**, 492 (1931).

RANDOIN, L.: Der internationale Standard und die internationale Einheit des Vitamins A. Bull. Soc. Chim. biol. Paris **15**, 637 (1933).

RANDOIN, L. u. R. NETTER: (1) Die Wirkungsschwelle von reinem Carotin. Untersuchungen über den genauen Wert der biologischen Wirksamkeit des internationalen Standards von Vitamin A. Bull. Soc. Chim. biol. Paris **15**, 706 (1933).

— (2) Über die biologische Wirksamkeit des Carotins der Nebennieren und über das Vorkommen des Carotins in den Nebennieren verschiedener Tierarten. Bull. Soc. Chim. biol. Paris **15**, 944 (1933).

RAUDNITZ, H. u. J. PESCHEL: Abbau von Perhydronorbixin zum Perhydrocrocetin. Ber. dtsch. chem. Ges. **66**, 901 (1933).

REA, J. L. u. J. C. DRUMMOND: Über die Bildung von Vitamin A aus Carotin im tierischen Organismus. Z. Vitaminforsch. **1**, 177 (1932).

READER, V.: Eine Mitteilung über die in gewissen Bakterien vorhandenen Lipochrome. Biochemic. J. **19**, 1039 (1925).

RINKES, I. J.: (1) Beiträge zur Kenntnis des Bixins. Chem. Weekbl. **12**, 996 (1915).

— (2) Über die Strukturformel des Bixins. Rec. Trav. chim. Pays-Bas et Belg. (Amsterd.) **47**, 934 (1928).

— (3) Beiträge zur Kenntnis des Bixins V. Rec. Trav. chim. Pays-Bas et Belg. (Amsterd.) **48**, 603 (1929).

— (4) Beiträge zur Kenntnis des Bixins VI. Rec. Trav. chim. Pays-Bas et Belg. (Amsterd.) **48**, 1093 (1929).

RINKES, I. J. u. J. F. B. VAN HASSELT: (1) Beiträge zur Kenntnis des Bixins II. Chem. Weekbl. **13**, 436 (1916).

— (2) Beiträge zur Kenntnis des Bixins III. Chem. Weekbl. **13**, 1224 (1916).

— (3) Beiträge zur Kenntnis des Bixins IV. Chem. Weekbl. **14**, 888 (1917).

ROSENHEIM, O. u. J. C. DRUMMOND: (1) Über die Beziehung der Lipochrome zu dem fettlöslichen accessorischen Nährstoff. Lancet **198**, 862 (1920).

— (2) Über eine empfindliche Farbenreaktion auf die Anwesenheit von Vitamin A. Biochemic. J. **19**, 753 (1925).

ROSENHEIM, O. u. W. W. STARLING: Die Reinigung und optische Aktivität des Carotins. J. Chem. a. Ind. **50**, 443 (1931).

ROSENTHAL, E. u. J. ERDÉLYI: Eine neue Reaktion zum Nachweis und zur kolorimetrischen Bestimmung des Vitamins A. Biochem. Z. **267**, 119 (1933).

ROSSMANN, E.: Bromdampf-Addition nach P. BECKER. Mikronachweis aktiver und inaktiver Doppelbindungen. Ber. dtsch. chem. Ges. **65**, 1847 (1932).

Roth, H.: Bestimmung des aktiven Wasserstoffs in kleinen Substanzmengen nach der Methode von L. Tschugaeff und Th. Zerewitinoff. Mikrochem. **11**, 140 (1932).

Rothman, St. u. F. Schaaf: Chemie der Haut. Handbuch der Haut- und Geschlechtskrankheiten, Bd. 1, 2, S. 161, besonders S. 267. Berlin: Julius Springer 1929.

Rupe, H. u. H. Altenburg: Biochem. Handlexikon Bd. 6, S. 23—187. Berlin: Julius Springer 1911.

Rupe, H., E. Lenzinger u. M. Jetzer: Nachweis und Darstellung der wichtigsten Pflanzenfarbstoffe (mit Ausnahme der Blatt- und Blütenfarbstoffe). Handbuch der biologischen Arbeitsmethoden Abt. I, Teil 10, S. 635. Berlin u. Wien: Urban & Schwarzenberg 1923.

Russel, W. C. u. A. L. Weber: Pflanzenpigmente in der Ernährung der Küken. Proc. Soc. exper. Biol. a. Med. **29**, 297 (1932).

Rydbom, M.: (1) Versuche über die Wachstumswirkung von Carotinoiden. Biochem. Z. **227**, 482 (1930).

— (2) Versuche über Wachstumswirkung von Xanthophyll. Biochem. Z. **258**, 239 (1933).

Schertz, F. M.: (1) Die quantitative Bestimmung von Carotin mittels Spektrophotometers und des Colorimeters. J. agricult. Res. **26**, 383 (1923).

— (2) Die quantitative Bestimmung von Xanthophyll mittels des Spektrophotometers und Colorimeters. J. agricult. Res. **30**, 253 (1925).

— (3) Die physikalischen und chemischen Eigenschaften des Xanthophylls und die Darstellung des reinen Pigments. J. agricult. Res. **30**, 575 (1925).

— (4) Einige physikalische und chemische Eigenschaften des Carotins und die Herstellung des reinen Pigments. J. agricult. Res. **30**, 469 (1925).

Scheunert, A. u. M. Schieblich: (1) Eine Methode, Vitamin A quantitativ zu bestimmen und in internationalen Einheiten auszudrücken. Biochem. Z. **263**, 444 (1933).

— (2) Über die Haltbarkeit des internationalen Standardcarotins in öliger Lösung. Biochem. Z. **263**, 454 (1933).

Schlenk, W. u. E. Bergmann: Forschungen auf dem Gebiete der alkaliorganischen Verbindungen. Liebigs Ann. **463**, 1 (1928).

Schmid, L. u. E. Kotter: Der Farbstoff der Königskerzenblüten (Flores verbasci). Mh. Chem. **59**, 341 (1932).

Schmidt-Nielsen, S., N. A. Sörensen u. B. Trumpy: (1) Die Farbstoffe des Tranes von Regalecus glesné. Lipochrome in den Fetten mariner Tiere I. Norske Vidensk. Selsk. Forh. **5**, 114 (1932).

— (2) Ein rotgefärbtes Walöl. Lipochrome in den Fetten mariner Tiere II. Norske Vidensk. Selsk. Forh. **5**, 118 (1932).

Schuette, H. A. u. Ph. A. Bott: Carotin: ein Farbstoff des Honigs. J. amer. chem. Soc. **50**, 1998 (1928).

Seel, H.: Weitere Untersuchungen über die chemische Natur des antixerophtalmischen Vitamins A. Z. Vitaminforsch. **2**, 82 (1933).

Shrewsbury, Ch. L. u. H. R. Kraybill: Carotingehalt, Vitamin-A-Wirksamkeit und Antioxydantien von Butterfett. J. of biol. Chem. **101**, 701 (1933).

SHRINER, R. L. u. R. ADAMS: Die Darstellung von Palladiumoxydul und seine Anwendung als Katalysator bei der Reduktion organischer Verbindungen. J. amer. chem. Soc. **46**, 1683 (1924).

SJÖBERG, K.: Beitrag zur Kenntnis der Bildung des Chlorophylls und der gelben Pflanzenpigmente. Biochem. Z. **240**, 156 (1931).

SMITH, J. H. C.: (1) Die gelben Pigmente der grünen Blätter; ihre chemische Konstitution und mögliche Rolle bei der Photosynthese. Contrib. marine biol. **1930**, 145.

— (2) Hydrogenisation und optische Eigenschaften des Carotins und seiner hydrierten Derivate. J. of biol. Chem. **90**, 597 (1931).

— (3) Die Hydrogenisation von Carotin verschiedener Herkunft, von Dihydrocarotin und von Lycopin. J. of biol. Chem. **96**, 35 (1932).

— (4) Eine Notiz über die Hydrogenisierung von α- und β-Carotin. J. of biol. Chem. **102**, 157 (1933).

SMITH, L. L. W. u. A. F. MORGAN: Der Einfluß des Lichtes auf die Menge an Vitamin A und auf den Carotinoidgehalt der Früchte. J. of biol. Chem. **101**, 43 (1933).

SMITH, L. L. W. u. O. SMITH: Licht und Carotingehalt bei gewissen Früchten und Gemüsen. Plant Physiol. **6**, 265 (1931).

SMITH, J. H. C. u. H. A. SPOEHR: (1) Carotin I. Das Sauerstoffäquivalent, bestimmt mittels Kaliumpermanganat in pyridinischer Lösung. J. of biol. Chem. **86**, 87 (1930).

— (2) Die flüchtigen Fettsäuren, die bei der Oxydation von Carotin und Xanthophyll entstehen. J. of biol. Chem. **86**, 755 (1930).

SÖRENSEN, N. A.: Die Farbstoffe des Tranes von Orthagoriscus mola. Norsk Vidensk. Selsk. Forh. **6**, 154 (1933).

SPRAGUE, H. B.: Eine bequeme Methode, Chloroplastenfarbstoffe quantitativ zu bestimmen. Science (N. Y.) **67**, 167 (1928).

STEENBOCK, H. u. I. M. SCHRADER: Über die Verteilung von Vitamin A in der Tomate und die Stabilität von zugefügtem Vitamin D. J. Nutrit. **4**, 267 (1933).

STEENBOCK, H., M. T. SELL, E. M. NELSON und M. V. BUELL: J. of biol. Chem. **46**, Proc. XXXII (1921).

STOLK, D. VAN, J. GUILBERT u. H. PÉNAU: Carotin und Vitamin A. C. r. Acad. Sci. Paris **193**, 209 (1931).

STOLK, D. VAN, J. GUILBERT, H. PÉNAU u. H. SIMONNET: Reines Carotin und Vitamin A. C. r. Acad. Sci. Paris **192**, 1499 (1931); J. Pharmacie **14**, 193 (1931); Bull. Soc. Chim. biol. Paris **13**, 616 (1931).

STOLL, A.: Über den chemischen Verlauf der Photosynthese. Naturwiss. **20**, 955 (1932).

STRAIN, H. H.: (1) Bildung von Geronsäure durch Ozonisierung von Carotin, Dihydrocarotin und verwandten Verbindungen. J. of biol. Chem. **102**, 137 (1933).

— (2) Ozonisierung des Lycopins. J. of biol. Chem. **102**, 151 (1933).

— (3) Die Trennung von Carotinen durch Adsorption auf Magnesiumoxyd. Science (N.Y.) **79**, 325 (1934).

SUGINOME, H. u. K. UENO: Über die Carotinoide von Cucurbita I. Die Pigmente der Frucht von C. maxima DUCH. Bull. Soc. chem. Jap. **6**, 221 (1931).

Suzuki, K. u. T. Nishikawa: Isolierung von Xanthophyll aus frischen grünen Blättern. Bull. agricult. chem. Soc. Jap. **6**, 47 (1930).

Tammes, T.: Über die Verbreitung des Carotins im Pflanzenreiche. Flora (Jena) **87**, 205 (1900).

Terényi, A.: Die Bestimmung des Eidotterfarbstoffes. Z. Unters. Lebensmitt. **62**, 566 (1931).

Tintometer Ltd., The: Colour Measurement. Lovibond Tintometer. Salisbury (ohne Jahreszahl).

Tokay, L. v.: Über Kapsizismus. Mschr. Psychiatr. **82**, 346 (1932).

Tschirch, A.: (1) Vergleichend-spektralanalytische Untersuchungen der natürlichen und künstlichen gelben Farbstoffe mit Hilfe des Quarzspektrographen. Ber. dtsch. bot. Ges. **22**, 414 (1904).

— (2) Handbuch der Pharmakognosie. Leipzig: Tauchnitz, 2. Aufl. (im Erscheinen).

— (3) Die Prüfung des Crocus. Schweiz. Apoth.ztg **60**, 373 (1922).

Tswett, M.: (1) Physikalisch-chemische Studien über das Chlorophyll. Die Adsorptionen. Ber. dtsch. bot. Ges. **24**, 316 (1906).

— (2) Adsorptionsanalyse und chromatographische Methode. Anwendung auf die Chemie des Chlorophylls. Ber. dtsch. bot. Ges. **24**, 384 (1906).

— (3) Die Chromophylle in der Pflanzen- und Tierwelt (russ.). Warschau 1910.

— (4) Über den makro- und mikrochemischen Nachweis des Carotins. Ber. dtsch. bot. Ges. **29**, 630 (1911).

— (5) Über einen neuen Pflanzenfarbstoff, Thujorhodin. C. r. Acad. Sci. Paris **152**, 788 (1911).

— (6) Über die Verfärbung und die Entleerung des absterbenden Laubes. Ber. dtsch. bot. Ges. **26**, 88 (1908).

Tunmann, O.: Über den Nachweis des Crocetins. Apoth.-ztg **31**, 237 (1916).

Tunmann, O. u. L. Rosenthaler: Pflanzenmikrochemie. Berlin: Gebr. Borntraeger 1931.

Tsujimura, M.: Carotin und Dihydroergosterin im grünen Tee. Sci. Pap. Inst. physic. Res. **18**, 13 (1932).

Vegezzi, G.: Diss. Fribourg 1916.

Vermast, P. G. F. (1) Die Carotinoide von Citrus aurantium. Naturwiss. **19**, 442 (1931).

— (2) Über Carotin und seine quantitative Bestimmung in pflanzlichen Lebensmitteln zur Beurteilung von deren Wert als Vitamin-A-Quelle (holl.). Assea 1931.

Verne, J.: (1) Über die Natur des roten Pigments der Crustaceen. C. r. Soc. Biol. Paris **83**, 963 (1920); s. auch Arch. de Morph. **16**, 1 (1923) sowie C. r. Soc. Biol. Paris **94**, 1349 (1926); **97**, 1290 (1927).

(2) Über die Oxydation des Carotins der Crustaceen und über die Anwesenheit eines Körpers unter den Oxydationsprodukten, der Cholesterinreaktionen gibt. C. r. Biol. Soc. Paris **83**, 988 (1920).

Vieböck, F.: Über eine neuartige, schonende Oxydation des Bixins. Ber. dtsch. chem. Ges. **67**, 377 (1934).

Virgin, E. u. E. Klussmann: Über die Carotinoide der Hühnereidotter nach carotinoidfreier Fütterung. Z. physiol. Chem. **213**, 16 (1932).

Virtanen, A. I. u. S. v. Hausen: Die Vitaminbildung in Pflanzen. Naturwiss. **20**, 905 (1932).

Virtanen, I. A., S. v. Hausen u. S. Saastamoinen: Untersuchungen über die Vitaminbildung in Pflanzen. I. Biochem. Z. **267**, 179 (1933).

Vogel, H. u. M. Stohl: Über terpenoide Ringsysteme. Synthese eines Körpers mit blauer Antimontrichlorid-Reaktion. Ber. dtsch. chem. Ges. **66**, 1066 (1933).

Wagner-Jauregg, Th.: Synthese von Terpenen aus Isopren. Liebigs Ann. **496**, 52 (1932).

Wagner-Jauregg, Th. u. H. Ruska: Flavine als biologische Wasserstoff-Acceptoren. Ber. dtsch. chem. Ges. **66**, 1298 (1933).

Waldmann, H. u. E. Brandenberger: Über Methylbixin. Z. Krystallogr. **82**, 77 (1932).

Warburg, O. u. E. Negelein: (1) Über den Einfluß der Wellenlänge auf den Energieumsatz bei der Kohlensäureassimilation. Z. physik. Chem. **106**, 191 (1923).

— (2) Über den Energieumsatz bei der Kohlensäureassimilation. Naturwiss. **10**, 647 (1923).

Watson, S. J., J. C. Drummond, I. M. Heilbron u. R. A. Morton: Der Einfluß von künstlich getrocknetem Gras in der Winterernährung der Milchkuh auf die Farbe und A-Vitamingehalt der Butter. Emp. J. exper. Agricult. **1**, 68 (1933).

Weigert, F.: Über Absorptionsspektren und über eine einfache Methode zu ihrer quantitativen Bestimmung. Ber. dtsch. chem. Ges. **49**, 1496 (1916).

Wester, D. H.: Über die chemischen Bestandteile einiger Loranthaceen. Rec. Trav. chim. Pays-Bas et Belg. (Amsterd.) **40**, 707 (1921).

White, F. D.: Die Bestimmung des Serumcarotins. J. Labor. a. clin. Med. **17**, 53 (1932).

Willimott, S. G.: Die Adsorption von Carotin an verschiedenen Kohlearten und an anorganischen Salzen. J. of biol. Chem. **73**, 587 (1927).

Willimott, S. G. u. Th. Moore: Die Fütterung von Xanthophyll bei Ratten, die eine vitamin-A-arme Nahrung erhalten. Biochemic. J. **21**, 86 (1927).

Willstaedt, H.: Über den roten Farbstoff der Hummerschalen. Biochem. Z. **258**, 301 (1933).

Willstätter, R.: (1) Die Blattfarbstoffe. Abderhaldens Handbuch der biologischen Arbeitsmethoden Abt. I, Teil 11, 1. Berlin u. Wien: Urban & Schwarzenberg 1924.

— (2) Untersuchungen über Enzyme. Berlin: Julius Springer 1928.

Willstätter, R. u. H. H. Escher: (1) Über den Farbstoff der Tomate. Z. physiol. Chem. **64**, 47 (1910).

— (2) Über das Lutein des Hühnereidotters. Z. physiol. Chem. **76**, 214 (1912).

Willstätter, R., E. W. Mayer u. E. Hüni: Über Phytol. Liebigs Ann. **378**, 73 (1910).

Willstätter, R. u. W. Mieg: Über die gelben Begleiter des Chlorophylls. Liebigs Ann. **355**, 1 (1907).

Willstätter, R. u. H. J. Page: Über die Pigmente der Braunalgen. Liebigs Ann. **404**, 237 (1914).

Willstätter, R. u. A. Stoll: (1) Untersuchungen über Chlorophyll. Methoden und Ergebnisse. Berlin: Julius Springer 1913.
— (2) Untersuchungen über die Assimilation der Kohlensäure. Berlin: Julius Springer 1918.
Willstätter, R. u. E. Waldschmidt-Leitz: Über die Abhängigkeit der katalytischen Hydrierung von der Gegenwart des Sauerstoffs. Ber. dtsch. chem. Ges. 54, 113 (1921).
Winterstein, A.: (1) Über ein neues Provitamin-A. Z. physiol. Chem. 215, 51 (1933).
— (2) Über ein Vorkommen von γ-Carotin. Z. physiol. Chem. 219, 249 (1933).
— (3) Fraktionierung und Reindarstellung von Pflanzenstoffen nach dem Prinzip der chromatographischen Adsorptionsanalyse. G. Kleins Handbuch der Pflanzenanalyse, Bd. 4, S. 1403—1437. Wien: Julius Springer 1933.
Winterstein, A. u. U. Ehrenberg: Über die Verbreitung und Natur der Carotinoide in Beeren. Z. physiol. Chem. 207, 25 (1932).
Winterstein, A. u. C. Funk: Vitamine. G. Kleins Handbuch der Pflanzenanalyse, Bd. 4, S. 1041—1108. Wien: Julius Springer 1933.
Winterstein, A. u. G. Stein: Fraktionierung und Reindarstellung organischer Substanzen nach dem Prinzip der chromatographischen Adsorptionsanalyse. Z. physiol. Chem. 220, 247, 263 (1933).
Winterstein, E. u. J. Teleczky: Über Bestandteile des Safrans. I. Über das Pikrocrocin. Helvet. chim. Acta 5, 376 (1922).
Wisselingh, C. van: Über die Nachweisung und das Vorkommen von Carotinoiden in der Pflanze. Flora (Jena) 7, 371 (1915).
Wittig, G. u. W. Wiemer: Zur Valenztautomerie ungesättigter Systeme. Liebigs Ann. 483, 144 (1931).
Wolff, L. K., J. Overhoff u. M. van Eekelen: Über Carotin und Vitamin A. Dtsch. med. Wschr. 56, 1428 (1930).
Woolf, B. u. T. Moore: Carotin und Vitamin A. Lancet 223, 13 (1932).
Yamamoto, R. u. T. Muraoka: Über die Carotinoide in den frischen Teeblättern und in fermentiertem Tee. Sci. Pap. Inst. physic. chem. Res. 19, 127 (1932).
Yamamoto, R., Y. Osima u. T. Goma: Carotin in der Mangofrucht (Magnifera indica Lin.). Sci. Pap. Inst. physic. chem. Res. 19, 122 (1932).
Yamamoto, R. u. S. Tin: (1) Über Carotinoide in der Frucht von Citrus poonensis Hort. Bull. Inst. physic. chem. Res. 12, 25 (1933).
— (2) Über die Farbstoffe von Carica papaya. L. Sci. Pap. Inst. physic. chem. Res. 20, 411 (1933).
— (3) Über Carotinoide in der Frucht von Citrus poonensis Hort. Sci. Pap. Inst. physic. chem. Res. Tokyo 21, Nr 422/425 (1933).
Zechmeister, L.: (1) Carotinoide höherer Pflanzen (Polyenfarbstoffe). G. Kleins Handbuch der Pflanzenanalyse, Bd. 3, S. 1239—1350. Wien: Julius Springer 1932.
— (2) Die Forschungen Richard Willstätters auf dem Gebiete der Carotinoide. Naturwiss. 20, 608 (1932).
— (3) Lypochrom und Vitamin A. Hefters, Die Fette und Öle, ihre Chemie und Technologie, 2. Aufl., I. Berlin: Julius Springer 1934 (im Druck).

ZECHMEISTER, L.: (4) Die Carotinoide: ihre Beziehungen zu anderen natürlichen Verbindungen, ihre biologische Bedeutung. Bull. Soc. Chim. biol. Paris **16** (1934) (im Druck).

ZECHMEISTER, L. u. L. v. CHOLNOKY: (1) Untersuchungen über den Paprikafarbstoff I. Liebigs Ann. **454**, 54 (1927).

— (2) Untersuchungen über den Paprikafarbstoff II. Liebigs Ann. **455**, 70 (1927).

— (3) Untersuchungen über den Paprikafarbstoff III (Katalytische Hydrierung). Liebigs Ann. **465**, 288 (1928).

— (4) Untersuchungen über den Paprikafarbstoff IV. Einige Umwandlungen des Capsanthins. Liebigs Ann. **478**, 95 (1930).

— (5) Untersuchungen über den Paprikafarbstoff V. Natürliche und synthetische Ester des Capsanthins. Liebigs Ann. **487**, 197 (1931).

— (6) Untersuchungen über den Paprikafarbstoff VI. Das Pigment des japanischen Paprikas. Liebigs Ann. **489**, 1 (1931).

— (7) Untersuchungen über den Paprikafarbstoff VII. Adsorptionsanalyse des Pigments. Liebigs Ann. **509**, 269 (1934).

— (8) Beitrag zum Konstitutionsproblem des Carotins. Ber. dtsch. chem. Ges. **61**, 1534 (1928).

— (9) Über das Pigment der reifen Beeren des Tamus communis. Ber. dtsch. chem. Ges. **63**, 422 (1930).

— (10) Lycopin aus Solanum dulcamara. Ber. dtsch. chem. Ges. **63**, 787 (1930).

— (11) Über den Zustand der sauerstoffhaltigen Carotinoide in der Pflanze. Z. physiol. Chem. **189**, 159 (1930).

— (12) Über den Farbstoff der Bocksdornbeere und über das Vorkommen von chemisch gebundenen Carotinoiden in der Natur. Liebigs Ann. **481**, 42 (1930).

— (13) Über den Farbstoff der Ringelblume (Calendula officinalis). Z. physiol. Chem. **208**, 26 (1932).

ZECHMEISTER, L., L. v. CHOLNOKY u. V. VRABÉLY: (1) Über die katalytische Hydrierung von Carotin. Ber. dtsch. chem. Ges. **61**, 566 (1928).

— (2) Zur Bestimmung der Doppelbindungen im Carotinmolekül. Ber. dtsch. chem. Ges. **66**, 123 (1933).

ZECHMEISTER, L. u. K. SZILÁRD: Über ein Carotinoid aus den Samenhüllen des Spindelbaumes. Z. physiol. Chem. **190**, 67 (1930).

ZECHMEISTER, L. u. P. TUZSON: (1) Zur Kenntnis des Xanthophylls I. Katalytische Hydrierung. Ber. dtsch. chem. Ges. **61**, 2003 (1928).

— (2) Zur Kenntnis des Xanthophylls, II. Mitt. Ber. dtsch. chem. Ges. **62**, 2226 (1929).

— (3) Über eine sterinartige Verbindung aus den Kelchblättern der Sonnenblume. Z. physiol. Chem. **192**, 22 (1930).

— (4) Der Farbstoff der Wassermelone. Ber. dtsch. chem. Ges. **63**, 2881 (1930).

— (5) Über den Farbstoff der Sonnenblume. Ein Beitrag zur Kenntnis der Blütenxanthophylle. Ber. dtsch. chem. Ges. **63**, 3203 (1930).

— (6) Über das Carotinoid des Spindelbaumes (Evonymus europaeus), II. Mitt. Z. physiol. Chem. **196**, 199 (1931).

— (7) Über das Pigment der Orangenschale. Naturwiss. **19**, 307 (1931).

ZECHMEISTER, L. u. P. TUZSON: (8) Zur Kenntnis des Mandarinenpigments.
Z. physiol. Chem. **221**, 278 (1933).
— (9) Über den Farbstoff der Sonnenblume. II. Mitt. Ber. dtsch. chem.
Ges. **67**, 170 (1934).
— (10) Zur Kenntnis der tierischen Fettfarbstoffe. Ber. dtsch. chem. Ges. **67**,
145 (1934).
— (11) Das Pigment des Cucurbita maxima Duch. (Riesenkürbis.) Ber.
dtsch. chem. Ges. **67**, 824 (1934).
— (12) Isolierung des Lypochroms aus Hühner- und Pferdefett. Z. physiol.
Chem. **225**, 189 (1934).
ZECHMEISTER, L. u. V. VRABÉLY: Zur Deutung der colorimetrischen Hydrierungskurve von Carotinoiden. Ber. dtsch. chem. Ges. **62**, 2232 (1929).
ZIMMERMANN, J.: Über das Vorkommen von Lycopin in einigen tropischen
Früchten (Erythroxylon novogranatense, Actinophleus macarthurii,
Ptychosperma elegans). Rec. Trav. chim. Pays-Bas et Belg. (Amsterd.)
51, 1001 (1932).
ZWICK, K. G.: Über den Farbstoff des Orlean. Arch. Pharmaz. **238**, 58
(1900).
Ungenannter Autor: Carotinbestimmungen in Mehl mit dem PULFRICH-
Photometer. Mühle **67**, 209 (1930).

Sachverzeichnis.

(W) **Handbuch der Pflanzenanalyse.** Herausgegeben von Professor Dr. **Gustav Klein,** ehem. o. Professor an der Universität Wien, jetzt Leiter des Biolog. Laboratoriums Oppau der I. G. Farbenindustrie A.-G., Ludwigshafen a. Rh., ord. Honorarprofessor an der Universität Heidelberg. In vier Bänden.

Erster Band: **Allgemeine Methoden der Pflanzenanalyse.** XII, 627 Seiten. Mit 323 Abbildungen. 1931. RM 66.—; gebunden RM 69.—

Zweiter Band: **Spezielle Analyse I:** Anorganische Stoffe. Organische Stoffe I. XI, 973 Seiten. Mit 164 Abbildungen. 1932.
RM 96.—; gebunden RM 99.—

Dritter Band: **Spezielle Analyse II:** Organische Stoffe II. In zwei Teilen. Zusammen XIX, 1613 Seiten. Mit 67 Abbildungen. 1932.
RM 162.—; gebunden RM 168.—

Vierter Band: **Spezielle Analyse III:** Organische Stoffe III. Besondere Methoden. Tabellen. In zwei Teilen. Zusammen XVIII, 1868 Seiten. Mit 121 Abbildungen. 1933. RM 190.—; gebunden RM 198.—

Das Handbuch wird fortgesetzt in den „Fortschritten der Pflanzenanalyse", von denen etwa alle zwei Jahre ein Band erscheinen wird.

.... Der Begriff der Pflanzenanalyse ist weit gefaßt, das Theoretische ist mit dem Methodisch-Praktischen einheitlich verarbeitet, so daß der Grundforderung eines Handbuches nach Vollständigkeit hier weitgehend entsprochen ist. War es ursprünglich, seinem Titel nach, als ein Handbuch der Pflanzenanalyse gedacht, so berechtigten die Fortsetzungen dazu, es als ein Handbuch der Pflanzenstoffe zu bezeichnen. Dieser Titel gebührt ihm auch jetzt nach Abschluß des gesamten Werkes, das als solches in gleicher Weise für Studium, Forschung und Unterricht das Pflanzenhandbuch der nächsten Zeit bleiben wird. *„Die Naturwissenschaften"*

Farbstoffe der Pflanzen- und der Tierwelt.
(„Biochemisches Handlexikon", Band VI.) VI, 390 Seiten. 1911.
RM 35.50; gebunden RM 38.—*

Pflanzenfarbstoffe. A. Chlorophyll. Von Professor Dr. R. Willstätter, Zürich. B. Übrige Pflanzenfarbstoffe. Von Professor Dr. H. Rupe, Basel, und Dr. phil. H. Altenburg, Basel. — **Tierische Farbstoffe.** A. Blutfarbstoffe. B. Gallenfarbstoffe. Von Privatdozent Dr. B. v. Reinbold, Kolozsvár. C. Melanine und übrige Farbstoffe der Tierwelt. Von Privatdozent Dr. Franz Samuely, Freiburg i. B.

Methodik der wissenschaftlichen Biologie. Unter Mitarbeit zahlreicher Fachgelehrter herausgegeben von Professor Dr. **T. Péterfi,** Berlin.

Zwei Bände. Zusammen RM 188.—; gebunden RM 198.—*

Band I: **Allgemeine Morphologie.** Mit 493 Abbildungen und einer farbigen Tafel. XIV, 1425 Seiten. 1928.

Band II: **Allgemeine Physiologie.** Mit 358 Abbildungen. X, 1219 Seiten. 1928.

VERLAG VON JULIUS SPRINGER / BERLIN

Fortschritte der Botanik. Unter Zusammenarbeit mit mehreren Fachgenossen herausgegeben von **Fritz von Wettstein,** München.
Erster Band: **Bericht über das Jahr 1931.** Mit 16 Abbildungen. VI, 263 Seiten. 1932. RM 18.80
Zweiter Band: **Bericht über das Jahr 1932.** Mit 37 Abbildungen. IV, 302 Seiten. 1933. RM 24.—
Dritter Band: **Bericht über das Jahr 1933.** Mit 53 Abbildungen. IV, 257 Seiten. 1934. RM 22.—

Lehrbuch der Pflanzenphysiologie. Von Dr. **S. Kostytschew,** ord. Mitglied der Russischen Akademie der Wissenschaften, Professor der Universität Leningrad.
Erster Band: **Chemische Physiologie.** Mit 44 Textabbildungen. VII, 567 Seiten. 1926. RM 27.—; gebunden RM 28.50*
Zweiter Band: **Stoffaufnahme, Stoffwanderung, Wachstum und Bewegungen.** Unter Mitwirkung von Dr. **F. A. F. C. Went,** Professor der Universität Utrecht. Mit 72 Textabbildungen. VI, 459 Seiten. 1931. RM 28.—; gebunden RM 29.80

Pflanzenthermodynamik. Von Dr. **Kurt Stern,** Frankfurt a. M. (Band 30 der „Monographien aus dem Gesamtgebiet der Physiologie der Pflanzen und der Tiere".) Mit 20 Abbildungen. XI, 412 Seiten. 1933. RM 32.—; gebunden RM 33.20

Pflanzenatmung. Von Dr. **S. Kostytschew,** ord. Mitglied der Russischen Akademie der Wissenschaften, Professor der Universität Leningrad. (Band 8 der „Monographien aus dem Gesamtgebiet der Physiologie der Pflanzen und der Tiere".) Mit 10 Abbildungen. VI, 152 Seiten. 1924. RM 6.60*

Untersuchungen über die Assimilation der Kohlensäure. Sieben Abhandlungen aus dem chemischen Laboratorium der Akademie der Wissenschaften in München. Von **Richard Willstätter** und **Arthur Stoll.** Mit 16 Textfiguren und einer Tafel. VIII, 448 Seiten. 1918. RM 20.—*

Wundkompensation, Transplantation und Chimären bei Pflanzen. Von Professor **N. P. Krenke,** Leiter der Abteilung für Phytomorphogenese am Timiriaseff=Institut, Moskau. Übersetzt von Dr. N. Busch, Kiel. Redigiert von Dr. O. Moritz, Privatdozent am Botanischen Institut der Universität Kiel. (Band 29 der „Monographien aus dem Gesamtgebiet der Physiologie der Pflanzen und der Tiere".) Mit 201 Abbildungen im Text und auf zwei farbigen Tafeln. XVI, 934 Seiten. 1933. RM. 88.—; gebunden RM 89.80

Die hochmolekularen organischen Verbindungen. Kautschuk und Cellulose. Von Dr. phil. **Hermann Staudinger,** o. Professor, Direktor des Chemischen Laboratoriums der Universität Freiburg i. Br. Mit 113 Abbildungen. XV, 540 Seiten. 1932. RM 49.60; gebunden RM 52.—